BA KOMPAKT

Reihenherausgeber
Martin Kornmeier, Duale Hochschule Baden-Württemberg, Mannheim, Deutschland

Gründungsherausgeber
Martin Kornmeier, Duale Hochschule Baden-Württemberg, Mannheim, Deutschland
Willy Schneider, Duale Hochschule Baden-Württemberg, Mannheim, Deutschland

Die Bücher der Reihe BA KOMPAKT sind zugeschnitten auf das Bachelor-Studium im Studienbereich Wirtschaft an den Dualen Hochschulen und Berufsakademien. Sie erfüllen vollständig die im Curriculum zur Erlangung des Bachelor festgelegten Anforderungen (Lerninhalt, Lernmethoden, Konzeption und Ablauf der Veranstaltungen).

Die Reihe BA KOMPAKT zeichnet sich aus durch:

- Fokussierung auf die elementaren Lernziele
- Starker Praxisbezug durch konkrete Beispiele
- Einbindung von Fallstudien für Einzel- und Gruppenarbeit
- Unmittelbare Anwendbarkeit des vermittelten Wissens durch Tipps und Hintergrundinformationen
- Übersichtliche, anschauliche Darstellung durch zahlreiche Kästen, Abbildungen und Tabellen
- Kontrollfragen zur Prüfung des Lernerfolgs

Weitere Bände in dieser Reihe http://www.springer.com/series/7570

Uwe Schirmer • Sabine Woydt

Mitarbeiterführung

3., aktualisierte und erweiterte Auflage

Springer Gabler

Uwe Schirmer
Duale Hochschule Baden-Württemberg
Lörrach
Lörrach, Deutschland

Sabine Woydt
Duale Hochschule Baden-Württemberg
Heilbronn
Heilbronn, Deutschland

ISSN 1864-0354
BA KOMPAKT
ISBN 978-3-662-47914-8 ISBN 978-3-662-47915-5 (eBook)
DOI 10.1007/978-3-662-47915-5

Die Deutsche Nationalbibliothek verzeichnet diese Publikation in der Deutschen Nationalbibliografie; detaillierte bibliografische Daten sind im Internet über http://dnb.d-nb.de abrufbar.

Springer Gabler

Gedruckt auf säurefreiem und chlorfrei gebleichtem Papier

Springer Gabler ist Teil von Springer Nature
Die eingetragene Gesellschaft ist Springer-Verlag GmbH Berlin Heidelberg
Die Anschrift der Gesellschaft ist: Heidelberger Platz 3, 14197 Berlin, Deutschland

Vorwort zur dritten Auflage

Die Bedeutung des Themas „Mitarbeiterführung" wird durch die ungebrochene Vielzahl neuer Publikationen im Buchmarkt eindrucksvoll dokumentiert. Dabei finden sich innovative und belastbare Ansätze, aber leider auch weniger geeignete Ideen, die mehr auf subjektiven „Ratschlägen" als auf wissenschaftlich basierten Untersuchungen gründen, in den Veröffentlichungen.

In diesem Kontext ist es unser Anliegen mit der dritten Auflage des Buches „Mitarbeiterführung" in der Reihe BA KOMPAKT interessierten Lesern eine aktuelle, fundierte und orientierende Einführung in das Themenfeld zu bieten. Unser Anliegen ist es dabei nicht, jede Theorie im letzten Detail darzustellen, sondern weiterhin einen gründlichen Gesamtüberblick für Einsteiger in das Thema zu bieten – eine didaktische Herausforderung, die uns hoffentlich wieder gut gelungen ist. Dabei haben wir auf der Basis unserer Erfahrungen aus einer mittlerweile großen Zahl an Vorlesungen und Gesprächen mit Studierenden und Praktikern die Chance genutzt und die dritte Auflage des Buches inhaltlich neu konzipiert, noch stringenter ausgerichtet, aber auch wieder um aktuelle Themen erweitert. So finden sich als neue bzw. vertiefte Themenfelder zum Beispiel die Bereiche Führungsethik, Sozialisation und Persönlichkeit, soziale Wahrnehmung im Führungsprozess, volitionspsychologische Inhalte sowie generationenspezifische Führungsaspekte. Zudem haben wir wieder Beispiele und Hintergrundinformationen aktualisiert und ergänzt.

Zur Zielgruppe der dritten Auflage gehören wie bisher zum einen alle Studierenden und Dozenten an Berufsakademien, Dualen Hochschulen, Fachhochschulen und Universitäten – sowohl betriebswirtschaftlicher als auch technischer, geisteswissenschaftlicher und sozialwissenschaftlicher Studiengänge. Zum anderen richtet sich das Buch an alle Praktiker, die ihr Führungshandeln reflektieren und weiter entwickeln wollen.

Wir wünschen allen Lesern eine „transformationale und inspirierende" Lektüre!

Lörrach und Heilbronn, im April 2016

Sabine Woydt
Uwe Schirmer

Inhaltsverzeichnis

Führung – Erfolgsbeitrag und Legitimation

1

Lernziele

Dieses Kapitel vermittelt

- was unter Personalführung zu verstehen ist,
- welche Einflussfaktoren auf den Führungsprozess wirken,
- wie Mitarbeiterführung zum Unternehmenserfolg beiträgt,
- wie Führung legitimiert ist,
- woran erfolgreiche Mitarbeiterführung erkannt werden kann und
- welches Kompetenzprofil Führungskräfte erfüllen sollten.

1.1 Führungsverständnis

Führung ist ein vielschichtiges Phänomen, das in alltäglichen und beruflichen Situationen zu beobachten ist. Führung wird dabei in verschiedenen Wissenschaftsgebieten (Pädagogik, Psychologie, Soziologie, Wirtschaftswissenschaften etc.) aus unterschiedlichen Erkenntnisperspektiven diskutiert und mit unterschiedlichen Konnotationen belegt (vgl. Neuberger 2002, S. 2 ff.; Blessin und Wick 2014, S. 23 ff.). Innerhalb der Betriebswirtschaftslehre gibt es zwei Betrachtungsschwerpunkte, die eng miteinander verbunden, aber auch voneinander zu differenzieren sind.

Aus Sicht der umfassenden **Unternehmensführung** wird unter Führung die zielorientierte Planung, Strukturierung und Kontrolle von ganzen Organisationen verstanden (vgl. Steinmann et al. 2013, S. 6 ff.). Dabei wird Führung in eine **institutionelle** und eine **funktionale** Perspektive unterteilt. Erstere bezeichnet die Gesamtheit aller Führungspositionen in einem Unternehmen, d. h. die Führungsstruktur – „das Management“. Die funktionale Perspektive bezieht sich dagegen auf die notwendigen Handlungen, die im Rahmen der Leitung von Unternehmen zu erbringen sind – „das Managen“. Personalmanagement bezeichnet

U. Schirmer, S. Woydt, *Mitarbeiterführung*, BA KOMPAKT,
DOI 10.1007/978-3-662-47915-5_1

dabei fokussiert alle Rahmenhandlungen, die zum optimalen Einsatz der Ressource Personal im Kontext der Unternehmensführung dienen und durch die Personalabteilung erbracht werden (vgl. Oechsler und Paul 2015, S. 282; Wegge und Rosenstiel 2014, S. 315 ff.). Davon zu unterscheiden ist das konkrete **Führen von Mitarbeitern**, das zwar ebenfalls zu den Managementaufgaben gehört und somit eine Teilfunktion der Unternehmensführung darstellt (vgl. Steinmann et al. 2013, S. 9 ff.; Bröckermann 2012, S. 240 f.;), sich aber in einem sozial-funktionalen Verständnis auf den Prozess der zielgerichteten **Verhaltensbeeinflussung** von Mitarbeitern bezieht. Eine Vielzahl von unterschiedlichen Begriffsdefinitionen stellen dabei auf nuancierte Aspekte ab und erschweren ein einheitliches Verständnis des Betrachtungsgegenstandes (vgl. zu unterschiedlichen Führungsdefinitionen Weibler 2016, S. 20 f.; Blessin und Wick 2014, S. 23 ff.).

Folgendes Verständnis wird im Weiteren zugrunde gelegt: Personalführung, synonym Mitarbeiterführung, ist ein dynamischer, wechselseitiger und ethisch legitimierter **Einflussprozess**, um das Verhalten eines oder mehrerer Mitarbeiter in einer interaktionalen Beziehung auf die Einhaltung bzw. Erreichung bestimmter **Werte** und **Ziele** der Organisation hin auszurichten. Dies schließt auch ein Führungsverständnis ein, dass sich im Sinne von Self-Leadership oder Shared Leadership darauf konzentriert, einen zielführenden Rahmen zu definieren, innerhalb dessen Mitarbeiter befähigt werden, selbstorganisiert zweckgerichtet zu handeln (**Facilitating**).

Dynamisch ist Mitarbeiterführung, da sich die Befindlichkeiten der Beteiligten sowie die Grundstruktur der Führungssituation schnell und stetig verändern können. Fand am Morgen eine Aufgabendelegation in entspannter Arbeitsatmosphäre statt, kann am Nachmittag ein wichtiger Kundenbesuch oder ein entgangener Auftrag zu erheblichen Stimmungseffekten bei allen Beteiligten führen und ein anders Führungsverhalten erfordern bzw. verursachen. Führung findet zudem in einer **dialogischen Konstellation** in Bezug auf Kommunikation und Beeinflussung zwischen Führer und Geführtem statt. So dirigiert der Vorgesetzte nicht im Sinne einer Einweg-Kommunikation. Vielmehr äußern Mitarbeiter ihre Meinung und senden Erwartungshaltungen und Verhaltenssignale an den Vorgesetzten, der dadurch mittels einer Zweiweg-Kommunikation selbst beeinflusst wird. Auf einen gutmütigen, leistungsbereiten und Extra-Rollenverhalten zeigenden Mitarbeiter geht ein Vorgesetzter ggf. einfacher zu, als auf einen eher abwehrenden, verweigernden Mitarbeiter. Führer und Geführter sind somit in einer wechselseitigen Beziehung miteinander verbunden (vgl. Somech und Drach-Zahavy 2002, S. 169). Mitarbeiterführung muss für ein dauerhaftes Funktionieren im Kontext von **Erfolgs- und Humanverantwortung** ethisch legitimiert sein und darf nicht zu Gunsten einer einseitigen Bevorzugung ökonomischer Ziele zu Lasten der Mitarbeiter gehen. **Verhaltensbeeinflussung**, die nicht im Sinne von verborgener Manipulation, dem Mitarbeiter nicht bewusst werdender Steuerung seines Wahrnehmens und Verhaltens zu verstehen ist, sondern als offene, auf gegenseitigem Einverständnis beruhende Eingrenzung möglicher individueller Verhaltensdispositionen im Sinne von Arbeitskonkretisierung zu denken ist, ist moralisch und gesetzlich legitimiert und beinhaltet Akzeptanz. Beide Parteien, Vorgesetzter und Mitarbeiter, haben auf der Basis von zwei freiwillig abgegebenen

Willenserklärungen einen Arbeitsvertrag nach § 611 BGB geschlossen, der das in § 109 GewO definierte Weisungsrecht des Arbeitgebers beinhaltet: Der Arbeitnehmer wusste, dass er Anweisungen erhalten wird und war ex ante damit einverstanden. Transparente Verhaltensbeeinflussung in diesem Sinne benötigt **kommunikative Interaktion**, um aufeinander einzuwirken (vgl. Blessin und Wick 2014, S, 263 ff.). Die Verhaltensbeeinflussung zielt dabei sowohl auf die Erreichung bestimmter **Sachziele**, als auch auf die Einhaltung bzw. Erfüllung definierter **normativer Vorgaben** ab. So kann dem Mitarbeiter eines Möbelherstellers als Sachziel durchaus aufgegeben werden, den Einkaufspreis exotischer Holzarten um 1,7 % zu senken, dabei aber die normativ-ökologische Ausrichtung des Unternehmens zu beachten und solche Hölzer nur bei Produzenten mit zertifizierter, nachhaltiger Plantagenwirtschaft zu ordern, um ungewollte Urwaldrodungen nicht zu unterstützen. Dynamik tritt in der Mitarbeiterführung nicht nur in der mikropolitischen Führungssituation auf, sondern wird auch durch schnelle und umfassende Veränderungen auf makropolitischer Ebene wie dem technologischen Fortschritt, der Digitalisierung, der Globalisierung des Wettbewerbs, der demografischen Entwicklung usw. beeinflusst. In einem derartigen Kontext von sich rasch ändernden Rahmenbedingungen ist es oftmals für Vorgesetzte nicht mehr möglich, alles zu überblicken und rechtzeitig richtige Entscheidungen zu treffen. Deshalb ist es notwendig, die Mitarbeiter im Rahmen **agiler Führung** und im Sinne eines **Empowerment** und **Facilitating** dazu zu befähigen, selbstorganisiert vor Ort zielgerichtete Entscheidungen zu treffen und umzusetzen.

1.2 Führungsprozess und Rahmenbedingungen der Führung

Die Führung von Mitarbeitern ist ein fordernder Prozess, der vonseiten der Vorgesetzten persönliches Engagement, Empathie und die Berücksichtigung rahmengebender Situationsvariablen erfordert. Personale Führung alleine reicht nicht aus, um Führungserfolg hinreichend erklären zu können, dieser wird auch durch Umfeldbedingungen auf mikro- und makropolitischer Ebene mit beeinflusst. Durch eine entsprechende Ausgestaltung der Führungsrolle lässt sich aber eine positive Führungsbeziehung zwischen Mitarbeiter und Führungskraft entwickeln, die das gemeinsame Erreichen organisationaler und sozialer Ziele unterstützt.

1.2.1 Personale und strukturale Führung

Mitarbeiterführung integriert in einer grundsätzlichen Perspektive zwei konstituierende Determinanten, die ursächlich für Führungserfolg sind: die **personale Führung** und die umgebenden Situationsbedingungen innerhalb der Organisation. Letztere werden hier in einem umfassenden Verständnis als Rahmenfaktoren verstanden, die auch makropolitische Einflüsse integrieren, und als **strukturale Führung** bezeichnet werden.

Die **personale Führung** beinhaltet die unmittelbaren, interaktionellen, bewusst ausgeübten Einflussversuche des Führenden, wie z. B. anweisen, motivieren oder kontrollieren, um systemkonformes Verhalten zu erzeugen. Dabei wirken sich die Persönlichkeitsmerkmale des Vorgesetzten mittelbar über sein gelebtes Führungsverhalten auf den Führungserfolg aus.

Strukturale Führung findet in Teilen unreflektiert statt bzw. nutzt in einem aktiven Verständnis die Steuerungswirkung organisationaler Rahmenbedingungen, die das Verhalten der Mitarbeiter unabhängig von der Führungskraft beeinflussen (vgl. Wegge und Rosenstiel 2014, S. 317 ff.).

Zusammenführend ergibt sich daraus, dass Mitarbeiterführung eine aktiv umzusetzende, personenbasierte Aufgabe ist, die innerhalb eines durch die jeweilige Organisation vorgegebenen Rahmens, der sich z. B. durch Unternehmenskultur, Hierarchien oder Aufgabengestaltung manifestiert, zu erbringen ist (vgl. Wunderer 2011, S. 4 ff.). Persönliches Führungsverhalten bleibt ohne Berücksichtigung der umgebenden Rahmenbedingungen oftmals hinter den erhofften Einflusserwartungen zurück bzw. scheitert grundsätzlich. Ein autoritärer Vorgesetzter wird sich als Creative-Director in einer sehr offen und selbstorganisierend strukturierten Marketingagentur schwer tun, seine direktiven Vorgaben umzusetzen. Aus der Erkenntnis, dass situative Rahmenfaktoren einen nicht zu unterschätzenden Einfluss auf die Führung haben, folgt weiterhin, dass sich personale Führung in Abhängigkeit der Branchenzugehörigkeit des Unternehmens, des umgebenden kaufmännischen oder gewerblich-technischen Bereichs und der hierarchischen Position der Führungskraft unterscheiden kann.

Letztlich bietet gerade das abgestimmte, integrative und sich wechselseitig unterstützende Zusammenwirken beider Komponenten, **personales Führen** und **strukturaler Führungsrahmen**, die Chance zu echtem **Führungserfolg** (vgl. Abb. 1.1 sowie Rosenstiel 2014a, S. 3 f.).

Die Rahmenfaktoren stellen in diesem Sinne grundsätzlich Führungssubstitute dar (vgl. Kerr und Jermier 1978, S. 375 ff.; Greenberg und Baron 2007, S. 500 ff.; Rybnikova 2014, S. 259 ff.), die mit ihren verschiedenen Wirkungen personale Führung ersetzen, wirkungslos werden lassen bzw. verstärken. **Substitute im eigentlichen Sinn** sind organisationale Bedingungen, die dazu führen, dass personale Führung überflüssig wird, da die beabsichtigte Einflussnahme bereits durch die situativen Faktoren erzeugt wird. Einem Mitarbeiter, der selbsterklärende, getaktete und wiederkehrende Arbeitsschritte am Fließband durchführt, braucht die Führungskraft nicht zu erklären, in welcher Zeit er welchen Prozess wie ausführen muss. **Neutralisierer** als Sonderform der Substitute behindern bzw. heben die Einflusswirkung personalen Führungsverhaltens auf (vgl. Weibler 2016, S. 348). So reduziert ein konsequent leistungsunabhängiges Anreizsystem erheblich die Einflusswirkungen eines auf Leistungssteigerung angelegten Führungsverhaltens. Vom Unternehmen gestaltete Substitute sind Teil der bewussten **strukturalen Führung** und sollen als **„Steigerer“** bzw. **„Verstärker“** den Einflussversuch der Führungskraft unterstützen (vgl. Howell et al. 1986; Neuberger 2002, S. 446). Derartige Führungssubstitute können von der Führungskraft aktiv im personalen Führungsprozess eingesetzt werden und stellen

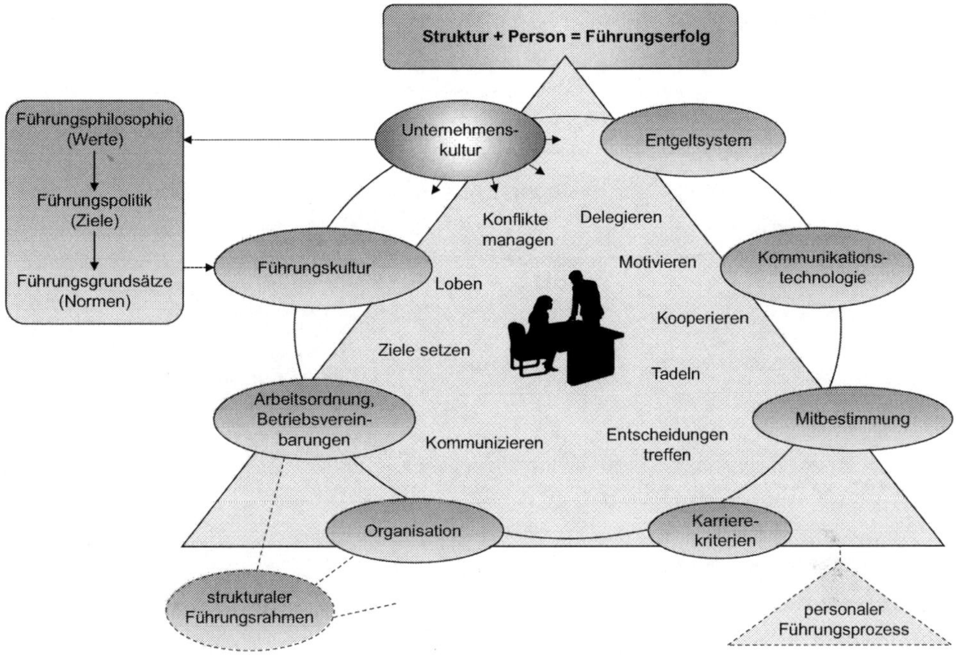

Abb. 1.1 Personale und strukturale Führung. Quelle: eigene Darstellung

damit Führungsinstrumente dar. So wirkt ein leistungsorientiertes Vergütungssystem als Führungssubstitut grundsätzlich unterstützend für das auf Leistungssteigerung gerichtete Verhalten der Führungskraft. Das konkrete Versprechen einer Leistungsprämie anhand der im Entgeltsystem definierten Kriterien durch die Führungskraft ist dann ein Führungsinstrument.

Grundsätzlich ist festzuhalten, dass sich die wirkungsbezogene Differenzierung der Führungssubstitute nicht durchgesetzt hat. Vielmehr wird die für den Führungserfolg moderierende (beeinflussende) bzw. mediatierende (vermittelnde) Wirkung situativer Bedingungen grundsätzlich anerkannt und versucht, im Führungsprozess zu berücksichtigen.

Insgesamt haben Kerr und Jermier (1978; S. 378) 14 verschiedene Führungssubstitute definiert und in drei Kategorien (Merkmale der Mitarbeiter, Merkmale der Aufgabe und Merkmale der Organisation) eingeordnet (vgl. Abb. 1.2). Die spezifische Kombination und Ausprägung der Rahmenfaktoren definiert den jeweiligen Grad der situativen Günstigkeit für die Führungskraft. Konsequent zu Ende gedacht, wäre personale Führung nur noch dann notwendig, falls offene Lücken in der Führungsstruktur zu schließen wären (Residual- oder Lückentheorie der Führung; vgl. Türk 1981). Personale Führung in diesem Verständnis wäre gleichsam ein Restfaktor zur Sicherung der sozialen Kontrolle in Organisationen, die durch situative Kontrollmechanismen nicht erreicht würde (vgl. Rybnikova 2014, S. 263 f.).

Wesentliche Elemente bewusster strukturaler Führung, d. h. vom Unternehmen gestalteter Führungssubstitute, sind (vgl. Wunderer 2011, S. 5 ff. und S. 72 ff.) die Unternehmenskultur, das Anreizsystem und die Organisationsstruktur:

Merkmale der Mitarbeiter	Merkmale der Aufgabe	Merkmale der Organisation
1. Fähigkeiten, Erfahrung, Wissen 2. Unabhängigkeitsstreben 3. Profesionelle Orientierung 4. Gleichgültigkeit gegenüber organisationaler Anreize	5. Gleichbleibende Routineaufgaben 6. Methodische Invarianz 7. Rückmeldung durch die Aufgabe 8. Intrinsisch befriedigende Aufgaben	9. Formalisierung 10. Mangelnde Flexibilität 11. Unterstützung durch Beratung und Stäbe 12. Kohäsive Arbeitsgruppen 13. Von Führungskraft unkontrollierte organisationale Belohnungen 14. Räumliche Distanz zwischen Vorgesetzten und Mitarbeitern

Abb. 1.2 Führungssubstitute. Quelle: in Anlehnung an Rybnikova (2014, S. 273) und Blessin und Wick (2014, S. 228) auf Basis von Kerr und Jermier (1978, S. 378)

- **Unternehmens- und Führungskultur**

Wird Kultur aus einer funktionalen Perspektive als gestaltbare Erfolgsvariable interpretiert (vgl. Heinen und Fang 1997, S 15 ff.), kann sie als Element strukturaler Führung entwickelt und eingesetzt werden (vgl. zu Möglichkeiten kultureller Transformation Schein 2010, S. 219 ff. und Hentze et al. 2005, S. 485 ff.). Kultur entsteht durch das Zusammenleben von Menschen (vgl. Steinmann et al. 2013, S. 652 ff.). Dabei werden sowohl durch das intentionelle und inzidentelle Handeln und Denken der Menschen Merkmale im Sinne von Normen, Werten und Denkmustern geschaffen, die charakteristisch für eine jeweilige Gruppierung (Belegschaft) sind. Unternehmenskultur bezeichnet dann die organisationsimmanenten **Vorstellungs- und Interpretationsmuster**, die das Verhalten der Mitglieder prägen. Diese Muster basieren auf kollektiv geteilten Werten und Basisannahmen. Herrscht eine Unternehmenskultur vor, die sich in ihren Basisannahmen mit der Unternehmensvision und -strategie deckt, wird die operative Führungsarbeit erleichtert, da Mitarbeiter „von sich aus" die richtigen Handlungen vornehmen. Im Sinne einer unternehmenskulturzentrierten Führung werden Mitarbeiter und Management organisationsspezifisch sozialisiert. Die Unternehmenskultur wirkt dann als verstärkendes Führungssubstitut handlungsleitend und bietet Orientierung in Entscheidungssituationen. Besonders gut leisten kann dies eine starke Unternehmenskultur. Eine solche ist gegeben, wenn sie prägnant sowie unter den Mitarbeitern verbreitet und verankert ist (vgl. Steinmann et al. 2013, S. 664 ff.).

Innerhalb des strukturalen Führungsrahmens bilden die kulturellen Basisannahmen einer Organisation zudem den normativen Rahmen, der über die Führungskultur die Grenzen für das individuelle Führungsverhalten der Vorgesetzten definiert. Ausgehend von den Basisannahmen der Unternehmenskultur und der daraus abgeleiteten Werte zur Führung (**Führungsphilosophie**) können die **Führungsziele** in der **Führungspolitik** formuliert werden. Daraus können wiederum **Führungsgrundsätze** erarbeitet werden, welche die zentralen Verhaltensnormen für die Personalverantwortlichen festlegen (vgl. Abb. 1.1).

Beispiel

Auszug aus den Führungsgrundsätzen der Axel Springer SE

Präambel: „Kreativität, Unternehmertum, Integrität. Diese drei Werte bestimmen das Selbstbewusstsein von Axel Springer. Sie sind die Maßstäbe unseres täglichen Handelns. Wir führen, indem wir Raum für Kreativität schaffen, Ziele definieren und Wandel gestalten. Wir wollen Axel Springer weiterhin mutig zu unternehmerischem Erfolg führen. Im Mittelpunkt stehen unsere Mitarbeiter, die wir fördern, fordern und zu eigenverantwortlicher Arbeit ermutigen. Bei all unseren Aktivitäten achten wir konsequent auf die Einhaltung von Recht und Gesetz sowie unserer Unternehmensrichtlinien."

(1) Motivation und Begeisterung vorleben: Wir begeistern und überzeugen. Wir erkennen neue Möglichkeiten und machen sie begreiflich. Wir leben Motivation und Höchstleistung vor. Wir fordern nur das, was wir auch selbst einhalten. Wir binden unsere Mitarbeiter ein, inspirieren zu Veränderung und fördern den Spaß an der Arbeit.
(2) Ergebnisse erzielen: Wir setzen uns und unseren Mitarbeitern motivierende und transparente Ziele. Wir geben klare Prioritäten vor. Ergebnisse überprüfen und kontrollieren wir konsequent. Wir feiern Erfolge gemeinsam und analysieren Rückschläge ohne Schuldzuweisung, um daraus zu lernen.
(3) Respektvoll kommunizieren und handeln: Achtung und Fairness prägen unsere Führungsarbeit. Wir haben erkannt, dass Anerkennung und Respekt die wichtigsten Grundlagen für Leistung sind. Wir führen einen regelmäßigen Dialog mit unserem Team sowie einzelnen Mitarbeitern und sind für unsere Mitarbeiter stets ansprechbar. Wir kommunizieren Entscheidungen ehrlich und respektvoll. Wir sind loyal zum Unternehmen wie auch zu unseren Mitarbeitern – auf allen Hierarchieebenen.
(4) Mitarbeiter fördern und fordern: Die Förderung von Mitarbeitern ist wesentlicher Bestandteil unserer Führungsphilosophie. Wir vertrauen unseren Mitarbeitern und übertragen ihnen Verantwortung, um sie zu fördern. Die Fähigkeiten unserer Mitarbeiter entscheiden über unseren Erfolg als Führungskraft. Wir verwenden auf ihre Entwicklung einen bedeutenden Anteil unserer Zeit. Für unsere Mitarbeiter suchen wir gezielt Entwicklungsmöglichkeiten, auch wenn diese außerhalb des eigenen Bereichs liegen. Wir sorgen dafür, dass die Besten zu Axel Springer kommen und hier bleiben. Das heißt: Wir suchen nach Exzellenz und fördern vor allem Mitarbeiter, die besser sind als wir selbst.

Quelle: Axel Springer (2015)

- **Anreizsystem**

Das betriebliche Anreizsystem als Zusammenfassung aller bewusst gestalteten Arbeitsbedingungen (vgl. Berthel und Becker 2013, S. 568 f.) ist ein weiteres zentrales Führungssubstitut. Als Anreizarten können wie in Abb. 1.3 dargestellt **materielle** (monetäre) und **immaterielle** (nicht-monetäre) Anreize unterschieden werden (vgl. Weibler 2016, S. 417 ff. und Abschn. 6.3.1 dieses Buches).

Je besser die betrieblichen Anreize auf die Unternehmensvision und -strategie ausgerichtet sind, desto stärker fällt die Steuerungswirkung aus und desto mehr wird die operative Führungsarbeit unterstützt. Ist es z. B. das taktische Ziel eines Vertriebsbereichs den Marktanteil in einer Produktgruppe bis zum Jahresende zu erhöhen, führt ein Prämienlohnsystem, welches die Verkaufszahlen als Bezugsgröße nutzt, zu einer zielgerichteten Verhaltenssteuerung.

Im Bereich der monetären Anreize, die primär die extrinsische Motivation aktivieren, kann zwischen den Kernelementen der Vergütung und den Nebenleistungen differenziert werden (vgl. zur Ausgestaltung des Entgeltmanagements Lindner-Lohmann et al. 2016, S. 109 ff.). Im Bereich der nicht-monetären Anreize sind insbesondere Maßnahmen zur persönlichen Entwicklung (Karriere und Personalentwicklung) sowie

monetär	
Vergütung ▪ Grundvergütung ▪ Variable Vergütung ▪ Sonderzahlungen ▪ Spontane Leistungsprämien ▪ Long-Term-Incentives ▪ Mitarbeiterbeteiligung	**Nebenleistungen** ▪ Altersvorsorge ▪ Gesundheitsvorsorge ▪ Risikovorsorge ▪ Firmenwagen ▪ Sozialleistungen (Job-Ticket…) ▪ Zusatzversicherungen
▪ Personalentwicklung ▪ Masterprogramme, Promotion ▪ Management Development ▪ Karriereentwicklung ▪ Nachfolgeplanung ▪ Herausfordernde Aufgaben ▪ Mitwirkungsmöglichkeiten ▪ Age-Management ▪ Sabbatical für Weiterbildung ▪ Weiterbildung in der Elternzeit ▪ Lebensphasengerechtes Lernen **Lernen und Entwicklung**	▪ Familienfreundliche Maßnahmen ▪ flexible Arbeitszeitmodelle inkl. Lebensarbeitszeitkonten ▪ Entscheidungsspielräume ▪ Teamarbeit ▪ Outplacement (Exit-Prozess) ▪ Diversity Management ▪ Betriebsklima ▪ Wiedereingliederungsmanagement ▪ Telearbeit ▪ Arbeitsinhalte **Arbeitsumfeld**
nicht monetär	

Abb. 1.3 Beispielhaftes Anreizsystem als Führungssubstitut. Quelle: in Anlehnung an AON Hewitt (2012)

zur bedürfnisgerechten Gestaltung des Arbeitsumfeldes effektiv. Die nicht-monetären Anreize wirken vorrangig auf die intrinsische Motivation der Mitarbeiter.

- **Organisationsstruktur**

Auch die Organisationsstruktur ist ein wesentliches Führungssubstitut (vgl. Pinnow 2012, S. 149 ff.), da sie Entscheidungs- und Handlungsspielräume, Formen der Zusammenarbeit, Wege der Kommunikation und Abhängigkeitsverhältnisse der Mitarbeiter zueinander bestimmt und damit deren Verhalten steuert (vgl. auch Türk 1995). Die Organisationsstruktur ist idealerweise so zu gestalten, dass die Erfüllung des Unternehmenszwecks gefördert wird, dabei aber Grundbedürfnisse der Belegschaft nicht außer Acht gelassen werden, um diese intrinsisch zu motivieren. Das kann sowohl sehr offene als auch sehr enge Strukturen zur Folge haben.

Für qualifizierte Mitarbeiter, z. B. im Forschungsbereich, die selbstorganisiert als Mitunternehmer agieren sollen, sind Denk- und Handlungsspielräume wichtig (vgl. Wunderer 2011, S. 79.). Dies erfordert eine Abkehr von **mechanistischen** hin zu **organischen Organisationsstrukturen** (vgl. Schirmer 2007, S. 53). Klassische Einliniensysteme funktionaler Prägung mit intensiver Zentralisation der Entscheidungsautonomie auf höchster Ebene sind wenig geeignet, Selbstorganisation und Intrapreneurship der Mitarbeiter zu steigern. Notwendig sind dagegen offene Ermöglichungsstrukturen, die Handlungs- und Entscheidungsspielräume schaffen. Zu denken ist hier an die Etablierung von Projektarbeit, teilautonomen Arbeitsgruppen oder von offenen Entwicklungsprozessen z. B. nach der Scrum-Methodik (vgl. zu Scrum Gloger und Margetich 2014).

1.2.2 Führungsprozess und Führungsaufgaben

Führung von Mitarbeitern ist ein Prozess der beabsichtigten sozialen Einflussnahme, der auf einer asymmetrischen Verteilung der Einflusspotenziale beruht. Dabei ist der Erfolg des Führungsprozesses keinesfalls garantiert, da sich die Befindlichkeit und die Zusammensetzung der in der sozialen Beziehungsstruktur „Führung“ aufeinandertreffenden Menschen stetig ändert und ein komplexes Wirkungsgefüge im Prozess der Führung erzeugen (vgl. Steinmann et al. 2013, S. 617 ff.). Der Erfolg im Führungsprozess ist neben den spontanen Beziehungszuständen auch von der grundsätzlichen Qualität der Führer-Geführten-Beziehung, der Führungsdyade, abhängig (vgl. im Folgenden Neuberger 2002, S. 31 ff. sowie zur Führungsdyade Weibler 2016, S. 151 ff.). Beide, Vorgesetzter und Mitarbeiter, möchten in Organisationen ihre persönlichen Ziele durchsetzen und sind somit in einer austauschorientierten Geber- und Nehmer-Beziehung miteinander verbunden.

Durch den interaktionellen Führungsprozess, der durch spezifische Aufgabenstellungen, Probleme wie Qualitätsmängel, Terminverzögerungen usw. ausgelöst wird, versucht der Führende sicherzustellen, dass die aus dem betrieblichen Zielsystem abgeleiteten Plangrößen erreicht werden (vgl. Abb. 1.4). Auf dieser Basis unternimmt er einen durch

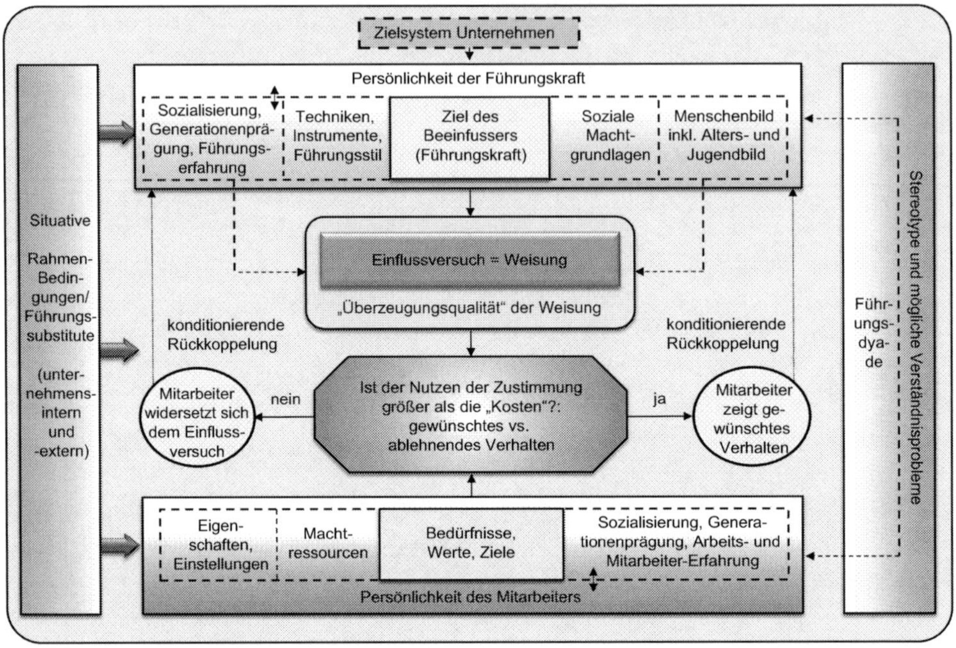

Abb. 1.4 Führung als Einflussprozess. Quelle: in Anlehnung an Steinmann et al. (2013, S. 620); erweitert

das Weisungsrecht legitimierten Einflussversuch. Da das **Weisungsrecht** jeder Führungskraft zur Verfügung steht, es dennoch bei verschiedenen Führungskräften in ähnlichen Situationen zu unterschiedlichen Führungsergebnissen kommt, reicht eine rechtliche Betrachtung zur Erklärung von Führungserfolg nicht aus. Die „**Überzeugungs-Qualität**" der Weisung hängt erheblich von der Persönlichkeit der Führungskraft, d. h. von ihrer Intelligenz, ihrem Selbstwirksamkeitskonzept, ihren Werten, ihrem Menschenbild, ihrer Sozialisierung und Generationenprägung usw. ab. Dies bestimmt dann auch, mit welchem Führungsstil (von autoritär über kooperativ bis hin zu laissez-faire) und dazu kombinierten **Führungsinstrumenten** wie Delegation, Feedback, Coaching usw. Einflussversuche umgesetzt werden. Dieses Zusammenspiel bestimmt letztlich die Qualität der Weisung. Die Überzeugungskraft der Weisung wird weiter von den sozialen Machtgrundlagen einer Führungskraft, also z. B. von der Frage, ob der Führende über persönliche Ausstrahlung verfügt oder bereit ist, vorhandene Sanktionspotenziale einzusetzen, mithin **Macht** auszuüben, determiniert. Alle Faktoren zusammen ergeben das **Einflusspotenzial** einer Führungskraft.

Aber selbst ein „hervorragendes" Führungsverhalten garantiert nicht, dass sich Mitarbeiter wie gewünscht verhalten. Die Geführten wägen intuitiv-unbewusst auf Basis ihrer eigenen Persönlichkeit, ihrer Bedürfnisse sowie Ziele und Wertevorstellungen ab, ob es lohnend ist, dem Einflussversuch zu folgen, oder ob es individuell nutzbringender ist, sich diesem zu verweigern bzw. nur bedingt zu folgen. Auch reflektieren die Geführten in diesem Zusammenhang eigene **Machtpotenziale**, die sie der hierarchischen Macht des Vorgesetzten entgegensetzen können, um eine mögliche Verweigerung faktisch durchführen und möglichst „ungestraft" überstehen zu können. Solche mikropolitischen Machtfundamente auf Seiten der Mitarbeiter können z. B. in deren Expertenwissen oder Leistungsbereitschaften begründet liegen (vgl. Weibler 2016, S. 136 ff.). Insofern ist der Führungsprozess eine **Konflikttheorie der Führung**, da nicht davon auszugehen ist, dass Anweisungen im Rahmen der organisatorischen Hierarchie immer unkritisch befolgt werden. Einflussversuche, die zu einer Erfüllung der Individualziele der Geführten beitragen, sind unproblematisch und werden nutzenbringend wahrgenommen und umgesetzt. Widersetzt sich ein Mitarbeiter dagegen einer Anweisung zeigt er dies selten durch eine offenkundige Arbeitsverweigerung. Stattdessen treten subtile **Verweigerungsformen** wie Dienst nach Vorschrift, Unwohlsein und Rückdelegation auf. Die Einflusspotenziale einer Führungskraft müssen demzufolge umso stärker ausgeprägt vorhanden sein, je weniger Anweisungen zu den Bedürfnissen der Mitarbeiter passen bzw. je weniger die Geführten das erwartete Verhalten von sich aus akzeptieren und zeigen wollen. Durch ihr zustimmendes oder verweigerndes Verhalten, das als Führungserfahrung auf die Vorgesetzten zurückwirkt, konditionieren die Geführten das Handeln der Vorgesetzten in künftigen Führungssituationen. Dieser Effekt wird zum Teil bewusst als induktive „**Führung von unten**" zur Lenkung von Führungskräften eingesetzt (vgl. Weibler 2016, S. 139 f.). Das Verhalten der Geführten ist im Führungsprozess somit nicht nur als abhängige, sondern auch als unabhängige Variable zu interpretieren (Wegge und Rosenstiel 2014, S. 328).

Beeinflusst wird der Führungsprozess zudem durch die situativen Randbedingungen, die als Führungssubstitute auf diesen Prozess hemmend, neutralisierend oder fördernd einwirken. Auch hängt der Führungsprozess davon ab, von welcher Qualität die Zweier-Beziehung (**Führungsdyade**) zwischen dem Führer und dem Geführten ist. Handelt es sich nur um ein transaktionales Verhältnis oder bestehen auch weitergehende Vertrauens- und Beziehungsstrukturen? Gegenseitiges Vertrauen und vorhandene gemeinsame Erfahrungshintergründe erleichtern das gegenseitige Verständnis und fördern auf Seiten der Geführten die Bereitschaft zu folgen.

Die Überzeugungsqualität des Vorgesetzten im Führungsprozess ist auch davon abhängig, wie es ihm im Kontext seiner Persönlichkeitsstruktur und seiner gesammelten Führungserfahrungen gelingt, die zur Zielverfolgung notwendigen Führungsaufgaben zu erfüllen. Entspricht der Umfang und die Qualität der Umsetzung den Erwartungen der Mitarbeiter, ist es plausibler, dass diese den Einflussversuchen folgen. Zu den **Kernaufgaben** von Führungskräften gehört es (vgl. Malik 2014, S. 165)

- Ziele vorzugeben,
- zu organisieren,
- zu entscheiden,
- zu kontrollieren, messen und zu beurteilen sowie
- Mitarbeiter zu fördern.

Am Managementprozess orientierte Führungsaufgaben				
Planen, innovieren und Ziele vorgeben	***Organisieren und koordinieren***	***Entscheiden***	***Kontrollieren***	***Mitarbeiter fördern und entwickeln***
• Strategien entwickeln • vernetzt denken • neue Wege gehen • Freiräume nutzen • Ziele definieren und vereinbaren • Herausforderungen annehmen	• Visionen kommunizieren • Aufgaben delegieren • Ressourcen managen • Informationen verteilen • Kommunizieren und vernetzen • Prozesse definieren und optimieren	• Informationen sammeln und auswerten • Alternativen entwickeln und bewerten • Nutzwert-Analysen durchführen • Folgen erfassen • final entscheiden	• Qualitätskriterien definieren • Termine vereinbaren und überwachen • Status erheben • Berichte erstellen • Eigenverantwortlichkeit integrieren	• Coachen und qualifizieren • Potenziale erkennen und fördern • Vernetztes Denken entwickeln • Feedback geben: „Lob und Tadel"

Mitarbeiterbezogene Führungsaufgaben		
Gegenseitiges Vertrauen entwickeln	***Zusammenarbeit fördern***	***Selbstorganisationsfähigkeit fördern***
• Wandel menschlich bewältigen • integer handeln • verlässlich agieren und Zusagen einhalten • Mitarbeitern zuhören und um Befindlichkeit kümmern • für Mitarbeiter einsetzen • Vertrauen „schenken"	• Spaß an der Arbeit sichern • Teamgeist fördern • motivieren • gemeinsamen Erfahrungshintergrund schaffen • Kontaktpunkte schaffen • Konflikte lösen	• Kreativität stimulieren • Menschen begeistern, inspirieren • positives Denken und Selbstvertrauen fördern • Initiativen belohnen • Handlungsspielräume und Rahmenbedingungen schaffen

Selbstführungsbezogene Aufgaben	
• aus Fehlern lernen • eigenes Handeln und Verhalten reflektieren • alternative Lösungen und Meinungen akzeptieren	• Work-Life-Balance beachten • sich selbst motivieren • persönliches Zeitmanagement optimieren

Abb. 1.5 Zentrale Führungsaufgaben. Quelle: auf Basis von Fleishman et al. (1991, S. 245 ff.); Wunderer (2011, S. 24) und Malik (2014, S. 165)

Diese Aufgaben können durch **Werkzeuge** wie Sitzungen, Reports und schriftliche Kommunikation, Aufgabengestaltung und Einsatzsteuerung, persönliche Arbeitsmethodik, Budgetierung, Leistungsbewertung und das konsequente Hinterfragen von Prozessen, Strukturen, Produkten etc. in Bezug auf Relevanz für den Erfolg realisiert werden.

In einer ergänzenden Betrachtungsweise lassen sich weitere Detailaufgaben differenzieren und in ein Gesamtmodell integrieren, das neben den direkt auf die Zielerreichung fokussierenden Maßnahmen auch Aufgaben zur Förderung der Zusammenarbeit und zur Eigenentwicklung der Führungskraft beinhaltet (vgl. Abb. 1.5).

1.2.3 Kernfunktionen der Führung

Die unterschiedlichen Aufgaben der Führungskräfte lassen sich in den Grunddimensionen auf zwei Kernfunktionen der Führung reduzieren (vgl. grundsätzlich Hentze et al. 2005, S. 24 f.; Bröckermann 2012, S. 252: die **Lokomotions- und die Kohäsionsfunktion**.

Führungskräfte tragen in besonderem Maße Verantwortung für den Unternehmenserfolg. Auf der Basis des Weisungsrechts und der übertragenen Entscheidungsbefugnisse haben gerade sie die Möglichkeit, darauf Einfluss zu nehmen. Im Sinne eines **Mitunternehmertums** (vgl. Wunderer 2011, S. 51 ff.) sollen Führungskräfte durch Innovationen, Risikobereitschaft, vorausschauendes Denken und eigenverantwortliches Ergreifen von Chancen das Unternehmensergebnis steigern. Ein solches **Intrapreneurship** bzw. Mitunternehmertum (vgl. grundsätzlich Pinchot 1988) erfordert in starkem Maße strategisches Denken und erfolgsorientiertes Handeln. Zudem müssen Führungskräfte ihren eigenen Verantwortungsbereich ständig optimieren. Dazu gehört auch, bei den Mitarbeitern ein solches Intrapreneurship zu entwickeln. Die zentrale Kernfunktion besteht somit darin, die Leistung und Fähigkeiten der Mitarbeiter auf die angestrebten Sachziele hin zu auszurichten (Lokomotionsfunktion), um dadurch die Formalziele des jeweiligen Verantwortungsbereiches zu realisieren. Hierbei handelt es sich um die sach-rationale Dimension der Führung (vgl. Bleicher und Meyer 1976, S. 37 ff.).

Plausibel gefördert wird die Leistungsfähigkeit von Arbeitsgruppen dann, wenn sich die Mitglieder wohlfühlen und ein Zusammengehörigkeitsgefühl untereinander empfunden wird (Kohäsion) (vgl. im Folgenden Rosenstiel 2014b, S. 327 ff.). Folglich müssen Führungskräfte die Gruppenkohäsion, d. h. das „Wir-Gefühl," unter ihren Mitarbeitern stärken (Kohäsionsfunktion). Da die Kohäsion plausibel die Lokomotion fördert, steht sie zu dieser in einer **Mittel-Zweck-Beziehung.** Zu bedenken ist, dass dieser Zusammenhang empirisch nicht zwingend ist. So kann es gerade in hoch kohäsiven Arbeitsgruppen infolge reglementierender Leistungsnormen oder infolge von unter Gruppendruck getroffener Fehlentscheidungen zu schwachen Arbeitsergebnissen kommen.

Grundsätzlich umschreibt Kohäsion zum einen das Ausmaß des **Zusammengehörigkeitsgefühls** in einer Gruppe und ist zum anderen ein Maß für die Beschreibung der **Attraktivität von Gruppen**. Hoch kohäsive Arbeitsgruppen verfügen über einen intensiven Zusammenhalt, welcher Absentismus und Fluktuation entgegenwirkt und damit den Bestand der Gruppen sichert. Gleichzeitig wirken solche Gruppen auf Außenstehende so attraktiv, dass sich diese um eine Mitgliedschaft bemühen.

1.2.4 Führungsrollen und Führungsbeziehung

Die Frage nach den von einer Führungskraft zu erbringenden Aufgaben lässt sich nur im Kontext des Konstruktes der Führungsrolle beantworten (vgl. im Folgenden grundsätzlich Blessin und Wick 2014, S. 151 ff.). Allerdings ist es nicht möglich, hier eine abschließende **Rollendefinition** oder gar ein finales Bündel an Führungsaufgaben zu definieren – es existieren zu viele Variationsmöglichkeiten in Abhängigkeit der situativen Gegebenheiten. Eine Rolle bezeichnet dabei grundsätzlich die Gesamtheit der Verhaltenserwartungen, die aus dem relevanten sozialen Umfeld an einen Positionsinhaber gestellt werden. Position umschreibt wiederum eine Stelle im Organisationsgefüge, hier insbesondere eine Führungsstelle (Instanz). Der Positionsinhaber ist somit nicht frei in seiner Rollenausgestaltung und unterliegt vielmehr einem **kollektiven Anforderungsdruck**. Dies bedingt eine deutliche Abkehr von der Sicht des Vorgesetzten als souveränen, allein entscheidenden und gestaltenden Akteur. Vielmehr agiert bzw. reagiert die Führungskraft innerhalb eines Gefüges von Erwartungszwängen. Die Verhaltenserwartungen werden dem Positionsinhaber im Rahmen der Rollenepisoden (vgl. Katz und Kahn 1966, S. 182 ff.) vermittelt. Das konkrete Set an Verhaltenserwartungen kann über drei Theorieansätze argumentiert werden: den strukturalistischen, den funktionalistischen und den symbolisch-interaktionistischen Ansatz.

Auf Basis des **strukturalistischen Rollenansatzes** ist eine allgemeingültige inhaltliche Rollenbestimmung per se nicht möglich, da sich Führungsrollen offensichtlich im Kontext des jeweiligen Sozialgefüges etablieren, das sich in jeder Organisation mit unterschiedlichen Teilnehmern und damit verschiedenen Rollenerwartungen konstituiert. Der Vorgesetzte befindet sich in diesem radikalen Denken gleichsam in einer „Opfersituation", da sein Tun in erheblichem Maß durch andere Akteure bestimmt wird (vgl. Abb. 1.6). Gleichwohl wird dem Rolleninhaber zugebilligt, eine gewisse Interpretation der Rollenerwartungen vorzunehmen bzw. in einen Aushandlungsprozess mit den Rollensendern zu gehen.

Dieses Verständnis der inhaltlichen Rollenkonkretisierung denkt ex ante konfliktäre Erwartungsvorstellungen mit und geht davon aus, dass nicht immer alle Rollenerwartungen unterschiedlicher Anspruchsgruppen in einem harmonischen Verhältnis zueinander stehen müssen. Insgesamt können hier sechs Kategorien von **Rollenkonflikten** unterschieden werden (vgl. Steinmann et al. 2013, S. 560 ff. sowie Abschn. 3.1.2 in diesem Buch): der Intra-Sender-, der Inter-Sender und der Inter-Rollen-Konflikt, die Rollenüberlastung, die Rollenambiguität und der Person-Rollenkonflikt.

Im **funktionalistischen Rollenkonzept** erfolgt eine Perspektivenänderung dahingehend, dass Rolle definiert wird, als das Set an zu erbringenden, bestandssichernden Funktionen für die Organisation. Die Bedeutung der Position ergibt sich somit aus dem Beitrag zum Erhalt des Unternehmens und wird durch die Systemerfordernisse definiert. Auch hier hat die Führungskraft einen eher geringen Einfluss auf die notwendig zu erbringenden Aufgaben.

Henry Mintzberg hat auf empirischer Basis ein Konzept für Manager entwickelt, das zehn verschiedene Rollen beinhaltet, welche drei Bereichen zugeordnet sind und im funktionalistischen Sinn zum Erhalt von Organisationen beitragen (vgl. Mintzberg 1980).

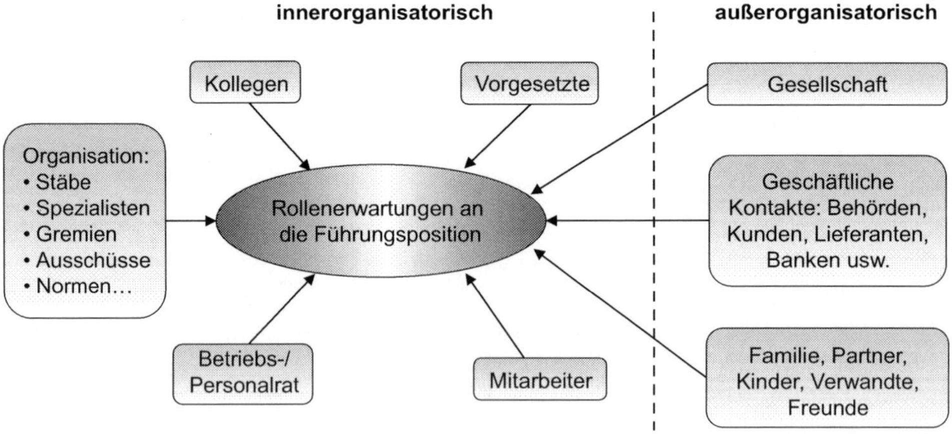

Abb. 1.6 Rollensender im strukturalistischen Rollenkonzept. Quelle: Blessin und Wick (2014, S. 157), leicht modifiziert

Im Bereich der **interpersonellen Beziehungen** fungieren Führungskräfte als (1) Galionsfigur, d. h. sie stellen ihren Bereich nach innen gegenüber Kollegen und anderen Führenden sowie nach außen gegenüber Kunden und Geschäftspartnern dar. Als (2) Vorgesetzte führen sie ihre Mitarbeiter und beurteilen diese. Als (3) Vernetzer integrieren sie ihren Verantwortungsbereich in ein umfassendes internes und externes Kontaktnetzwerk. Das **Informationsmanagement** ist als zweiter Bereich sehr bedeutsam. Hier nehmen Führungskräfte als (4) Beobachter im Kontaktnetzwerk Informationen auf und verteilen diese als (5) Sender bedarfsbezogen an ihre Mitarbeiter. Als (6) Sprecher vertreten Manager ihren Bereich oder ihr Unternehmen in der Öffentlichkeit. Im dritten Bereich der **Entscheidungen** treten Führungskräfte als (7) Innovatoren auf, d. h. sie organisieren den geplanten Wandel in ihren Abteilungen und streben nach ständiger Optimierung. Als (8) Problemlöser sind sie für Konfliktlösungen und die Beseitigung unerwarteter Schwierigkeiten zuständig. Das damit verbundene Zuweisen von Aufgaben und Kompetenzen sowie finanzieller Kapazitäten umschreibt die Rolle des (9) Ressourcenzuteilers. Als (10) Verhandlungsführer vertreten Führungskräfte ihren Bereich, z. B. bei der Anbahnung neuer Geschäftskontakte.

Ein weiteres, weit verbreitetes funktionalistisches Rollenkonzept stellt das in Abb. 1.7 aufgenommene Konzept in Anlehnung an Dave Ulrich (1996) dar. Dieses zielt darauf ab, dass sich die notwendig von Führungskräften zu erbringenden Aufgaben im Spannungsfeld von operativer Tagesarbeit und Zukunftsorientierung bewegen. Weiter müssen sich Führungskräfte als Ergebnisverantwortliche und Intrapreneure mit „harten" Fakten und Prozessen auseinandersetzen, auf der anderen Seite aber das Erfolgspotenzial ihrer Mitarbeiter entwickeln. Somit lassen sich vier Rollen beschreiben:

Abb. 1.7 Führungsrollen. Quelle: in Anlehnung an Ulrich (1996, S. 24 ff.); modifiziert

- **Strategischer Partner/Unternehmer**

Diese an ökonomischen Zielen ausgerichtete, zukunftsorientierte Rolle umschreibt die Erwartungen an Führungskräfte, neue Strategien zu entwickeln, sich der ständigen Optimierung und Produktivitätssteigerung zu verpflichten und die personale Vielfalt zum Nutzen des Unternehmens zu steuern.

- **Change Agent**

Als Change Agent agiert die Führungskraft ebenfalls zukunftsgerichtet und optimiert ihren Verantwortungsbereich. Hier steht aber eine ganzheitliche Betrachtung im Vordergrund, die auch die Unternehmenskultur und die Mitarbeiterzufriedenheit integriert, also stärker die „weichen" Aspekte fokussiert.

- **Administrativer Experte/Fachmann**

In dieser Rolle werden die Erwartungen zusammengefasst, die sich auf die operative Tagesarbeit beziehen. Das Verfolgen betrieblicher Ergebnisgrößen unter Beachtung ertrags- und kostenanalytischer Aspekte ist hier vorrangig. Der Führende ist als Experte der operativen Arbeitsprozesse gefordert, gemeinsam mit seinen Mitarbeitern die Sachziele zu erreichen und Probleme zu lösen.

- **Mitarbeiter-Helfer/Dienstleister**

Neben der betriebswirtschaftlich geprägten Tagesarbeit müssen sich Führungskräfte um die Zufriedenheit, die Kohäsion und das Commitment ihrer Mitarbeiter kümmern. Als Diplomat und Förderer müssen sie bei Konflikten eingreifen und sich um die Personalentwicklung ihrer Mitarbeiter kümmern.

Der **symbolisch-interaktionistische** Rollenansatz geht davon aus, dass die Führungskraft nicht nur eine passive „Rollenzumutung" erträgt, sondern aktiv an der Interpretation der Rollenerwartungen Teil hat. In der **Interaktion** mit den Rollensendern erfolgt eine gegenseitige Beeinflussung im Rahmen der Rollendefinition, die inhaltlich nur im konkreten Beziehungsgefüge der beteiligten Akteure ausgestaltet werden kann. Hinzu kommt, dass die gestellten Rollenerwartungen nicht als fertig formulierte Fakten zu betrachten sind, sondern erst einer **symbolhaften Interpretation** durch den Positionsinhaber zugänglich gemacht werden müssen. Der Vorgesetzte interpretiert die an seine Position geknüpften Rollenerwartungen auf der Basis seiner Erfahrungen und seiner sozialisationsbedingten **Identität**. Die Führungskraft gestaltet die offene Rolle so aktiv mit, formt und entwickelt sie weiter. Vorherrschende Widersprüche zwischen unterschiedlichen Rollenerwartungen regen explizit zur Weiterentwicklung der Führungsrolle an.

Zusammengefasst ergibt sich daraus für die Führungsrolle, dass es keine absolut allgemeingültige Ausformulierung derselben geben kann. Basierend auf dem funktionalistischen

Gedanken der Systemerhaltung können durchaus inhaltliche Vorgaben mit normativem Charakter gegeben werden. Diese müssen aber im jeweiligen Kontext entsprechend dem strukturalistischen Denken durch den Einbezug aller Stakeholder und deren Rollenvorstellungen weiterentwickelt und im Sinne einer symbolisch-interaktionellen Verarbeitung der Rollenerwartungen durch die Führungskraft interpretiert und ausgestaltet werden. Eine Konkretisierung der Führungsrolle ohne Einbezug des Vorgesetzten dürfte überwiegend zu suboptimalen Umsetzungsergebnissen führen.

Die als Ergebnis kollektiver Erwartungen, systemnotwendiger Vorgehensweisen und individueller Interpretationen ausgestaltete Führungsrolle trägt im konkreten Einzelfall dann erheblich dazu bei, wie sich die Beziehung zwischen Vorgesetzten und Mitarbeitern gestaltet (vgl. im Folgenden grundsätzlich Graen und Uhl-Bien 1995; Weibler 2016, S. 151 ff.; Yukl 2012, S. 222 ff. und Stock-Homburg 2013, S. 511 ff.). Ausgehend von einer formalen Vorgesetzten-Mitarbeiter-Beziehung, der **Führungsdyade** (Zweier-Beziehung zwischen Führendem und Geführten), sind hier verschiedene Weiterentwicklungen denkbar. Auf der Basis einer **austauschtheoretisch** gedachten Beziehungsstruktur in der Führer und Geführter durch ein gegenseitiges Geben und Nehmen ihre persönlichen Ziele realisieren wollen, kann es zu „low-quality exchange relationships" und zu „high-quality exchange relationships" kommen. In Folge des transaktionalen Austauschgedankens wird dies als **„Leader-Member Exchange Theory"** (LMX-Theorie) bezeichnet, in der für die Erklärung von Führungserfolg neben der Person des Führers und der Person des Geführten ausdrücklich auch die Führungsbeziehung betrachtet wird. Diese basiert auf dem sozialen, reziproken Austauschgedanken, dass eine Partei eine Leistung von der anderen Partei erhält und sich dann zu einer Gegenleistung verpflichtet fühlt.

Führungsdyaden entwickeln sich individuell zwischen dem Vorgesetzten und jedem seiner Mitarbeiter und können ganz unterschiedlich ausgeprägt sein. Die Ausbildung der Beziehungsqualität beginnt ab dem ersten Zusammentreffen des Vorgesetzten mit seinem Mitarbeiter (vgl. Abb. 1.8). Zu diesem Zeitpunkt werden sehr schnell gegenseitige Erwartungen aneinander formuliert und deren Erfüllungsmöglichkeiten geklärt und überprüft, die Rollendefinition findet statt. Dies erfolgt im Rahmen der bereits erwähnten Rollenepisoden in der das „role making" und „role taking" stattfindet. Die Rollenepisoden finden dabei eingebettet in die Bearbeitung der vom Vorgesetzten übertragenen Aufgaben statt. Entspricht in diesem Zusammenarbeiten die Ausgestaltung der Führungsrolle den Erwartungen des Geführten und umgekehrt das motivierte und qualitative Agieren des Mitarbeiters den Erwartungen des Vorgesetzten, entsteht eine von Vertrauen und gegenseitigem Respekt geprägte Beziehung. In solch einer „hoch-qualitativen" Führungsperson-Mitarbeiterbeziehung können sowohl Führungskraft als auch Mitarbeiter ihre Ziele durch eine sich gegenseitig unterstützende, positiv geprägte Austauschbeziehung realisieren, die neben dem rein beruflich bedingten Austausch von Ressourcen nun auch private, persönliche Bereiche beinhaltet. Damit lässt sich erfolgreiche Führung einfacher umsetzen, da beide Seiten einander verstehen und sich helfen. Mitarbeiter mit denen eine derartige positive Beziehung entsteht, werden als **In-Group-Mitglieder** bezeichnet, denen intensiv Handlungsspielräume etc. gewährt werden. Infolge dazu verfügen diese Mitarbeiter über hohe Ausprägungen

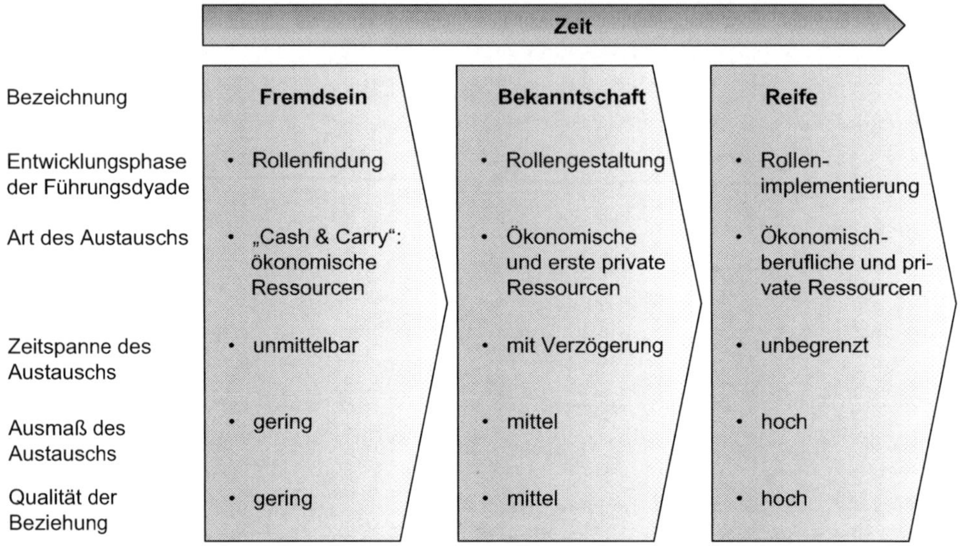

Abb. 1.8 Phasenmodell zur Entwicklung der Führungsdyade. Quelle: Graen und Uhl-Bien (1995, S. 231), modifiziert

bzgl. Commitment, Arbeitszufriedenheit, Leistungsbereitschaft usw. und sind geprägt von hoher Loyalität und hohem Involvement. Mitarbeiter dagegen, die andere Erwartungen an die Führungsrolle haben, als diese der Vorgesetzte interpretiert und umsetzt und die die Vorstellungen des Vorgesetzten an Mitarbeiter weniger erfüllen, werden als **Out-Group-Mitglieder** bezeichnet. Gegenüber Out-Group-Mitarbeitern ist die Führungsbeziehung eher formal geprägt und beschränkt sich auf unumgängliche Interaktionen; hier wird im eigentlichen Sinne nicht geführt, sondern nur beaufsichtigt und kontrolliert, da diese Mitarbeiter für den Vorgesetzten weniger Transaktions-Ertrag bringen.

Die qualitativen Führungsbeziehungen zwischen Vorgesetztem und In-Group-Mitgliedern sind durch eine Entwicklung hin zu einem **transformationalen Verhältnis** geprägt, das u. a. dadurch gekennzeichnet ist, dass sich Führungskraft und Mitarbeiter

- engagiert einbringen und gemeinsam Beiträge leisten, um die Ziele zu erreichen.
- loyal zueinander verhalten und sich unterstützen.
- sowohl fachlich als auch emotional schätzen.
- nicht nur auf einer beruflich-ökonomischen Basis, sondern auch auf einer persönlich-privaten Ebene austauschen.

Führungsdyaden sind dynamisch und können sich ausgehend von einem eher distanzierten erstmaligen Aufeinandertreffen in der Phase des Fremdseins über einen intensiver werdenden gegenseitigen Austausch hin zu hochqualitativen Führungsperson-Mitarbeiterbeziehungen entwickeln. Die einmal entwickelte **Transaktionsqualität**, d. h. die

Art der dyadischen Führungsbeziehung, ist grundsätzlich sehr stabil. Veränderungen sind aber nicht ausgeschlossen und können sowohl von der Führungskraft als auch von dem Mitarbeiter ausgehen (vgl. Weibler 2016, S. 153). Dies gilt auch für den Fall einer aktuell niedrigen Beziehungsqualität.

1.2.5 Makropolitischer Führungskontext

Der organisationsinterne strukturale Führungsrahmen (Substitutions- und Residualtfaktortheorie), innerhalb dessen personale Führung, der Führungsprozess und die Entwicklung der Führungsbeziehung stattfindet, wird auch geprägt durch übergeordnete, unternehmensexterne Entwicklungen auf makropolitischer Ebene. Wesentliche Veränderungstrends, die hier von außen einwirken sind die **Globalisierung** und die damit einhergehende Diversität der Belegschaften, die **Digitalisierung** mit der Entwicklung neuer Arbeitswelten sowie der **demografische Wandel**, der generationenbedingt auch gesellschaftliche Normen und Werte einer Veränderung unterzieht.

Mit der Zunahme der internationalen bzw. **globalen Ausrichtung** vieler Unternehmen steigen die Anforderungen an die Führungsaufgaben (vgl. im Folgenden Stock-Homburg 2013, S. 641 ff.). Vorgesetzten, die im internationalen Vertrieb oder in länderübergreifenden Projekten arbeiten, stellt sich schon seit langem die Aufgabe, Mitarbeiter mit unterschiedlichen kulturellen Lebensbezügen zu führen. Durch die zunehmende Freizügigkeit und Mobilität von Arbeitnehmern innerhalb der Europäischen Union und weltweit, werden auch „heimische" Belegschaften immer diverser. Je größer dabei die **Kulturdistanz** der neuen Mitarbeiter zur vorherrschenden, eigenen Landeskultur ist, desto höher sind die Führungsherausforderungen. Notwendig sind auf Seiten der Führenden Bereitschaft und Fähigkeit zur **interkulturellen Empathie** und Anpassung, welche bei Führungskräften sehr unterschiedlich ausgeprägt sind (vgl. zur Typologie interkultureller Anpassungsfähigkeit und -bereitschaft Stock-Homburg und Ringwald 2006, S. 163 ff.). Generell wächst damit die Forderung nach einem **„Managing Diversity"** (vgl. zum Diversity Management Thomas 2001; Vedder 2003, S. 13 ff.; Stuber 2014; Franken 2015 sowie Abschn. 7.2 in diesem Buch), das auch und gerade die kulturellen Unterschiede der Geführten berücksichtigt und reflektiert. Kulturelle Vielfalt wirkt sich in vielen alltäglichen Situationen aus. So können die grundsätzlichen Einstellungen zur Arbeitstätigkeit an sich, aber auch zu Führungskräften, z. B. religionsbedingt gegenüber weiblichen Führungskräften, oder in Bezug auf das Bedürfnis nach Partizipation bzw. Hierarchie ganz unterschiedlich ausgeprägt sein. Dies nicht nur in der Führungsdyade, sondern auch unter den Mitarbeitern selbst.

Globalisierung und die damit einhergehende kulturelle Diversität wirken sich auf die Unternehmenskultur und infolge dessen auf die Führungskultur und die Führungsgrundsätze aus. Auch Entlohnungssysteme müssen ggf. im Rahmen von Entsendungspolitiken ebenso wie Karriereregeln, die nun ggf. einen verpflichtenden Auslandsaufenthalt beinhalten, überdacht werden.

Die Dynamik, welche durch die zunehmende **Digitalisierung** und ihren vielfältigen Einflüssen auf Kommunikation, Datenverarbeitung (**Big Data**) und das Entstehen neuer Arbeitswelten (Industrie 4.0, **Arbeiten 4.0**, Crowdsourcing, cyberphysische Systeme, demokratische Unternehmensführung usw.) ausgelöst wird, ist in ihren letztlichen Auswirkungen für die Führungsarbeit noch nicht abschließend erfass- oder beschreibbar (vgl. zum Arbeiten 4.0 BMAS 2015). Zumal mit der Digitalisierung auch eine stille Umwälzung von den Menschen selbst ausgeht. Es findet derzeit ein grundlegender kultureller Wandel mit neuen Ansprüchen an die Organisation von Arbeit hin zu mehr Partizipation und Demokratisierung statt. Somit ist eine sozialpartnerschaftliche Gestaltung der Arbeitsbedingungen notwendig, welche sowohl die Erwartungen und Fähigkeiten der Beschäftigten als auch die Herausforderungen für Unternehmen in der neuen Arbeitswelt gleichermaßen berücksichtigt.

Die Dynamik der Arbeitswelt im Zuge von Arbeiten 4.0 fordert schnell zu treffende effektive Entscheidungen, um die „Time-to-Market" zu verkürzen und den immer höheren Kundenansprüchen und dem insgesamt schneller werdenden Wettbewerb gerecht zu werden. Diese Entwicklungstendenzen fordern partiell **agile Führungsmethoden** im Sinne von Super- bzw. Shared Leadership (vgl. Schirmer 2010, S. 123 ff.), da der überholte „great man"-Vorgesetzte nicht mehr in der Lage ist, die zunehmende Menge an Informationen in einer immer kürzer werdenden Zeit für Entscheidungen zutreffend aufzubereiten und zu analysieren. Geteilte Führung mit einem Transfer von Entscheidungskompetenzen an Mitarbeiter ist in vielen Situationen unumgänglich, d. h. Mitarbeiter müssen losgelöst von ihrer Führungskraft fähig sein, Entscheidungen schnell, flexibel und richtig treffen zu können. Zudem führen die Fortschritte im kommunikationstechnologischen Bereich zu einer partiellen **Substitution der persönlichen Interaktion** zwischen Führenden und Mitarbeitern. Dies hat Auswirkungen auf die Beziehung zwischen Arbeitnehmern und Führungskräften, weil hierdurch wesentliche „Nebeneffekte" der persönlichen Kommunikation nicht mehr genutzt werden können. Kommunikation besteht nicht nur aus transportierten Inhalten, sondern tangiert immer auch die Beziehungsebene. Letztere wird gerade durch nonverbale Kommunikationsaspekte (Körpersprache, Mimik, Gestik usw.) beeinflusst. Wird der Austausch „persönlicher" Kommunikationselemente unterbunden, wird damit die Ausbildung gegenseitiger Sympathie behindert, die mit der Anzahl persönlicher Kontakte steigen kann (vgl. Homans 1960). Auch eine intensive Zusammenarbeit mittels Kommunikationsmedien auf der Sachebene wirkt sich nur schwach auf das **Zusammengehörigkeitsgefühl** aus (vgl. Reichwald und Möslein 2009, S. 632).

Für die Führungskräfte bietet die technologische Entwicklung im Bereich des **Informationsmanagements** erhebliche Chancen, aber auch Risiken. Die Möglichkeit zur problemlosen Verbreitung von Informationen an jeden Ort zu jeder Zeit erfordert einen bewussten Umgang mit dieser Option. Eine Informationsüberlastung der eigenen Mitarbeiter kann dazu führen, dass diese wichtige Inhalte nicht erkennen und mit ihrer Arbeitszeit stark gebunden werden. Die bewusste und zielgerichtete

Informationsfilterung, -kanalisierung und -weitergabe sind wesentliche Aufgaben in Zeiten von Big Data und mediengestützter Führung.

Die Veränderungen im Zuge der Digitalisierung wirken sich z. B. auf die situativen Rahmenbedingungen Unternehmenskultur und -hierarchie, Kommunikationssystem und Karrieremodell aus.

Unternehmen stehen durch die **demografische Entwicklung** in Deutschland und Europa vor großen Herausforderungen in Bezug auf den Arbeitsmarkt (vgl. im Folgenden grundsätzlich Schirmer 2016). Umso erstaunlicher ist es, dass sich die Unternehmen den demografischen Risiken in Teilen zwar bewusst sind, daraus aber keine hinreichenden Konsequenzen für ihr Personalmanagement und ihre Führungsarbeit ableiten. Nur 21,6 % von 1.499 Unternehmen gaben z. B. in der Demografie Exzellenz-Studie 2015 an, ihre Führungskräfte zur nachhaltigen Sicherung der Beschäftigungsfähigkeit ihrer Mitarbeiter zu schulen (vgl. Schirmer 2015, S. 20) – und das obwohl die Erhöhung des Bezugszeitpunktes der Regelaltersrente bereits für das Jahr 2029 auf 67 Jahre angehoben wurde und mit einer weiteren Erhöhung in den kommenden Jahren zu rechnen ist. Verschärft wird die demografische Problematik dadurch, dass in der Vergangenheit systematisch Belegschaftsstrukturen geschaffen wurden, die sich künftig als „demografische Hypothek" erweisen werden. Ehemals jugendzentrierte Strukturen sind die **alterszentrierten Belegschaften** von morgen. Die Vorausberechnung zur Bevölkerungsentwicklung in Deutschland führt den demografischen Wandel mit den Strukturverschiebungen im Altersaufbau der Gesellschaft deutlich vor Augen (vgl. Statistisches Bundesamt 2015). Drei Effekte dominieren aktuell die Entwicklung in Deutschland. Zuerst werden die Gesamtzahl der Einwohner (Bevölkerung) und auch das Erwerbspersonenpotenzial weitestgehend konstant bleiben. Allerdings kommt es innerhalb der Bevölkerung zu einer **„Veralterung"** der Gesellschaft. Als Ursachen für diese Veränderungen lässt sich die seit den 1970er-Jahren auf geringem Niveau stagnierende Geburtenrate von heute ca. 1,4 Kindern je Frau festmachen. Andererseits erhöht sich die Lebenserwartung deutlich. Mittelfristig wird die steigende Lebenserwartung die ungenügende Geburtenrate aber nicht ausgleichen können. Auch die aktuellen hohen Migrationsbewegungen im Rahmen weltweiter politischer Krisen mit ihren positiven Zuwanderungsraten nach Deutschland werden dauerhaft nicht zu einem Ausgleich, wohl aber zu steigender **Heterogenität in der Gesellschaft** als zweiten Effekt führen. In Folge dazu ist in naher Zukunft mit dem dritten demografischen Effekt zu rechnen – mit der **Reduktion der Bevölkerungs- und Erwerbspersonenzahl**.

In Folge der demografischen Effekte und der damit verbundenen veränderten Altersstruktur in den Belegschaften erhöht sich die Komplexität im Führungsprozess. So werden künftig immer mehr jüngere Führungskräfte damit konfrontiert sein, ältere Mitarbeiter zu führen. Dies erfordert ein **altersgerechtes Führungsverhalten**, welches das Erfahrungswissen, die unterschiedlichen Norm- und Wertvorstellungen oder ganz grundsätzlich die differierenden Kommunikationsstile verschiedener Generationen reflektiert, berücksichtigt und integriert.

Beispiel
Intergenerative Führungskonflikte: Jungspund an der Spitze
„Gisela Kuhl war 15 Jahre eine allseits geschätzte und zufriedene Mitarbeiterin in einer Steuerkanzlei zwischen Aachen und Köln. Dann kam der neue Chef, und alles wurde anders. Denn der ist jung. Zu jung, findet die Steuerfachgehilfin: „Der könnte mein Sohn sein, das ist ein komisches Gefühl, von ihm Anweisungen zu erhalten." Seit seinem Einstieg in die Kanzlei schwelt ein Generationenkonflikt. Mitarbeiterin und Führungskraft sehen die Welt mit gänzlich anderen Augen.

Während sie ihr eigenes Tempo hat, Gründlichkeit und einen Plausch mit langjährigen Kunden pflegt, wittert er Trägheit und Ineffizienz. Sie legt Wert auf Umgangsformen, bügelt ihre Blusen morgens nochmals auf und trauert in alter Loyalität dem gediegenen Vorgänger nach. Die „alberne Duzerei", die der Junge eingeführt hat, ist ihr ein Gräuel und für sie Zeichen von „Pseudolockerheit. Wenn ich dieses hingeblaffte Gisela, komm bitte! schon höre …" Sie schimpft sich in Rage: „Dieser Jungspund tritt auf, als hätte er das Pulver erfunden, dabei hat er außer einem nassforschen Auftreten und einem ordentlichen Examen nicht viel vorzuweisen." Mangelnder Respekt vor langjähriger Berufserfahrung, hektische Neuerungen („der spricht immer von Innovation") statt bewährter Abläufe („ich stehe als Blockierer da"), lässiger Umgang statt distanzierter Höflichkeit – die Mängelliste, die die Ende 50-Jährige „diesem 31 Jahre alten Möchtegernmanager" ausstellt, ist stattlich. „Fachlich ist ja nicht alles verkehrt, was der macht. Aber den würde ich sofort wegen schlechter Führung entlassen."

Die neuen, jungen Chefs lassen sich duzen, sind bei Facebook, während ihren älteren Mitarbeitern nie in den Sinn kommen würde, mit privaten Details ins Netz zu gehen. Ritualisiertes Betriebsfest mit kontrollierter Feierlaune war gestern. Heute lädt der junge Chef zum Brunch, morgen kritisiert er vor versammelter Mannschaft, „dass Rainers Arbeitsleistung absolut nicht ausreicht". Unterschiedliche Lebensauffassungen prallen aufeinander. Die Jungen ticken anders als die Älteren."

Quelle: Kals (2010)

Mit den Veränderungen in der Altersschichtung der Bevölkerung gehen auch Verschiebungen im Wertekanon einher. Die, wenn auch nicht zu überschätzende, Generationenprägung führt zu partiell anderen oder ganz neuen Normen und Wertorientierungen der jüngeren Menschen (vgl. Klaffke 2014, S. 3 ff.). Diese gesellschaftlichen Werte und Normen beeinflussen das Denken und Verhalten der Organisationsmitglieder, die selbst Mitglieder der Gesellschaft sind. Führungskräfte müssen somit den gesellschaftlichen **Wertekanon** reflektieren und in ihre Führungsarbeit integrieren.

Hintergrundinformation

Wertewandel und Führung in Deutschland

Waren in den 1960er-Jahren in Deutschland noch Primärtugenden (Pflicht- und Akzeptanzwerte) wie Disziplin, Gehorsam, Fleiß und Pünktlichkeit dominant, hat seitdem ein Wertewandel eingesetzt, in dem stärker Sekundärtugenden (Selbstentfaltungswerte) wie Sinnerfüllung, Spaß an der Arbeit, Mitbestimmung und Mitsprache am Arbeitsplatz handlungsbestimmend sind. Durchgesetzt haben sich somit postmaterialistische Werte. Ein durchgängig autoritärer Führungsstil würde mittelfristig wahrscheinlich zu Problemen mit den Mitarbeitern führen, da dies dem Wunsch nach Partizipation und Mitsprache am Arbeitsplatz widerspricht.

Gerade für die Mitglieder der Generation Y, die zwischen ca. 1980 und 1995 geboren wurden und die sich aktuell verstärkt in der Arbeitswelt etablieren, ergeben sich infolge der nochmals gewandelten Werte- und Bedürfnisbasis neue Herausforderungen an die Mitarbeiterführung. Materielle Werte und klassische Statussymbole rücken mehr und mehr in den Hintergrund. Dagegen gewinnen Werte wie Gemeinschaft, Kooperation – bedingt durch die Web 2.0-Sozialisation –, Selbstverwirklichung, Erlebnis, Feedbackorientierung usw. deutlich mehr an Bedeutung. Hierauf müssen Führungskräfte durch einen wertschätzenden, offenen, kooperativen und persönlichen Führungsstil reagieren.

Der Wertewandel könnte sich mit der jüngsten Generation neuer Mitarbeiter, den Vertretern der Generation Z noch weiter verstärken. Hier sind allerdings erst noch belastbare empirisch belegbare Nachweise abzuwarten.

Quelle: Wunderer (2011, S. 181 ff.); Parment (2013); Klaffke (2014, S. 3 ff.); Schirmer (2014, S. 22) und Scholz (2014)

Führungskräfte dürfen sich in ihrem Verhalten allerdings nicht einem willkürlichen **Wertewandel** unterwerfen, sondern müssen dort, wo es notwendig erscheint, versuchen, Grundüberzeugungen der Mitarbeiter zu beeinflussen und zu entwickeln (vgl. Wunderer 2011, S. 196.). Sie müssen unerwünschte Verhaltensweisen, wie z. B. zu lockerer Umgang mit Sicherheitsvorschriften, ansprechen und kommentieren, gegebenenfalls auch sanktionieren. Dies gilt im Umkehrschluss auch für die Belohnung gewünschter Handlungen. Durch ihr Vorbild und ihr aktives Tun können sie geforderte Normen aktiv vorleben und dazu beitragen, dass sich diese in der Belegschaft verbreiten (**symbolische Führung,** vgl. Weibler 2016, S. 389 ff.). Im Einzelfall kann es notwendig sein, Mitarbeiter zu qualifizieren, um sie zu befähigen, zeitgemäße Werteorientierungen, wie z. B. Selbststeuerung und Intrapreneurship, die im Unternehmen gefordert werden, umsetzen zu können.

Aus dem Wertewandel resultiert für Führende auch die Herausforderung, die **eigenen Werthaltungen** zu reflektieren und eventuell zu erweitern (vgl. Schirmer 2014, S. 26 ff.). Selbst wenn ein Führender sich mit einzelnen gesellschaftlich bedeutsamen Werten nicht identifizieren kann, ist er gefordert, auf die daraus resultierenden Erwartungen seiner Mitarbeiter an das Führungsverhalten zu reagieren. So muss eine Führungskraft z. B. dem

Wunsch nach flexiblen Arbeitszeitmodellen im Kontext einer höheren Wertschätzung der **Work-Life-Balance** nachkommen, auch wenn er von Teilzeit- oder Telearbeit selbst nicht überzeugt ist und diese ablehnt.

Der demografische Wandel wirkt sich u. a. auf die Führungssubstitute Unternehmens- und Führungskultur, auf Karrieremodelle, Konzepte der Zusammenarbeit usw. aus.

1.3 Beitrag von Führung zum Unternehmenserfolg

Mitarbeiterführung ist zweckgerichtet und dient im betriebswirtschaftlichen Umfeld der unternehmerischen Zielerreichung. Dabei kann Führungserfolg nicht ausschließlich über die ökonomische Erfolgsverantwortung definiert werden, sondern muss gleichzeitig die Humanverantwortung integrieren.

1.3.1 Zielgrößen des Führungserfolgs

Die Bestimmung des Führungserfolgs ist in der Praxis keinesfalls banal, da hier -wie bereits gezeigt- eine Vielzahl situativer Faktoren einwirken, die gerade personale Führungsaktivitäten intermedieren bzw. moderieren. Zudem ist grundsätzlich zu klären, aus welcher Perspektive Führungserfolg bewertet wird (vgl. Blessin und Wick 2014, S. 241 ff.):

- **Vorgesetztenperspektive**: Führungserfolg ist dann gegeben, wenn der Führende mit seinen Verhaltensweisen zufrieden ist und seine persönlichen Ziele bzgl. Karriere, Einkommen usw. erreicht hat.
- **Unternehmensperspektive**: Führungserfolg ist dann gegeben, wenn die vom Unternehmen gesetzten ökonomischen und sozialen Ziele erreicht sind.
- **Geführtenperspektive**: Führungserfolg ist dann gegeben, wenn Mitarbeiter ihre persönlichen Ziele bzgl. Einkommen, Familie usw. realisieren konnten.

Zu unterscheiden sind beim Führungserfolg zudem **Führungseffektivität** und Führungseffizienz. Erstere bezieht sich auf die realisierten Output-Größen, d. h. darauf, in welchem Umfang die angestrebten Zielvorgaben erreicht wurden. Dies kann aber sowohl mit hohem als auch mit geringem Ressourcenverbrauch erreicht werden. Dies bildet die **Führungseffizienz** ab, welche die Zielerreichung in Relation zu dem dafür erforderlichen Führungsaufwand setzt, also die Input-Output-Relation analysiert. Effizienzindikatoren sind z. B. die Zeitdauer für Entscheidungsfindungen, der gesamte Zeitbedarf für Führungsaktivitäten, Häufigkeit von Meetings, Besprechungen usw.

Der Erfolg einer Führungskraft bestimmt sich aus Unternehmensperspektive im Kontext **ökonomischer** und **sozialer Ergebnisgrößen** (vgl. Hentze et al. 2005, S. 36 ff.; Wunderer 2011, S. 13 f.; Wesche et al. 2015, S. 239 ff.), wobei diese in Abhängigkeit der betrachteten Organisationsebene in Individual-, Team- und Unternehmensresultate differenziert werden können (vgl. Abb. 1.9 sowie Weibler 2016, S. 62 ff.; Blessin und Wick 2014, S. 230 ff.).

	ökonomisch		sozial	
	quantitativ	**qualitativ**	**Zufriedenheit, Kohäsion und Commitment**	**Organizational Citizenship Behaviour**
Individuum	- Individuelle Zielerreichung nach Aufgabengebiet - Individualeffizienz - Erreichung definierter Outputs	- Arbeitsgüte - Fehlzeitenreduktion - Kompetenzsteigerung - Unfallfreiheit - Intrapreneurship - Leistungsmotivation	- Arbeitszufriedenheit - Commitment - Beachtung normativer Rahmenbedingungen - Potenzialentfaltung	- Hilfsbereitschaft - Zuverlässigkeit - Flexibilität - Kooperationsbereitschaft - Rücksicht - Integrität
Team	- Teamzielerreichung nach Aufgabengebiet - Teameffizienz - Fehlzeiten und Fluktuation	- Kollektiv abgestimmte Prozessoptimierungen - Fehlerfreie Zusammenarbeit - Selbstorganisation - Termintreue	- Abteilungsklima - Teamgeist und „Wir-Gefühl" - Respektvoller Umgang im Team - Freundschaft	- Gegenseitige Unterstützung - Verantwortung für das Kollektivergebnis - Einbringen von Verbesserungsvorschlägen
Unternehmen	- Erreichen der Formalziele: Umsatz, Rentabilität, Cash flow usw. - Steigerung Shareholder Value - Produktivität der Belegschaft	- Wettbewerbsfähigkeit - Organisationales Lernen - Leistungskultur - Innovationsfähigkeit - Kundenorientierung	- Integrative Unternehmenskultur - Durchschnittliche Betriebszugehörigkeit von Mitarbeitergruppen - Verbundenheit der Belegschaft	- Positives Unternehmensbild verbreiten - Soziales Engagement (Corporate Social Responsibility) - Sustainable Behaviour

Abb. 1.9 Beispielhafte Ergebnisgrößen des Führungserfolgs aus Unternehmensperspektive. Quelle: eigene Darstellung

Auch wenn die unternehmensbezogenen Ergebnisgrößen im betriebswirtschaftlichen Betrachtungsfeld im Vordergrund stehen, dürfen soziale Ergebnisgrößen nicht vernachlässigt werden. Neben Arbeitszufriedenheit, Kohäsion und Commitment sind Führungskräfte im sozialen Zielbereich auch angehalten, ein besonderes Engagement der Mitarbeiter, das sog. Organizational Citizenship Behaviour, zu fördern. Das Erreichen der Ergebnisgrößen kann bei ex ante definierten Kennzahlen (Plangrößen) periodenbezogen überprüft werden (**Führungscontrolling**).

Die **ökonomischen Erfolgsgrößen** der Personalführung fokussieren auf den Wertschöpfungsbeitrag der Mitarbeiter und stellen dabei finanzielle sowie ertrags- und kostenanalytische Aspekte in den Vordergrund (vgl. Wunderer 2011, S. 4 ff.). Neben den direkt monetären Leistungsgrößen wie z. B. Gewinn, Umsatz und Rentabilität, gehören dazu aber auch die spezifischen Leistungsziele, die abhängig vom jeweiligen Aufgabenfeld des Mitarbeiters oder der Arbeitsgruppe zu erreichen sind. Die ökonomischen Erfolgsgrößen können in quantitative und qualitative unterteilt werden. Drücken erstere vorrangig den direkt messbaren und meist auch monetär bewertbaren Einfluss auf den Unternehmenserfolg aus, stellen letztere oftmals die Basis hierfür dar. So kann ein Außendienstmitarbeiter z. B. seine Umsatzziele (quantitativ) besonders gut erreichen, wenn er über die notwendigen Kompetenzen (qualitativ), hier z. B. Abschlussfähigkeit, verfügt.

Arbeitszufriedenheit, Zugehörigkeitsgefühl (Kohäsion) und Commitment der Mitarbeiter sind wesentliche **Sozialziele der Führung**. Arbeitnehmer, die mit ihrer sozialen Integration, ihren Aufgaben und Verantwortlichkeiten zufrieden sind, fühlen sich ihrem Unternehmen gegenüber stärker verbunden und werden sich plausibel mehr für die Organisation engagieren und leistungsbereiter sein, mithin ein Extra-Rollenverhalten zeigen.

Arbeitszufriedenheit kann definiert werden als Differenz aus eigenem Anspruchsniveau und erlebter Bedürfnisbefriedigung sowie subjektiver Bedeutsamkeit der Abweichung: Arbeitszufriedenheit = f (Soll-Ist-Differenz) x subjektiver Bedeutsamkeit (Schirmer 2007, S. 50). Damit individuelle Arbeitszufriedenheit entstehen kann ist es wichtig, dass die Führenden bei den Mitarbeitern keine unrealistischen Erwartungen in Bezug auf die Arbeitswelt entstehen lassen sowie zentrale Anforderungen der Mitarbeiter an Anspruchsniveau der Aufgaben, Führungsverhalten usw. erfüllen.

Insbesondere die Arbeitszufriedenheit trägt in erheblichem Maße zur Entstehung eines tragfähigen **Commitments** der Mitarbeiter bei. Commitment ist als mehrdimensionales Konstrukt zu verstehen, welches sich aus dem Zusammenspiel **affektiver, rationaler und normativer Aspekte** ergibt (Meyer und Allen 1997, S. 11; Schirmer 2012, S. 6 ff.; Schirmer 2013, S. 33 ff.). Affektives Commitment beschreibt die emotionale Verbundenheit gegenüber dem Unternehmen. Diese entsteht durch das Erleben positiver Erfahrungen und dem Erfüllen von Erwartungen, was zu Zufriedenheit führt. Gerade der affektive Aspekt ist überdurchschnittlich bedeutsam für das Entstehen von Commitment und Mitarbeiterbindung. Aus rationaler Perspektive reflektiert ein Individuum, welche Vor- und Nachteile das Verbleiben in einer Organisation hat. Das normative Commitment bezeichnet die Verbundenheit einer Person auf der Basis moralisch-ethischer Überlegungen, weil das Unternehmen den Mitarbeiter gut behandelt und sich die Werte des Unternehmens weitgehend mit den eigenen Werten decken.

Arbeitszufriedenheit und Commitment sind die Basis für emergente Effekte auf Team- und Unternehmensebene, wie z. B. positives Abteilungsklima. Gelingt es durch eine begeisternde und wertschätzende Führung, die Arbeitszufriedenheit und das Commitment der Mitarbeiter zu steigern, kann das zu einer erhöhten Leistung der Arbeitnehmer führen. Dies äußert sich darin, dass über die arbeitsvertraglichen Pflichtbeiträge hinaus besondere **Goodwill-Beiträge** (vgl. Richter 1999, S. 8 ff.) erbracht werden. Letztere sind dadurch gekennzeichnet, dass sie über die klassische Rolle des ausführenden Arbeitnehmers hinausgehen und Ausdruck eines unternehmerisch denkenden und sozial verantwortlich handelnden Mitarbeiters sind. Motiviertes Arbeitsverhalten, selbstverständliche Unterstützung von Kollegen, selbstständiges Reagieren auf Kundenanfragen usw. sind Beispiele für Goodwill-Beiträge.

In der Summe trägt dieses als **Organizational Citizenship Behaviour** bezeichnete Verhalten (vgl. Organ 1988, S. 4) erheblich zum ökonomischen Erfolg eines Unternehmens bei. Aus dem freiwilligen Arbeitsengagement, das sich in Leistungsbeiträgen oberhalb der formal beschriebenen Rollenerwartungen als **Extrarollenverhalten** darstellt, resultiert ein Wettbewerbsvorteil gegenüber konkurrierenden Unternehmen (vgl. Nerdinger 2004, S. 293 ff.; Felfe 2008, S. 116 ff.).

1.3.2 Unternehmerisches Zielsystem

Welche Ziele durch die Führungskräfte in ihren jeweiligen Verantwortungsbereichen konkret zu verfolgen sind, leitet sich aus dem übergeordneten **Zielsystem** des Unternehmens ab. Das Zielsystem wird im Rahmen des jährlichen **Management- und Planungsprozesses** entwickelt und fortgeschrieben. Ein effektives Zielsystem basiert auf grundsätzlichen, strategischen Überlegungen, die zunehmend auf taktischer und operativer Ebene konkretisiert werden, um damit verhaltenssteuernde Wirkungen und Orientierungen für die Führungskräfte und Mitarbeiter zu bieten. Der initiale strategische Planungsprozess lässt sich inhaltlich typischerweise in vier Bereiche gliedern, die zu bearbeiten sind, um eine fundierte und nachhaltige Unternehmensstrategie zu definieren: Umweltanalyse, Unternehmensanalyse, strategische Alternativenplanung sowie Alternativenselektion bzw. Strategieauswahl (vgl. Steinmann et al. 2013, S. 157 ff.). Hierbei kommen problembezogen eine Vielzahl von Analyse- und Planungsmethoden wie die SWOT-Analyse (Strenghts, Weaknesses, Opportunities, Threats), die Wertketten-Analyse, die Nutzwertanalyse, die Portfoliotechnik oder die Szenariotechnik zum Einsatz. Ist die grundlegende strategische Ausrichtung definiert, kann die Strategieimplementation und -umsetzung mit weiteren Planungs- und Steuerungsmethoden, wie z. B. der Balanced Scorecard, unterstützt werden, indem konkrete strategische Ziele bestimmt werden, die mit Handlungsprogrammen hinterlegt werden.

Das unternehmerische Zielsystem basiert im Ebenenmodell der **integrierten Unternehmensführung** (vgl. im Folgenden Bleicher 2011, S. 85 ff.) auf der im normativen Führungsbereich formulierten Vision und Mission eines Unternehmens und setzt sich über die strategischen Vorgaben bis zu den operativen Zielen hin fort (vgl. Abb. 1.10).

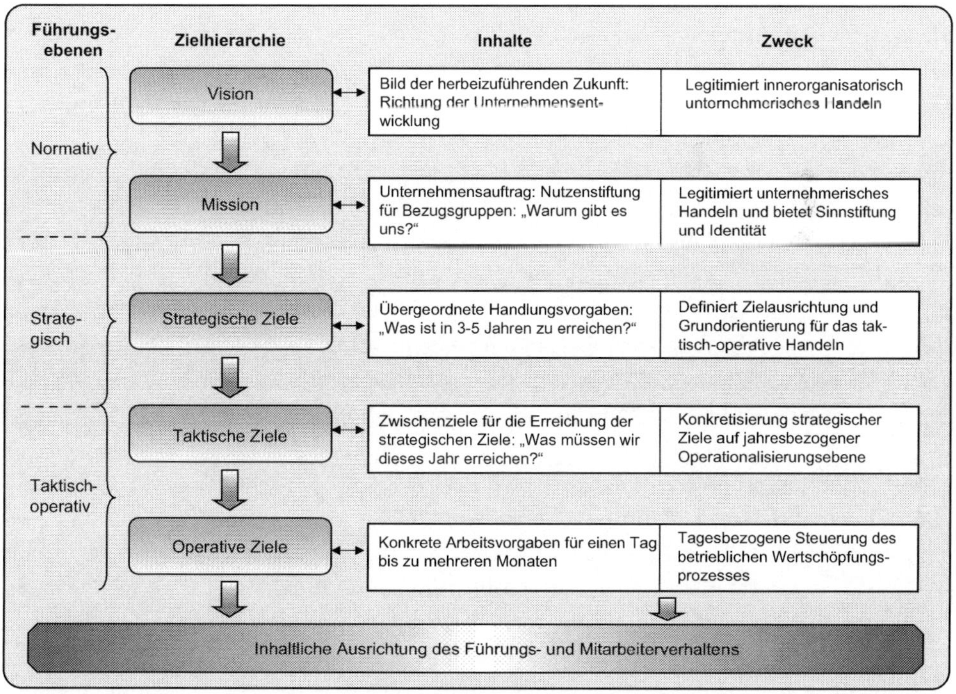

Abb. 1.10 Betriebliches Zielsystem. Quelle: eigene Darstellung

Die normative **Vision** beschreibt ein Bild der Zukunft, welches das Unternehmen herbeiführen will und gibt damit die grundsätzliche Richtung vor, in die sich die Organisation im Rahmen des selbsttransformatorischen Entwicklungsprozesses bewegen soll. Damit legitimiert sich innerorganisatorisch unternehmenspolitisches Handeln und beantwortet die Frage „Wo wollen wir hin?“. Ergänzend und aus der Vision deduziert wird die **Mission** formuliert, die den Unternehmensauftrag in Bezug auf die Nutzenstiftung für Bezugsgruppen in Gesellschaft und Wirtschaft formuliert und den Rahmen vorgibt, welche Dienstleistungen und Produkte angeboten werden (vgl. auch Winkelmann 2012, S. 62 ff.). Dies vermittelt den Mitgliedern im System Unternehmung Sinn und Identität. Vision und Mission bilden zusammen die normative **Unternehmenspolitik** ab und begründen das Handeln der Unternehmung.

Aus diesen Vorgaben sind im Rahmen der konkretisierenden Planung die **strategischen Ziele** zu bestimmen, deren Zweck es ist, ausrichtend auf die unternehmerischen Aktivitäten zu wirken. Die strategischen Ziele übersetzen somit die normativen Handlungsorientierungen in übergeordnete Handlungsvorgaben, die die Basis für die Ausrichtung der Unternehmensaktivitäten in den verschiedenen Funktionsbereichen und Geschäftsfeldern bilden und als strategische Programme bezeichnet werden können. Strategische Ziele sind dabei von langfristiger Natur (drei bis fünf Jahre) und haben eine fundamentale Bedeutung für das Unternehmen.

Strategische Ziele bieten somit noch keine ausreichend konkretisierte Handlungsvorgabe für den operativen Vollzug im Unternehmensalltag. Sie müssen im Zuge des operativen Managements weiter operationalisiert werden. Diesem Zweck dienen Zwischenziele auf taktischer und operativer Ebene. **Taktische Ziele** stellen zu erreichende Zwischengrößen dar und haben meist einen zeitlichen Horizont von bis zu einem Jahr. Darauf basierend lassen sich dann abschließend die **operativen Ziele** formulieren, welche mit einem Zeitbezug von einem Tag bis zu maximal mehreren Monaten detailliert die primären und sekundären Geschäftsprozesse in der betrieblichen Wertschöpfungskette steuern. Die operativen Ziele bilden dann auch die Basis für das konkrete Führungshandeln der Vorgesetzten im Rahmen ihrer Lokomotionsfunktion. Sie müssen das Verhalten der Mitarbeiter inhaltlich auf diese Vorgaben ausrichten, um im Zusammenwirken aller Unternehmensmitglieder sicherzustellen, dass die individuellen Handlungen einen Beitrag zur Unternehmensstrategie und damit auch zur Unternehmensvision und -mission leisten. Somit wird einer Verschwendung von Arbeitszeit und -leistung entgegengewirkt.

Hintergrundinformation

Produktivitätsstudie Proudfoot Consulting 2008

Rund 34 Prozent der in den Unternehmen weltweit geleisteten Arbeitszeit werden gemäß der Studie von Proudfoot vergeudet. Jeder Mitarbeiter in deutschen Unternehmen verschwende damit 1,7 Tage je Arbeitswoche infolge von schlechter Kommunikation, unzureichender Managementfähigkeit der Führungskräfte und mangelnder Motivation der Belegschaft bei Veränderungsprozessen, d. h. infolge unzureichender Führung und Planung. Eine zentrale Ursache für die unproduktiv genutzte Arbeitszeit sei die schlechte

Anleitung der Mitarbeiter durch die Führungskräfte. Dies resultiere aus der Tatsache, dass sich Manager zu wenig Zeit zum Führen nähmen und das Engagement ihrer Mitarbeiter nicht zielgerichtet beeinflussten. Nur ca. 10 % ihrer Arbeitszeit würden die Führungskräfte für die Anleitung und Supervision ihrer Mitarbeiter einsetzen.

Quelle: Proudfoot Consulting (2008)

Alle Zielsetzungen ergeben zusammen das Zielsystem eines Unternehmens. Dieses stellt in der Praxis meist eine Kompromisslösung aus den Forderungen verschiedener Interessensgruppen (**Stakeholder**), wie z. B. Eigentümer, Manager und Kapitalgeber, dar. Grundsätzlich kann innerhalb des Zielsystems noch zwischen **monetären** (z. B. Gewinn, Umsatz, Kostensenkung) und **nicht-monetären Zielen** (z. B. Wachstumsziele, Sicherung der Arbeitsplätze) sowie **Formal-** (allgemeine Erfolgsgrößen wie Rentabilität oder Liquidität) und **Sachzielen** (konkrete Handlungsvorgaben in Bezug auf die Leistungserstellung) unterschieden werden.

1.3.3 Konkretisierte Führungsziele: Balanced Scorecard

Die **Balanced Scorecard** (vgl. Kaplan und Norton 1997) stellt ein methodisch fundiertes Planungstool dar, um die Strategie tatsächlich in verfolgbare Ziele und Kennzahlen zu übersetzen und mit strategischen Handlungsprogrammen zu hinterlegen. Die BSC ist somit ein Bindeglied zwischen Strategie bzw. Strategieentwicklung und Umsetzungsebene. Dabei definiert sie einen multidimensionalen Referenzrahmen für die Unternehmenssteuerung, indem sie die vier zentralen **Erfolgsbereiche eines Unternehmens** in einem integrierten Zielsystem so miteinander verbindet, das damit in einem ausgewogenen Mix vergangenheitsorientierte und zukunftsgerichtete sowie intern und extern orientierte Kennzahlen vorhanden sind. Die vier Erfolgsperspektiven sind:

- Finanzwirtschaftliche Perspektive: Die finanzwirtschaftlichen Ziele geben die zentrale Ausrichtung für alle anderen BSC-Perspektiven vor.
- Kundenperspektive: Konsequente Kundenorientierung aller Unternehmensprozesse als Vorbedingung für Markterfolg.
- Interne Prozessperspektive: Konzentration auf die Prozesse und das Equipment, welches die Leistung für den Kunden erst ermöglicht.
- Lern- und Entwicklungsperspektive: Bezeichnet die Kompetenzen und die Infrastruktur, die geschaffen werden müssen, um die Ziele der anderen Ebenen zu erreichen.

Zur Konstruktion einer unternehmensspezifischen BSC (vgl. Abb. 1.11) sind aus der Vision mittels eines **Ursachen-Wirkungs-Modells** die strategischen Ziele für die oben dargestellten vier Perspektiven in einem Top-down-Prozess zu entwickeln (vgl. Horváth et al. 2016). Dabei wird zuerst für die Finanzebene ein strategisches Ziel aus der Vision abgeleitet und dann für die Kundenperspektive geklärt, welches Ziel dort erreicht werden muss,

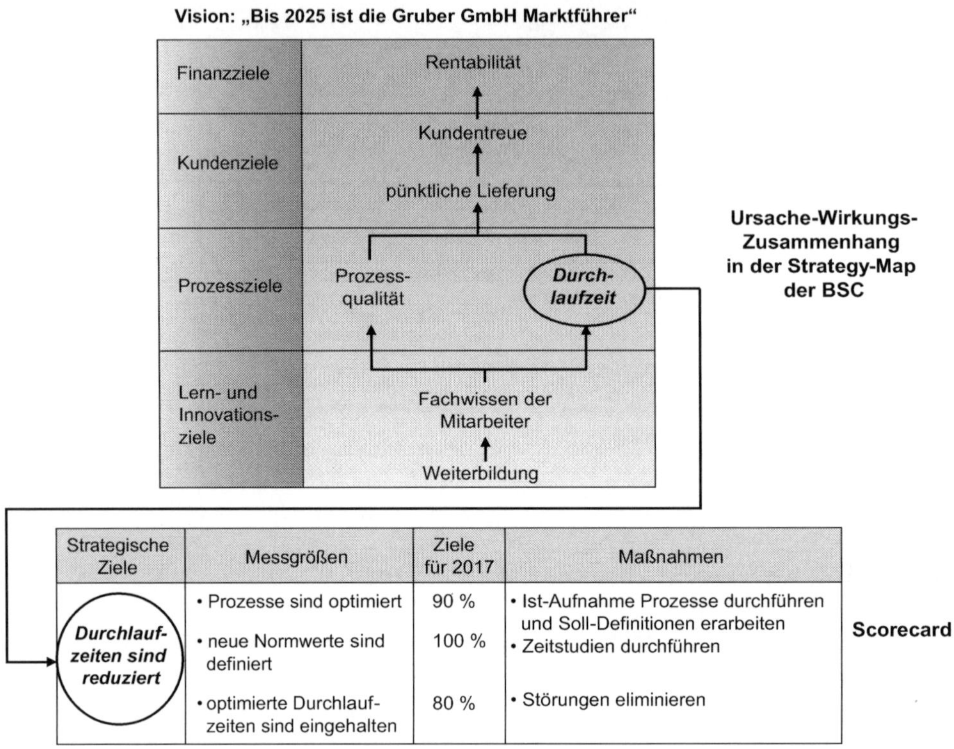

Abb. 1.11 Beispielhafte Ursachen-Wirkungskette und Scorecard in der BSC. Quelle: Lindner-Lohmann et al. (2016, S. 170), modifiziert

damit dieses als Ursache für das Erreichen der Finanzziele dienen kann. Dieses Vorgehen, das den Vorteil hat, dass die verschiedenen Kennzahlen nicht isoliert nebeneinander stehen, sondern annähernd die realen Abhängigkeiten der verschiedenen Unternehmensbereiche abbilden, wird über die Prozessebene bis zur Lern- und Innovationsebene fortgesetzt. Alle Ursachen-Wirkungsket-ten ergeben zusammen die **Strategy-Map** der BSC und bilden den ersten Teil des Planungstools.

Die in der Strategy-Map aufgenommen und miteinander in Beziehung gesetzten Ziele werden in einem zweiten Schritt durch geeignete Messgrößen und konkrete Zielvorgaben, die gemeinsam eine **Kennzahl** bilden, überprüfbar formuliert. Anhand dieser operationalisierten Vorgaben lässt sich am Ende der Geschäftsperiode gut beurteilen, ob das jeweilige strategische Ziel realisiert werden konnte. Dies müsste bei guter kausaler Ableitung der Kennzahlen dann der Fall sein, wenn die damit verknüpften Planvorgaben erreicht wurden. Um die Realisierung der Planvorgaben sicherzustellen, werden zusätzlich operative Umsetzungsmaßnahmen beschrieben, die unterjährig abzuarbeiten sind. Das jeweilige strategische Ziel, die dazugehörigen Kennzahlen und die entsprechenden Umsetzungsmaßnahmen bilden zusammen die **Scorecard.**

1.3.4 Führen mit Zielen: Management by Objectives

Das Führungskonzept Management by Objectives (vgl. Drucker 1954; Odiorne 1967), d. h. das **Führen mit Zielvereinbarungen**, stellt ein motivationstheoretisch fundiertes, integratives Vorgehen dar, in dem Vorgesetzte und nachgeordnete Führungskräfte und Mitarbeiter gemeinsam Ziele für ihren jeweiligen Verantwortungsbereich vereinbaren. So gründet das Modell z. B. auf der Überlegung, dass das Selbstentfaltungsstreben nach der Theorie von Maslow mit den Unternehmenszielen zu verbinden ist, um dadurch eine Leistungssteigerung zu erreichen (vgl. zur weiterführenden Theoriefundierung Schmidt und Kleinbeck 2006, S. 11 ff.). Damit werden die Führungsdimensionen Mitarbeiter- und Aufgabenorientierung als gleichwertig betrachtet und es werden die Mitarbeiter bei der Vereinbarung von Zielen aktiv beteiligt (vgl. zum operativen Zielvereinbarungsgespräch Abschn. 6.2.4 in diesem Buch).

Der **Regelkreis des MbO** (vgl. Abb. 1.12) beginnt mit der Formulierung der Unternehmensziele und kann hier z. B. auf die **Strategy-Map** der **BSC** und die dort formulierten Ziele zurückgreifen. Nach einer eventuell notwendigen Anpassung der Unternehmensorganisation, um grundsätzliche Voraussetzungen zur Umsetzung der Unternehmensziele zu schaffen, werden dann die Zielvereinbarungen kaskadenartig, d. h. über alle Hierarchieebenen hinweg, für die verschiedenen Organisationseinheiten abgeschlossen. Dabei vereinbaren auf jeder Hierarchieebene jeweils der Führende und sein Mitarbeiter die

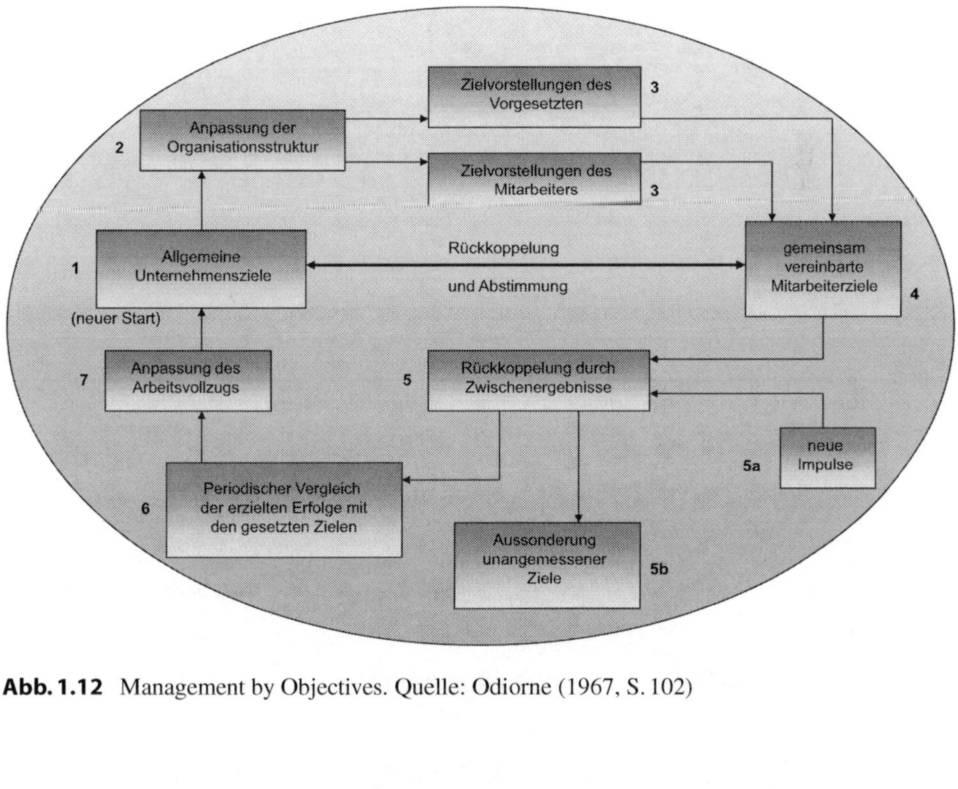

Abb. 1.12 Management by Objectives. Quelle: Odiorne (1967, S. 102)

spezifischen Ziele, die unterjährig von dem Arbeitnehmer eigenverantwortlich zu realisieren sind. Notwendig ist es, stets eine Rückkoppelung zu den übergeordneten Bereichs- bzw. Unternehmenszielen vorzunehmen, um die stimmige Ableitung zu gewährleisten. Unterjährig müssen dynamische Entwicklungen im Umfeld des Unternehmens beachtet werden. Diese können dazu führen, dass Ziele modifiziert bzw. ausgesondert werden müssen. Relevante Ziele werden durch den Mitarbeiter selbstständig bearbeitet, kontrolliert und durch eine Anpassung des Arbeitsvollzugs realisiert. Der Mitarbeiter hat dabei umfassende Freiheitsgrade bzgl. der Wahl seines Vorgehens. Dies fördert u. a. die Leistungsmotivation i.S. des Selbstverwirklichungsstrebens. Die Summe aller erreichten Zielvereinbarungen stellt die Basis für den Planungsprozess des kommenden Geschäftsjahres dar.

Werden die strategischen Ziele konsequent über die vorhandenen Hierarchiestufen im Unternehmen bis auf die Ebene einzelner Teams bzw. Mitarbeiter herunter gebrochen und konkretisiert **(Zielkaskadierung)**, entsteht ein System aufeinander bezogener Ober- und Unterziele, die von allen Beteiligten akzeptiert sind. Abb. 1.13 verdeutlicht diesen Prozess und greift die strategischen Ziele aus der beispielhaften BSC in Abb. 1.11 als Ausgangspunkt auf, um den Zusammenhang von strategischer Zielplanung (BSC) und Zielkaskadierung (MbO) zu verdeutlichen. Auf den jeweiligen Hierarchieebenen können dann in Anlehnung an die BSC selbst wieder operative Scorecards formuliert

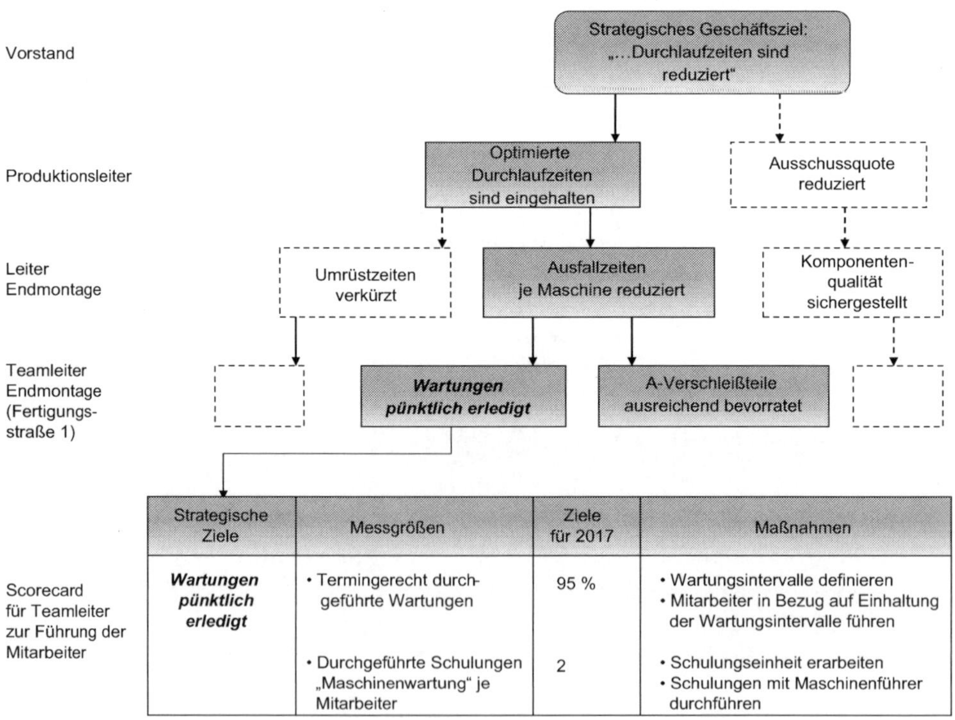

	Strategische Ziele	Messgrößen	Ziele für 2017	Maßnahmen
Scorecard für Teamleiter zur Führung der Mitarbeiter	***Wartungen pünktlich erledigt***	• Termingerecht durchgeführte Wartungen	95 %	• Wartungsintervalle definieren • Mitarbeiter in Bezug auf Einhaltung der Wartungsintervalle führen
		• Durchgeführte Schulungen „Maschinenwartung" je Mitarbeiter	2	• Schulungseinheit erarbeiten • Schulungen mit Maschinenführer durchführen

Abb. 1.13 Beispielhafte Zielkaskadierung und operative Scorecard. Quelle: eigene Darstellung

werden und als Basis für die Zieloperationalisierung genutzt werden. Diese Scorecards zeigen den Mitarbeitern, welche Ziele sie verfolgen müssen, um die Strategie zu unterstützen.

Bei der Führung durch Zielvereinbarungen ist darauf zu achten, dass nicht zu viele Ziele vereinbart werden, da ansonsten eine Überforderung der Mitarbeiter eintreten kann. Drei bis sieben anspruchsvolle Ziele gelten als Orientierung (vgl. Weibler 2016, S. 410). Bei der **Formulierung der Ziele** ist zu fragen (vgl. auch Crisand und Rahn 2010, S. 23 ff.): Sind die Ziele …

- strategieförderlich, d. h. ist der Bezug zur Unternehmensstrategie gegeben?
- beeinflussbar, d. h. kann der Mitarbeiter die Zielerreichung steuern?
- anspruchsvoll, d. h. erfordert das Ziel eine positive Leistungsanspannung?
- realistisch, d. h. entspricht das Ziel dem individuellen Leistungsvermögen?
- akzeptiert, d. h. weder von oben aufgezwungen noch von unten abgetrotzt?
- überprüfbar, d. h. sind messbare Beurteilungskennzahlen definiert?
- resultatsbezogen, d. h. als Ergebnis und nicht als Prozess formuliert?
- abgestimmt, d. h. vertikal und horizontal in das Zielsystem integriert?

Wichtig ist, dass der Führende dem Mitarbeiter die zur Zielbearbeitung notwendigen Ressourcen zur Verfügung stellt. Eine Herausforderung ist in der individuell zu definierenden Anspruchshöhe der Ziele für den einzelnen Mitarbeiter zu sehen (vgl. Weibler 2016, S. 411 ff.). Mit dem MbO werden verschiedene leistungsförderliche Funktionen erfüllt, wie z. B. Empowerment, Information, Orientierung und Motivation (vgl. Wunderer 2011, S. 231).

1.4 Legitimation von Führung und Führungsautorität

Mitarbeiterführung bedingt in dem hier zugrunde liegenden Verständnis eine **asymmetrische Machtverteilung**, die es einer Person ermöglicht, in einer sozialen Beziehung mittels Einflussnahme die Verhaltensdispositionen anderer Menschen zu beschränken bzw. inhaltlich auszurichten und damit den eigenen Willen auch gegen **Widerstand** durchzusetzen (vgl. Weber 1976, S. 28). „Mächtige" Führungskräfte können ihre Mitarbeiter in die beabsichtigte Richtung lenken. Die von dem Machtpotenzial zu unterscheidende tatsächliche Machtausübung führt dann dazu, dass der Entscheidung der Betroffenen über ihr Verhalten fremdgesetzte Vorgaben zugrunde liegen. Dabei stellt sich zwingend die Frage nach den rechtlichen und sonstigen Grundlagen, der Legitimation und den Grenzen einer solchen Machtausübung. Notwendigerweise sind in diesem Zusammenhang auch die erforderliche Kompentenzvoraussetzungen zu diskutieren, über die jemand verfügen sollte, um solche Machtoptionen überhaupt ausüben zu dürfen und letztlich zweckgerichtet einsetzen zu können.

1.4.1 Weisungsrecht, Versetzung und Änderungskündigung

Aus rechtlicher Perspektive ist Führungsmacht wie folgt legitimiert und begrenzt: Ein Arbeitsvertrag nach § 611 BGB begründet das umfassendere **Arbeitsverhältnis**, das neben dem Austausch von Arbeit und Geld (transaktionale Führung) als Nebenrecht des Arbeitgebers auch das **Weisungsrecht** (Direktionsrecht) gegenüber dem Arbeitnehmer beinhaltet (vgl. im Folgenden Griese 2015, S. 2603 ff.). Die Weisungsabhängigkeit des Arbeitnehmers ist das charakteristische Merkmal des Arbeitsverhältnisses und grenzt dieses gegenüber einem Vertragsverhältnis von freien Mitarbeitern oder Selbstständigen ab.

Das Weisungsrecht obliegt grundsätzlich dem Arbeitgeber. Diesem steht es zu, zur Abwicklung seiner Aufgaben Arbeitnehmer als Hilfspersonen, zu sogenannten **Erfüllungsgehilfen** nach § 278 BGB, zu bestimmen. Der Arbeitgeber kann somit das Weisungsrecht auf einen dafür vorgesehenen Mitarbeiter, d. h. auf eine Führungskraft, übertragen. Der Vorgesetzte verfügt damit über ein **delegiertes Weisungsrecht** seinen Mitarbeitern gegenüber. Das Direktionsrecht ermöglicht es Führungskräften, die arbeitsvertraglich geschuldete Arbeitsleistung der Arbeitnehmer einseitig zu konkretisieren. Dies bezieht sich gemäß § 106 GewO auf Inhalt, Ort und Zeit der zu erbringenden Leistung. Die inhaltliche Konkretisierung umfasst dabei auch die Art und Weise, wie eine Tätigkeit zu verrichten ist.

Das Direktionsrecht unterliegt einer Vielzahl von **Begrenzungen**. So muss es nach § 106 GewO nach billigem Ermessen (§ 315 BGB), d. h. unter Abwägung der Interessen des Arbeitnehmers und des Arbeitgebers, erfolgen und darf nicht gegen in Arbeitsverträgen, Betriebsvereinbarungen, Tarifverträgen oder Gesetzen geregelte Arbeitsbedingungen verstoßen. Für den betrieblichen Führungsalltag heißt das, dass ein Vorgesetzter nur eine Arbeitsleistung verlangen und anweisen kann, die arbeitsvertraglich geschuldet ist. Je genauer die geschuldete Tätigkeit im Arbeitsvertrag in Bezug auf Inhalt, Ort und Arbeitszeit beschrieben ist, umso geringer ist der Gestaltungsspielraum der Führungskraft bei der Zuweisung von Aufgaben (vgl. Straub 2012a, S. 5). Das Direktionsrecht ist dadurch auch in Bezug auf Versetzungen begrenzt (**„negative“ Versetzungsklausel**).

Soll dem Arbeitnehmer ein anderer Arbeitsbereich zugewiesen werden, der nicht mehr durch das Weisungsrecht gedeckt ist, bedarf dies einer **Versetzung**. Versetzung im Sinne des § 95 Abs. 3 BetrVG ist die Zuweisung eines anderen Arbeitsbereiches, die voraussichtlich die Dauer von einem Monat überschreitet, oder die mit einer erheblichen Änderung der Umstände verbunden ist, unter denen die Arbeit zu leisten ist. Unter einem anderen Arbeitsbereich sind gemäß § 81 Abs. 1 BetrVG Änderungen in Bezug auf die Aufgabe, die Verantwortung, die Art der Tätigkeit und die Einordnung in den betrieblichen Arbeitsablauf zu verstehen. Eine Versetzung ist dann möglich, wenn der Arbeitsvertrag eine Versetzungsklausel enthält, die es dem Arbeitgeber ermöglicht, dem Arbeitnehmer auch andere zumutbare, gleichwertige Aufgaben zu übertragen (**„positive“ Versetzungsklausel**) (vgl. Griese 2015, S. 2605). Eine Versetzung unterliegt in Unternehmen mit in der Regel mehr als 20 wahlberechtigten Arbeitnehmern neben den angesprochenen individualrechtlichen Bestimmungen auch kollektivrechtlichen Regelungen und damit dem Mitbestimmungsrecht nach § 99 Abs. 1 BetrVG.

Beinhaltet der Arbeitsvertrag keine einschlägige Versetzungsklausel und will der Arbeitgeber den Arbeitsbereich eines Mitarbeiters erheblich verändern, kann dies durch eine **Änderungskündigung** nach § 2 KSchG erfolgen (vgl. Siemers 2012, S. 978 ff.). Die Änderungskündigung ist eine ordentliche Kündigung verbunden mit einem Angebot, das Arbeitsverhältnis zu geänderten Bedingungen weiterzuführen. Es geht vorrangig nicht um die Beendigung, sondern um die **Änderung der Inhalte** des Arbeitsvertrags. Nimmt der Arbeitnehmer das Angebot, unter neuen Arbeitsbedingungen zu arbeiten, an, so wird das Arbeitsverhältnis zu diesen Bedingungen ab dem Zeitpunkt fortgesetzt, zu dem die Beendigungskündigung wirksam geworden wäre. Lehnt der Arbeitnehmer das Angebot ab, so hat die Kündigung dieselbe Wirkung wie eine normale Beendigungskündigung. Als dritte Möglichkeit kann der Arbeitnehmer die Änderungskündigung unter dem Vorbehalt annehmen, dass diese sozial gerechtfertigt ist. Hierzu ist die vorbehaltliche Annahme dem Arbeitgeber innerhalb von drei Wochen mitzuteilen (§ 2 KSchG) und innerhalb von drei Wochen nach § 3 KSchG eine Kündigungsschutzklage beim zuständigen Arbeitsgericht einzureichen. Stellt das Arbeitsgericht fest, dass die Änderungskündigung sozial ungerechtfertigt war, kann der Arbeitnehmer auf seinen alten Arbeitsplatz zurückkehren.

Eine besondere Situation besteht für Führungskräfte dann, wenn sie Mitarbeiter führen müssen, für die sie aufgrund interner Regelungen nur das **fachliche** aber nicht das **disziplinarische Direktionsrecht** im arbeitsrechtlichen Sinn besitzen (vgl. im Folgenden Bohinc 2012, S. 1 ff. und Krämer et al. 2015). Dieser Fall tritt z. B. bei der Führung von Projektgruppen ein. Hier werden Mitarbeiter aus den Linienbereichen für mehrere Wochen und mit einem definierten Umfang ihrer Arbeitskapazität einem Projekt zugeteilt. Der Projektleiter kann zwar Arbeitsinhalte und Bearbeitungstermine im Rahmen des Projektes vorgeben, das disziplinarische Weisungsrecht, d. h. die Möglichkeit, z. B. Abmahnungen auszusprechen oder Leistungsprämien auszuzahlen, bleibt aber beim Linienvorgesetzten. Dies stellt eine besondere Herausforderung für die betroffene Führungskraft dar, da ein Teil ihrer Machtgrundlagen zur Führung (Sanktions- und Belohnungspotenzial) erheblich eingeschränkt ist.

1.4.2 Vertretungs- und Entscheidungsbefugnisse

Zur Wahrnehmung ihrer Verantwortung für das Unternehmensergebnis können den Führungskräften weitere Entscheidungskompetenzen übertragen werden. Rechtliche Vertretungsbefugnisse sind die **Prokura** und die **Handlungsvollmacht**, welche im Handelsgesetzbuch in den §§ 48 ff. geregelt sind.

Die Prokura ist eine **umfassende Handelsvollmacht** mit gesetzlich festgelegtem Inhalt und grundsätzlich unbeschränkbarem Umfang, die gemäß § 48 Abs. 1 HGB nur durch den Arbeitgeber, bzw. den Inhaber des Handelsgeschäftes, erteilt werden kann (vgl. im Folgenden Kania 2015, S. 2136 ff.). Sie ermächtigt nach § 49 Abs. 1 HGB „zu allen Arten von gerichtlichen und außergerichtlichen Geschäften und Rechtshandlungen, die der Betrieb eines Handelsgewerbes mit sich bringt". Die Führungskraft fungiert damit als Vertreter des Unternehmers und seine Erklärungen wirken unmittelbar für und gegen den Vertretenen. Als Handelsgewerbe gelten alle gewerblichen Tätigkeiten. Somit sind auch Industrie- oder Dienstleistungsunternehmen erfasst. Unter die Prokura fallen **gewöhnliche und außergewöhnliche Geschäftshandlungen**, d. h. übliche Tätigkeiten wie das Abschließen von Lieferverträgen und das Abzeichnen von Rechnungen sowie außergewöhnliche Aktivitäten wie das Aufnehmen von Krediten oder das Führen von Prozessen. Der Prokurist kann den gesamten Geschäftsverkehr des Unternehmens führen. Das Veräußern und Belasten von Grundstücken bedarf allerdings einer gesonderten Genehmigung (§ 49 Abs. 2 HGB). Die Unterschrift des Prokuristen muss einen Zusatz enthalten, typischerweise **„ppa."** (per Prokura), der diese Vollmacht nach außen hin kenntlich macht.

Darf ein Prokurist, dessen Befugnisse auch gegenüber dem Arbeitgeber nicht unbedeutend sind, zudem selbstständig Mitarbeiter einstellen und entlassen, gilt er aus arbeitsrechtlicher Perspektive als **Leitender Angestellter** gemäß § 5 Abs. 3 BetrVG. Als nicht unbedeutend gelten die Befugnisse eines Prokuristen, wenn er wesentliche unternehmerische Leitungsaufgaben mit erheblichen Entscheidungsspielräumen ausübt.

Die **Handlungsvollmacht** ist gemäß § 54 HGB jede vom Arbeitgeber, genauer vom Eigentümer oder einem Prokuristen für sein Handelsgeschäft erteilte Vollmacht zur Ausübung der **gewöhnlich anfallenden Tätigkeiten** (vgl. im Folgenden Wedemann und Fleischer 2015, S. 113 ff.). Aufgrund § 54 Abs. 1 HGB kann ein Geschäftspartner davon ausgehen, dass der Handlungsbevollmächtigte berechtigt ist, alle üblichen Rechtsgeschäfte, die der von ihm vertretene Geschäftsbereich mit sich bringt, zu tätigen. Soll der Handlungsbevollmächtigte auch **außergewöhnliche Tätigkeiten** wie die Belastung von Grundstücken, die Aufnahme von Darlehen oder das Führen von gerichtlichen Prozessen durchführen dürfen, ist dies nur durch Erweiterungen der Vollmacht auf diese Bereiche möglich (§ 54 Abs. 2 HGB).

Zu unterscheiden sind grundsätzlich die allgemeine Handlungsvollmacht und die Artvollmacht. Erstere beinhaltet alle branchentypischen Geschäfte, die zum gewöhnlichen Betrieb gehören. Personen mit **allgemeiner Handlungsvollmacht** zeichnen **„in Vollmacht" (i.V.)**. Die Artvollmacht ist eingeschränkt auf spezielle Arten von Rechtsgeschäften, bspw. alle Rechtsgeschäfte eines Einkäufers oder eines Buchhalters. Personen mit **Artvollmacht** zeichnen **„im Auftrag" (i. A.)**. Die Handlungsvollmacht ist im Gegensatz zur Prokura in ihrem Umfang beliebig beschränkbar. Oftmals erhalten Führungskräfte in Abhängigkeit der hierarchischen Einordnung ihrer Stelle eine allgemeine Handlungsvollmacht bis zu einer definierten finanziellen Obergrenze.

1.4.3 Soziale Machtgrundlagen der Führung

Neben der rechtlichen Legitimität, andere Menschen in einer asymmetrischen Führungssituation beeinflussen zu dürfen, kann die dafür notwendige Macht bzw. Autorität auch in positionalen oder personalen Ursachen begründet sein. Zentrale Ressourcen der Macht, so genannte **Machtbasen,** von Führungskräften sind nach French und Raven (1959, S. 150 ff.):

- **Macht durch Legitimation**

Beruht darauf, dass die Mitarbeiter es akzeptieren, dass der Vorgesetzte von dem Arbeitgeber ermächtigt wurde, das Weisungsrecht auszuüben. Es gilt als allgemein anerkannte Norm, dass der Führende in Organisationen Vorgaben macht und der Geführte diesen nachkommt. Diese Machtgrundlage ist primär nicht an die Person, sondern an die Position (Instanz) gebunden und legitimiert Führungskräfte, im hierarchischen Gefüge einer Organisation die formale Ordnung sicherzustellen.

- **Macht durch Belohnung**

Beruht darauf, dass die Mitarbeiter glauben, dass der Vorgesetzte auf Basis seiner hierarchischen Position die Möglichkeit hat, sie zu belohnen. Dies setzt voraus, dass die Mitarbeiter die Anreize attraktiv finden und dass diese hin und wieder faktisch gewährt werden. Die Mitarbeiter versuchen dann durch das Zeigen gewünschten Verhaltens in den Genuss solcher Belohnungen wie Gehaltserhöhungen, attraktive Positionen usw. zu kommen (vgl. Raven 2008, S. 2).

- **Macht durch Zwang**

Beruht darauf, dass die Mitarbeiter weiter glauben, dass der Vorgesetzte auch die Möglichkeit hat, sie bei nicht konformen Verhalten bestrafen zu können. Auch hier ist die sporadische Umsetzung wichtig für die Wirksamkeit. Die Mitarbeiter verhalten sich dann konform, um derartige Sanktionen präventiv zu vermeiden.

- **Macht durch Persönlichkeitswirkung/Identifikation**

Beruht auf der Identifikation der Mitarbeiter mit der Führungskraft oder auf dem Wunsch der Mitarbeiter, dem Führenden zu gefallen. Die Führungskraft erscheint den Mitarbeitern in ihrer Wertschätzung als Vorbild, weil sie z. B. mit deren Werten übereinstimmen oder deren Auftreten und Lebenslauf bewunderns- und nachahmenswert finden.

- **Macht durch Wissen und Fähigkeiten (Expertenmacht)**

Beruht darauf, dass die Mitarbeiter glauben, dass die Führungskraft Wissens-, Erfahrungs- und Informationsvorteile in dem einschlägigen Berufs- und Kompetenzfeld hat, die dessen fachliche Überlegenheit begründen. Diese Machtgrundlage ist auf den Wissensbereich beschränkt, innerhalb dessen der Vorsprung besteht.

Nachfolgend zu den ursprünglichen Machtbasen wurde von Raven (1965) die Informationsmacht als sechste, von der Expertenmacht zu trennende, Machtgrundlage benannt. Während Expertenmacht darauf beruht, dass die Mitarbeiter dem Wissens- und Erfahrungsschatz des Vorgesetzten vertrauen, begründet sich Informationsmacht auf dem Verstehen und der Nachvollziehbarkeit von Handlungsnotwendigkeiten:

- **Informationsmacht**

Beruht darauf, dass die Führenden über umfassende Informationen zur Organisation, dem intraorganisationalen Beziehungsgeflecht, den Prozessen usw. verfügen. Durch das Nutzen und zur Verfügungstellung dieser Informationen werden für die Geführten Rahmenbedingungen, Prozessnotwendigkeiten etc. nachvollziehbar und einsichtig und sie folgen den Vorgaben der Vorgesetzten. Durch die Filterung, Zusammenstellung oder Zurückhaltung der Informationen können die Führer gewünschtes Verhalten beeinflussen.

In den nachfolgenden Forschungen zu diesen Ursprungs-Machtbasen wurden weitere Detaillierungen und Differenzierungen herausgearbeitet (vgl. z. B. Yukl und Falbe 1991). Dabei wird nun auch danach unterschieden, ob Machtbasen auf der hierarchischen Position (**Positionsmacht**) oder in der Person des Führers (**Personmacht**) gründen. Als ergänzende, weiter differenzierte Machtbasen wirken somit wie in Abb. 1.14 hervorgehoben dargestellt (vgl. Yukl 2012, S. 188 ff. und Weibler 2016, S. 138 f.):

- **Macht durch Situationsgestaltung**

Beruht darauf, dass die Vorgesetzten die Gestaltung des Arbeitsumfeldes, ausgehend von den delegierten Aufgaben über Prozessabläufe bis hin zur konkreten Arbeitsplatzausstattung, steuern können. Über diese Gestaltungsparameter können Mitarbeiter motiviert bzw. demotiviert und deren Verhalten beeinflusst werden.

- **Überzeugungsmacht**

Stellt eine Differenzierung der bisherigen Expertenmacht dar und beruht auf der Notwendigkeit und Fähigkeit der Führungskraft, rational schlüssig und überzeugend argumentieren zu können. Erfolgreicher Experteneinfluss hängt somit auch von der Argumentationsfähigkeit ab, da nur sehr wenige Führungskräfte einen derartigen Expertenstatus erreichen, dass

Positionsmacht	**Personenmacht**
Legitimation	Expertenmacht
Belohnungsmacht	*Überzeugungsmacht*
Bestrafungsmacht	Identifikationsmacht
Informationsmacht	*Charismatische Macht*
Situationsgestaltungsmacht	

Abb. 1.14 Machtbasen. Quelle: Weibler (2016, S. 139), leicht modifiziert.

ihnen „blind“ vertraut wird, wie z. B. einem Arzt, der ein Medikament zur Einnahme verschreibt, ohne die Wirkung detailliert erklären zu müssen.

- **Charisma**

Beruht darauf, dass einzelne Führungskräfte auf Basis ihres Auftretens, ihres Charakters und ihrer Integrität als so außergewöhnlich und nachahmenswert wahrgenommen und empfunden werden, dass sie Mitarbeiter darüber begeistern und beeinflussen können.

Abhängig davon, in welchem Ausmaß die Machtgrundlagen als tatsächlich verfügbar durch die Mitarbeiter wahrgenommen werden und über welche Gegenmacht die Mitarbeiter verfügen, wirkt sich dies auf die „Unterwerfungsbereitschaft“ der Mitarbeiter aus (vgl. Weibler 2016, S. 136 ff.). Letztlich ergibt sich daraus die Bedeutung der Machtgrundlagen für die Rezipienten (Mitarbeiter). Die Androhung auf Entlassung bleibt weitgehend wirkungslos, wenn der Arbeitnehmer bereits verbindlich eine andere Anstellung in einem anderen Unternehmen zugesagt bekommen hat (vgl. Neubauer und Rosemann 2006, S. 53 f.).

1.4.4 Führungsethik

Eng verbunden mit den Legitimationsgrundlagen der Mitarbeiterführung ist die Frage nach der „**guten und gerechten Führung**“ (vgl. im Folgenden 2016, S. 648 ff.) Berkel 2013; Göbel 2013; Lang 2014, S. 313 ff.). Führung darf sich aus normativer Perspektive nicht nur auf die effektive Verhaltensbeeinflussung von Mitarbeitern begrenzen, die dazu dient, das Leistungsverhalten zu steigern und die Sachziele zu erreichen (**Erfolgsverantwortung** des Vorgesetzten). Fast jedes menschliche Handeln hat Auswirkungen auf andere Menschen und ist vor diesem Hintergrund in Bezug auf seine Folgen für andere zu reflektieren. Gerade der Einsatz von asymmetrischer Macht beinhaltet unweigerlich eine ethische Dimension, da Machtausübung immer die Möglichkeit des **Machtmissbrauchs** impliziert, d. h. Macht kann förderlich, aber auch sozial-destruktiv eingesetzt werden. Je mehr Macht eine Führungskraft hat, umso größer ist ihre Verantwortung (Franken 2010, S. 246), dysfunktionale Effekte des Führungshandelns für andere Menschen zu vermeiden (**Humanverantwortung** des Vorgesetzten). Führung automatisch im Sinne eines **Führungs-Harmonismus** derart zu denken, dass nur ethische Führung erfolgreich sein kann (**„light side of leadership“**), ist unzutreffend. Im Führungsalltag gibt es sehr wohl auch ein Auseinanderfallen von Führung und Ethik und trotzdem Führungseffektivität. So forderte **Machiavelli** in seinen Ratschlägen für Fürsten bewusst, dass erfolgreiche Führer auch zu unethischen Handlungen bereit sein müssen (vgl. Machiavelli 2009). Druck, Angst und Manipulation beeinflussen ebenso das Verhalten und können Führungserfolg hervorbringen („bad leadership“ oder **„dark side of leadership“**) (vgl. Kellerman 2004, S. 4 ff.). Daraus ergibt sich die Notwendigkeit, dass für die Machtausübung im Rahmen des Führungsprozesses sichergestellt werden muss, dass dies gut und fair, mithin ethisch korrekt erfolgt. Es sind die Grenzen und Formen der Machtausübung zu definieren. Wer aber legt für eine personalisierte, d. h. nicht auf die Rolle der Geführten oder die Gestaltung der Situationsparameter ausgerichteten, sondern an die Führung durch den Vorgesetzten gebundene **Führungsethik** fest, was unter guter Führung zu verstehen ist und auf welcher Argumentationsbasis lässt sich „die" gute Führung letztbegründen? Hinzu kommt das Problem, wie sichergestellt werden kann, dass als Ergebnis ethisch definiertes Führungsverhalten tatsächlich umgesetzt wird.

Normative Führungsethik ist im Begründungsprozess als vernunftbasierte Meta-Wissenschaft zu verstehen, deren Aufgabe es ist, zu definieren, was gutes oder schlechtes Führungshandeln ist (vgl. Steinmann und Löhr 1991, S. 7 ff.). Die aus diesen Überlegungen abgeleiteten Handlungsregeln und -normen beschreiben dann konkret die **Führungsmoral**: „So hat sich eine Führungskraft zu verhalten!". Wenn diese Moralen durch die Führungskraft akzeptiert und verinnerlicht werden, bildet dies das persönliche **Führungsethos** als freiwillige, innere Verpflichtung zum Guten (vgl. Göbel 2013, S. 23 ff.). Die Problematik einer allgemeingültigen inhaltlichen Definition von Führungsethik besteht in der Suche nach der **metaethischen Letztbegründung** (vgl. Abb. 1.15 und im Folgenden Steinmann und Löhr 1991, S. 54 ff.).

Eine auf der **individuellen Gewissensethik** des Einzelnen im Sinne des **kategorischen Imperativs** nach Kant basierende Führungsethik kann nicht ausreichen, um ethisches Führungshandeln zu begründen. Die Vorgabe „Handle stets so, dass die Maxime deines Willens jederzeit zugleich als Prinzip einer allgemeinen Gesetzgebung gelten könnte.", ist zu interpretationsoffen. So nutzt ein Vorgesetzter im Rahmen seines Führungshandelns

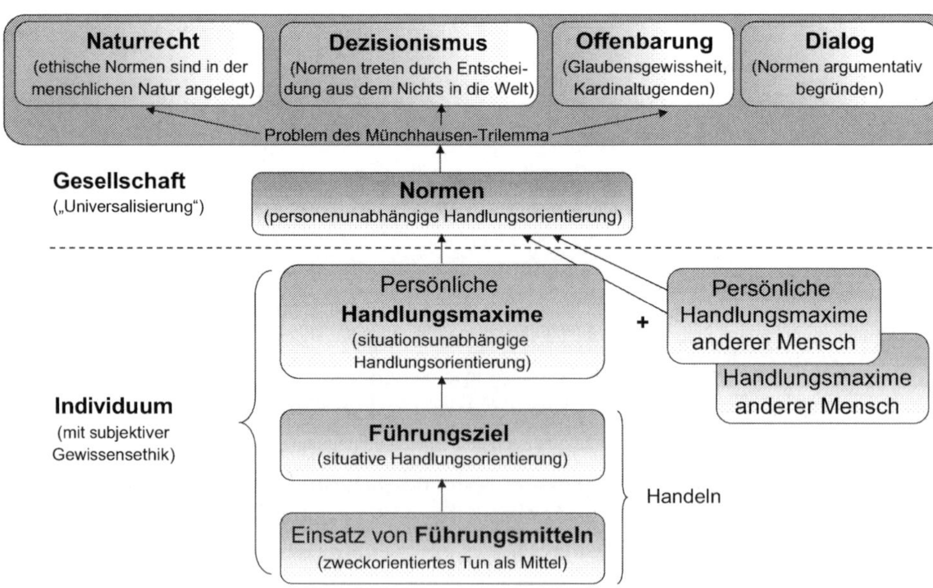

Abb. 1.15 Metaethisches Begründungsproblem einer Führungsethik. Quelle: Steinmann und Löhr (1991, S. 57), modifiziert.

individuell als geeignet und gut erscheinende Instrumente, um seine Führungsziele zu erreichen. Dabei agiert er auf der Grundlage seiner persönlichen, als stimmig und positiv erachteten **Handlungsmaxime**, die situationsübergreifend gültig ist und seine individuelle Moral basierend auf seinem subjektiven Gewissen beschreibt. Er handelt nur so, wie er es vor seinem Gewissen vertreten kann und wie es seiner individuellen Moral entspricht. Die subjektive Gewissensethik bietet somit keine inhaltlichen Moralen, sondern definiert nur eine prozedurale Moral derart, dass die Führungskraft ihr Führungshandeln vor dem eigenen Gewissen überprüfen soll, ob sie diese rechtfertigen kann: „Was du nicht willst, dass man dir tut, das füg auch keinem anderen zu!“. Dabei wird schnell deutlich, dass unterschiedliche Führungskräfte, ganz unterschiedliche individuelle Moralen haben und sich wieder die Frage stellt, was nun gelten soll.

Notwendig ist somit eine vom Individuum unabhängige Vergesellschaftung, d. h. **Universalisierung**, der Begründung von ethischem Führungshandeln. Dabei lassen sich zur Letztbegründung einer inhaltlich konkretisierten Führungsethik vier zentrale Argumentationswege heranziehen.

Der **Naturalismus** geht davon aus, dass ethische Fakten Teil der Natur sind und empirisch im Zuge naturwissenschaftlicher Forschungsbemühungen erfasst werden können. Biologisch betrachtet ist z. B. das Kümmern um Kinder ein solcher Fakt (Verhaltensweise). Nach dem anthropologischen Naturalismus z. B. wollen sich Menschen nicht nur reproduzieren, sondern streben auch nach einer funktionierenden Gemeinschaft. Insofern lässt sich ethisches Führungsverhalten aus der Natur ableiten – allerdings nur in einem deskriptiven Sinne ohne normative Reflexion.

Der **Dezisionismus** beschreibt eine Denkweise, die Entscheidung und Aktion aus sich selbst heraus (ohne normative Begründung) legitimiert (vgl. Brodocz 2002, S. 281 ff.). Damit ist eine Handlung per se gut, da sie existiert. Das öffnet allerdings Dogmatismus und Diktatur den Weg. Nur weil etwas getan wird, ist es legitimiert – eine normative Letztbegründung ist nicht nötig. Das rechtfertigt jede Art von Handlung.

Auch ist eine Orientierung der Führungsethik an den vier **Kardinaltugenden** (Tapferkeit, Gerechtigkeit, Klugheit und Maß) nach Aristoteles, denen jeder Mensch nachstreben sollte, um ein „gutes Leben“ zu führen, denkbar. Führung ist dann ethisch, wenn sie tapfer, gerecht, klug und maßvoll durchgeführt wird (vgl. Weibler 2016, S. 649 ff.). Allerdings stellt sich hier sehr schnell die Frage, warum genau es diese vier Tugenden sein müssen. Es gelingt nicht, einen Generalkatalog abschließender Tugenden zu begründen. Dieselbe Frage stellt sich, falls die Führungsethik auf Basis einer **göttlichen Offenbarung** wie z. B. der zehn Gebote im Christentum begründet wird. Angehörige anderer Religionen werden sofort kritisieren, dass ihre Glaubensgewissheiten nicht entsprechend vollumfänglich berücksichtigt sind und warum diese und nicht andere Gebote als Grundlage herangezogen wurden.

Den bisher vorgestellten drei Begründungsversuchen ist gemein, dass sie am **Münchhausen-Trilemma** leiden, d. h. dass jeder Versuch des Beweises eines letzten Grundes für die inhaltliche Führungsethik zu einem von drei möglichen Ergebnissen führt (vgl. Albert 1991):

a) zu einem Zirkelschluss, (die Schlussfolgerung soll die Prämisse beweisen, benötigt diese aber, um die Schlussfolgerung zu formulieren) oder
b) zu einem „infiniten Regress" bzw. unendlichen Rückgriff (es findet sich stets noch eine weitere Begründung), oder
c) zum dogmatischen Abbruch des Verfahrens („Diese Handlung ist gut!").

Um diese Begründungsproblematik zu lösen, bietet sich die intersubjektive, **vernunftgeleitete Dialogethik** nach Apel und Habermas an, die eine metaphysische Bestimmung des richtigen Handelns durch Gott oder die Natur etc. verneint (vgl. Apel 1988; Habermas 1991). Nicht nur in einem inneren, subjektiven Diskurs, sondern in einem **herrschaftsfreien Dialog** mit allen Beteiligten sind diejenigen Führungsverhaltensweisen zu bestimmen, für die die „besten Gründe sprechen". Hier wird ethisches Führungshandeln nicht mehr nur einseitig durch den Führenden bestimmt. Führungsethik integriert den **demokratischen Horizont** und bietet allen am Führungsprozess Beteiligten die Möglichkeit, einen gemeinsam getragenen Ausgleich zwischen den unterschiedlichen führungsrelevanten Zielen (Führende, Organisation und Mitarbeiter) zu schaffen. Damit die **diskursive Konsensethik** greifen kann, sind bestimmte Voraussetzungen an den herrschaftsfreien Dialog zu richten (vgl. Habermas 1991), so z. B.:

- Unvoreingenommenheit: alle wollen die kooperative Wahrheitssuche.
- Jeder Teilnehmer ist bereit, eine Festlegung auf alle anderen gleichartigen Fälle anzuwenden.
- Machtfreie Diskussion: Jeder darf seine Überzeugungen äußern.
- Bereitschaft, eigene Standpunkte zu hinterfragen und zu verändern.
- Jedes Thema darf eingebracht und angesprochen werden.

Damit wird allerdings auch deutlich, dass die dialogische Führungsethik als **prozedurale Ethik** nicht in der Lage ist, eine für alle Organisationen gültige Führungsethik inhaltlich zu definieren, sondern nur den Rahmen vorgibt, anhand derer eine solche entwickelt werden kann.

Als eine erste Orientierung für eine inhaltliche Diskussionsbasis im Prozedere der konsenten Dialogethik können folgende Grundpositionen auf der Basis der Ethical Leadership Scale (ELS-D) nach Rowold et al. (2009, S. 62), dem United Nations Global Compact (Deutsches Global Compact Netzwerk 2015) und den Vorschlägen nach Kuhn und Weibler (2012, S. 140 ff.) betrachtet werden:

Die Führungskraft…

- denkt an die Interessen der Mitarbeiter und sorgt für deren Lebens- und Arbeitsqualität.
- trifft faire und ausgewogene Entscheidungen.
- agiert integer, vertraulich und vertrauensfördernd.
- diskutiert Werte und ethische Sachverhalte mit den Mitarbeitern und bricht damit das „moralische Schweigen" in der Organisation. Sie hört auf das, was die Mitarbeiter zu sagen haben.

- beurteilt Erfolge nicht nur nach dem Ergebnis, sondern auch danach wie sie erreicht wurden und erkennt damit aktiv an, dass es Dilemmata-Situationen zwischen ökonomischer Effizienz und Führungsethik gibt.
- reflektiert bei Entscheidungen die Folgen für alle Interessensgruppen und Beteiligten und geht rücksichtsvoll vor.
- achtet die Würde des Menschen und unterstützt die Menschenrechte.
- sichert die Ausübung der Mitbestimmungsrechte der Geführten.
- wendet sich aktiv gegen jede Form von Korruption, Bestechung, Unterdrückung und Mobbing.
- geht aktiv gegen die Verletzung ethischer Standards vor.

Ein weiterführender Aspekt führungsethischer Problemstellungen ist darin zu sehen, das selbst nach ausreichend inhaltlicher Konkretisierung im Führungsalltag Situationen auftreten, die Führungskräfte vor die Situation stellen, Führungsmoralen aus der Perspektive einer Pflichten- oder Verantwortungsethik zu reflektieren und zu hinterfragen (Göbel 2013, S. 30 ff.). Die **deontologische Pflichtenethik** bietet den Führenden durch klare Regeln für bestimmte Situationen eine klare Orientierung, z. B. „Du darfst die Gesundheit deiner Mitarbeiter nicht gefährden." Diese sind immer einzuhalten und haben unbedingte Gültigkeit. Aus der konkreten Führungssituation können keine Rechtfertigungen für die Handlung gewonnen werden. Die **teleologische Folgenethik** (Verantwortungsethik) postuliert dagegen, dass gut handelt, wer sein Verhalten an der jeweiligen Situation ausrichtet und die Folgen des Handelns mit bedenkt. Grundlage für die ethische Bewertung einer Handlung ist das Nützlichkeitsprinzip (utilitaristische Grundformel): „Diejenige Handlung ist im moralischen Sinne gut, deren Folgen für das Wohlergehen aller von der Handlung Betroffenen optimal sind." Diese beiden ethischen Grundpositionen führen in Einzelfällen zu gänzlich unterschiedlichen Handlungsweisen und stellen die Führungskräfte damit wieder vor ein Dilemma. Als Beispiel kann hier die von Weibler (2012, S. 660) angeführte Extremsituation nach dem Unglück im Atomkraftwerk Tschernobyl genutzt werden. Einem gesinnungsethischen **Pflichtenethiker** wäre es als Führungskraft nicht möglich gewesen, Mitarbeiter als „Liquidatoren" zur Beseitigung der radioaktiven Strahlung in die sichere Erkrankung (Verstrahlung) zu schicken, da die Gesundheit der Mitarbeiter niemals gefährdet werden darf. Auch nicht im Gegenwert zu dem Vorteil, eine schlimmere Katastrophe für viele weitere Tausend Menschen zu verhindern. Der **Verantwortungsethiker** würde genau diese Überlegung anstellen: „Wie viele Menschen kann ich vor existenzieller Gefährdung durch die Inkaufnahme der Verstrahlung einiger Mitarbeiter bewahren?".

Letztlich stellt sich nach den inhaltlichen ethischen Festlegungen die Frage, wie führungsethisches Handeln grundsätzlich zur Umsetzung gebracht werden kann, d. h. wie kann sichergestellt werden, dass Führungskräfte ethische Verhaltensweisen befolgen.

In der harmonistisch geprägten Sicht der **„light side of leadership"** gibt es hier kein grundsätzliches Spannungsfeld, da erfolgreiche Führung nur eine ethische Führung sein kann. Ohne freiwillig, nachhaltig leistungsbereite Mitarbeiter ist kein wirtschaftlicher Erfolg begründbar, insofern kann nur über die Humanverantwortung die Erfolgsverantwortung realisiert werden (vgl. Kuhn und Weibler 2012, S. 24 ff.). In diesem Verständnis ist

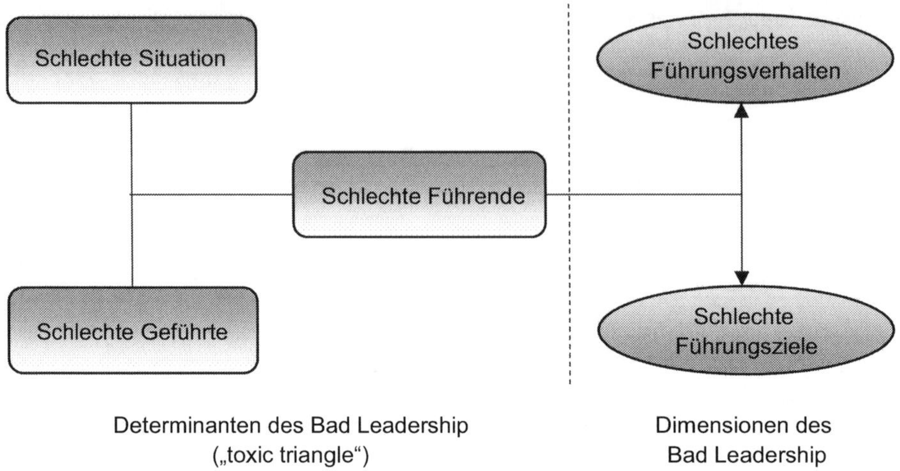

Abb. 1.16 Bezugsrahmen Bad Leadership. Quelle: Weibler (2016, S. 641)

die ethische Qualität der Führung ein Erfolgsfaktor, der sich nachweislich und eindeutig durch höhere Leistungsbeiträge der Mitarbeiter auszahlt.

Dies ist aber kein zwingender Weg. In der Betrachtung der **„Dark side of leadership"** wird offensichtlich, dass auch unzufriedene Mitarbeiter leistungsbereite Mitarbeiter sein können, wenn sie z. B. Angst um ihren Arbeitsplatz haben. Ethisch fragwürdige Führungsmittel sind aus machiavellistischer Perspektive gerechtfertigt, falls sie die bestmöglichen Ergebnisse liefern. Moralische Personalführung wäre bei einer reinen **Reduktion auf die Erfolgsverantwortung** somit nicht notwendig, da auch unzufriedene Mitarbeiter hohe Leistung erbringen. Ursachen zur Erklärung schlechter, unethischer Führung können wie in Abb. 1.16 dargestellt in der Person des Führenden (schlechte Charaktereigenschaften), der Geführten (tolerieren oder fördern unethisches Führungsverhalten) und der Führungssituation (Stresssituationen, Ausmaß leistungsorientierter Führungskräftevergütung usw.) liegen, die dann zu schlechten Führungszielen und schlechtem Führungshandeln führen.

Notwendig sind für die Führungspraxis offensichtlich stützende Rahmenbedingungen, die die Umsetzung einer Führungsethik fördern. Neben der grundsätzlichen Proklamierung ethischer Führung können z. B. folgende Maßnahmen eingesetzt werden (vgl. Blessin und Wick 2014, S. 426 ff.):

- setzen von Grundwerten (z. B. „Code of Conduct" oder „Ethikleitfaden") unter Mitwirkung der Mitarbeiter.
- striktes Einhalten und Durchsetzen des „Code of Conduct" und gesetzlicher Vorgaben kontrollieren und sanktionieren.
- Aufnahme der „ethischen" Dimension in Kompetenzmodelle.
- Führungsethik als Kriterium bei der Mitarbeiterbeurteilung und Entlohnung.
- ethischer Situationsbezug bei Trainingsmaßnahmen.
- einsetzen einer innerbetrieblichen „Ethik"-Kommission und eines Ethikbeauftragten.

- verantwortliches Verhalten durch die Geschäftsführung vorleben, um damit „ethische Vorbilder" zu schaffen.
- Entwicklung einer „Geführten-Ethik", die Verstöße aktiv einklagt („whistle-blowing").
- Entwicklung einer „moralischen" Unternehmenskultur als basale Prämisse auf der Mesoebene.

Beispiel
„Danfoss Ethik-Leitfaden: Ethische Richtlinien für Mitarbeiter und Führungskräfte" (Auszug)
Wer ist für die Einhaltung der ethischen Richtlinien verantwortlich?

Jeder, der für Danfoss arbeitet, muss nach unseren ethischen Richtlinien handeln. Das gilt gleichermaßen für Mitarbeiter, Führungskräfte, Berater, Praktikanten und Studierende. Falls Sie die Position eines Vorgesetzten haben, sind Sie insbesondere dafür verantwortlich, dass Ihre Mitarbeiter die Richtlinien und Erwartungen von Danfoss kennen und verstehen.

Diskriminierung

Danfoss respektiert kulturelle Unterschiede und achtet jeden Mitarbeiter. Wir tolerieren keine Diskriminierung am Arbeitsplatz und möchten sicherstellen, dass niemand Opfer ungerechter Behandlung wird. Für die Entwicklung des Konzerns ist es von Bedeutung, dass alle Mitarbeiter die Möglichkeit bekommen, ihr Potenzial zu entfalten. Diskriminierung am Arbeitsplatz verhindert dies.

Zwangsarbeit und Arbeitsbedingungen

Danfoss toleriert keine Zwangsarbeit oder andere Formen unfreiwilliger Tätigkeit. Wir respektieren das Recht des Arbeitnehmers auf ein gesundes Gleichgewicht zwischen Arbeit und Freizeit und richten uns hierbei nach den Konventionen der ILO.

Korruption und Bestechung

Danfoss toleriert keine Korruption! Korruption ist jedweder Missbrauch einer Position zum eigenen Vorteil oder dem von Danfoss. Das Gebiet umfasst u. a. Bestechung, Geldwäsche, Erpressung, Schutzgelder und Vetternwirtschaft (bevorzugte Behandlung von Verwandten oder Freunden). Unter Bestechung versteht man das Gewähren oder den Erhalt eines Wertes (Angebot, Versprechen, Unterstützung, Geschenke/Geld oder Darlehen) und daraus resultierende Vorteile, die nicht auf ehrliche und legale Art erworben werden können.

Quelle: Danfoss (2015)

1.4.5 Führungskompetenz und Kompetenzprofil

Der Führungsprozess, die Führungsaufgaben und die Führungsrolle sowie die Beachtung der Erfolgs- und Humanverantwortung stellen erhebliche Anforderungen an die Führungskräfte und deren Kompetenzen. Vorgesetzte müssen über eine ausgeprägte

Führungskompetenz verfügen. Diese lässt sich übergeordnet auf Basis der Handlungsregulationstheorie definieren als die Fähigkeit eines Menschen, auf der Grundlage subjektiv bewerteter offener Situationsanforderungen, eigener Fähigkeiten und Kenntnisse sowie der vorherrschenden Kultur, alleine oder im Zusammenwirken mit anderen, ein zweckmäßiges Handlungsmuster zum Erreichen von Handlungs- respektive Führungszielen zu entwerfen, umzusetzen sowie zu kontrollieren. Führungskompetenz beinhaltet Selbstorganisationsfähigkeit und Reflexionsbereitschaft (vgl. Schirmer 2006, S. 62 f.).

Damit Führungskompetenz entstehen kann, sind konstituierende **Teilkompetenzbereiche** bei den Führungskräften notwendig (vgl. Blessin und Wick 2014, S. 259 ff.). Diese können wiederum nicht allgemeingültig beschrieben werden, da Führung in unterschiedlichen Situationen, auf unterschiedlicher Hierarchieebene, in verschiedenen Branchenumfeldern und organisationalen Kontexten stattfindet. Je höher eine Führungskraft in der Hierarchie z. B. tätig ist, desto weniger wichtig ist Fachkompetenz im Vergleich zur **General-Management-Kompetenz** (vgl. Lieber 2011, S. 255 ff.). Zentrale Kompetenzen lassen sich aber durchaus als Vorschlag definieren und in einem nominalskalierten, **generischen „one size fits all"-Kompetenzprofil** wie in Abb. 1.17 gezeigt, darstellen (vgl. Oppermann-Weber 2004, S. 33 ff.; Erpenbeck und Heyse 2007; Franken 2010, S. 11; Wunderer 2011, S. 23; Regnet 2014, S. 29 ff.). Die Basis bilden dabei die vier klassischen Teilkompetenzen, welche durch die Aktivitäts- und Umsetzungskompetenz ergänzt werden. Die Fachkompetenz wird in dem nachfolgenden Modell um die immer bedeutsamer werdende **Medienkompetenz** erweitert und die persönliche Kompetenz um das Themenfeld der individuellen **Gesunderhaltung** vervollständigt. Im Kontext einer zunehmenden Ar-

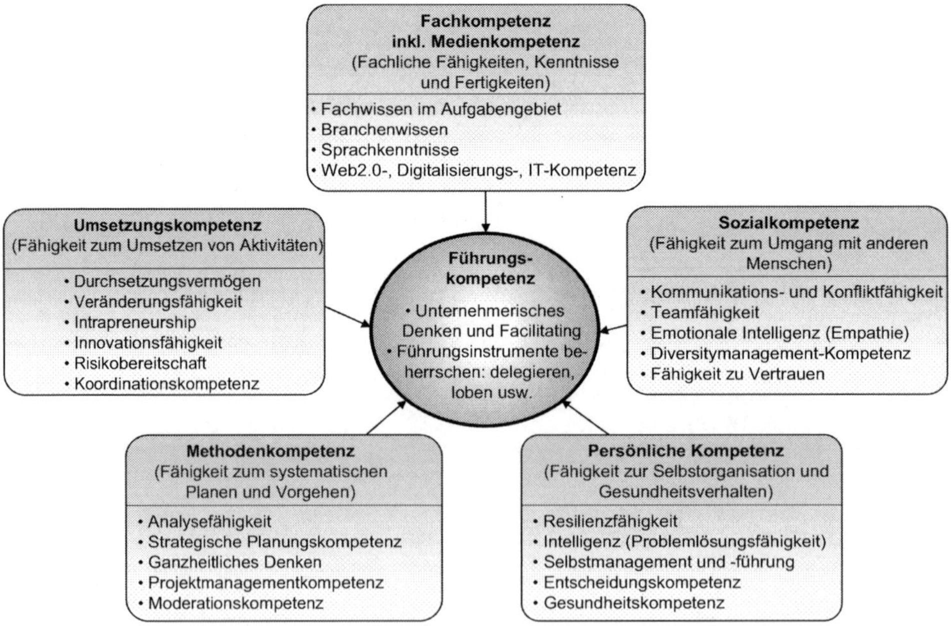

Abb. 1.17 Kompetenzprofil Führungskraft. Quelle: eigene Darstellung

beitsverdichtung und einer längeren Lebensarbeitszeit eine nicht mehr zu vernachlässigende Kompetenz von Führungspersonen. Ein solches Kompetenzprofil bietet zum einen eine Systematik zur Einordnung für weitere Einzelkompetenzen sowie zum anderen eine Such- und Analysesystematik für die Identifikation noch fehlender Einzelkompetenzen.

Damit Führende kompetent agieren können, benötigen sie Fach-, Methoden-, Sozial-, Umsetzungs- und Persönlichkeitskompetenz. Erst durch das Zusammenwirken dieser Kompetenzdimensionen kann **Führungskompetenz** entstehen. Führung ohne fachliche Expertise oder die Fähigkeit mit anderen sozial angemessen umzugehen, ist unter Effizienz- und Effektivitätsbetrachtungen ebenso wenig vorstellbar, wie planlose Führung oder Führung ohne ausreichenden Gestaltungswillen.

Führende müssen somit über das notwendige **Fachwissen** verfügen, wozu auch Sprach- und IT- bzw. Social-Media-Kompetenzen und Kompetenzen im gesamten Digitalisierungsfeld gehören. Um die planerischen Herausforderungen bewältigen zu können, sind im Bereich der **Methodenkompetenzen** insbesondere Analysefähigkeit und strategische Planungskompetenz wichtig. Eine arbeitsteilige Organisation ist ohne die Fähigkeit, tragfähige zwischenmenschliche Kontakte zu etablieren, nicht vorstellbar. Aus diesem Grund müssen Führungskräfte im Rahmen der **Sozialkompetenz** fähig sein, mit anderen Organisationsmitgliedern zu kommunizieren, sich auf diese einzulassen (Empathie) und heterogen besetzte Arbeitsgruppen zu leiten. Hierfür sind wiederum **persönliche Kompetenzen** erforderlich. Arbeitsdruck und Ergebnisverantwortung erfordern eine hohe Belastbarkeit, Intelligenz im Sinne fluider Intelligenz als Problemlösungsfähigkeit und Selbstmanagementkompetenz. Die notwendig zu treffenden Entscheidungen setzen ein hohes Maß an Entscheidungskompetenz voraus. Zu den immer wichtiger werdenden Selbstkompetenzen für Führungskräfte gehört auch die Fähigkeit, sich selbst gesund zu erhalten und somit auf einen angemessenen Ausgleich von Belastung und Entspannung zu achten. Eine wesentliche Aufgabe von Führungskräften ist es zum einen, Prozesse und Strukturen zu gestalten, und zum anderen, begonnene Projekte und Initiativen zu finalisieren. Aus diesem Grund ist die **Umsetzungskompetenz** sehr wichtig.

Die auf den fünf **Teilkompetenzen** basierende **Führungskompetenz** fokussiert noch zusätzliche Einzelkompetenzen. So müssen Führungskräfte u. a. unternehmerisch denken und die einschlägigen Führungsinstrumente beherrschen. Im Kontext einer in diesem Buch postulierten konsenten Diskursethik und den zunehmenden Demokratisierungstendenzen (Selbstorganisation, agile Führung, Scrum-Methodik usw.) sollten Führungskräfte auch in der Lage sein, im Sinn eines Facilitators die Rahmenbedingungen zu schaffen und die Mitarbeiter so zu befähigen, damit diese verstärkt selbstgesteuert und eigenverantwortlich agieren können.

1.5 Zusammenfassung

Personalführung, als ein Teilbereich der **Unternehmensführung,** versucht, das Arbeitsverhalten der Mitarbeiter in einer ethisch legitimierten, dynamischen und wechselseitigen Beziehung auf die Unternehmensziele und -werte hin zu beeinflussen.

Dies erfolgt im direkten Kontakt mit den Mitarbeitern (**personale Führung**) und durch die Steuerungswirkung organisationaler Rahmenbedingungen (**strukturale Führung**), die als **Führungssubstitute** auf die direkte Führung einwirken und zum Teil bewusst gestaltet werden. „Erfolgssteigernde", d. h. die personale Führung unterstützende, Elemente der strukturalen Führung sind insbesondere eine entsprechend ausgestaltete Unternehmenskultur, ein zielgerichtetes Anreizsystem sowie eine förderliche und motivierende Organisationsstruktur. Dabei ist personale Führung dynamisch und der asymmetrisch angelegte **Führungsprozess** ist ein komplexes Wirkungsgefüge, an dessen Ende keinesfalls immer ein erfolgreich durchgeführter Einflussversuch stehen muss. Denn auch die Mitarbeiter verfolgen mit den ihnen zur Verfügung stehenden **Machtressourcen** eigene Ziele. Die Vielzahl der Aufgaben, die von den Führungskräften zu erbringen sind, lassen sich auf zwei Kerndimensionen konzentrieren: Wichtig für die erfolgreiche Führung ist, dass Vorgesetzte Ziele klar formulieren, ihre Mitarbeiter dafür motivieren (**Lokomotionsfunktion**) sowie den Zusammenhalt zwischen den Mitarbeitern stärken (**Kohäsionsfunktion**). Wie Vorgesetzte dabei vorgehen, hängt in hohem Maße von der Interpretation und Ausgestaltung ihrer **Führungsrolle** ab. Die Führungsrolle gestaltet sich in verschiedenen organisationalen Kontexten sehr unterschiedlich, da sie letztlich die Gesamtheit der Verhaltenserwartungen, die aus dem relevanten sozialen Umfeld an einen Positionsinhaber herangetragen werden, darstellt. Auf Basis der gelebten Führungsrolle gestaltet sich dann auch die **Führungsdyade**, die Zweier-Beziehung zwischen Führer und Geführtem. Deren Qualität wirkt wiederum erheblich auf den Ablauf und Erfolg des Führungsprozesses ein. Dabei wird der Führungsprozess immer auch durch übergreifende Entwicklungen auf gesamtgesellschaftlicher und wirtschaftspolitischer Ebene beeinflusst. So sind Führungskräfte mit dem **demografischen Wandel**, der **Digitalisierung** und der **Globalisierung** konfrontiert und durch diese herausgefordert.

Der Führungsprozess trägt aus Unternehmensperspektive dazu bei, die **ökonomischen** und **sozialen Ziele** zu erreichen. Im **Zielsystem der Organisation** werden die zu erreichenden Planvorgaben im Zuge der normativen, strategischen und taktisch-operativen Planung so weit konkretisiert, dass die Vorgesetzten damit die inhaltliche Ausrichtung des Mitarbeiterverhaltens steuern können. So leiten sich die Ziele aus der Vision und der Unternehmensstrategie ab und können z. B. mithilfe der **BSC** und einer systematischen **Zielkaskadierung** im Rahmen des **Management by objectives** für die operative Führungsarbeit nutzbar gemacht werden.

Die Führung von Mitarbeitern ist ein **interaktionaler Prozess**, der permanent zu gestalten ist. Um der unternehmerischen Verantwortung gerecht zu werden, können den Führungskräften **Vertretungsrechte** wie Prokura und Handlungsvollmacht übertragen werden. Die arbeitsrechtliche Grundlage für die sozialen Einflussversuche bildet das **Weisungsrecht**. Dieses reicht jedoch nicht aus, um den Erfolg von Mitarbeiterführung zu erklären. Ergänzend wirken die verfügbaren sozialen **Machtgrundlagen** darauf ein, ob intendiertes Verhalten bei den Mitarbeitern ausgelöst werden kann. Damit es nicht zu einem Machtmissbrauch und einer Beeinträchtigung der Lebens- und Arbeitsqualität der Arbeitnehmer kommt, muss Führung gut, d. h. **ethisch legitimiert**, erfolgen. Neben der

Erfolgsverantwortung müssen Vorgesetzte auch ihrer **Humanverantwortung** gerecht werden. Wie gute Führung auszusehen hat, kann im Rahmen der **herrschaftsfreien Diskursethik** unter Beteiligung aller in den Führungsprozess involvierten Parteien (Organisation, Vorgesetzte und Mitarbeiter) ausgearbeitet werden. In der Zusammenführung resultieren daraus für die Führungskräfte ein vielfältiges **Aufgabenfeld** und ein sehr anspruchsvolles **Anforderungsprofil**, welches umfassende Fach-, Methoden-, Sozial-, Persönlichkeits- und Umsetzungskompetenzen erfordert.

1.6 Kontrollaufgaben

Aufgabe 1.1 Erläutern Sie den Führungsbegriff im Kontext strukturaler Führung.

Aufgabe 1.2 Füllen Sie die Lücken im Text mit den entsprechenden Begriffen aus.

Aus .... Perspektive stellt Unternehmenskultur eine gestaltbare Erfolgsvariable dar und kann als Element der .... Führung eingesetzt werden. Die Unternehmenskultur prägt durch die organisationsimmanenten .... und .... das Verhalten der Mitarbeiter. Eine starke Unternehmenskultur liegt vor, wenn diese ...., ... und .... ist.

Aufgabe 1.3 Was ist unter den Kernfunktionen der Führung zu verstehen?

Aufgabe 1.4 Welche Zielsetzung steht beim funktionalistischen Rollenkonzept im Vordergrund?

Aufgabe 1.5 Beschreiben Sie, wie die Führungsbeziehung zwischen einem Vorgesetzten und einem Mitarbeiter der In-Group geprägt ist.

Aufgabe 1.6 Nennen Sie drei zentrale Einflussfaktoren, mit denen Führende im Führungsprozess konfrontiert sind und die als moderne Führungsherausforderungen zu betrachten sind.

Aufgabe 1.7 Warum ist Organizational Citizenship Behaviour ein wichtiges Erfolgskriterium in der Führung?

Aufgabe 1.8 Was ist unter einer Zielkaskadierung zu verstehen und durch welche Führungstechnik wird diese realisiert?

Aufgabe 1.9 Markieren Sie, ob die folgenden Aussagen richtig oder falsch sind!

Das Weisungsrecht dient dem Vorgesetzten dazu, den operativen Arbeitsanfall in Bezug auf Zeit, Ort und Inhalt zu konkretisieren.

Richtig ☐ Falsch ☐

Das Weisungsrecht steht unmittelbar dem Vorgesetzten zu.

Richtig ☐ Falsch ☐

Die negative Versetzungsklausel im Arbeitsvertrag regelt aus Sicht des Arbeitnehmers, dass er nicht an einen anderen Arbeitsplatz versetzt werden darf.

Richtig ☐ Falsch ☐

Auf eine Änderungskündigung kann der Arbeitnehmer nur mit einer Ablehnung oder einer Annahme reagieren.

Richtig ☐ Falsch ☐

Die Mitbestimmung des Betriebsrates bei Versetzungen ist im § 95 BetrVG geregelt.

Richtig ☐ Falsch ☐

Aufgabe 1.10 Ein Abteilungsleiter beschwert sich, dass seine Mitarbeiter nur bedingt das tun, was er ihnen anordnet. Obwohl er mehrmals am Tag betont, dass er hier schließlich der Chef sei und deswegen zu tun sei, was er sagt. Auf welche Machtgrundlage stützt dieser Vorgesetzte vorrangig seine Führungsautorität? Welche alternativen Machtbasen gibt es?

Aufgabe 1.11 Was ist im Kontext der Führungsethik unter „light side of leadership" zu verstehen?

Aufgabe 1.12 Geben Sie an, auch welche zentralen Kommunikationsregeln für eine erfolgreiche Dialogethik zu achten ist.

Aufgabe 1.13 Wie kann die Umsetzung ethischer Verhaltensweisen durch die Vorgesetzten im Führungsprozess unterstützt werden? Nennen Sie fünf Möglichkeiten.

Aufgabe 1.14 Erläutern Sie den Begriff Führungskompetenz.

Literatur

Albert, H. (1991). *Traktat über kritische Vernunft* (5. Aufl.). Stuttgart.

Aon Hewitt. (2012). Total Rewards Survey 2012. http://www.aon.com/human-capital-consulting/thought-leadership/talent_mgmt/2012_aonhewitt_total_rewards_survey.pdf. Zugegriffen am 23.12.2015.

Apel, K.-O. (1988). *Diskurs und Verantwortung. Das Problem des Übergangs zur postkonventionellen Moral*. Frankfurt am Main.

Axel Springer. (2015). Die Führungsgrundsätze der Axel Springer SE, Abrufbar: http://www.axelspringer.de/artikel/Die-Fuehrungsgrundsaetze-der-Axel-Springer-SE_216-633.html. Zugegriffen am 22.12.2015.

Berthel, J., & Becker, F. G. (2013). *Personalmanagement. Grundzüge für Konzeptionen betrieblicher Personalarbeit* (10., überarbeitete und aktualisierte Aufl.) Stuttgart.

Berkel, K. (2013). *Führungsethik. Die reflexive Seite des Führens: Orientierung und Ermutigung* (2. Aufl.). Hamburg.
Bleicher, K. (2011). *Das Konzept Integriertes Management* (8. Aufl.). Frankfurt.
Bleicher, K., & Meyer, E. (1976). *Führung in der Unternehmung*. Reinbek.
Blessin, B., & Wick, A. (2014). *Führen und führen lassen* (7. Aufl.). Konstanz.
Bohinc, T. (2012). *Führung im Projekt*. Berlin.
Brodocz, A. (2002). Die politische Theorie des Dezisionismus: Carl Schmitt. In A. Brodocz & G. S. Schaal (Hrsg.), *Politische Theorie der Gegenwart I. Eine Einführung* (S. 281–315). Opladen.
Bröckermann, R. (2012). *Personalwirtschaft. Lehr- und Übungsbuch für Human Resource Management*. Stuttgart.
Bundesministerium für Arbeit und Soziales (Hrsg.). (2015). *Grünbuch Arbeiten4.0*. Berlin.
Crisand, E., & Rahn, H.-J. (2010). *Psychologische Grundlagen im Führungsprozess* (3. Aufl.). Hamburg.
Danfoss (Hrsg.). (2015). Ethik-Leitfaden, Abrufbar: ftp://software.danfoss.com/Global/EthicsHandbook/500B1206de.pdf. Zugegriffen am 31.12.2015.
Deutsches Global Compact Netzwerk (DGCN) (Hrsg.). (2015). Die 10 Prinzipien des UN Global Compact, Abrufbar: http://www.globalcompact.de/de/ueber-uns/dgcn-ungc.php?navid=539859539859. Zugegriffen am 19.01.2016.
Drucker, P. (1954). *The practice of Management*. New York.
Erpenbeck, J., & Heyse, V. (2007). *Die Kompetenzbiographie: Wege der Kompetenzentwicklung* (2. Aufl.). Münster.
Felfe, J. (2008). *Mitarbeiterbindung*. Göttingen.
Fleishman, E. A., Mumford, M. D., Zaccaro, S. J., Levin, K. Y., Korotkin, A. L., & Hein, M. B. (1991). Taxonomic efforts in the description of leader behavior: A synthesis and functional interpretation. *The Leadership Quarterly, 2*(4), 245–287.
Franken, S. (2010). *Verhaltensorientierte Führung. Handeln, Lernen und Diversity in Unternehmen* (3. Aufl.). Wiesbaden.
Franken, S. (2015). *Personal: Diversity Management*. Wiesbaden.
French, J. R. P., & Raven, B. (1959). *The bases of social power*. In D. Cartwright (Hrsg.), *Studies in social power* (S. 150–167). Ann Arbor.
Gloger, B., & Margetich, J. (2014). *Das Scrum-Prinzip: Agile Organisationen aufbauen und gestalten*. Stuttgart.
Göbel, E. (2013). *Unternehmensethik. Grundlagen und praktische Umsetzung* (3. Aufl.). München.
Graen, G., & Uhl-Bien, M. (1995). Relationship-based approach to leadership: Development of leader-member exchange (LMX) theory of leadership over 25 years: Applying a multi-level multi-domain perspective. *Leadership Quarterly, 6*(2), 219–247.
Greenberg, J., & Baron, R. A. (2007). *Behaviour in organizations* (9. Aufl.). Upper Saddle River.
Griese, T. (2015). Weisungsrecht. In W. Küttner (Hrsg.), *Personalbuch 2015. Arbeitsrecht, Lohnsteuerrecht, Sozialversicherungsrecht* (22. Aufl., S. 2603–2608). München.
Habermas, J. (1991). *Erläuterungen zur Diskursethik*. Frankfurt am Main.
Heinen, E., & Fang, M. (1997). *Unternehmenskultur* (2. Aufl.). München.
Hentze, J., Graf, A., Kammel, A., & Lindert, K. (2005). *Personalführungslehre. Grundlagen, Funktionen und Modelle der Führung* (4., neu bearb. Aufl.). Bern.
Homans, G. C. (1960). *Theorie der sozialen Gruppe*. Köln.
Horváth & Partners (Hrsg.). (2016). *Balanced Scorecard umsetzen* (6. Aufl.). Stuttgart.
Howell, J. P., Dorfman, P. W., & Kerr, S. (1986). Moderator variables in leadership research. *The Academy of Management Review, 11*(1), 88–102.
Kals, U. (2010). Jungspund an der Spitze. http://www.faz.net/aktuell/beruf-chance/arbeitswelt/vorgesetzte-jungspund-an-der-spitze-11055441.html. Zugegriffen am 27.12.2015.

Kania, T. (2015). Prokurist. In W. Küttner (Hrsg.), *Personalbuch 2015. Arbeitsrecht. Lohnsteuerrecht. Sozialversicherungsrecht* (22., vollständig neubearbeitete Aufl., S. 2136–2138). München.
Kaplan, R. S., & Norton, D. P. (1997). *Balanced Scorecard. Strategien erfolgreich umsetzen.* Stuttgart.
Katz; D., & Kahn R L. (1966). *The social psychology of organizations*. New York.
Kellerman, B. (2004). *Bad leadership: What it is, how it happens, why it matters*. Boston: Harvard Business School Press.
Kerr, S., & Jermier, J. M. (1978). Substitutes for leadership: Their meaning and measurement. *Organizational Behavior and Human Performance, 22*(3), 375–403.
Klaffke, M. (2014). Erfolgsfaktor Generationenmanagement – Handlungsansätze für das Personalmanagement. In M. Klaffke (Hrsg.), *Generationenmanagement. Konzepte, Instrumente, Good-Practice-Ansätze* (S. 3–26). Wiesbaden.
Krämer, D., Lammert, K., & Weigang, S. (2015). *Führen ohne Vorgesetztenfunktion*. Freiburg.
Kuhn, T., & Weibler, J. (2012). *Führungsethik in Organisationen*. Stuttgart.
Lang, R. (2014). Ethische und destruktive Führung: Gute Führung – schlechte Führung. In R. Lang & I. Rybnikova (Hrsg.), *Aktuelle Führungstheorien und -konzepte* (S. 313–354). Wiesbaden.
Lieber, B. (2011). *Personalführung…leicht verständlich!* (2. Aufl.). Stuttgart.
Lindner-Lohmann, D., Lohmann, F., & Schirmer, U. (2016). *Personalmanagement* (3. Aufl.). Heidelberg.
Machiavelli, N. (2009). *Der Fürst*. Hamburg (Erstausgabe 1513 „Il Principe").
Malik, F. (2014). *Führen. Leisten. Leben, Neuausgabe*. Frankfurt.
Meyer, J. P., & Allen, N. J. (1997). *Commitment in the workplace: Theory, research, and application*. Thousand Oaks u. a.
Mintzberg, H. (1980). *The nature of managerial work* (2. Aufl.). Englewood Cliffs.
Nerdinger, F. (2004). Organizational Citizenship Behavior und Extra-Rollenverhalten. In H. Schuler (Hrsg.), *Enzyklopädie der Psychologie, Themenbereich D, Serie III, Bd. 4: Organisationspsychologie – Gruppe und Organisation* (S. 293–333). Göttingen.
Neubauer, W., & Rosemann, B. (2006). *Führung, Macht und Vertrauen in Organisationen*. Stuttgart.
Neuberger, O. (2002). *Führen und führen lassen* (6. Aufl.). Stuttgart.
Odiorne, G. (1967). *Management by objectives*. New York.
Oechsler, W. A., & Paul, Ch. (2015). *Personal und Arbeit. Einführung in das Personalmanagement* (10. Aufl.). Berlin u. a.
Oppermann-Weber, U. (2004). *Handbuch Führungspraxis*. Berlin.
Organ, D. W. (1988). *Organizational citizenship behavior – The good soldier syndrome*. Lexington.
Parment, A. (2013). *Die Generation Y – Mitarbeiter der Zukunft: Herausforderung und Erfolgsfaktor für das Personalmanagement* (2. Aufl.). Wiesbaden.
Pinchot, G. (1988). *Intrapreneuring: Mitarbeiter als Unternehmer*. Wiesbaden.
Pinnow, D. F. (2012). *Führen. Worauf es wirklich ankommt* (6. Aufl.). Wiesbaden.
Proudfoot Consulting. (2008). Abrufbar: Produktivitätsstudie 2008. http://www.alexanderproudfoot.com/SearchResults.aspx?searchtext=produktivit%c3%a4tsstudie&searchfor=all&orderby=id&orderdirection=ascending. Zugegriffen am 04.08.2012.
Raven, B. H. (1965). Social influence and power. In I. D. Steiner & M. Fishbein (Hrsg.), *Current studies in social psychology* (S. 371–382). New York: Holt, Rinehart, Winston.
Raven, B. H. (2008). The bases of power and the power/interaction. Model of interpersonal influence. *Analyses of Social Issues and Public Policy, 8*(1), 1–22.
Regnet, E. (2014). Der Weg in die Zukunft – Anforderungen an die Führungskraft. (S. 29–45).
Rosenstiel, L. v., Regnet, E., Domsch, M. (Hrsg.). (2014). Führung von Mitarbeitern. *Handbuch für erfolgreiches Personalmanagement* (7., überarbeitete Aufl.). Stuttgart.
Reichwald, R., & Möslein, K. (2009). Management und Technologie., (S. 621–636). Stuttgart.
Richter, M. (1999). *Personalführung. Grundlagen und betriebliche Praxis* (4. Aufl.). Stuttgart.
Rosenstiel, L. v., Regnet, E., & Domsch, M. (Hrsg.). (2009). Führung von Mitarbeitern. *Handbuch für erfolgreiches Personalmanagement* (6., überarbeitete Aufl.). Stuttgart.

Rosenstiel, L. v. (2014a). Grundlagen der Führung. (S. 3–28).
Rosenstiel, L. v., Regnet, E., Domsch, M. (Hrsg.). (2014). Führung von Mitarbeitern. Handbuch für erfolgreiches Personalmanagement (7., überarbeitete Aufl.). Stuttgart.
Rosenstiel, L. v. (2014b). Die Arbeitsgruppe. (S. 327–344).
Rosenstiel, L. v., Regnet, E., Domsch, M. (Hrsg.). (2014). Führung von Mitarbeitern. Handbuch für erfolgreiches Personalmanagement (7., überarbeitete Aufl.). Stuttgart.
Rosenstiel, L. v., & Wegge, J. (2014). Führung. In H. Schuler & K Moser, (Hrsg.), *Lehrbuch Organisationspsychologie* (5. Aufl., S. 315–368). Bern.
Rowold, J., Borgmann, L., & Heinitz, K. (2009). Ethische Führung – Gütekriterien einer deutschen Adaptation der Ethical Leadership Scale (ELS-D) von Brown et al. (2005). *Zeitschrift für Arbeits- und Organisationspsychologie, 53*(2), 57–69.
Rybnikova, I. (2014). Führung als Residualfaktor und Führungssubstitute: Sind Führungskräfte überflüssig?. In R. Lang & I. Rybnikova (Hrsg.), *Aktuelle Führungstheorien und -konzepte* (S. 259–284). Wiesbaden.
Schein, E. H. (2010). *Organizational culture and leadership* (4. Aufl.). San Francisco.
Schirmer, U. (2006). Die induktiv-deduktive Lernschleife in der handlungsorientierten Didaktik. *Personalführung, 39*(1), 62–69.
Schirmer, U. (2007). Commitment fördern. Mitarbeiter halten. Retention-Management zur Bindung von Leistungsträgern. *Personalführung, 40*(3), 48–58.
Schirmer, U. (2010). Super-Leadership – das Führungsparadigma der Zukunft? In A. F. Schwolgin & E. H. Trump (Hrsg.), *Corporate Social Responsibility in der Logistik. Unternehmensverantwortung – Der Mensch im Mittelpunkt* (S. 123–138). Lörrach.
Schirmer, U. (2012). Mitarbeiterbindung als zentrale Aufgabe im Talentmanagement. *Grundlagen der Weiterbildung, Loseblattsammlung, Neuwied, 96*, 1–28.
Schirmer, U. (2013). Retentionmanagement: ein integriertes Handlungskonzept. In R. Bröckermann & W. Pepels (Hrsg.), *Das neue Personalmarketing – Employee Relationsship Management. Bd. 3: Handbuch Pesonalbindung* (2. Aufl., S. 29–60). Berlin.
Schirmer, U. unter Mitarbeit von Kiesling, B., Nolde, V., & Spengler, A. (2014). Führung der Generation Y. Berücksichtigung in Führungsgrundsätzen. *Personalführung, 47*(4), 22–29.
Schirmer, U. (2015). Demografie Exzellenz – Herausforderungen im Personalmanagement. Ergebnisse der bundesweiten Studie 2015. Bundesverband Deutscher Unternehmensberater BDU e.V. (Hrsg.), Bonn.
Schirmer, U. (Hrsg.). (2016). *Demografie Exzellenz. Handlungsmaßnahmen und Best Practices zum demografieorientierten Personalmanagement*. Wiesbaden.
Schmidt, K. H., & Kleinbeck, U. (2006). *Führen mit Zielvereinbarung*. Göttingen.
Scholz, C. (2014). *Generation Z. Wie sie tickt, was sie verändert und warum sie uns alle ansteckt*. Weinheim.
Siemers, J. (2012). Veränderungen im Arbeitsverhältnis. Veränderungen auf Arbeitnehmerseite. In D. Straub (Hrsg.), *Arbeits-Handbuch Personal. Recht und Praxis für den Personalprofi* (8., neu bearbeitete Aufl., S. 975–989). Berlin.
Somech, A., & Drach-Zahavy, A. (2002). Relative power and influence strategy: The effects of agent/target power on superior's choices of influence strategies. *Journal of Organizational Behavior, 23*, 167–179.
Statistisches Bundesamt (Hrsg.). (2015). *Bevölkerung Deutschlands bis 2060. 13. koordinierte Bevölkerungsvorausberechnung*. Wiesbaden.
Steinmann, H., & Löhr, A. (1991). *Grundlagen der Unternehmensethik*. Stuttgart.
Steinmann, H., Schreyögg, G., & Koch, J. (2013). *Management. Grundlagen der Unternehmensführung. Konzepte – Funktionen – Fallstudien* (7. Aufl.). Wiesbaden.

Stock-Homburg, R. (2013). *Personalmanagement. Theorien – Konzepte – Instrumente* (3. Aufl.). Wiesbaden.

Stock-Homburg, R., & Ringwald, N. (2006). Interkulturelle Führung als Herausforderung für die Unternehmensführung. In J. Banzhaf & S. Wiedmann (Hrsg.), *Entwicklungsperspektiven der Unternehmensführung und ihrer Berichterstattung* (S. 163–176). Wiesbaden.

Straub, D. (2012a). Abhängige Beschäftigung. In D. Straub (Hrsg.), (S. 2–87).

Straub, D. (Hrsg.). (2012b). *Arbeits-Handbuch Personal. Recht und Praxis für das Personalmanagement* (8., neu bearb. Aufl.). Berlin.

Stuber, M. (2014). *Diversity & Inclusion: Das Potenzial-Prinzip: Ungleich Besser: Das Beste aus 15 Jahren Forschung & Praxis* (3. Aufl.). Achen.

Thomas, R. R. (2001). *Management of diversity*. Wiesbaden.

Türk, K. (1981). *Personalführung und soziale Kontrolle*. Stuttgart.

Türk, K. (1995). Entpersonalisierte Führung. In A. Kieser, G. Reber, & R. Wunderer (Hrsg.), *Handwörterbuch der Führung* (2. Aufl., Sp. 328–340). Stuttgart.

Ulrich, D. (1996). *Human resource champions. The next Agenda for adding value and delivering results*. Boston.

Vedder, G. (2003). Vielfältige Personalstrukturen und Diversity Management. In H. Wächter, G. Vedder, & M. Führing, (Hrsg.), *Personale Vielfalt in Organisationen* (S. 13–28). München u. a.

Weber, M. (1976). *Wirtschaft und Gesellschaft* (5. Aufl.) Tübingen (1. Aufl., 1921).

Wegge, J., & Rosenstiel, L. (2014). Führung. In H. Schuler (Hrsg.), *Lehrbuch Organisationspsychologie* (5. Aufl., S. 315–368). Bern.

Weibler, J. (2012). *Personalführung* (2. Aufl.). München.

Weibler, J. (2016). *Personalführung* (3., komplett überarbeitete und erweiterte Aufl.). München.

Wesche, J. S., May, D., & Muck, P. M. (2015). Der Einfluss verschiedener Führungsstile auf die Leistung von Geführten. In J. Felfe (Hrsg.), *Trends der psychologischen Führungsforschung* (S. 239–252). Göttingen.

Wedemann, H., & Fleischer, H. (2015). *Handelsrecht inkl. Bilanzrecht* (9. Aufl.). München.

Winkelmann, P. (2012). *Marketing und Vertrieb. Fundamente für die marktorientierte Unternehmensführung* (8. Aufl.). München.

Wunderer, R. (2011). *Führung und Zusammenarbeit. Eine unternehmerische Führungslehre* (9. Aufl.). Köln.

Yukl, G., & Falbe, C. (1991). Importance of different power sources in downward and lateral relations. *Journal of Applied Psychology, 76*(3), 416–423.

Yukl, G. (2012). *Leadership in organizations* (8. Aufl.). Boston.

Individualpsychologische Grundlagen der Führung

2

Lernziele

Dieses Kapitel vermittelt

- was unter Persönlichkeit zu verstehen ist und wodurch Persönlichkeitsentwicklung beeinflusst wird,
- welchen Einfluss die Persönlichkeit auf die Führungsbeziehung hat,
- was unter den Konstrukten Wahrnehmung, Attribution, Selbstkonzept und Menschenbild zu verstehen ist und wie sich diese im Führungsprozess auswirken,
- wie Mitarbeitermotivation entsteht und von welchen Faktoren diese abhängt und
- welche Prozesse den erfolgreichen Abschluss eines Handlungsziels beeinflussen.

2.1 Führender und Geführter – zwei Individuen in der Führungsdyade

Die Qualität der Führer-Geführten-Beziehung wird in hohem Maße durch die Persönlichkeit der daran beteiligten Individuen geprägt. Die Persönlichkeit eines Menschen wird neben den **genetisch bedingten Anlagen** umfassend durch **Sozialisation** und **Enkulturation** sowie **Lebensphaseneffekte** und **Alternsprozesse** geprägt. Die Persönlichkeit bestimmt in der Führungsdyade dann die gegenseitige **Wahrnehmung** und die **subjektiv konstruierten Wirklichkeiten** auf deren Basis sich im Zusammenspiel mit dem eigenen **Selbstkonzept** das konkrete Verhalten und die Art der Interaktion in der Zweierbeziehung entwickelt.

U. Schirmer, S. Woydt, *Mitarbeiterführung*, BA KOMPAKT,
DOI 10.1007/978-3-662-47915-5_2

2.1.1 Persönlichkeit und Persönlichkeitsdimensionen

Die Persönlichkeitspsychologie befasst sich mit der Beschreibung und Erklärung inter- und intraindividueller Unterschiede im Erleben und Verhalten von Menschen. Was dabei genau unter Persönlichkeit zu verstehen ist und was eine solche ausmacht lässt sich nicht pauschal definieren, sondern hängt von der zugrunde liegenden Theorieposition ab (vgl. Salewski und Renner 2009, S. 14; Jung 2014, S. 5 f.). Neben psychoanalytischen, lerntheoretischen, humanistischen, biologischen, interaktionistischen und konstruktivistischen Ansätzen ist insbesondere der **Eigenschaftsansatz der Persönlichkeit** weit verbreitet, der auch hier zugrunde gelegt wird (vgl. zu den verschiedenen Ansätzen die Übersicht bei Weber und Rammsayer 2005, S. 51 ff.; Salewski und Renner 2009, S. 37 ff., Asendorpf und Neyer 2012, S. 23 ff. und im Folgenden zum Eigenschaftsansatz Angleitner und Riemann 2005, S. 93). Persönlichkeit wird im Folgenden verstanden als die Gesamtheit von Eigenschaften eines Menschen, die als **zeitlich relativ stabile Verhaltensdispositionen** ein fortwährend gleichartiges Denken und Handeln in ähnlichen Situationen begründen (vgl. Hossiep und Mühlhaus 2015, S. 26 f.). Jemand gilt somit als „uneigennützig", wenn er beobachtbar in vielen Situationen sein eigenes Wohl zugunsten anderer Menschen zurückstellt. Dabei lässt sich die Eigenschaft „Uneigennützigkeit" nicht direkt beobachten, sondern nur aus dem gezeigten Verhalten erschließen (vgl. Asendorpf und Neyer 2012, S. 3). Eigenschaften basieren auf **genetisch** bedingten biologischen Strukturen und Prozessen (Gehirnaktivitäten, Geschlecht und damit verbundene hormonelle Prozesse usw.) und werden durch **Umwelteinflüsse** (Erziehung, Schulausbildung, Freundeskreis usw.) geformt. Die relative Stabilität von Dispositionen, die sich auf mindestens mehrere Monate bezieht, impliziert deren Veränderbarkeit im Laufe des Lebens (vgl. Asendorpf 2005, S. 15). Persönlichkeitseigenschaften können individuelle Erlebens- und Verhaltenstrends über verschiedene Situationen hinweg zusammenfassen, künftiges Erleben und Verhalten vorhersagen und interindividuelle Unterschiede in diesen Bereichen erklären. Jeder Mensch ist auf Basis seiner Eigenschaften einzigartig und nimmt die Realität auf seine ganz persönliche Art und Weise wahr. Diese Wahrnehmung und Interpretation der Umwelt steuert das Denken und Handeln des Individuums (vgl. Rammsayer 2005b, S. 61).

Eine wesentliche Herausforderung der eigenschaftsorientierten Persönlichkeitstheorie ist die Suche nach einem **einheitlichen Eigenschaftsmodell**, um die Persönlichkeit verschiedener Personen vergleichen zu können. Es geht dabei um die Fragen wie viele und welche Eigenschaften die Persönlichkeit von Menschen prägen. Auf der Basis kombinierter lexikalischer und faktoranalytischer Studien hat sich in den letzten Jahrzehnten ein Set von fünf basalen Persönlichkeitseigenschaften als bewährt erwiesen, das als Fünf-Faktoren-Modell (FFM) oder als **„Big Five"** bekannt ist. Dabei begann die Erforschung dieser Primärdimensionen bereits in den 1930er-Jahren (vgl. im Folgenden grundsätzlich Fehr 2006, S. 113 ff.). Die Amerikaner Allport und Odbert hatten 1936 im Denken der **lexikalischen Analyse** mit ihren Arbeiten begonnen (vgl. Allport und Odbert 1936). Die Grundidee dabei war, dass es für alle relevanten Aspekte persönlicher Unterschiede bzw. Eigenschaften in der Sprache eines Kulturraums bezeichnende Wörter geben muss. Allport und Odbert hatten auf diesem Gedanken aufbauend eine Liste von 17.953 Adjektiven aus Webster's New International Dictionary für die englische Sprache erstellt und konnten daraus rund 4.500 Adjektive herausfiltern, die Persönlichkeitseigenschaften gut und abgrenzbar voneinander beschreiben. Der ebenfalls in diesem Bereich forschende Amerikaner Cattell reduzierte diese Liste in den späten 1940er-Jahren mithilfe statistischer Verfahren auf zum Schluss sechzehn grundlegende Persönlichkeitsfaktoren und entwickelte dazu einen Fragebogen, den **16-PF-Test** (16-personality factors), um diese zu messen (Cattell 1949). Durch Clusteranalysen wurden diese Persönlichkeitsdimensionen in den Arbeiten von Costa und McCrae weiter verdichtet und zu fünf robusten Faktoren als stabile Grunddimensionen der Persönlichkeit zusammengeführt (vgl. McCrae und Costa 1987, S. 81 ff.). Damit werden fünf Hauptdimensionen der Persönlichkeit postuliert, mit denen sich jeder Mensch einordnen und beschreiben lässt: Neurotizismus, Extraversion, Offenheit für Erfahrungen, Verträglichkeit und Gewissenhaftigkeit (vgl. Abb. 2.1). Zur Messung formulierten McCrae und Costa das Fünf-Faktoren-Inventar **NEO-PI-R** (Neuroticism, Extraversion, Openness-Personality Inventory – revidierte Version) (Costa und McCrae 1992).

Die fünf Dimensionen der Persönlichkeit lassen sich wie folgt beschreiben (vgl. Muck 2004, S. 213 ff.; Fehr 2006, S. 113 ff.; Blessin und Wick 2014, S. 51):

- **Neurotizismus** beschreibt Unterschiede zwischen emotionaler Robustheit und Empfindsamkeit. Personen mit hoher emotionaler Labilität (Neurotizismus) sind empfindlich und ängstlich. Sie geraten leicht aus dem emotionalen Gleichgewicht, sind insgesamt reizbarer und können sich weniger kontrollieren und neigen in Folge dazu zu unangemessenen Formen der Problembewältigung. Zudem sind sie bei Vorwürfen gegen ihre Person verletzlich und haben Schwierigkeiten, auf Stresssituationen angemessen zu reagieren. Der emotional Sensible erfährt Gefühle stärker und deutlicher als andere. Personen mit niedrigen Neurotizismuswerten sind eher ruhig, zufrieden, stabil, entspannt und sicher. Sie erleben seltener negative Gefühle.

Neurotizismus	Extraversion	Offenheit	Verträglichkeit	Gewissenhaftigkeit
• Ängstlichkeit • Reizbarkeit • Depression • Soziale Befangenheit • Impulsivität • Verletzlichkeit	• Herzlichkeit • Geselligkeit • Durchsetzungsfähigkeit • Aktivität • Erlebnissuche • Positive Emotionen	• für Fantasie • für Ästhetik • für Gefühle • für Handlungen • für Ideen • für Werte- und Normsysteme	• Vertrauen • Freimütigkeit • Altruismus • Entgegenkommen • Bescheidenheit • Gutherzigkeit	• Kompetenz • Ordnungsliebe • Pflichtbewusstsein • Leistungsstreben • Selbstdisziplin • Besonnenheit

Abb. 2.1 Big Five-Persönlichkeitsdimensionen. Quelle: Weibler (2016, S. 102), auf Basis Ostendorf und Angleitner (2004, S. 39 ff.)

- **Extraversion** beschreibt die Art des zwischenmenschlichen Verhaltens. Extravertierte Menschen sind gesellig, freundlich, unternehmungsfreudig, heiter und aktiv. Sie fühlen sich im Zusammensein mit anderen wohl. Hinzu kommt, dass solche Personen optimistisch, durchsetzungsfähig, selbstbewusst und dominant sind. Extraversion bezeichnet grundsätzlich die Stärke der Tendenz der Zuwendung nach außen. Introvertierte Personen sind dagegen im zwischenmenschlichen Bereich zurückhaltender, schüchtern und können sich gut alleine beschäftigen, da sie unabhängig von anderen sind.
- **Offenheit** für Erfahrungen erfasst die Eigenschaft, wie aufgeschlossen jemand für neue Ideen, Anregungen, Erlebnisse und Sichtweisen ist. Offene Menschen sind fantasievoll, kreativ und neugierig. Sie nehmen ihre Gefühlswelt deutlich wahr und sind eher bereit, bestehende Normen kritisch zu hinterfragen und sind überhaupt unkonventionell in ihren Wertorientierungen. Personen mit einer geringen Tendenz zur Offenheit neigen zu konventionellem Verhalten und besitzen eher traditionelle, konservative Einstellungen. Sie ziehen Bekanntes und Bewährtes dem Neuen vor.
- **Verträglichkeit** bezeichnet die Eigenschaft, anderen Menschen kooperativ, hilfsbereit und freundlich gegenüberzutreten, Konflikte zu vermeiden und sich anzupassen. Verträgliche Menschen neigen dazu in Auseinandersetzungen nachzugeben und wirken auf andere ggf. als wenig konsequent bzw. durchsetzungsstark. Der nachgiebig-anpassende Mensch neigt in altruistischer Weise auch dazu, seine persönlichen Bedürfnisse denen des Gegenübers oder der Gruppe unterzuordnen. Bei einer geringen Ausprägung der Verträglichkeit neigen Menschen dazu, egozentrisch und misstrauisch gegenüber anderen aufzutreten. Sie sind unfreundlich, grob, wenig empathisch und eher kompetitiv als kooperativ. „Unverträgliche" beharren auf ihren Standpunkt und neigen dazu, grundsätzlich „gegen zu halten".
- **Gewissenhaftigkeit** bezieht sich darauf, wie sehr sich jemand seinen Aufgaben und Zielen verpflichtet fühlt. Solche Personen sind zielstrebig, willensstark, organisiert, gründlich, beharrlich und ordentlich. Prinzipientreue, Leistungswille und Pflichtbewusstsein prägen weiter diese Eigenschaft. Personen mit einer niedrigen Gewissenhaftigkeit sind dagegen unorganisiert, sorglos, oberflächlich, unbeständig und weniger verantwortungsvoll. Solche Menschen lassen sich eher ablenken, sind reizoffen und weniger fokussiert.

Im Kontext der hierarchisch geprägten Mitarbeiterführung interessiert gerade auf Seiten des Vorgesetzten, welche Persönlichkeitseigenschaften bzw. welche Kombination davon für ein erfolgreiches Führen notwendig sind. Dies ist der zentrale Erkenntnisgegenstand des Eigenschaftsansatzes der Führung, der auf Basis des aktuellen Forschungsstandes aber nicht abschließend zu beantworten ist (vgl. hierzu Abschn. 5.2 des Buches).

Mit einer etwas anderen Akzentuierung, nämlich grundsätzliche, voneinander abgrenzbare **Persönlichkeitstypen von Führungskräften** zu erkennen und zu klassifizieren, hat sich der psychoanalytische Forschungszweig der Persönlichkeitstheorie dieser Frage zugewandt (vgl. im Folgenden Rybnikova 2014, S. 33 ff.). Der **psychoanalytische Erklärungsansatz** zur Persönlichkeit von Menschen geht vereinfacht ausgedrückt davon aus, dass Denken und Handeln keineswegs das Ergebnis rationaler Prozesse sind, sondern stark durch

„das Unbewusste", d. h. durch Triebregungen, sowie durch frühe Kindheitserfahrungen in der Elternfamilie, welche die Identitätsentwicklung prägen, beeinflusst sind (vgl. Rybnikova 2014, S. 34 ff.). Damit bleiben dem Menschen die Ursachen seines Verhaltens meist verborgen, obwohl sein Handeln keinesfalls ein Zufallsprodukt, sondern immer abhängig von den unbewussten psychischen Prozessen ist (vgl. Rammsayer 2005a, S. 53.). Beispielhaft wird hier das eine gewisse Popularität besitzende Konzept nach Maccoby dargestellt. Basierend auf umfangreichen Befragungen von 250 Führungskräften differenzierte er vier Typen von **Managern** mit unterschiedlichen **Persönlichkeitsstrukturen**, die auf Basis ihres Selbstverständnisses, ihrer Wertvorstellungen, ihrer Arbeitsorientierung und ihrer Identität unterschiedliche Führungsverhaltensmuster aufzeigen (vgl. Maccoby 1977, Wildenmann 2000, S. 50 ff. sowie zu weiteren Persönlichkeitstypologien Rybnikova 2014, S. 42 ff.):

- **Fachmann:** Hierbei handelt es sich um einen rational denkenden Menschen, der sich um Qualität bemüht und objektiv-nüchtern agiert. Sein Selbstwertempfinden beruht auf Fachkompetenz, Disziplin und Ordnung. Er führt ausgleichend, überlegt, kollegial, aber wenig begeisternd und ehrgeizig. Er beurteilt seine Mitarbeiter ebenfalls nach deren Fachkompetenz. Bei Fehlern seiner Mitarbeiter kann er unverhältnismäßig kritisch reagieren.
- **Dschungelkämpfer:** Dieser Typus strebt nach Macht, um seine Ziele und Bedürfnisse durchzusetzen. Das Leben betrachtet er als Kampf, in dem man sich bewähren muss, um zu vermeiden, von den Siegern vernichtet zu werden. Dieses negative Bild seiner Umwelt führt dazu, dass er anderen Menschen gegenüber misstrauisch ist. Mit dem sozialdarwinistischen Denken „der Beste setzt sich durch" legitimiert er sein Handeln und hat kein Verständnis für Unterlegene. Mitarbeiter instrumentalisiert er für seine Zwecke und führt berechnend egozentrisch. In seiner Wahrnehmung gilt: wer nicht für ihn ist, ist gegen ihn.
- **Firmenmensch:** Manager dieser Kategorie verstehen sich als Teil der Organisation und wollen an deren Erfolg teilhaben. Sie beziehen ihren Selbstwert aus der Arbeit – ohne ihr Unternehmen sind sie verloren. Dabei ziehen sie Sicherheit einem besonderen Erfolg vor. Sie streben nach einem harmonischen Umfeld und einem positiven Arbeitsklima. In Konsequenz dazu sorgen sie sich um die Bedürfnisse ihrer Mitarbeiter. Firmenmenschen führen integrierend, regelnd und achten auf operative Qualität. Innovationskraft und visionäre Ziele sind weniger von ihnen zu erwarten.
- **Spielmacher:** Spielmacher sehen das Leben als inspirierendes Spiel, den Wettbewerb als Bereicherung. Der Hang zum Erfolg ist ein wesentlicher Antrieb, da der Spielmacher seine Motivation aus Ruhm und Anerkennung schöpft. Misserfolg und Scheitern sind die größten Sorgen. Solche Führungskräfte treiben ständig Prozesse und Veränderungen voran, streben nach Neuem und sind in hohem Maße ergebnisorientierte „Macher". Sie sind aktiv und können andere Menschen begeistern, laufen aber Gefahr, Mitarbeiter zu überfordern. Leistungsstarke Mitarbeiter werden honoriert, für schwächere, weniger risikofreudige Mitarbeiter besteht aber wenig Verständnis.

In der Gesamtbetrachtung wird deutlich, dass die Qualität der Führungsdyade maßgeblich durch die unterschiedlich ausgeprägten Persönlichkeiten der Beteiligten beeinflusst wird. Die Persönlichkeiten der Führenden und der Geführten wirken im Führungsprozess komplementär aufeinander ein. Dabei sind Persönlichkeitsprofile von Menschen nicht immer kompatibel, sondern können sich auch konträr gegenüberstehen bzw. bedingt gut miteinander harmonieren. Eine Führungsbeziehung, in der zwei extravertierte und wenig verträgliche Menschen in der Rolle des Führenden und Geführten aufeinander treffen, dürfte zu ganz anderen interaktionellen Wahrnehmungen und Handlungskonsequenzen führen, als wenn einer der beiden stärker verträglich und weniger extroavertiert geprägt ist. Personalverantwortliche, die es mit **emotional intelligenter Führung** (vgl. Lieber 2011, S. 92 ff.) empathisch verstehen, die Persönlichkeitsmerkmale ihrer Mitarbeiter zu erkennen und für die Überzeugungsqualität ihrer Einflussversuche zu reflektieren, haben gute Aussichten, intendiertes Verhalten auslösen zu können sowie die Kommunikation zu verbessern und zu einem positiven Betriebsklima beizutragen (vgl. Jung 2014, S. 8). Zum gegenseitigen Verständnis der persönlichen Anlagen können bewährte **dimensionale Persönlichkeitsinventare** wie der 16-PF-Test oder das NEO-PI-R-Inventar helfen (vgl. Hossiep und Mühlhaus 2015). Die in der betrieblichen Praxis weit verbreiteten **Typenindikatoren** wie der DISG-Test (vgl. Gay 2012) oder der Myers-Briggs-Typenindikator (vgl. Myers 1998) leiden oftmals unter einer unzureichenden Qualität dahingehend, dass sie den Gütekriterien der klassischen Testtheorie in Bezug auf Validität, Reliabilität und Objektivität nur unzureichend genügen (vgl. Kanning 2015, S. 122 sowie zu den Gütekriterien Beauducel und Leue 2014, S. 65 ff.). Das Wissen über die Struktur und Wirkung von Persönlichkeit hilft Führungskräften auch, sich selbst zu reflektieren, zu verstehen und weiterzuentwickeln. Auf der Basis eines zutreffenden **Selbstbildes**, können Verhaltensweisen modifiziert, ergänzt oder vermieden werden.

2.1.2 Persönlichkeitsentwicklung durch Sozialisation und Enkulturation

Die Persönlichkeit eines Menschen ist zum Zeitpunkt der Geburt nicht vollständig und stabil ausgebildet. Die hier vorhandenen genetischen Anlagen (Genotyp) unterliegen einem partiellen Entwicklungsprozess. Persönlichkeit lässt sich aus dieser Perspektive auch als Gesamtheit der zur **Entwicklung** gelangten **psychophysischen Anlagen** eines Menschen verstehen und stellt ein Konglomerat von Eigenschaften, basierend auf individuellen Bedürfnissen, Wertvorstellungen, Emotionen, Motiven, Einstellungen usw. dar (vgl. Wildenmann 2009, S. 113 f.). Die Ausformung der Persönlichkeit ist ein lebenslanger Prozess, der ausdrücklich nicht zu einem bestimmten Zeitpunkt abgeschlossen ist (vgl. Jung 2014, S. 7). Gleichwohl gibt es unterschiedlich intensiv formende Lebensabschnitte.

In Bezug auf **Persönlichkeitsentwicklung** sind zwei Verläufe zu unterscheiden: **durchschnittliche Entwicklungen**, die alterstypisch sind, und **differenzielle Veränderungen**, die nicht alterstypisch sind und individuelle Besonderheiten darstellen (vgl. im Folgenden

Asendorpf 2005, S. 15 ff.). In einem fokussierenden Sinn wird erst dann von Persönlichkeitsentwicklung gesprochen, wenn diese differenzielle Veränderungen aufweist, wenn jemand seine „eigene Persönlichkeit" ausbildet. So nimmt in Bezug auf die **Big Five** bei der Vielzahl der Menschen Neurotizismus mit zunehmenden Alter ab, während Gewissenhaftigkeit und Verträglichkeit zunehmen. Diese altersinduzierten Veränderungen sind somit durchschnittliche Veränderungen aber keine Persönlichkeitsentwicklung im engeren Sinn. Dabei erfolgen diese Veränderungen immer im Zusammenspiel von inneren Entwicklungsprozessen und externen Einflüssen. Bleiben die Persönlichkeitsmerkmale (Eigenschaften) bei den Mitgliedern einer Geburtskohorte langfristig gleich (absolute Stabilität) oder verändern sich bei allen Personen in gleichem Umfang (Rangordnungs-Stabilität) wird das Merkmal als stabil bezeichnet. Eigenschaften, die sich bei verschiedenen Personen zwischen zwei Zeitpunkten unterschiedlich entwickeln, werden dagegen als unstabil bezeichnet. Empirische Untersuchungen zeigen, dass die **Stabilität von Persönlichkeitsmerkmalen** bis zum 50. Lebensjahr diskontinuierlich anwächst und erst dort hohe Stabilitätswerte aufweist (Roberts und DelVecchio 2000, S. 3 ff.). Dies ist insofern wichtig, da dies der psychoanalytischen Hypothese widerspricht, dass Persönlichkeit maßgeblich bereits in der frühen Kindheit determiniert wird.

Persönlichkeitsentwicklung als fortwährende Anpassung individueller Eigenschaften an die relevanten Umweltbedingungen verläuft im Rahmen der **Sozialisation** und **Enkulturation**, die durch bewusste **Erziehung** unterstützt wird. Dabei ist hier nicht von einer einseitigen, quasi-passiven Anpassungsleistung des Individuums an die Umwelt auszugehen, sondern Persönlichkeitsentwicklung als **dynamische Interaktion** (transaktionales Entwicklungsmodell) im Sinne eines wechselseitigen Beeinflussungsprozesses von **Person-Umwelt-Gegebenheiten** zu verstehen (vgl. Schneewind 2005, S. 39; Hurrelmann und Bauer 2015a, S. 144 ff.). Dies impliziert ausdrücklich die Möglichkeit, dass sich Persönlichkeit nicht nur durchschnittlich sozial genormt entwickeln kann, sondern differenziell und damit abweichend von gesellschaftlichen Erwartungen und Normen. Die Einwirkung von ein- und demselben Umwelteinfluss führt keinesfalls bei allen Menschen zu gleichen Reaktionen und Verhaltensweisen, sondern hängt sehr stark vom Set aktuell ausgebildeter Eigenschaften im Kontext der **individuellen Biografie** ab. Führt das Ende einer Partnerschaft z. B. bei einem Menschen zu Niedergeschlagenheit, Depression und Rückzug aus der sozialen Welt, kann dies bei einem anderen Menschen genau das Gegenteil derart bewirken, dass es zu einer extravertierten Teilnahme am sozialen Leben und einer generellen Aktivierung des Organismus kommt, um den belastenden Gefühlszustand der Einsamkeit zu überwinden. Durch solche Erlebenssituationen wird das Wissens- und Handlungsrepertoire, mithin einzelne Persönlichkeitseigenschaften, bestätigt, revidiert oder erweitert (vgl. Hurrelmann und Bauer 2015b, S. 11 ff.).

Jeder Mensch erwirbt im Laufe seines Lebens Basisfähigkeiten, die ihm das Überleben in dem für ihn relevanten Kulturraum ermöglichen. Dazu gehören z. B. die Fähigkeit, genießbares Essen zu erkennen, der Spracherwerb, das Mimik- und Gestikverständnis usw. (vgl. Gudjons 2012, S. 188 f.). Dieser Prozess des Sozialwerdens im gesamtgesellschaftlichen, kulturellen Kontext wird als **Enkulturation** bezeichnet (vgl. Abb. 2.2).

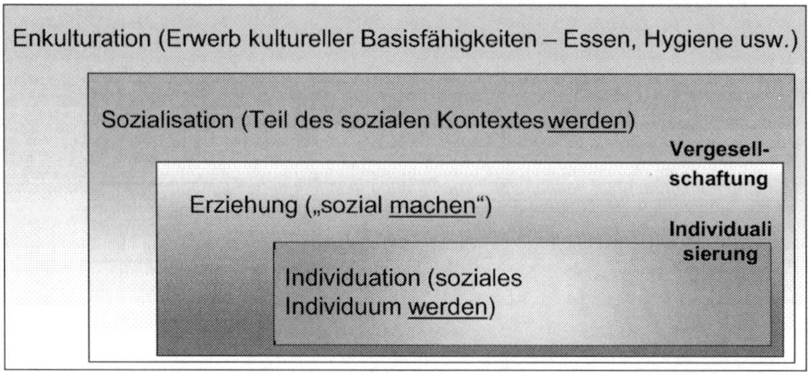

Abb. 2.2 Enkulturation und Sozialisierung. Quelle: Gudjons (2012, S. 188), leicht modifiziert

Ergänzend dazu erwirbt der Mensch spezifisch die Fähigkeit, sich in den sozialen Kontext seiner Umwelt zu integrieren und daran teilzunehmen. **Sozialisation** umschreibt somit den in die Enkulturation eingebetteten Prozess des Aufbaus von sozialbefähigenden Verhaltensdispositionen und der Eingliederung eines Individuums in die Gesellschaft durch das Lernen der gültigen Normen, Werte, Symbol- und Interpretationssysteme (vgl. Fend 1977, S. 18; Raithel et al. 2009, S. 59 f. sowie im Folgenden grundsätzlich Gudjons 2012, S. 113 ff.; Hurrelmann und Bauer 2015b, S. 16 ff.). Ziel ist die so genannte **Vergesellschaftung**, d. h. die Vermittlung der zur Teilnahme am sozialen Leben notwendigen Werte und Normen. Erst dadurch wird der Mensch „gesellschaftsfähig". Die Sozialisierung erfolgt durch unbewusste und bewusste Umweltimpulse und wird durch verschiedene Institutionen (Familie, Kindergarten, Schule, Unternehmen usw.) getragen. **Erziehung** will u. a. diese Vergesellschaftung unterstützen und stellt einen aktiven und bewussten Steuerungs- und Einflussprozess dar. Erziehung umfasst die sozialen Handlungen, durch die Menschen das Gefüge der psychischen Dispositionen anderer Menschen dauerhaft zu verbessern oder dessen als wertvoll beurteilten Komponenten zu erhalten versuchen (vgl. Brezinka 1990, S. 95). Erziehung ist also intentional, geplant sowie normativ und kann als „bewusster, intentionaler Formungsprozess" verstanden werden. Die Herausforderung im Rahmen der Vergesellschaftung des Einzelnen liegt in der **Individuation**, d. h. darin, den Einzelnen zu einem sozialen, aber auch eigenständigen Individuum zu entwickeln. Es geht in der Sozialisation und Erziehung nicht nur darum, vorgegebene Sozialnormen mechanisch und unkritisch zu übertragen. Ziel ist vielmehr, die Entwicklung der Persönlichkeit im Kontext der dargebotenen Gesellschaftsnormen derart zu unterstützen, dass diese auf Basis einer kritischen und selbstorganisierten Auseinandersetzung des Menschen mit den Gesellschaftsnormen zu einem individuellen Werte- und Normensystem transformiert wird (**Selbstsozialisation**). Dies lässt den Menschen zu einem mündigen, gesellschaftlich handlungsfähigen Subjekt heranreifen.

Die Sozialisation lässt sich in verschiedene, typischerweise altersabhängige Phasen unterteilen, die durch charakteristische Brüche bzw. Übergänge im Verlauf der Lebensentwicklung gekennzeichnet sind und in denen unterschiedliche Inhalte vermittelt werden (vgl. Abb. 2.3).

Biologischer Status	Alter ca.	Phase	Übergänge	Inhalt
Säugling	0 - 1 Jahre	Primäre Sozialisation	Eintritt in den Kindergarten	basale Sprach- und Handlungsfähigkeiten
Frühe Kindheit	2 - 4 Jahre			
Kindheit	5 - 12 Jahre	Sekundäre (formative) Sozialisation	Eintritt in die Schule	Werte, Normen, kulturelle und soziale Kompetenzen
Jugend	13 - 17 Jahre		Geschlechtsreife, Schulentlassung, Berufsbildung	
Erwachsenenalter	18 - 67 Jahre	Tertiäre Sozialisation	Eintritt Berufsleben, Gründung Familie, Erziehung Kinder, Auszug Kinder	berufsspezifische Kompetenzen, Werte und Normen
Junges Alter	68 - 80	Quartäre Sozialisation	Pensionierung/ Lebensabend	Anpassung der Werte, Normen und Kompetenzen
Hohes Alter	80 - ?		Einschränkungen	

Sozialisation als lebenslanger Prozess

Abb. 2.3 Sozialisationsphasen und Übergänge. Quelle: eigene Darstellung

Dabei entstehen wesentliche Wertvorstellungen eines Menschen während der so genannten **formativen (festlegenden) Phase** und den dabei vorherrschenden externen Einflüssen. Hierzu zählen auch die **generationalen Einflusseffekte**. Generation im soziologischen Sinne ist eine Kohorte von Menschen, die Geburtsperiode und prägende Kollektivereignisse in Jugend und Kindheit teilt. Dies begründet eine „**gemeinsame Werteklammer**" der einzelnen Kohortenmitglieder (Mannheim 1928, S. 157 ff.) und wird als Basis zur Differenzierung der verschiedenen Generationen wie **Babyboomer, Generation X, Y und Z** genutzt. Die Kindheits- und Jugendjahre bis zum jungen Erwachsenenalter werden somit als prägend für die Entwicklung des Wertekanons angesehen. Gleichwohl können sich diese über die gesamte Lebensspanne hinweg entwickeln und erreichen typischerweise als Teil der Persönlichkeitseigenschaften erst mit dem 50. Lebensjahr eine weitreichende Stabilität.

Die Sozialisation selbst erfolgt dabei durch verschiedene gesellschaftliche **Gruppen** wie Familie, Peergroups, Vereinsmitglieder usw., durch **Institutionen** wie Kindergrippe, Kindergarten, Schule, Hochschule, Betriebe, Militär, Kirche sowie durch **Medien**. Dabei kommt der Familie als zentrale Institution der primären und auch der sekundären Sozialisationsphase eine besondere Bedeutung zu.

Zusammengeführt ergibt sich daraus das nachfolgend in Abb. 2.4 dargestellte vereinfachte **Gesamtmodell der Sozialisation**, das im Wechselspiel von persönlichen Anlagen und Umwelteinflüssen final auch zur Ausbildung der Führenden- bzw. Geführten-Persönlichkeiten beiträgt. Es gilt, dass kein Mensch als Führungskraft geboren wird. Genetische Dispositionen können einem Menschen durchaus einen dominanteren oder charismatischeren Charakter verleihen, doch Führung wird vor allem in der Sozialisation erlernt. Soziale Herkunft und das spätere, prägende Berufsleben sind dabei sehr wichtig (vgl. Enste et al. 2013, S. 24). Die hier entstehende Beziehungsorientierung versus Autonomieorientierung

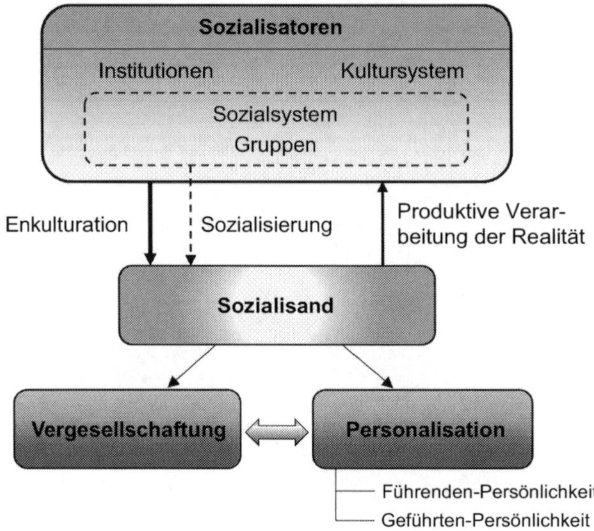

Abb. 2.4 Vereinfachtes Gesamtmodell Sozialisation. Quelle: eigene Darstellung

sowie Balanceorientierung versus Stimulanzorientierung prägen mit das spätere Verhalten in der Führungsdyade und den Umgang von Vorgesetzten und Geführten miteinander (vgl. Paschen und Dihsmaier 2014, S. 40 ff.).

2.1.3 Wahrnehmung und Attribution

Wahrnehmung als wichtiger Prozess im Rahmen der Sozialisation und Persönlichkeitsbildung beschreibt den Vorgang, über den Menschen mittels Sinneseindrücken diejenigen Informationen aus der Umwelt aufnehmen und einer weiteren Verarbeitung zuführen, die dem Aufbau und der Entwicklung von Wissen, Werten und Normen als Basis des Verhaltens dienen (vgl. hierzu und im Folgenden della Picca und Spisak 2013, S. 73 ff.). Im Führungsprozess bezeichnet **soziale Wahrnehmung** fokussiert den Prozess, mit dem Menschen die eigenen persönlichen Merkmale sowie die Merkmale anderer Menschen erfassen, verstehen und interpretieren.

Die Wahrnehmung der Umwelt erfolgt über die **Sinnesorgane** Augen, Ohren, Nase, Zunge und Haut. Welche Reize überhaupt wahrgenommen werden, hängt sowohl von der **Reizintensität** als auch von der **Wahrnehmungsschwelle** (Aufmerksamkeitsgerichtetheit) ab. Im Ergebnis nehmen Menschen keinesfalls alle Reize aus der Umwelt wahr, sondern „erleben" diese auf Basis einer **selektiven Wahrnehmung**. Sozialisierend wirken somit reizintensive Eindrücke wie z. B. besondere Ereignisse, herausragende Führungspersönlichkeiten, außergewöhnliche Verhaltensweisen von Mitmenschen usw., da sie eher wahrgenommen werden, wie weniger intensive Reize. Auch der **Kontext**, in dem sich Reize dem Menschen darbieten, hat erheblichen Einfluss darauf, ob diese wahrgenommen werden. Ein autoritär argumentierendes Familienmitglied wird dann besonders wahrgenommen, wenn alle anderen zurückhaltend und ausgleichend auftreten. Schafft dieses Familienmitglied es, seine Meinung durchzusetzen, führt das über die Wahrnehmung zur Herausbildung entsprechender Sozialnormen. Auch die **Reizeindeutigkeit** unterstützt die Wahrnehmung von Umfeldsignalen. Wahrnehmung ist dabei kein objektiver, die Realität abbildender Prozess, sondern er ist subjektiv konstruierend, da er einer Vielzahl von Verzerrungen und Einflüssen unterliegt, den sogenannten **Wahrnehmungs- und Urteilstendenzen**. Letztendlich gilt gerade im Umgang von Vorgesetzten und Mitarbeitern: Realität ist das, was im Kopf des Einzelnen als solche konstruiert wird (vgl. Abb. 2.5 sowie Ansorge und Leder 2011; Goldstein 2015).

Bei der subjektiv wahrgenommen Wirklichkeit, wird ein Stimulus aus der realen Welt (**distaler Reiz**), der eine physikalisch messbare Größe hat, über die Rezeptoren bzw. Sinnesorgane aufgenommen. Daraus wird ein sensorisches Abbild der Realität (**proximaler Reiz**) erzeugt. Dieses ist nicht mit der Realität gleich zu setzen, da die Abbildung subjektiv erfolgt und auf Basis der Aufmerksamkeitsfokussierung und heuristischer Verarbeitungsprozesse bereits einer gewissen Informationsverzerrung unterliegt. Der proximale Reiz ist somit ein auf dem distalen Reiz basierender Stimulus auf dem jeweiligen Rezeptorpotenzial des aktivierten Sinnesorgans, z. B. der Netzhaut im Auge. Der proximale Reiz wird dann abschließend zum so genannten **Perzept** verarbeitet. Das Perzept ist das Ergebnis des gesamten Wahrnehmungsprozesses im Gehirn. Es ist ein aktiv konstruierter, „mentaler Eindruck“ der Wirklichkeit, welcher durch die intrapsychischen Prozesse Bewerten von Reizen, Ab- und Vergleich mit vorhandenen Erinnerungen, Assoziieren, Verallgemeinern usw. auf der Basis von Vorerfahrungen und Persönlichkeitsmerkmalen geschaffen wird. Wahrnehmung spiegelt nicht die Natur der physikalischen Welt wider, sondern ist das Ergebnis einer gefilterten Verarbeitung der physikalischen Welt durch das kognitive System des Menschen.

In der zwischenmenschlichen, sozialen Wahrnehmung beeinflussen zudem typische **Wahrnehmungs- und Urteilstendenzen** diesen Verarbeitungsprozess und beeinflussen die Urteilsbildung über andere Menschen. Hierzu zählen z. B. der Primacy-/Recency-Effekt, der Halo-Effekt, der Sympathieeffekt, der Erwartungsfehler usw.

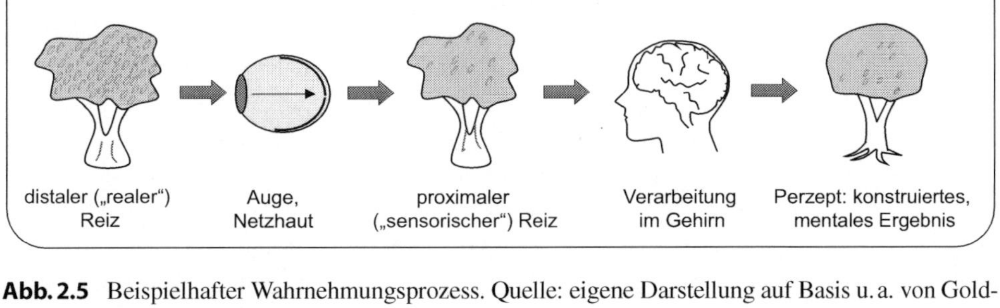

Abb. 2.5 Beispielhafter Wahrnehmungsprozess. Quelle: eigene Darstellung auf Basis u. a. von Goldstein 2015, S. 21 f

(vgl. zu Urteilstendenzen Bröckermann 2012, S. 188 ff.). Diese Urteilstendenzen führen letztlich dazu, wie andere Menschen individuell wahrgenommen werden.

Hintergrundinformation

Urteilsbildung: Halo-Effekt als Korrelationstendenz

Ein Mitarbeiter bringt sich in allen Teambesprechungen, Versammlungen, Kundengesprächen und Abstimmungsrunden sehr intensiv ein und stellt seine Leistungen und seine hohe Belastung zu jeder Gelegenheit aktiv dar. Dieses selbstbewusste und engagierte Auftreten ist ein besonders auffälliges Merkmal an diesem Mitarbeiter, das die gesamte Wahrnehmung des Vorgesetzten und damit dessen Gesamteindruck zu diesem Mitarbeiter beeinflussen kann: „Wer so aktiv und engagiert ist, muss ein Macher sein, der viel bewegt!" Die Neigung, das Gesamturteil über einen Menschen besonders auffälligen Merkmalen anzupassen, wird als Halo-Effekt bezeichnet. Ein besonders „hell strahlendes" Merkmal prägt den Gesamteindruck. Da es bei diesem Effekt zu einem unterstellten Zusammenhang von zwei Merkmalen derart kommt, dass ausgehend von dem überstrahlenden Merkmal auch ein anderes Persönlichkeitsmerkmal als gegeben unterstellt wird, fällt der Halo-Effekt unter die so genannten Korrelationseffekte der Wahrnehmung. In dem oben genannten Beispiel könnte die Realität auch derart aussehen, dass es sich hier tatsächlich nicht um einen aktiven, leistungsstarken Mitarbeiter, sondern um einen umgangssprachlich als „Blender" bezeichneten Arbeitnehmer handelt. Damit werden u. a. Mitarbeiter bezeichnet, die sich zwar wahrnehmbar in den Vordergrund spielen, tatsächlich aber nur eine geringe Leistungsbereitschaft haben und sich im täglichen Arbeitsvollzug eher bewusst zurückhalten.

Im Führungsprozess sind Vorgesetzte ständig gefordert, ihre Mitarbeiter zutreffend einzuschätzen, d. h. zu beurteilen, um ihnen passende Aufgaben zu delegieren, sie leistungsgerecht zu entlohnen, mit ihnen notwendige Qualifzierungsmaßnahmen zu besprechen, sie passend zu führen usw.

Dabei kommt noch erschwerend hinzu, dass Menschen die Tendenz haben, Verhalten, das sie bei anderen Personen beobachten, zu begründen. Es wird automatisch versucht zu interpretieren, warum sich eine Person so verhält, wie sie sich verhält. Dieser Vorgang wird als **Attribution** (Ursachenzuschreibung) bezeichnet (vgl. Heider 1958; Weiner 1976). Bei der Begründung von Verhalten kommt es sehr häufig zu einem **fundamentalen Attributionsfehler** derart, dass der Einfluss von **Situationsfaktoren** auf das Verhalten unterschätzt, dagegen der Einfluss von **Personfaktoren** überschätzt wird (vgl. Zimbardo und Gerrig 2008, S. 638 ff.). Auch Vorgesetzte und Mitarbeiter unterstellen sich oftmals eine bewusste Absicht für das jeweils beobachtbare Verhalten der anderen Partei, obwohl das gar nicht zutreffend sein muss bzw. führen beobachtbares Verhalten schlichtweg auf falsche Ursachen zurück. Dies kann dann wiederum zu Missverständnissen und Beeinträchtigungen in der gegenseitigen Beziehung führen. Attribution als Ursachenzuschreibung von Verhalten findet aber nicht nur nach außen gewandt statt, sondern tritt auch als intrapsychischer Prozess auf. Menschen neigen dazu, die Ursachen für Erfolge in sich selbst zu sehen (**internale Kausalattribution**), dagegen Ursachen für Misserfolge auf außerhalb der eigenen Person liegende Ursachen zu schieben (**externe Kausalattribution**). Dieses Vorgehen stellt einen automatisierten Schutzmechanismus zur Aufrechterhaltung des eigenen Selbstbildes dar, in dem individuelles Scheitern durch nicht beeinflussbare Situationsfaktoren exkulpiert wird. Dagegen wird in der nach außen gewandten Beurteilung erfolgreichen oder nicht erfolgreichen Verhaltens bei anderen Menschen ein umgekehrter Attributionsmechanismus ausgelöst. Scheitern andere Menschen oder haben Probleme, wird die Ursache dafür oftmals in der Person selbst gesehen: unzureichender Einsatz, fehlender Wille und Konsequenz sind dann unterstellte Ursachen. Erfolge werden dagegen z. B. mit einem geringen Anforderungsniveau, der Unterstützung durch andere usw. erklärt. Insbesondere bei Zeitdruck und hohem Stress greifen Führungskräfte auf einfache Standarderklärungen für erlebtes Verhalten bei ihren Mitarbeitern zurück und leiten daraus Führungsreaktionen ab (vgl. Blessin und Wick 2014, S. 176 f.). Ein einfaches **Kausalschema** (vgl. Weiner 1976), mit dem u. a. Führungskräfte Ergebnisse von Mitarbeitern bei delegierten Aufgaben beurteilen, sieht wie in Abb. 2.6 dargestellt aus. Arbeitsergebnisse werden danach grundsätzlich entweder durch **stabile bzw. variable personale oder situationale Einflussfaktoren** erklärt. Kann ein Mitarbeiter eine Aufgabe nur unzureichend lösen, kann dies beim Vorgesetzten dazu führen, dass dieser das Ergebnis mit unzureichendem Einsatz und Leistungswillen des Mitarbeiters erklärt, was eventuell entsprechende Sanktionsmaßnahmen auslösen könnte. **Sympathiebeziehungen** zwischen Führendem und Geführten können diese gegenseitige Ursachenzuschreibung dahingehend beeinflussen, dass einem sympathischen Gegenüber zugestanden wird, dass sein Scheitern eine Folge von nicht beeinflussbaren Situationsfaktoren ist. Im Kausalschema könnte dann eine Kausalattribution für das Scheitern in Abhängigkeit der Aufgabenschwierigkeit erfolgen und nachteilige Führungskonsequenzen würden unterbleiben (vgl. zu einem integrativen und weiterführenden Attributionsmodell im Führungskontext Green und Mitchell 1979).

Die gegenseitige Wahrnehmung in der Führungsdyade beeinflusst die **Beziehungsqualität** in deutlichem Maße. Dabei ist die Wahrnehmung und Urteilsfindung über den jeweils anderen Partner keinesfalls ein objektiver Prozess. Vielmehr werden Urteile über andere Menschen u. a. durch eigene Erwartungen, eigene Wertvorstellungen, empfundene Sympathien, Urteilstendenzen wie Korrelationseffekte, Kontrasteffekte usw., sowie durch unzutreffende Verhaltenserklärungen (Attributionen) bestimmt. Diese Vorgänge müssen sich beide **Rollenpartner im Führungsprozess**, Vorgesetzter und Mitarbeiter, bewusst machen, um sich in ihren Urteilen über den jeweils anderen kritisch reflektieren zu können.

	internal	external
stabil	Fähigkeit	Schwierigkeit
variabel	Anstrengung	Zufall

Abb. 2.6 Kausalschema zur Erklärung von Erfolg und Misserfolg. Quelle: Weiner (1976, S. 221), leicht modifiziert

Dann ist ein valideres Erkennen des anderen, ein besseres Verstehen seiner Handlungen und in letzter Konsequenz ein **besseres Miteinander** möglich. Dies wird einfach nachvollziehbar am oben dargestellten Kausalschema. Eine Führungskraft, die schlechte Leistungen eines Mitarbeiters auf dessen fehlenden Einsatzwillen zurückführt, wird zu anderen Reaktionen kommen, als wenn er dafür dessen noch nicht vorhandene Qualifikationen oder die außerordentliche Aufgabenschwierigkeit verantwortlich macht.

2.1.4 Selbstkonzept und Selbstvertrauen

Selbstbewusstsein bzw. **Selbstaufmerksamkeit** ist die Fähigkeit eines Menschen, sich selbst mit seinen Empfindungen und Persönlichkeitseigenschaften wahrzunehmen und mit innerpersönlichen Maßstäben und Werten abzugleichen, sich gleichsam selbst zu erkennen. Das aus diesem inneren Denkprozess resultierende **Selbstkonzept**, synonym **Identität**, beinhaltet zum einen das Wissen (kognitive Struktur) eines Menschen über sich selbst, also über seine aktuellen Fähigkeiten, Eigenschaften, Verhaltensweisen und physischen Gegebenheiten (**Real-Selbst**: wer man ist). Zum anderen ist es verbunden mit den individuellen Wunschvorstellungen zur eigenen Identität (**Ideal-Selbst**: wie man sein möchte) (vgl. Salewski und Renner 2009, S. 59 ff.; Aronson et al. 2014, S. 139 ff.). Das Selbstkonzept als subjektive Selbstdefinition stellt als Ergebnis die Antwort auf die Frage dar: **„Wer bin ich?"**. Das Selbstkonzept basiert auf der eigenen Persönlichkeit, geht aber darüber hinaus, da es nicht nur den Status quo an zeitstabilen Verhaltensdispositionen repräsentiert, sondern auch eine selbstgeprägte normative Dimension beinhaltet, die klärt, wie eine Person selbst sein möchte. Für die Genese des Selbstkonzepts ist der Austausch mit der sozialen Umwelt notwendig. Rückmeldungen, spontane Reaktionen auf eigene Ansichten und Handlungen etc. sind notwendige Impulse auf dem Weg zur Ausbildung der eigenen Identität. Die eigene Identität entsteht als Zusammenspiel von Erwartungen des sozialen Umfeldes und eigenen frühzeitig angelegten Verhaltensdispositionen, Bedürfnissen und emotionalen Analgen (vgl. Weibler 2016, S. 159 ff.). Dabei ist das Selbstkonzept als Bild des Menschen von sich selbst mehrdimensional und kann sich aus verschiedenen **Teil-Identitäten** in den unterschiedlichen sozialen Kontexten wie Familie, Beruf, Freizeit, Ehrenamt usw. zusammensetzen.

Das Selbstkonzept beinhaltet in einem umfassenden Verständnis neben der Wahrnehmung auch die **Bewertung des Selbst** (vgl. Herder 1976, S. 510). Die Selbstbewertung kann sich dabei auf das Verhalten, die körperliche Erscheinung, die eigenen Fähigkeiten und andere Persönlichkeitseigenschaften anhand internalisierter Standards (Ideal-Selbst) oder sozialer Normen beziehen (von der Assen 2016, S. 92 f.). Passen Status quo der eigenen Identität und normativer Anspruch zusammen und werden inhaltlich von der Person akzeptiert, erlebt der Mensch ein positives **Selbstwertgefühl** (**affektive Komponente**): Er liebt sich so, wie er ist.

Ein auf einem positiven Selbstkonzept (kognitive und affektive Dimension) aufbauendes **Selbstvertrauen** beschreibt dann das Vertrauen in die eigene Person und in die eigene Leistung. Ein Mensch mit hohem Selbstvertrauen begegnet Aufgaben und

Herausforderungen relativ optimistisch, angstfrei, sorglos und unbekümmert. Dies hängt mit seinem **Selbstwirksamkeitsempfinden** zusammen, d. h. seiner Überzeugung durch eigenes Tun, Aufgaben und Probleme meistern zu können. Selbstvertrauen wird bereits positiv in der Kindheit entwickelt, wenn Menschen erleben, dass Handlungen erwünschte Wirkungen hervorbringen und wenn sie dafür anerkannt und wertgeschätzt werden.

Gefühle der **Minderwertigkeit** und **Unzulänglichkeit** können dagegen die Folge eines geringen Selbstwertgefühls sein und die eigene Performance im sozialen Alltag gefährden. Ein negativer Selbstwert kann durch **Inkongruenzen** zwischen Real- und Soll-Selbst entstehen oder durch Umweltwahrnehmungen, die das eigene Selbstkonzept gefährden (vgl. Rogers 2014). Glaubt eine Führungskraft von sich, dass sie ein analytischer „Zahlenmensch" sei, in einem Projekt aber auf einmal erfahren muss, dass die von ihr erarbeitete Kalkulation voller Fehler ist, gefährdet dies die eigene Identität mit entsprechenden Folgen für das Selbstwertgefühl und das Selbstvertrauen. Leiden Menschen unter einem negativen Selbstkonzept nach dem Motto „ich mag mich nicht" kann dies zu geringer Selbstachtung, wenig Selbstvertrauen und geringem Selbstwirksamkeitsempfinden führen. Durch partiell automatisiert verlaufende, intrapsychische **kognitive Dissonanzprozesse** (Festinger 1957) werden in Form automatisierter Schutzmechanismen ursprünglich als unbedeutend bewertete Persönlichkeitseigenschaften, die aber vorhanden sind, aufgewertet, dagegen solche normativen Eigenschaften, die ursprünglich als bedeutsam eingestuft, aber faktisch nicht vorhanden sind, abgewertet. Das Selbstkonzept wird in seiner kognitiven Dimension neu konstruiert, um in der Eigenwahrnehmung wieder ein positives Selbstwertgefühl zu ermöglichen. Menschen benötigen für ihr Dasein eine **akzeptierte Identität** und somit ein ausgeglichenes, selbstbezogenes kognitives und affektives System. Menschen mit einem geringen Selbstwertgefühl neigen dann besonders dazu, ihr an sich schon schwach ausgeprägtes und fragil konstruiertes Selbstkonzept gegenüber gefährlich erscheinenden Umweltimpulsen zu schützen. Die obige Führungskraft, die sich für ausgesprochen analytisch hält, könnte dann inkongruente Fakten grundsätzlich verleugnen oder uminterpretieren, bzw. verzerren. Bei der **Verleugnung** werden Sachverhalte und Erkenntnisse schlichtweg ausgeblendet und als nicht existent betrachtet, während bei der **Verzerrung** Erfahrungen derart interpretiert werden, dass sie wieder mit dem eigenen Selbstkonzept übereinstimmen (vgl. Salewski und Renner 2009, S. 60 f.). Das kann z. B. durch eine externe Kausalattribution derart geschehen, dass die Kalkulationsfehler nicht passiert wären, wenn alle Daten von Beginn an verfügbar und ausreichend Zeit für die Berechnungen vorhanden gewesen wären. Für eine valide und gesundheitsförderliche **Selbstaktualisierung** und Weiterentwicklung der eigenen Identität ist es aber wichtig, dass auch inkongruente Wahrnehmungen reflektiert und in das Selbstkonzept integriert werden. Die hier angesprochene Führungskraft käme dann eventuell zu folgendem Selbstkonzept: „Ich bin ein guter Analytiker und Kalkulator – solange ich ausreichend Zeit dafür habe."

Menschen streben nach einem intrapsychisch akzeptierten Selbstkonzept und einem positiven Selbstwert. Das versuchen sie auch durch die Zugehörigkeit zu **sozialen Gruppen** zu erreichen und nehmen damit eine **Selbstkategorisierung** vor (Tajfel und Turner 1979). Akzeptierte und von einem Menschen als positiv erachtete Werte, Normen und Ziele einer Gruppe sind dann für diese Person identitätsstiftend, d. h. die charakteristischen Merkmale dieser Gruppe treffen auf den zugehörigen Menschen zu (vgl. Wunderer und Wittmann 1995, S. 22 ff.). Die Ziele, Normen und Perspektiven dieser Gruppe werden zunehmend als die eigenen gesehen und sogar gegenüber anderen verteidigt (vgl. March und Simon 1976, S. 63). Das eigene Sozialkollektiv wird zur **„Ingroup"**, andere Institutionen zur **„Outgroup"** (vgl. Franke und Felfe 2008, S. 36).

Das Selbstkonzept wirkt im Prozess der Mitarbeiterführung **strukturierend**, **emotionalisierend** und **handlungsleitend**. Als mentales Schema strukturiert es Informationen, die Führende und Geführte im sozialen Miteinander des Arbeitsalltags wahrnehmen und hilft, diese zum eigenen Selbstverständnis in Beziehung zu setzen. Es erleichtert damit die **Verortung der eigenen Identität** in der Führungsbeziehung – „wo stehe ich als Person in der Führungsdyade?" Zum anderen beeinflusst das Selbstkonzept **emotionale Reaktionen** in Abhängigkeit der Stimmigkeit der wahrgenommen Impulse sowie der grundsätzlichen inneren Stimmigkeit des Selbstkonzepts. Passen z. B. gegenseitige Rückmeldungen und Hinweise zum eigenen Selbstkonzept oder wird dieses dadurch in Frage gestellt? Die am Führungsprozess Beteiligten können demzufolge ausgeglichen, beunruhigt, niedergeschlagen, verweigernd oder aggressiv auftreten. Je nachdem, zu welchem Ergebnis die Bewertung identitätsrelevanter Impulse führt. Erhält ein Mitarbeiter nach einem schwierigen Kundengespräch die Rückmeldung, dass er hier gut verhandelt hat und er hält sich selbst für rhetorisch geschickt und eloquent, wirkt dies zufriedenheitsförderlich und stabilisierend. Zusätzlich übt das Selbstkonzept einen regulierenden Einfluss auf das Verhalten und Handeln von Vorgesetzten und Mitarbeitern (**Selbstkontrolle**) aus (vgl. Aronson et al. 2014, S. 139 ff.). Sieht sich ein Mitarbeiter als beherrschten und rationalen Menschen, wird er auch bei einer großen Enttäuschung im Arbeitsalltag keine emotionalen Reaktionen wie Weinen oder Verzweiflung zeigen, sondern beherrscht reagieren.

Die Selbstkonzepte von Führenden und Geführten wirken sich somit auf individuelle **Verhaltensweisen in Führungssituationen** aus und können zumindest partiell das Verhalten der Partner im Führungsprozess erklären (vgl. Lührmann 2006). Erkennen, verstehen und akzeptieren Vorgesetzter und Mitarbeiter gegenseitig ihre identitätsbasierten Selbstkonzepte, können sie sich besser aufeinander einstellen. Kompatible Führer und Geführten-Identitäten ermöglichen dann den Einsatz von akzeptierten Führungsinstrumenten und Machtbasen. Dabei ist davon auszugehen, dass Mitarbeiter und Führungskräfte mit einem stimmigen Selbstkonzept und einem positiven Selbstwertgefühl wertschätzender aufeinander zugehen und mit mehr Selbstvertrauen an bevorstehende Projekte herangehen.

2.2 Menschenbilder und Führung

Jeder Mensch besitzt mehr oder weniger bewusste Vorstellungen darüber, was und wie der Mensch ist. Dabei werden das Verhalten von Personen untereinander und gerade auch das Führungsverhalten von Vorgesetzten gegenüber Mitarbeitern durch solche **Menschenbilder** beeinflusst. Menschenbilder lassen sich als Vorannahmen in der Mitarbeiterführung interpretieren und prägen als **„subjektive Hinterkopftheorien"** die Sicht der Führenden auf die Mitarbeiter und infolge dazu auch das Handeln von Führungskräften (vgl. Weibler 2016, S. 36).

2.2.1 Bedeutung von Menschenbildern in der Führung

Menschenbilder sind grundsätzliche und relativ dauerhafte Vorstellungen zum Wesen des Menschen, seinen Bedürfnissen, Einstellungen und Verhaltensmustern (vgl. Franken 2010, S. 252 und im Folgenden Blickle 2004, S. 836 ff.; Hug 2013, S. 3 ff.). Es handelt sich dabei um zusammengeführte Annahmen und Werthaltungen über die **Natur des Menschen**, z. B. ob Menschen grundsätzlich ehrlich und arbeitsmotiviert sind, ob sie gerne Verantwortung übernehmen und ob sie entwicklungsfähig oder genetisch determiniert sind. Solche Vorstellungsmuster entwickeln sich beim Einzelnen unterhalb der Bewusstseinsebene auf der Basis subjektiver Erfahrungen und Eindrücke einerseits und infolge gesellschaftlicher Normen und Werte sowie technologischer und naturwissenschaftlicher Fortschritte und Erkenntnisse andererseits, indem all diese Sachverhalte zu einem Konglomerat an Grundannahmen über den Menschen zusammengeführt werden. Der Einfluss externer Faktoren impliziert, dass Menschenbilder auch einem zeitlichen Wandel unterliegen (vgl. Hug 2013, S. 3 ff. sowie zu Menschenbildern im Wandel der Geschichte Lilge 1981, S. 14 ff.). Diese Vorstellungsmuster sind nur bedingt empirisch überprüfbar und haben eher im Sinne einer „alltagspsychologischen Simplifizierung" eine **grundsätzliche Orientierungsfunktion** im täglichen Leben. Im unternehmerischen Kontext beschreiben sie zudem Leitbilder für die Rolle von Menschen in Organisationen.

Gehen Führende beispielsweise von einem **rational handelnden** und nutzenmaximierenden Menschen aus, werden sie versuchen, die Motivation der Mitarbeiter eher durch rationale Argumentation und materielle Anreize zu beeinflussen. Ist das Menschenbild in Organisationen hingegen **moralisch-ideell** geprägt, wird die Motivation leichter über einschlägige emotionale Appelle zu beeinflussen sein. Entsprechend unterschiedlich werden je nach Menschenbild auch die Anreizsysteme in Unternehmen ausgeprägt sein (vgl. Wunderer 2011, S. 121 f.). Bei einem vorwiegend rational geprägten Menschenbild werden finanzielle Anreiz- und Bonussysteme eine größere Rolle spielen, bei anderen, idealistischen Menschenbildern hingegen sind eventuell normative Gestaltungsansätze zur Organisations- und Personalentwicklung wichtiger.

Führungskräfte sollten ihr eigenes **Menschenbild kennen und kritisch reflektieren**, da sie zwangsläufig vor diesem Hintergrund ihre Mitarbeiter und deren Leistungen beurteilen und ihr Handeln danach ausrichten. Beurteilen heißt hierbei interpretieren und bewerten von dem, was wahrgenommen wird (vgl. Wunderer 2011, S. 335). Die Wahrnehmung wiederum ist durch das Menschenbild mit geprägt. Zwangsläufig werden so Mitarbeiter anhand eines subjektiven „Schubladendenkens" beurteilt. Sich das eigene Menschenbild bewusst zu machen, ist ein erster Schritt zur Objektivierung und zur fairen, weil individuellen Behandlung von Mitarbeitern. In der Praxis ist das oftmals nicht so einfach, da viele der einem Menschenbild zugrunde liegenden Annahmen dem Führenden überhaupt nicht bewusst sind und die **Bewusstseinszugänglichkeit** nicht einfach gegeben bzw. herzustellen ist. Offenheit und aktives Einholen von externem Feedback zu eigenen Ansichten und zum Auftreten und Verhalten gegenüber anderen Personen, können helfen, die eigenen subjektiven Annahmen über den Menschen zu reflektieren.

2.2.2 Unterschiedliche Menschenbilder in der Mitarbeiterführung

In der organisationswissenschaftlichen Forschung existiert eine Vielzahl von Menschenbildern, die sich in Abhängigkeit der gesellschaftlichen Ansichten über das menschlichen Wesen herausgebildet und im Zeitverlauf erheblich verändert haben (vgl. im Folgenden Weibler 2016, S. 36 ff.; Hug 2013, S. 6 ff.).

Bereits mit dem Aufkommen der Marktwirtschaft wurde ein typisierendes Menschenbild zugrunde gelegt, das für die Wirtschaftsordnung notwendig war. So beschrieb **Adam Smith** (1723–1790) den Menschen als ein egoistisches, nach eigenem Vorteil strebendes und in erster Linie an sich selbst denkendes Wesen: der nutzenmaximierende und rational handelnde **Homo oeconomicus.**

Ein zu Beginn des 20. Jahrhunderts im Zusammenhang mit der Industrialisierung und dem **Scientific Management** nach **Frederick Taylor** (1856 – 1915) entstandenes Vorstellungsmuster ist das **mechanistische Menschenbild**, innerhalb dessen der Mensch mit einer gut funktionierenden, klar vorgegebene Tätigkeiten abarbeitenden Maschine gleichgesetzt wird. Zentrale Merkmale sind hier Reaktivität und Determinismus. Lediglich der Existenzwille, der durch entsprechende Vergütungsanreize aktiviert und genutzt wird, zählt. Soziale oder kulturelle Bedürfnisse des Menschen werden nicht thematisiert und als zweitrangig angesehen. Ein derartiges Menschenbild ist aus moderner Werteperspektive als menschenverachtend einzustufen. In ähnliche Richtungen, wenn auch nicht so extrem, gehen die Überlegungen **Henri Fayol`s** (1841 – 1925) zur Rolle des Mitarbeiters in seinem Konzept der Unternehmensorganisation oder die in **Max Weber´s** (1864–1920) Bürokratieansatz definierten „Amtsträger".

Mit dem Aufkommen der **humanistischen Psychologie** und der **Human-Relations-Bewegung** in Folge auch der in den 20er-Jahren des 20. Jahrhunderts durchgeführten Hawthorne-Experimente änderten sich die Menschenbilder. Soziale Bedürfnisse wie Kommunikation, Zugehörigkeit, Streben nach Anerkennung sowie das Bedürfnis nach Selbstverwirklichung fanden Eingang in neuere Ansichten zum Wesen des Menschen, ohne aber reaktive Grundstrukturen schon ganz zu überwinden.

In diesem Kontext hat **Douglas McGregor** (1906–1964) seine dualistische **XY-Theorie** über den arbeitenden Menschen in Organisationen mit zwei sehr gegensätzlichen Menschenbildern formuliert (vgl. McGregor 1960). Das **Menschenbild X** beschreibt eine traditionelle Sicht im Sinne des Taylorismus, nach der der von Natur aus arbeitsunwillige Mensch durch Lenkung und Sanktionen zur Arbeit angehalten werden muss:

- Menschen haben eine Abneigung gegen Arbeit und sind arbeitsscheu.
- Mitarbeiter müssen deswegen meist gezwungen oder aber zumindest über Sanktionen gelenkt und geführt werden, um Unternehmensziele zu erreichen.
- Menschen wollen sich „vor Verantwortung drücken" und besitzen kaum Ehrgeiz, sie sind vor allem auf Sicherheit aus.

McGregor, angeregt durch die motivationstheoretischen Ideen Maslow´s und die Human-Relations Bewegung, stellte diesem Bild die Y-Theorie gegenüber und befürwortete ein eigenverantwortliches Arbeiten in flachen Hierarchien, weil der Mensch vom Grundsatz her leistungsbereit sei und nur den entsprechenden Rahmen brauche, um entsprechend produktiv zu sein. Das **Menschenbild Y** wird durch folgende Annahmen charakterisiert:

- Körperliche oder geistige Verausgabung beim Arbeiten kann ebenso natürlich sein wie beim Spielen oder Ausruhen.
- Menschen werden sich zugunsten von Zielen, denen sie sich verpflichtet fühlen, der Selbstdisziplin und Selbstkontrolle unterwerfen.
- Menschen übernehmen und suchen unter geeigneten Bedingungen nach Verantwortung.
- Ein hoher Grad an Vorstellungskraft, Urteilsvermögen und Erfindungsreichtum zur Lösung organisatorischer Probleme ist weit verbreitet.

In der XY-Theorie wird auch das in Abhängigkeit des jeweiligen Menschenbildes fast zwangsläufig resultierende Führungsverhalten aufgezeigt. Aufbauend auf dem Menschenbild X und als Folge **sich selbsterfüllender Prophezeiungen**, d.h. Mitarbeiter werden sich so verhalten, wie es der Vorgesetzte erwartet und unbewusst herbeiführt, wird sich eine **negative Führungsspirale** in Gang setzen (vgl. Abb. 2.7). Führungskräfte, die von

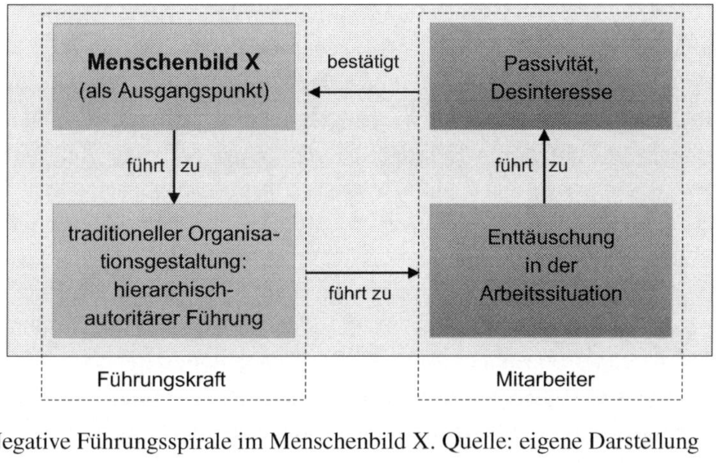

Abb. 2.7 Negative Führungsspirale im Menschenbild X. Quelle: eigene Darstellung

einem Menschenbild X ausgehen, erwarten, dass Mitarbeiter arbeitsscheu sind und eine autoritäre Führung benötigen. Indem sich die Führungskräfte autoritär verhalten, verursachen sie bei Mitarbeitern zunächst eine Abwehrhaltung und damit letztlich ein arbeitsscheues Verhalten, was zu einer weiteren Verstärkung der ursprünglichen Ansichten und Verhaltensmuster des Vorgesetzten führt.

Die XY-Theorie fordert in ihrem normativen Anspruch, dass sich Führungskräfte ihres X-Menschenbildes bewusst werden und dieses durch die Y-Theorie ersetzen. Durch eine partnerschaftliche Führung und eine wertschätzende Integration der Mitarbeiter in die Organisation lässt sich dann analog eine **positive Führungsspirale** in Kraft setzen. Die Bedeutung von selbsterfüllenden Prophezeiungen aufgrund zugrunde liegender Menschenbilder, die ein dazu passendes Verhalten von Mitarbeitern geradezu produzieren, wurde intensiv untersucht und empirisch nachgewiesen (vgl. Blickle 2004, S. 838). So liefert im Vergleich zu einer Kontrollgruppe ein überwiegender Teil (knapp 80 %) derjenigen Personen höhere Leistungen, an die eine entsprechend hohe Erwartung kommuniziert wurde. Auch heute ist die XY-Theorie ein gutes Modell, um sich Klarheit darüber verschaffen zu können, welche Grundannahmen Führungskräfte, Mitarbeiter oder Unternehmen über die Arbeitsmotivation des Menschen haben. (vgl. hierzu Blickle 2004, S. 837 f.).

Der Ansatz von McGregor mit dem dualistischen Grundmuster „gut -schlecht" wurde in der **Typologie von Schein** zu vier Menschenbildern weiterentwickelt (vgl. Schein 1980, S. 77 ff.). Ergänzend definiert Schein im Sinne einer „wenn-dann"-Beziehung die Führungskonsequenzen für das jeweilige Menschenbild. Die vier Grundtypen sind:

- der rational-ökonomische Mensch (durch Eigeninteressen motiviert)
- der Mensch als soziales Wesen (durch das Gemeinschaftsbedürfnis motiviert)
- der Mensch, der sich selbst verwirklicht (durch anspruchsvolle Aufgaben motiviert)
- der komplexe Mensch (durch alle drei Bedürfnisarten motiviert und anpassungsfähig)

Haben Führende das Bild des **rational-ökonomischen Menschen** verinnerlicht, der primär durch ökonomische Anreize motiviert ist, sich in der Arbeit eher passiv verhält und egoistisch geprägt ist, erfordert dies eine klassische, dirigistische Führung. Aufgaben sind für diesen Mitarbeiter zu planen, an ihn zu delegieren und zu kontrollieren. Die Motivation kann insbesondere über monetäre Anreize aktiviert werden. Gehen Führungskräfte von einem **sozialen Menschenbild** aus, unterstellen sie, dass die Mitarbeiter sich über die Befriedigung sozialer Bedürfnisse wie Kommunikation und Zugehörigkeit motivieren, dass ihnen soziale Beziehungen und die Gemeinschaft in sozialen Gruppen bedeutsam sind. Folgerichtig muss die Führungskraft sehr viel Wert auf einen kooperativen, mitarbeiterintegrierenden Führungsstil legen und für die Zufriedenstellung sozialer Bedürfnisse durch Gemeinsamkeit sorgen (vgl. Bühner 2005, S. 259 ff.). Dominiert bei dem Vorgesetzten das Bild des **sich selbst aktualisierenden**, d. h. des nach Selbstverwirklichung strebenden **Menschen**, der sich eigenverantwortlich engagieren und Aufgaben voranbringen will, muss die Führungskraft Handlungsspielräume schaffen sowie ganzheitliche Aufgaben und Entscheidungskompetenzen an den Mitarbeiter delegieren. Bildet der **komplexe Mensch** die Grundlage der Anschauungen des Führenden über das Wesen des Menschen, unterstellt er den Mitarbeitenden eine Flexibilität in Bezug auf relevante Arbeitsmotive, d. h. diese unterliegen einer Wandlung. Menschen in dieser Sicht sind lernfähig, entwickeln sich weiter und suchen neue Herausforderungen. Zudem beinhaltet der „complex man" auch die drei anderen von Schein beschriebenen Menschenbilder des homo oeconomicus, des sozialen und des sich selbst aktualisierenden Menschen. Der Vorgesetzte muss sich somit flexibel auf den einzelnen Mitarbeiter einlassen, d. h. seine individuellen Bedürfnisse erkennen und deren Wandel beachten, ihn entsprechend seiner Aufgaben und seines jeweiligen Kompetenzstandes führen.

Der empirische Nachweis dieser Kategorisierung blieb zwar unbefriedigend, öffnet jedoch den Blick dafür, dass Menschen (Führungskräfte wie Mitarbeiter) unterschiedlich sind und sich ihre Motivationsstruktur je nach Umfeld unterschiedlich entwickeln bzw. verändern kann. Schein selbst sieht den Menschen als Arbeitnehmer in Organisationen adäquat durch den „complex man" beschrieben. „Der Mensch ist ein komplexeres Wesen, als das Modell vom rationalökonomischen, sozial motivierten oder sich selbst verwirklichenden Menschen glauben machen möchte. Er ist nicht nur dank seiner vielfältigen Bedürfnisse und Potenziale selbst komplexer, er unterscheidet sich hinsichtlich seiner Komplexität von jedem Mitmenschen." (Schein 1980, S. 94).

Auch ein anderes Menschenbild, das **„Unreife-Reife-Kontinuum"** nach Argyris (vgl. Argyris 1957) geht von dem Menschen als ein sich entwickelndes und veränderndes Wesen aus. So ist der Mensch ein vom Kind-Status zum Erwachsenen-Status nach Reife strebendes Individuum. Menschen verändern sich im Laufe des Entwicklungsprozesses hin zu reifen Personen, z. B. von passiven zu aktiven, von abhängigen zu unabhängigen, von kurzfristig planenden zu langperspektivisch denkenden Individuen. Mitarbeiter streben danach, sich zu **mündigen, eigenverantwortlichen und selbstreflexiven Persönlichkeiten** zu entwickeln. Nach diesem Menschenbild können Führungskräfte mit reifen Persönlichkeiten nicht in einem bürokratischen oder autokratischen Verständnis umgehen, sondern müssen ebenfalls Handlungsfreiräume, Gestaltungsmöglichkeiten usw. zur Verfügung stellen und den Entwicklungsprozess des einzelnen Mitarbeiters unterstützen.

2.3 Grundlagen der Motivation

Das Phänomen Motivation wird in der Führungslehre aus zwei Perspektiven betrachtet. Zum einen aus der Sicht eines Zustandes (wir sind motiviert), zum anderen aus der Perspektive einer Handlung (wir motivieren jemanden). Psychologisch geht es in beiden Fällen um das **Motiv**, den Verhaltensgrund. Motivationstheorien versuchen zu erklären, welche Motive welche Art von Verhalten (z. B. Kooperation oder Widerstand) hervorbringen und wie Motive aktiviert werden können. Weiß die Führungskraft um die zentralen Motive und versteht sie die Prozesse zum Zustandekommen von Motivation, kann sie sich selbst und andere besser verstehen und leichter zum gewünschten Verhalten anregen.

2.3.1 Motivation und Leistung

Ein zentrales Ziel des Führungsprozesses ist es, das **Leistungsverhalten** der Mitarbeiter zu steigern. Dadurch lassen sich Team- oder Abteilungsziele besser, d. h. effektiver und effizienter, erreichen (vgl. Weibler 2016, S. 169 f.). Die Leistung der Mitarbeiter -als fehlerfreies Arbeitsquantum pro Zeiteinheit- wird in Abhängigkeit von der konkreten Situation durch zwei wesentliche Faktoren bestimmt: durch Motivation und durch individuelle Fähigkeiten und Fertigkeiten (vgl. hierzu Rosenstiel 2015, S. 38 ff. sowie Abb. 2.8).

Nach diesem Modell ergeben sich zwei Möglichkeiten, die Leistung zu erhöhen. Entweder wird das Spektrum der **Fähigkeiten und Fertigkeiten** erweitert (Unterweisung, Weiterbildung, Erfahrung, Schulung, etc.) oder aber die **Motivation** wird erhöht. Im Idealfall natürlich beides. Führungskräfte können die Fähigkeiten und Fertigkeiten ihrer Mitarbeiter oft nur mittel- bis langfristig beeinflussen (z. B. durch Schulungen und Trainings). Um die Leistung (auch) kurzfristig zu erhöhen, muss somit an der Motivation der Mitarbeiter angesetzt werden.

Neben den beiden Faktoren Motivation (Wollen) und Fähigkeiten bzw. Fertigkeiten (Können) müssen weitere Aspekte berücksichtigt werden, welche die Leistung beeinflussen. So sind weiterhin folgende Faktoren wichtig:

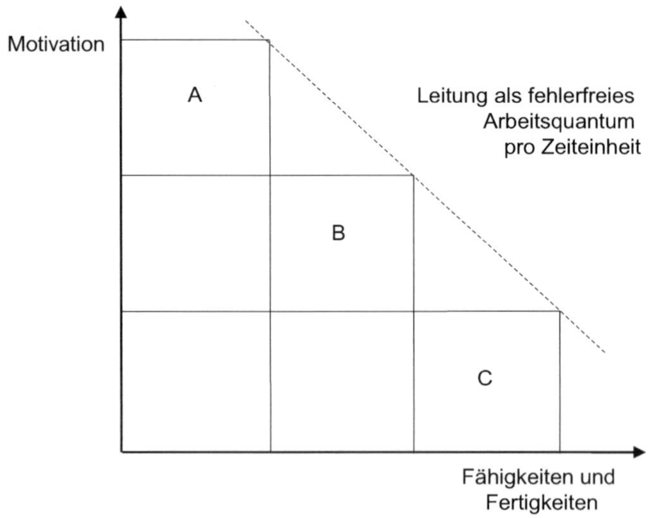

Abb. 2.8 Leistung als Produkt von Motivation und Fähigkeiten. Quelle: In Anlehnung an Rosenstiel (2015, S. 39)

- **soziales Dürfen** (soziale Normen): Das soziale Umfeld wirkt oft restriktiv und sorgt durch erwartete Sanktionsmechanismen dafür, dass die entsprechende Handlung ausbleibt. Zum Beispiel können neuartige Lösungswege auf Ablehnung stoßen.
- **situative Ermöglichung** (Handlungsspielraum): Ein Ziel oder eine Handlungsmöglichkeit ist durch die Situation eingeschränkt. Zum Beispiel können Maschinen und Geräte defekt oder Unterlagen nicht (rechtzeitig) vorhanden sein.

Leistung ergibt sich somit als Funktion von Wollen, Können, Dürfen und Ermöglichung: L = f (W, K, D, E).

2.3.2 Rahmenmodell der Motivation

Motivation beantwortet die Frage nach dem „Warum" menschlichen Verhaltens, in dem es Aufschluss über die Beweggründe sowie das Zustandekommen menschlichen Handelns gibt (vgl. im Folgenden Rheinberg 2008; Heckhausen und Heckhausen 2010, S. 3 ff.; Weibler 2016, S. 170 ff.; Rosenstiel 2015, S. 6 ff.). Motivation ist ein **hypothetisches Konstrukt** und dient als intervenierende Variable zwischen situativen und personalen Bedingungen einerseits und dem beobachtbarem Verhalten eines Menschen andererseits. In seiner Gesamtheit erklärt Motivation die inhaltliche **Ausrichtung**, die **Intensität** und die **Zeitdauer** von Handlungen.

Menschliches Verhalten resultiert grundsätzlich aus der Wechselbeziehung von **Person und Umwelt**. Dabei werden, vereinfacht ausgedrückt, im Menschen befindliche Bedürfnisse und Motive über ein Mangelerleben aufgeladen, durch Anreize abschließend aktiviert und bis zum Erreichen eines Ziels oder einer Handlungsfolge beibehalten (vgl. Abb. 2.9). **Bedürfnisse** führen dabei als angeborene Dispositionen dazu, dass bestimmte physiologische und psychologische Zustände als unangenehm und aversiv erlebt werden. Bedürfnisse verkörpern eine Diskrepanz zwischen einem aktuellen Ist-Wert und einem angestrebten Soll-Wert (vgl. Scheffer und Heckhausen 2010, S. 52). **Motive** stellen darauf aufbauend latente Verhaltensdispositionen, also überdauernde **Handlungsbereitschaften** (Präferenzen) eines Menschen dar, bestimmte **Zielzustände** zum Abbau der erlebten Diskrepanzen zu erreichen. Bedürfnisse und Motive werden, solange sie noch nicht aktiviert bzw. als nicht bewusstseinszugängliche Grundorientierung zu betrachten sind, als **implizite Motive** bezeichnet. Das universelle **Bedürfnis nach Wirksamkeit** ist dabei ein Basiselement motivationaler Orientierungen, da der Mensch grundsätzlich danach strebt durch effektives Handeln Wünschenswertes zu erreichen und Unerwünschtes zu vermeiden. Weitere wesentliche Bedürfnisse sind das Streben nach Einfluss (**Machtmotiv**) und das Streben nach Zugehörigkeit (**Anschlussmotiv**). Im **Homöostase-Prinzip** bedürfnistheoretischer Motivation besteht das Ziel innerlich motivierten, d. h. bedürfnisgestützten Handelns darin, erneut ein organismisches Gleichgewicht herzustellen. Beispiele für solche Beweggründe menschlichen Verhaltens sind z. B. Durst, Hunger, persönliche Interessen, Verlangen nach Zugehörigkeit usw. Motive können dabei angeboren (z. B. Hunger, Durst) oder erlernt bzw. kulturbezogen modifiziert (z. B. Wunsch nach Geld, „Durst auf Coca Cola“) sein. Angeborene Motive werden auch als **Instinkte** oder **Triebe** bezeichnet und zeichnen sich dadurch aus, dass Menschen von Geburt an das zweckhaft richtige tun, ohne dies jemals erlernt zu haben. Angst oder der Wunsch nach Sexualität bzw. Fortpflanzung sind hierfür Beispiele. Entsteht in einem Bedürfnisbereich ein Mangel, so wird das dazugehörige, momentan noch nicht aktualisierte Motiv als geeignete Verhaltensdisposition, dieses Mangelgefühl beseitigen zu können, angeregt, d. h. es kommt zu einer so genannten **Aufladung**. Erst wenn dabei eine bestimmte Intensität erreicht wird, wird dieses Motiv bewusst und transformiert zu einem handlungsleitenden, teilaktivierten Motiv. Solche nun **expliziten Motive** kann der Mensch auch in ihrer inhaltlichen Gerichtetheit beschreiben und damit das Ziel des Handelns definieren. Kommt in diesem organismischen Zustand des Mangelerlebens ein passender situativer **Anreiz** hinzu, d. h. ein Situationselement wie ein Objekt, ein Ereignis, eine Person etc., das geeignet erscheint, den erlebten Mangel zu beseitigen, kommt es zu einem darauf ausgerichteten Handlungsvollzug, zu einer motivierten, **zielgerichteten Handlung**. Der Anreiz beschreibt den situativen Anregungsgehalt im Sinne einer motivspezifischen **Befriedigungschance**. Anreize haben Aufforderungscharakter und können teilaktivierte Motive auslösen. Sie können aus anreiztheoretischer Perspektive als situative Gegebenheiten getreu dem Erfahrungssatz „Gelegenheit macht Diebe“ aber auch komplett latente Motive auslösen. Anreize können ihren Aufforderungscharakter dabei einerseits aus der Handlung und dem direkten Handlungsergebnis selbst beziehen, andererseits ihre **„Antriebskraft“** aber auch aus einer Mittel-Zweck-Beziehung derart schöpfen, dass der Handlungsvollzug Mittel zum Erreichen nachgelagerter Folgen ist: jemand arbeitet, um Geld zu verdienen. Voraussetzung ist dabei, dass der Mensch davon ausgeht, dass eine bestimmte Handlung in Verbindung mit dem Anreiz zur Bedürfnisbefriedigung führt. Ist dies der Fall, wird die Handlung solange mit der notwendigen Intensität durchgeführt, bis der gewünschte Zielzustand hergestellt und das Mangelerleben beseitigt ist. Das aktivierte Motiv transformiert wieder in seinen latenten Status.

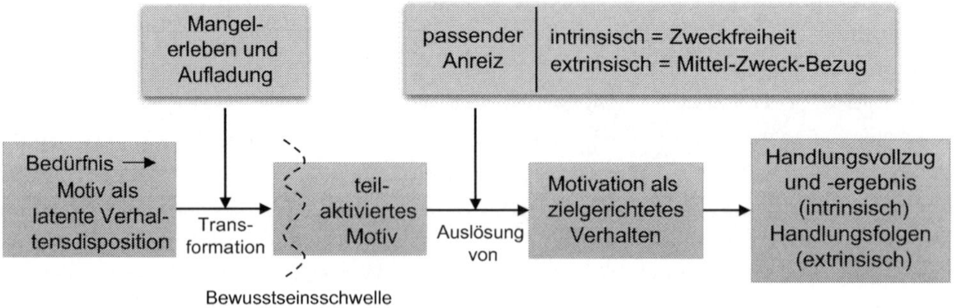

Abb. 2.9 Grundmodell der Motivation. Quelle: eigene Darstellung in Anlehnung an Heckhausen und Heckhausen (2010, S. 5)

Auf Basis dieses Schemas stellt sich nochmals die Frage, worin die Bedürfnisbefriedigung liegt: in der Herstellung bestimmter Handlungsfolgen oder darin, einen Weg zu beschreiten, d. h. eine Tätigkeit auszuführen? Je nachdem wird zwischen intrinsischer und extrinsischer Motivation unterschieden (vgl. hierzu Comelli und Rosenstiel 2009, S. 11 f.).

- **Intrinsische Motivation**: Die Bedürfnisbefriedigung wird durch die Handlung selbst erreicht. Die Motivation besteht also darin, eine Handlung bis zu deren Ende (direktes Handlungsergebnis) vornehmen zu wollen. Ziele werden „lediglich" definiert, um die Handlungen daran auszurichten. Als Beispiele können viele höher qualifizierte Tätigkeiten genannt werden, die (auch) aus Interesse an der Sache durchgeführt werden (z. B. das freiwillige Schreiben eines Buches oder ehrenamtliche Tätigkeiten).
- **Extrinsische Motivation**: Hierbei liegt die Bedürfnisbefriedigung in der Erreichung bestimmter Handlungsfolgen. Die Motivation besteht darin, ein bestimmtes Ergebnis zu erzielen, um in Folge dazu dafür belohnt zu werden. Es besteht eine Mittel-Zweck-Beziehung zwischen Handlung und nachgelagerter Bedürfnisbefriedigung. Ein Mensch handelt, um etwas zu erhalten. Das Beispiel eines Akkordarbeiters, der seine Leistung erbringt, weil er dafür einen Lohn bekommt, ist hier nachvollziehbar. Der Lohn motiviert zur Arbeit, nicht die Arbeit an sich. Je besser die Arbeit, desto höher der Lohn.

Hintergrundinformation

Implizite und explizite Motive

Oftmals ist es Menschen gar nicht möglich, die wahren Beweggründe ihres Handelns zu beschreiben, da diese nicht bewusstseinszugänglich sind. Es handelt sich dabei um implizite Motive. Dies führt dazu, dass Personen oftmals aus anderen Gründen handeln als sie selbst meinen. Explizite Motive können dagegen wahrgenommen und beschrieben werden. Sie sind Teil des Selbstkonzeptes eines Menschen und beantworten Fragen wie „Was will ich?" oder „Was ist mir wichtig?". Implizite Motiv entstehen meist in früher Kindheit durch emotionale Lernerfahrungen: der Mensch lernt unbewusst, was zu positiven Gefühlen wie Freude und Stolz führt und was nicht. Zudem werden implizite Motive automatisch durch bestimmte situative Anreize angeregt. Das implizite Leistungsmotiv wirkt z. B. in allen Situationen, in denen ein „gut" oder „schlecht" der eigenen Handlung objektiv bewertbar ist. Explizite Motive entstehen mit fortlaufendem Sozialisationsprozess im Zuge der Herausbildung des eigenen Selbstkonzeptes und der eigenen Persönlichkeit. Explizite Motive unterliegen der bewussten Verhaltenskontrolle und stehen für rationale Absichten und die Bereitschaft, eine bestimmte Handlung auszuführen. So kann sich das explizite Leistungsmotiv etwa derart bei einer Person ausprägen, dass diese danach strebt, im Handlungsfeld „Schach spielen" zu den Besten zu gehören. Implizite und explizite Motive sind zwei voneinander unabhängige Motivsysteme, die ineinander greifen können, d. h. wie im Beispiel des Leistungsmotivs inhaltlich gleich gerichtet sind, sich aber auch widersprechen können.

Quelle: Brunstein (2010), S. 237 ff.

2.3.3 Leistung und Arbeitszufriedenheit

Die Motivation von Mitarbeitern durch Führungskräfte hat i.d.R. das Ziel, die Leistung der Mitarbeiter zu erhöhen. Dabei kann ein plausibler, intuitiv logischer **Kausalzusammenhang** derart formuliert werden, dass zufriedene Mitarbeiter motivierter sind und damit mehr Leistung erbringen. Empirisch ist aber nicht eindeutig feststellbar, ob Arbeitszufriedenheit die Leistungsbereitschaft und damit die Leistung tatsächlich erhöht oder ob ein umgekehrter bzw. eventuell sogar überhaupt kein Zusammenhang zwischen diesen psychologischen Konstrukten besteht.

Die beiden Phänomene Arbeitszufriedenheit und Motivation beschreiben grundsätzlich unterschiedliche Sachverhalte, auch wenn sie häufig synonym genutzt werden. **Arbeitszufriedenheit** entsteht aus einem kognitiven Bewertungsvorgang und einer affektiven Bewertung derart, dass zu relevanten Aspekten der Arbeitswelt subjektive Erwartungen eines Arbeitnehmers, z.B. an die Arbeitsaufgabe, die Arbeitsbedingungen, die Kollegen und Führungskräfte, mit den tatsächlichen Gegebenheiten abgeglichen werden. Arbeitszufriedenheit ist somit die Differenz aus eigenem Anspruchsniveau und erlebter Bedürfnisbefriedigung sowie subjektiver Bedeutsamkeit der Abweichung: Arbeitszufriedenheit=f (Soll-Ist-Differenz) x subjektive Bedeutsamkeit (vgl. Locke 1976, S. 1306 sowie grundsätzlich Weinert 2004, S. 265 ff.; Semmer und Meier 2014, S. 573 ff.). Arbeitszufriedenheit mündet summarisch in eine **Einstellung** der Arbeit gegenüber. Motivation dagegen erklärt wie unter 2.3.2 ausgeführt, wie zielgerichtetes Verhalten zustande kommt.

Zum Verhältnis von Arbeitszufriedenheit und motivationsbedingter Leistung lassen sich im Kern fünf grundsätzliche Beziehungen im Kontext von **Zusammenhang** und **Kausalität** darstellen (vgl. Judge et al. 2001; Weinert 2004, S. 265 ff.; Rosenstiel und Bögel 2014, S. 187 ff. sowie Abb. 2.10):

- Je höher die Arbeitszufriedenheit ist, desto höher ist die Leistung: Dieser **kausale Zusammenhang** ist grundsätzlich nur mit schwachen bis maximal mittleren Korrelationen empirisch zu bestätigen.
- Je höher die Leistung ist, desto höher ist die erlebte Zufriedenheit. Diese **ursächliche Beziehung** lässt sich gut im Alltagsleben beobachten. Jeder, der einmal eine aufwendige Arbeitsaufgabe, z.B. Frühjahrsputz, erledigt hat, fühlt sich nach erfolgreicher Durchführung zufrieden über das Erreichte. Aber auch hier sind keine starken Zusammenhänge nachweisbar.
- Es besteht **kein kausaler Zusammenhang** zwischen Leistung und Arbeitszufriedenheit. Positive Zusammenhangseffekte werden durch dritte, moderierende Variablen, wie interessante Aufgabenstellungen, verursacht.
- Es besteht grundsätzlich nur eine **Scheinbeziehung** zwischen Leistung und Zufriedenheit: Dritte, intermediierende Variablen schaffen einen „vermeintlichen" Zusammenhang. So kann sich ein hohes Commitment von Mitarbeitern auf beide Konstrukte auswirken, die sich damit in vermeintlicher Abhängigkeit verändern.
- Es besteht **kein Zusammenhang** zwischen Leistung und Zufriedenheit: Beide Konstrukte sind unabhängig voneinander.

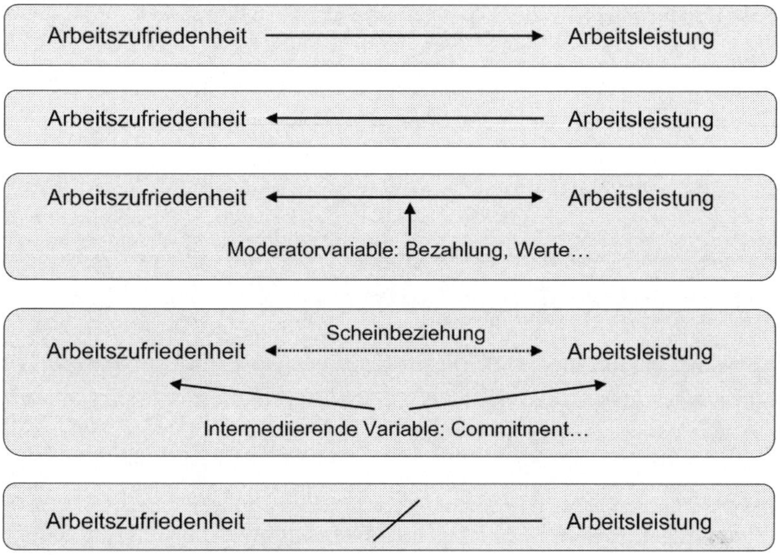

Abb. 2.10 Zusammenhang von Arbeitszufriedenheit und Leistung. Quelle: eigene Darstellung in Anlehnung an Biemann und Weckmüller (2013, S. 47)

Gleichwohl sollte aus der Erkenntnis, dass faktisch Arbeitszufriedenheit bei weitem nicht die Bedeutung für motivationsbedingte Leistung hat wie laienhaft oftmals unterstellt, der Schluss gezogen werden, Arbeitszufriedenheit sei im Führungsprozess zu vernachlässigen. Arbeitszufriedenheit wirkt sich neben dem schwachen Zusammenhang zur Leistung noch auf weitere relevante Variablen aus. So sind Zusammenhänge zum **Commitment**, d. h. der Verbundenheit von Mitarbeitern zum Unternehmen, sowie z. B. zum psychischen **Wohlbefinden** (z. B. Erschöpfung und Burnout) und zur **Gesundheit** belegbar (vgl. Biemann und Weckmüller 2013, S. 48 f.). Arbeitszufriedenheit kann in der Führungsdyade durch Vorgesetzte insbesondere über zwei Dimensionen positiv beeinflusst werden (vgl. Biemann und Weckmüller 2013, S. 48 f.):

- **Sinnhaftigkeit und Wertschätzung der übertragenen Aufgabe:** Hier kommt es darauf an, dass den Mitarbeitern bedeutsame, ganzheitliche Aufgaben übertragen werden, die vielfältige Fähigkeiten bei den Mitarbeitern abrufen, und die selbstständig bearbeitet werden können und dürfen. Zudem sollten die Aufgaben auch intrinsischen Anreizcharakter haben.
- **Unterstützung bei der Aufgabenerfüllung:** Hier kommt der Unterstützung durch die Führenden eine erheblich höhere Bedeutung zu, als der Hilfe durch Kollegen. Im weiteren Sinne gehören zur Unterstützung auch perspektivische Themenfelder wie Weiterbildung und Karriereplanungen.

2.4 Inhaltsanalytische Aspekte der Motivation

Inhaltstheorien der Motivation versuchen zu erklären, welche Motive und Bedürfnisse Menschen motivieren (**personenbezogene Komponente**) und welche Anreize zur Aktivierung der Motive geeignet sind (**situationsbezogene Komponente**). Es werden als Ergebnis Aussagen zur inhaltlichen Gerichtetheit der Motivationsvariablen getroffen.

2.4.1 Theorie der Bedürfnishierarchie nach Maslow

Abraham Maslow gilt als ein Gründervater der **humanistischen Psychologie**, deren Menschenbild in Abgrenzung zu psychoanalytischen Determinierungen davon ausgeht, dass der Mensch zwar biologisch vorbestimmt ist, aber über eine Vielzahl von Anlagen und Entfaltungsmöglichkeiten verfügt, die er individuell als sich selbst verwirklichende Persönlichkeit kreativ nutzen und gestalten kann (vgl. Scheffer und Heckhausen 2010, S. 57 ff.). Die Bedürfnistheorie nach Maslow befasst sich mit der Frage, welche Inhalts-Klassen von Person-Umwelt-Bezügen es im Menschen gibt, die sich im Prozess der **Persönlichkeitsentwicklung** durch unterscheidbare, spezifische Anregungsmuster (Anreize) aktivieren lassen (vgl. Maslow 1954).

Maslow definierte ganze Bedürfnisgruppen, die nicht gleichberechtigt nebeneinander stehen, sondern in einer **hierarchischen Abfolge** im Prozess der Persönlichkeitsentwicklung angeordnet sind (vgl. Abb. 2.11).

Abb. 2.11 Bedürfnishierarchie nach Maslow. Quelle: in Anlehnung an Weibler 2016, S. 176

In der Bedürfnishierarchie besteht ein **Prinzip der relativen Vorrangigkeit**, d. h. das zuerst immer die Bedürfnisse einer niederen Rangordnung befriedigt sein müssen, bevor ein höheres Bedürfnis aktiviert werden kann und das Handeln bestimmt. Der Drang nach Selbstverwirklichung kann somit erst handlungsleitend werden, wenn alle anderen Bedürfniskategorien befriedigt sind. Zudem unterscheidet Maslow sog. **Defizitmotive** (die unteren vier Ebenen in Abb. 2.11), bei denen ein homöostatischer Mangelzustand beseitigt werden soll und **Wachstumsmotive** (die oberste Ebene), bei denen nach Selbstverwirklichung gestrebt wird, was niemals abschließend befriedigt werden kann. Es geht hier vielmehr darum, alle Potenziale, über die ein Mensch verfügt, zu aktualisieren und zu entfalten.

An der Bedürfnishierarchie wird kritisiert, dass Maslow lediglich unsystematische klinische Erfahrungen für seine Studien verwendet habe (vgl. Rosenstiel 2014, S. 164). Außerdem wird das Modell oft dahingehend fehlinterpretiert, dass auf höheren Entwicklungsstufen die niedrigeren Bedürfnisse nicht mehr relevant seien (vgl. hierzu Wunderer 2011, S. 113). Tatsächlich ist Maslow`s Modell jedoch komplexer und kann nicht allein auf die Pyramidendarstellung reduziert werden. Abb. 2.12 gibt eine Auffassung wieder, die die Intensität der einzelnen Bedürfnisse an den **entwicklungspsychologischen Verlauf** des Menschen koppelt: im Säuglingsalter sind existenzielle, physiologische Bedürfnisse zentral. Im Kleinkindalter entwickelt sich Vertrauen und ein Sicherheitsgefühl, das durch den Drang nach sozialen Beziehungen und Selbstachtung ergänzt wird. Im jungen Erwachsenenalter wirkt dann verstärkt das Selbstverwirklichungsstreben – die Persönlichkeit des Menschen formt sich aus. Dabei sind fortlaufend, mit unterschiedlicher Intensität, alle Bedürfnisse nach wie vor relevant. Dies ist unmittelbar einsichtig: Auch der idealistische Forscher, der sich innig seiner Aufgabe widmet und dabei seiner Selbstverwirklichung

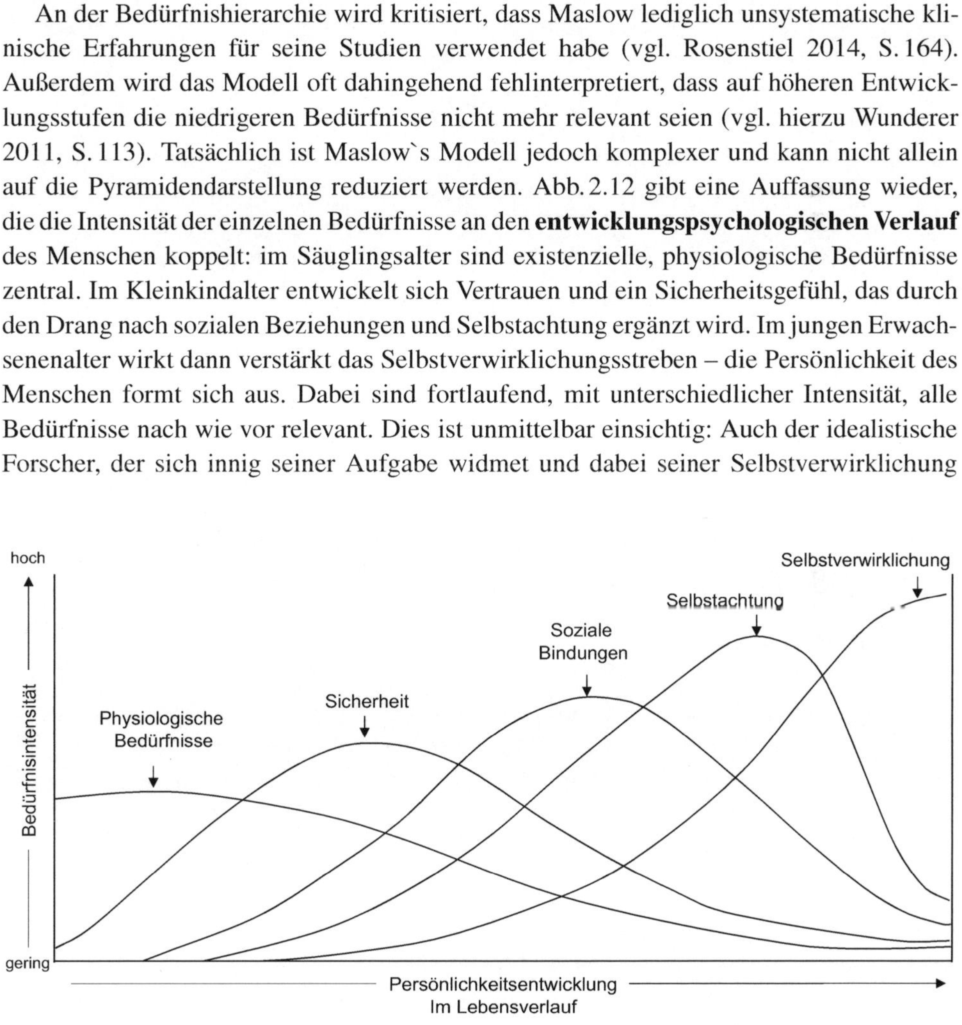

Abb. 2.12 Dynamische Darstellung der Bedürfnishierarchie nach Maslow. Quelle: nach Krech et al. (1962, S. 77), leicht modifiziert

nachgeht, wird irgendwann Hunger bekommen und aus diesem Grund seine Arbeit ruhen lassen.
Maslows Ansatz ist außerdem vor dem Hintergrund der Globalisierung umstritten, denn soziale Motive sind je nach Kulturkreis unterschiedlich wichtig. Auch Religionszugehörigkeit oder Nationalität wirken auf die Bedeutung und damit die Reihenfolge der Schichtung in der Bedürfnishierarchie ein (vgl. hierzu Wunderer 2011, S. 112 ff.).

Beispiel

Mitarbeitermotivation mit der Bedürfnishierarchie

Für den Arbeitsalltag stellt sich nun die Frage, wie ein Vorgesetzter die Bedürfnishierarchie nach Maslow praktisch nutzen kann, um seine Mitarbeiter zu motivieren. Eine notwendige Voraussetzung hierfür ist, dass der Führende seine verschiedenen Mitarbeiter so gut kennt, dass er deren aktuell primär handlungsleitende Bedürfniskategorie einschätzen kann. Es hilft nicht, einem Mitarbeiter ein interessantes Projekt mit umfangreichen Handlungsspielräumen anzubieten, wenn dieser aufgrund privater Verpflichtungen, z. B. durch die Aufnahme eines Hypothekendarlehens, ein ausgeprägtes Sicherheitsmotiv als handlungsleitende Prämisse hat. Dieser Mitarbeiter wäre dann ggf. über eine zusätzliche Honorierung, z. B. eine Leistungsprämie, zu motivieren. Nach Identifikation der relevanten Bedürfniskategorie sind passende Anreize einzusetzen. Mögliche Stimuli können auf Ebene der physiologischen Bedürfnisse z. B. die Versorgung mit Essen und Trinken während der Arbeitszeit sowie das Garantieren von körperlicher Unversehrtheit durch Maßnahmen zur Arbeitssicherheit sein. Das Sicherheitsbedürfnis kann durch unbefristete Arbeitsverträge, eine auskömmliche Bezahlung, das Einrichten eines Betriebsrates, das Ausgeben von Arbeitsschutzausrüstungen usw. positiv angesprochen werden. Auf Ebene der sozialen Bedürfnisse wirken Teamarbeit, gemeinsame Aktivitäten wie Sportgruppen oder Betriebsausflüge, Weihnachtsfeiern etc. förderlich. Das Selbstachtungs- bzw. Wertschätzungsbedürfnis kann durch Lob, Anerkennung, Zuwendung, Karriere usw. aktiviert werden. Um Mitarbeitern die Möglichkeit zu geben, ihre vorhandenen Potenziale zu entfalten sind grundsätzlich Partizipationsmöglichkeiten und Handlungsspielräume zu schaffen. So bieten sich hier die Einrichtung von Qualitätszirkeln oder die Übertragung von Projektaufgaben mit umfangreichen Freiheitsgraden in Bezug auf die Arbeitsausführung an.

Quelle: eigene Darstellung

2.4.2 Zwei-Faktoren-Theorie nach Herzberg

Die Zwei-Faktoren-Theorie nach Frederick Herzberg versucht empirisch zu begründen, was Mitarbeiter in der Arbeit motiviert bzw. demotiviert (vgl. im Folgenden Herzberg 1973; Comelli und Rosenstiel 2009, S. 142 ff.; Weibler 2016, S. 185 ff.). In der

Pittsburgh-Studie 1959 wurden 203 berufstätige Menschen (Buchhalter und Ingenieure) aus unterschiedlichen Branchen und hierarchischen Ebenen dazu befragt, wann sie sich in Arbeitssituationen besonders gut und wann besonders schlecht gefühlt hatten. Ergänzend dazu wurden sie nach den dafür ursächlichen Arbeitsbedingungen gefragt. Bei der Analyse der Befragungsergebnisse wurde auffällig, dass es offensichtlich bestimmte Arbeitsbedingungen gibt, die insbesondere Unzufriedenheit beeinflussen können und dass es andere Arbeitsfaktoren gibt, die überwiegend geeignet sind, Zufriedenheit zu beeinflussen. Daraus zog Herzberg den Schluss, dass das bisher eindimensional gedachte Kontinuum der Arbeitszufriedenheit von „zufrieden bis unzufrieden" falsch sei und neu definiert werden müsste – aufgeteilt in zwei voneinander **unabhängige Teilkontinuen** mit den Polen „Unzufriedenheit und Nicht-Unzufriedenheit" sowie „Nicht-Zufriedenheit und Zufriedenheit" (vgl. Abb. 2.13).

Die Faktoren, die zu mehr oder weniger Unzufriedenheit beitragen, werden **Hygienefaktoren** (Dissatisfaktoren) genannt. Hygienefaktoren deshalb, weil Herzberg hier eine Analogie zu krankmachenden Ursachen derart sieht, dass z. B. sauberes Wasser vor Krankheit schützt, aber nicht zusätzlich zur Gesundheit beiträgt. Faktoren, die zu mehr oder weniger Zufriedenheit beitragen, werden hingegen als **Motivatoren** (Satisfaktoren) bezeichnet. Daraus resultiert auch die Bezeichnung der Theorie als Zwei-Faktoren-Theorie. Festzuhalten ist ausdrücklich, dass z. B. Hygienefaktoren auch bei sehr positiver Ausprägung kaum Einfluss auf die Entstehung von Zufriedenheit haben und umgekehrt schlecht ausgeprägte Motivatoren trotzdem nicht zu Unzufriedenheit führen. Hygienefaktoren, die unzureichend erfüllt sind, rufen Unzufriedenheit hervor, Hygienefaktoren, die positiv erfüllt sind, können bestenfalls zu Nicht-Unzufriedenheit führen. Analog verhält es sich mit den Motivatoren.

Dabei führte die Befragung von Herzberg zu dem Ergebnis, dass Motivatoren eher **kontentbezogenen, intrinsischen Charakter** haben und unmittelbar mit der Arbeitsaufgabe verbunden sind: Entfaltungsmöglichkeiten, Arbeitsinhalte, Anerkennung und Leistungserleben gehören hierzu. Auf der anderen Seite sind Hygienefaktoren solche Arbeitsbedingungen, die eher **kontextbezogenen, extrinsischen Charakter** haben: Führungsstil, Kollegenbeziehungen, Freiräume, Bezahlung etc. zählen hierzu. Im Detail führte die

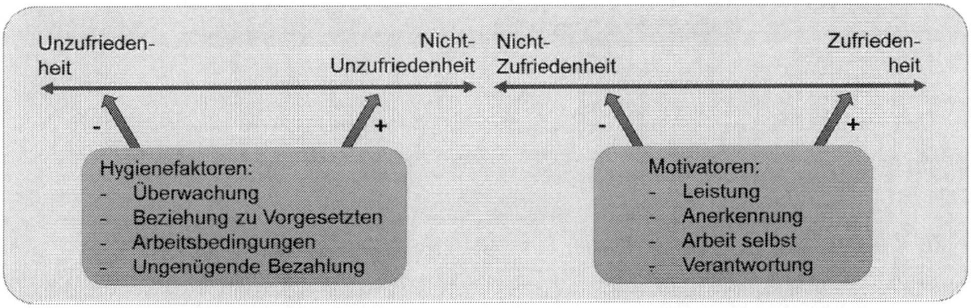

Abb. 2.13 Zwei-Faktoren-Theorie im Überblick. Quelle: eigene Darstellung

Befragung zu folgendem in Abb. 2.14 dargestellten Ergebnis. Daraus wird auch ersichtlich, dass es vereinzelt Arbeitsbedingungen gibt, die durchaus in beide Richtungen wirken können. Am Beispiel des **Gehalts** ist das wie folgt zu erklären. Ein als ungerecht empfundenes Grundgehalt wirkt sich als Hygienefaktor nachteilig auf die Unzufriedenheit aus. Wird dies nachgebessert, fällt der beeinträchtigende Einfluss weg und es kann sich bzgl. der empfundenen Gehaltsgerechtigkeit eine neutrale Nicht-Unzufriedenheit einstellen. Wird einem Mitarbeiter darüber hinausgehend nun die Möglichkeit geboten, durch das eigene Leistungsverhalten einen zusätzlichen Bonus zu erhalten, wirkt sich dies als Motivator auf die Zufriedenheit aus.

Arbeit motiviert vor allem dann, wenn die Chance besteht, eine eigene Leistung zu erbringen. Zudem motiviert Arbeit, wenn die Aufgabe interessant und herausfordernd ist, man dadurch Anerkennung findet, dabei Verantwortung übernehmen kann, für sich selbst

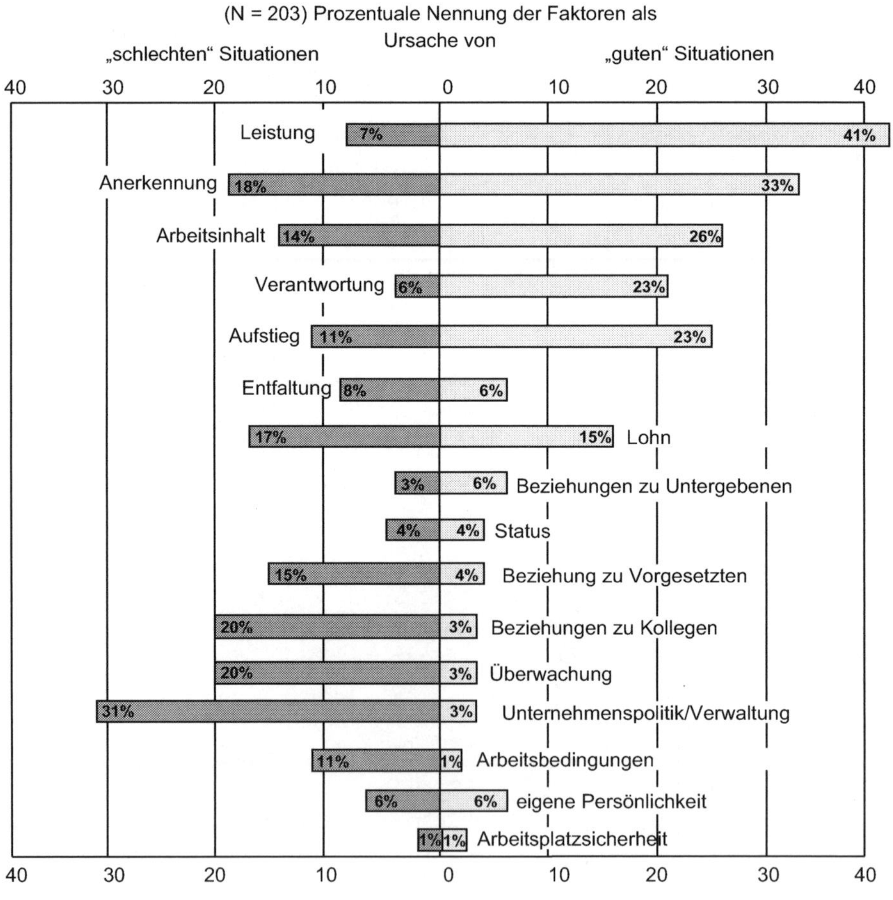

Abb. 2.14 Herzberg-Faktoren im Detail. Quelle: Weibler (2016, S. 186), leicht modifiziert

Entwicklungsperspektiven sieht und persönliche Förderung und Wachstum erlebt. **Demotivierend ist Arbeit** hingegen, wenn Unternehmenspolitik, Verwaltung und Richtlinien, und/oder Arbeitsbedingungen „nicht stimmen", Beziehungen zu Vorgesetzten, Kollegen und Mitarbeitern beeinträchtigt sind oder Entlohnung, Status und Sicherheit nicht dem erwarteten Maß entsprechen. Darüber hinaus können persönliche Lebensumstände, die mit der Arbeit zusammenhängen, für Demotivation sorgen. Bei der Interpretation der Ergebnisse ist zu beachten, dass es sich hier um aggregierte Daten handelt, jeder einzelne Faktor kann aus individueller subjektiver Sicht sowohl motivieren als auch demotivieren.

Die besondere Erkenntnis von Herzberg`s Studien liegt darin, dass Hygienefaktoren und Motivatoren weitgehend unabhängig voneinander sind. Das bedeutet, dass Arbeitszufriedenheit und Arbeitsunzufriedenheit aus verschiedenen Ursachen entstehen. Die Erfüllung von Hygienefaktoren erwarten Menschen sozusagen als Normalzustand, während die Erfüllung von Motivatoren erst echte, zusätzliche Motivation erzeugen kann. Die Ergebnisse der Pittsburgh-Studie zeigen, dass zur Motivation der Mitarbeiter in zweifacher Weise vorgegangen werden muss. Zuerst sind Hygiene-Faktoren so zu gestalten, dass **Unzufriedenheit abgebaut** wird, anschließend muss mit **Motivatoren Zufriedenheit aufgebaut** werden. Solange Hygienefaktoren nachteilig wirksam sind, können Motivatoren ihre Wirkung nicht optimal entfalten: Wer jeden Morgen von einem cholerischen Vorgesetzten beleidigt wird, der freut sich nur begrenzt über Aufgaben mit mehr Verantwortung.

Beispiel

Motivationsarbeit mit der Zwei-Faktoren-Theorie

In der Praxis empfiehlt es sich zur Steigerung der Motivation z. B. in einem Team auf der Basis der Zwei-Faktoren-Theorie wie folgt vorzugehen: In einem ersten Schritt ist in einem gemeinsamen Workshop eine Übersicht mit den aktuell wirksamen Hygienefaktoren zu erarbeiten. Diese sind zu priorisieren, um sicherzustellen, dass mit den späteren Maßnahmen die wichtigsten Dissatisfaktoren beeinflusst werden. Anschließend ist gemeinsam ein „Hygiene-Programm" zu entwickeln, d. h. Maßnahmen zu verabschieden, mit denen die Missstände im Arbeitsumfeld des Teams beseitigt werden. Hierauf folgt eine Umsetzungsphase, damit die vereinbarten Aktionen ihre Wirkung entfalten können. Ist die Stimmung im Team auf einem neutralen Bereich zwischen „Nicht-Unzufriedenheit" und „Nicht-Zufriedenheit" angekommen, sollte in einem Follow up-Workshop erarbeitet werden, wie die Arbeitsbedingungen gestaltet sein müssen, damit die Teammitglieder sich in ihrem Arbeitsumfeld wieder wohlfühlen, mithin spezifische Motivatoren bestimmt werden. Auch diese Vorschläge sind zu priorisieren, da im Kontext knapper Ressourcen und Budgetbeschränkungen vmtl. nicht alle Maßnahmen zeitgleich umgesetzt werden können. Anschließend ist das Motivationsprogramm in Bezug auf die zu optimierenden Arbeitsbedingungen einzuführen und nachhaltig umzusetzen.

2.5 Prozessanalytische Aspekte der Motivation

Prozesstheorien der Motivation erklären allgemein, wie Verhalten entsteht und auf ein Ziel hin ausgerichtet wird, ohne die inhaltliche Ausrichtung von Bedürfnissen und Motiven zu bestimmen. Dabei wird analog zur **rationalen Entscheidungstheorie** angenommen, dass menschliches Verhalten auf der Basis vorlaufender Entscheidungsprozesse begründet ist. Die dabei stattfindenden kognitiven Prozesse sind Gegenstand der prozessanalytischen Betrachtungen.

2.5.1 Das VIE-Modell nach Vroom

Im Valenz-Instrumentalitäts-Erwartungs-Modell wird menschliches Verhalten grundsätzlich als **nutzenmaximierendes Entscheidungsverhalten** zwischen verschiedenen Handlungsalternativen gesehen (vgl. im Folgenden Vroom 1964; Beckmann und Heckhausen 2010, S. 138 ff.; Wunderer 2011, S. 118 ff.; Steinmann et al. 2013, S. 487 ff.). Das Modell erklärt, warum Menschen eine bestimmte Handlungsalternative bevorzugen, d. h. motiviert sind, diese auszuführen, andere dagegen unterlassen. Dabei gilt die Kernaussage, dass ein Individuum die Handlungsalternative wählt, bei der das Produkt aus persönlichem Nutzen und Wahrscheinlichkeit, das Handlungsergebnis realisieren zu können, am größten ist. Um die Präferenz für eine Handlungsalternative bestimmen zu können, verwendet Vroom die Konzepte Valenz, Instrumentalität und Erwartung, die er multiplikativ miteinander verknüpft:

- **Valenz** bezeichnet dabei den subjektiven Wert eines Handlungsergebnisses bzw. einer Handlungsfolge für die betrachtete Person. Dieser Wert kann nur individuell bestimmt werden. So kann eine Person zu verschiedenen Sachverhalten unterschiedliche Valenzpräferenzen haben. Für dieselbe Person hat z. B. Freizeit eine sehr hohe Bedeutung, Einkommen dagegen wird als relativ unwichtig gesehen. Verschiedene Personen können in Bezug auf dieselben Sachverhalte ebenfalls verschiedene Valenzpräferenzen haben. Ist für die eine Person ein hohes Entgelt sehr wichtig, ist es für die andere Person unwichtig.
- **Instrumentalität** ist definiert als die wahrgenommene Eignung, die das Individuum dem direkten **Handlungsergebnis** (Ergebnis erster Ordnung) beimisst, eine erwünschte **Handlungsfolge** (Ergebnis zweiter Ordnung) herbeizuführen. Die Instrumentalität kann positiv oder negativ sein und damit stetig Werte zwischen +1 und −1 annehmen; d. h. es gibt Handlungsergebnisse, die der Erreichung persönlicher Ziele (Handlungsfolgen) nicht nur nicht förderlich, sondern sogar abträglich sind. Eine subjektiv unterstellte hohe Instrumentalität kann sich z. B. aus der Überlegung ergeben, dass eine fertig gestellte Sonderaufgabe als direktes Handlungsergebnis ganz sicher eine Leistungsprämie als Handlungsfolge nach sich ziehen wird, weil diese versprochen wurde. Somit hat die Instrumentalität einen Wert von +1.

- **Erwartung** drückt die subjektive Wahrscheinlichkeit der Person aus, eine Handlung erfolgreich durchführen und das direkte Handlungsergebnis realisieren zu können. Die Erfolgswahrscheinlichkeit einer Handlung schwankt zwischen 0 und 1. Der Wert 1 drückt die subjektive Sicherheit aus, dass die Handlung erfolgreich durchgeführt werden kann. Eine Erfolgszuversicht von 0 würde bedeuten, dass der Mensch keine Chance sieht, die Handlung vollziehen zu können. Die subjektive Erfolgszuversicht wird maßgeblich durch Erfahrungen aus der Vergangenheit und insbesondere dem eigenen Selbstwirksamkeitsempfinden beeinflusst.

Der Zusammenhang der Variablen im VIE-Modell ist in Abb. 2.15 dargestellt. Die Motivation, hier bezeichnet als **„Force to act"**, eine der beiden im Beispiel aufgezeigten Handlungsalternativen „Studie" oder „Budget" zu ergreifen, bestimmt sich aus dem multiplikativen Zusammenhang von subjektiver Erwartung die jeweiligen Arbeiten ausführen zu können, und der Valenz der direkten Handlungsergebnisse.

Die Valenz des direkten Handlungsergebnisses (Ergebnis erster Stufe) wiederum bestimmt sich in Abhängigkeit seiner Instrumentalität eine Handlungsfolge (Ergebnis zweiter Ordnung) herbeizuführen und der Valenz, welche die Person der Handlungsfolge zuspricht. Geht ein Mitarbeiter dementsprechend davon aus, dass er bei der Erstellung der Sonderaufgabe „Studie" viele Überstunden einschließlich Arbeit am Wochenende investieren muss, wird dies zu einer negativen Instrumentalität in Bezug auf sein persönliches Bedürfnis (Handlungsfolge) „Freizeit" führen, in Bezug auf das Bedürfnis „hohes Entgelt" infolge einer Leistungsprämie aber eine positive Instrumentalität aufweisen. Diese Instrumentalitätsüberlegungen finden in Bezug auf alle Handlungsfolgen und ausgehend von

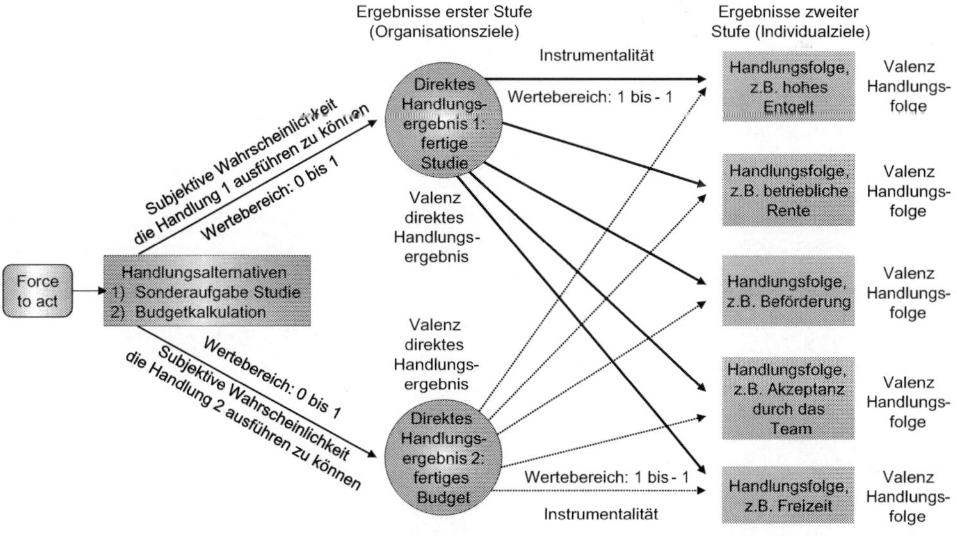

Abb. 2.15 Grundstruktur VIE-Modell. Quelle: eigene Darstellung in Anlehnung an Steinmann et al. (2013, S. 487)

allen Handlungsergebnissen erster Ordnung statt. Die daraus resultierende Gesamtwertigkeit eines direkten Handlungsergebnisses muss dann noch mit der subjektiven Erfolgszuversicht die Studie bzw. das Budget erfolgreich abschließen zu können, multipliziert werden. Wenn ein Mitarbeiter sich nicht zutraut, eine Aufgabe durchzuführen, dann nützt auch eine sehr hohe Wertigkeit des Handlungsergebnisses nichts, da eine Erfolgszuversicht in Höhe von 0 multipliziert mit einer hohen Valenz des Handlungsergebnisses zu einer „Force to act" von 0 führt. Diejenige Handlungsalternative mit der höheren „Force to act" führt der Mitarbeiter dann aus.

Um eine **Berechnung der „Force to act"** vorzunehmen, ist wie folgt vorzugehen – siehe zu einem ausführlichen Berechnungsbeispiel Steinmann et al. 2013, S. 491 ff.):

- Ziele (Handlungsfolgen) gewichten, d. h. subjektiv entscheiden, welches Individualziel (Handlungsfolge) welchen persönlichen Wert (Valenz) hat.
- Bewerten, wie instrumentell ein direktes Handlungsergebnis für die angestrebten Ziele (Handlungsfolgen) ist.
- Wertigkeit (Valenz) der direkten Handlungsergebnisse als Summe der Produkte aus jeweiliger Instrumentalität und Valenz der Handlungsfolge bestimmen.
- Erwartung bestimmen, notwendige Handlungen ausführen zu können.
- Durch Multiplikation von Erfolgszuversicht und Valenz erster Ordnung (Wert des direkten Handlungsergebnisses) die Antriebskraft berechnen.

Die VIE-Theorie formal dargestellt ergibt sich wie in Formel 2.1 und 2.2 aufgezeigt (vgl. Beckmann und Heckhausen 2010, S. 138 ff.). Es gilt:

$$\mathrm{V_j} = \mathrm{f}\left[\sum_{k=1}^{n}(V_k * I_{jk})\right] \tag{2.1}$$

wobei V_j die Valenz des Ergebnisses erster Ordnung j ist, V_k die Valenz des Ergebnisses zweiter Ordnung und I_{jk} die Instrumentalität des Handlungsergebnisses für das Eintreten der Handlungsfolge k ist. Es gilt dann weiter:

$$\mathrm{F_i} = \mathrm{f}\left[\sum_{j=1}^{n}(E_{ij} * V_j)\right] \tag{2.2}$$

wobei F_i die psychologische Kraft „Force to act", die Handlung i auszuführen ist, E_{ij} die Stärke der Erwartung, dass die Handlung i zum Ergebnis j führt und V_j die oben errechnete Valenz des „Ergebnisses erster Ordnung" ist. Ein Individuum wird demnach diejenige Handlung ausführen, die den höchsten Motivationswert F_i hat.

Die **Kritik am VIE-Modell** bezieht sich in erster Linie auf die Annahme eines rein rational handelnden Menschen (**Homo oeconomicus**) (vgl. Wunderer 2011, S. 121 f. sowie im Folgenden auch Steinmann et al. 2013, S. 596 f.). Weiterhin lässt sich die **mathematische Präzision** kritisieren, etwa dergestalt, ob sich verschiedene qualitative Ziele adäquat numerisch skalieren und entsprechend be- oder verrechnen lassen. Außerdem besagt die VIE-Formel, dass die Handlungsmotivation in dem Maße wächst, wie die

Erwartungswahrscheinlichkeit des Realisierungserfolgs steigt. Tatsächlich sind aber vermeintlich leicht zu erreichende Ziele nicht zwingend jene, die eine sonderlich große Motivation auslösen. Dies wird allerdings in dem Modell durch die Valenz des direkten Handlungsergebnisses aufgefangen. Eine einfache Handlung ohne subjektive Wertigkeit wird auch dann nicht ausgeführt werden, wenn man sie ausführen könnte.

Das VIE-Modell fasziniert die Wissenschaft durch seine mathematische Formulierung, weil diese eine empirische Überprüfung der Theorie ermöglicht. Für die Praxis gibt das Modell Impulse, wie man als Führungskraft **Motivationsstrategien** für seine Mitarbeiter entwickeln kann:

- Zunächst gilt es im Gespräch mit den Mitarbeitern herauszufinden, was deren persönlichen Ziele und Werte sind, welche Auffassungen die Mitarbeiter davon haben, wie diese Ziele durch die Arbeit erreichbar sind und ob sie erwarten, die notwendigen Aufgaben erfolgreich bewältigen zu können.
- Mitarbeitern, die daran zweifeln, dass sie mit guter Arbeitsleistung auch persönliche Ziele erreichen, müssen die betrieblichen Benefits transparent dargestellt werden. Dann können sich Instrumentalitäten positiv entwickeln. Wenn Mitarbeiter erkennen, dass ihr Einsatz z. B. zwei Tage Sonderurlaub zur Folge hat, wird dies positiv in Bezug auf das Freizeitbedürfnis gewertet.
- Mitarbeiter, die über eine geringe Erfolgszuversicht verfügen, müssen durch Unterstützung, Qualifizierungsmaßnahmen und Coachings trainiert werden.

2.5.2 Rückkoppelungsmodell nach Porter und Lawler

Den Zusammenhang von Motivation, Leistung und Arbeitszufriedenheit versuchen Porter und Lawler in ihrem integrativen prozesstheoretischen Ansatz zu klären (vgl. Porter und Lawler 1968 sowie Abb. 2.16). Dabei liegen dem Modell auch **erwartungs-wert-theoretische Überlegungen** zugrunde (vgl. im Folgenden Berthel und Becker 2013, S. 63 ff.). Zentrale Variablen sind in dem Modell ebenfalls **Valenz** (Wert der Belohnung) und **Erwartung** (eine Belohnung zu erhalten) sowie weiter **Anstrengung** (als individueller Einsatz), **Leistung** (als messbarer Output einer Anstrengung) und **Zufriedenheit** (als bewertete Einstellung zu dem realisierten Belohnungsniveau).

Die **Anstrengung** (3) eines Mitarbeiters für die ihm übertragenen Aufgaben hängt zum einen von der erwarteten Wertigkeit der Belohnung (1) sowie der subjektiv wahrgenommenen Wahrscheinlichkeit, dass die Belohnung einem Arbeitseinsatz tatsächlich folgt (2) ab. Wird ein Incentiv als wichtig eingeschätzt und zudem erwartet, dass bei entsprechender Anstrengung diese Belohnung wahrscheinlich erfolgt, wird die Anstrengung dafür groß sein. Die **Leistung** (6) als messbares Arbeitsergebnis wird beeinflusst durch die Fähigkeiten und die Persönlichkeit eines Mitarbeiters (4) sowie der Art und Weise, wie ein Mitarbeiter seine Rolle im Arbeitskontext interpretiert (5). Richtet ein Mitarbeiter infolge einer Rollenambiguität seine Leistungsanstrengungen in eine falsche Richtung, so wird

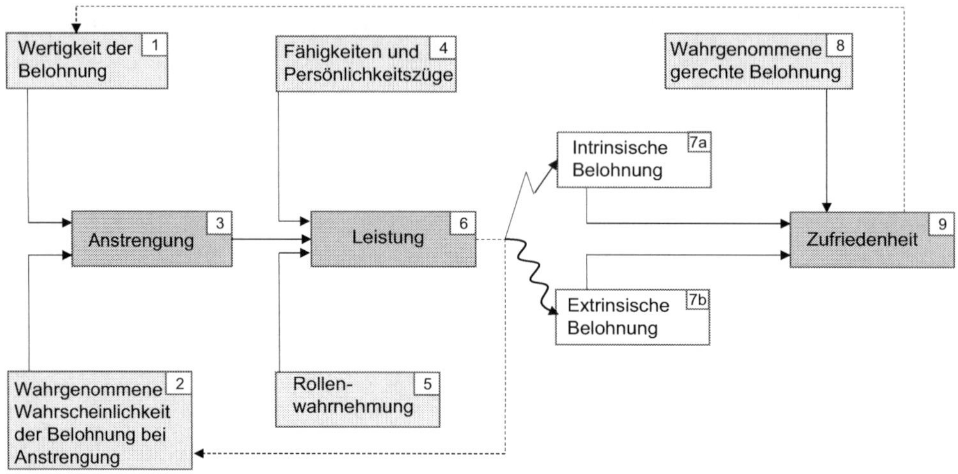

Abb. 2.16 Rückkoppelungsmodell nach Porter und Lawler. Quelle: Berthel und Becker (2013, S. 64) nach Porter und Lawler (1968, S. 165)

die tatsächliche Leistung trotzdem ungenügend sein. Auf das Arbeitsergebnis folgen intrinsische bzw. extrinsische Belohnungen (7a und 7b). Für das Ausmaß der **Arbeitszufriedenheit** (9) ist neben der faktischen Entlohnung noch wichtig, ob sich der Mitarbeiter subjektiv gerecht belohnt fühlt (8). Zufriedenheit stellt sich dann ein, wenn die erreichten Incentives dem eigenen Anspruch genügen bzw. diesen übersteigen. Dies gilt auch im Vergleich der eigenen Leistung mit der Leistung anderer Mitarbeiter und deren Belohnungsniveau. Mitarbeiter vergleichen sich eben gerade auch mit anderen Geführten bzgl. deren Inputs (Anstrengung und Leistung) und den Belohnungen, die diese dafür enthalten. Zufriedenheit wird in diesem Ansatz sowohl als Folge von Leistung (6) -> (9) als auch als Voraussetzung für Leistung (9) -> (1) gesehen.

Die beiden **Kernaussagen** des Rückkoppelungsmodells bestehen darin, dass individuelle Motivation am Arbeitsplatz von den subjektiven Erwartungen abhängt, dass erhöhter persönlicher Arbeitseinsatz zu höheren Leistungen führt und, dass höhere Leistungen zu den gewünschten Belohnungen führen.

Das Motivationsmodell nach Porter und Lawler bietet für die **praktische Motivationsarbeit** in Unternehmen aufgrund seiner differenzierten Betrachtung des Motivationsprozesses eine Vielzahl von Ansatzpunkten für die Führenden, die von Unterstützungen bei der Qualifizierung zur Steigerung der Fähigkeiten, über Coachings zur Entwicklung der Persönlichkeit bis hin zur bedürfnisgerechten Gestaltung der Anreizsysteme, z. B. in Form von Cafeteria-Systemen, reichen. Positiv ist dabei zu sehen, dass Leistung nicht einzig von der Motivation bzw. Anstrengung abhängt, sondern dass auch weitere Faktoren, wie Fähigkeit, Persönlichkeit und Rollenklarheit, darauf Einfluss nehmen. Als kritisch gegenüber dem Modell ist anzusehen, dass bzgl. der Operationalisierung der Variablen noch Defizite existieren.

2.5.3 Leistungsmotivationstheorie nach McClelland und Atkinson

Die Theorie der Leistungsmotivation, auch Risiko-Wahl-Theorie genannt, kann als **prozessualisierte Inhaltstheorie** bezeichnet werden, da sie das Entstehen speziell leistungsbezogenen Verhaltens erklärt (vgl. im Folgenden Beckmann und Heckhausen 2010, S. 132 ff.; Berthel und Becker 2013, S. 70 ff; Stock-Homburg 2013, S. 72 ff.). Aufbauend auf den inhaltstheoretischen Arbeiten von Henry Murray und dessen Bedürfnislisten (1938) definierten McClelland et al. (1953) drei zentrale menschliche Bedürfnisse: das **Anschlussmotiv** (Streben nach Zugehörigkeit), das **Machtmotiv** (Streben nach Macht über andere) sowie das **Leistungsmotiv** (Streben, Herausforderungen zu bewältigen). Dabei wird für diese Motive angenommen, dass es sich dabei um überdauernde, zeitlich stabile Persönlichkeitsmerkmale handelt, die infolge früher Erfahrungen im Rahmen der Sozialisationsprozesses ausgebildet und erlernt werden.

Um zu erklären, warum sich Menschen im Prozess der Arbeit ganz unterschiedlich anstrengen und engagieren, haben sich McClelland und Atkinson insbesondere mit dem Leistungsmotiv befasst (vgl. McClelland et al. 1953; Atkinson 1957, S. 359 ff.). Als Leistungsmotivation wird das Streben bezeichnet, sich in solchen Tätigkeitsfeldern zu bewähren, in denen ein für **verbindlich gehaltener Gütemaßstab** existiert aus dem sich ableiten lässt, wie gut eine Handlung war. Bei der Leistungsmotivation handelt es sich um eine eigenständige intrinsische Verhaltensdisposition, die nicht vorrangig auf eine externe Belohnung ausgerichtet ist. Charakteristisch für die Leistungsmotivation ist, das es um ein **„Besser oder Schlechter"** der Handlung an sich geht. Die Auseinandersetzung mit einem Gütemaßstab beinhaltet die Möglichkeit, dass die Handlung gelingen oder misslingen kann. Bei dem Gütemaßstab kann es sich um fremdgesetzte Kriterien (z. B. Anforderungen an eine Sonderaufgabe) oder um selbstgesetzte Standards (individuelles Anspruchsniveau) handeln. Die Höhe des Anspruchsniveaus ist eine Funktion der bisherigen Erfolgs- und Misserfolgserfahrungen einer Person in Leistungssituationen und der Erfahrung, dass das Erreichen des sehr Leichten nicht als Erfolg und das Misslingen des sehr Schweren nicht als Misserfolg erlebt wird.

Erfahrungsbedingt verfügen Individuen über die Verhaltensdispositionen „Hoffnung auf Erfolg" und „Furcht vor Misserfolg". Abhängig davon, welches der beiden Motive überwiegt, sind Menschen eher „erfolgsmotiviert" oder „misserfolgsmotiviert". Die Höhe der Leistungsmotivation resultiert aus den Tendenzen, Erfolg anzustreben und Misserfolg zu vermeiden:

- Die **Tendenz, Erfolg zu erreichen**, ist ein Produkt aus drei Faktoren: dem relativ überdauernden Erfolgsmotiv (M_E), der subjektiven Erfolgswahrscheinlichkeit, eine Handlung ausführen zu können (W_E), und dem intrinsischen Erfolgsanreiz (A_E), Stolz, Glück etc. empfinden zu können. Der Erfolgsanreiz hängt stark vom Schwierigkeitsgrad einer Aufgabe ab. Eine leichte Aufgabe zu lösen, bietet insofern wenig Bedürfnisbefriedigung, weil sich dadurch die gewünschten Emotionen nicht einstellen. Ein wesentlicher Impuls zum Leistungshandeln ist gerade die Vorwegnahme von Gefühlen wie Stolz, Bewunderung und Glück. Daraus folgt, dass **erfolgsmotivierte** Personen, die nach positiven leistungsbezogene Affekten streben, eine mittlere Aufgabenschwierigkeit bevorzugen, bei denen die Erfolgszuversicht 50:50 beträgt. Daraus resultieren in der subjektiven Einschätzung eine positiv besetzte Herausforderung sowie eine reelle Erfolgschance.

- Entsprechend entsteht die **Tendenz, Misserfolg zu vermeiden**, aus dem Produkt des Misserfolgsmotivs (M_M), der subjektiven Misserfolgswahrscheinlichkeit (W_M) und des intrinsischen Misserfolgsanreizes (A_M), z. B. Scham und Niedergeschlagenheit vermeiden zu wollen. **Misserfolgsmotivierte Personen**, die danach streben, negative leistungsbezogene Affekte zu vermeiden, bevorzugen sehr leichte oder sehr schwere Aufgaben. Bei sehr leichten Aufgaben lassen sich negative Gefühle infolge des Scheiterns vermeiden. Bei einem Scheitern bei sehr schwierigen Aufgaben, kann die Ursache für das Versagen externen Umständen zugeschrieben und das eigene Selbstkonzept aufrechterhalten werden (Kausalattribution).

Für das leistungsmotivierte Verhalten (T_r) gilt demgemäß auf Basis der beiden widerstrebenden Tendenzen:

$$T_r = (M_E * W_E * A_E) - (M_M * W_M * A_M) \quad (2.3)$$

Auch misserfolgsmotivierte Personen können zu einem mittleren bis hohen Leistungshandeln geführt werden, wenn zu der intrinsischen Anreizkomponente eine extrinsische in Form von externer Belohnung oder Zwang hinzutritt. Es gilt dann:

$$T_r = (M_E * W_E * A_E) - (M_M * W_M * A_M) + (A_{ex}) \quad (2.4)$$

wobei A_{ex} die externe Belohnung oder den extrinsischen Zwang symbolisiert.

Für die **praktische Arbeit** in der Führungsdyade folgt, dass erfolgsmotivierten Mitarbeitern Aufgaben mit einem positiv fordernden mittleren Anspruchsniveau übertragen werden können, da sie von sich aus dafür motiviert sind. Weitere extrinsische Anreize sind nicht notwendig. Dagegen sind bei misserfolgs- oder weniger leistungsmotivierten Mitarbeitern, extrinsische Anreize sehr wichtig. Grundsätzlich sollte bei der Einstellung von Mitarbeitern bereits auf eine positive Leistungsmotivation geachtet werden. Erhoben werden kann dies z. B. mit dem Leistungsmotivationsinventar nach Schuler (vgl. Schuler und Prochaska 2001).

Als **kritisch** gegenüber diesem Ansatz ist vorzubringen, dass eine empirische Bestätigung nur bedingt nachweisbar ist. Auch misserfolgsmotivierte Menschen wählen faktisch doch auch Aufgaben mit mittlerem Anspruchsniveau. Zudem ist es in der Praxis sehr schwer den Anforderungsgrad bei der Aufgabendelegation für die jeweilige Person richtig einzuschätzen (vgl. Berthel und Becker 2013, S. 73 f.)

2.5.4 Flow-Konzept nach Csikszentmihaly

Der affektive Anreiz leistungsmotivierten Handelns liegt im konsumatorischen Genießen der affektiven Folgen einer bewältigten, herausfordernden Aufgabe (vgl. im Folgenden Rheinberg 2010, S. 365 ff.; Weibler 2016, S. 184 f.). Das positive Erleben führt dazu, dass Menschen immer wieder entsprechende Aktivitäten vornehmen, um genau diese emotionale Belohnung wiederholen zu können. Empirische Beobachtungen zeigen allerdings auf, dass der leistungsthematische Anreiz nicht nur als Ergebnisfolge, sondern bereits als **intrinsischer tätigkeitsbezogener Anreiz** im Sinne des Erlebens „des eigenen effizient-optimalen Funktionierens auf dem Weg zu einem herausfordernden Ziel, bei dem man völlig zeit- und selbstvergessen in die Aufgabe vertieft ist." (Rheinberg 2010, S. 379), wirksam ist. Dies lässt sich gut an einem Steilwand-Skifahrer verdeutlichen: Der Skifahrer genießt bereits die herausfordernde Abfahrt und deren Beherrschung. Er möchte die Abfahrt am liebsten verlängern. Nicht nur das Endergebnis der bewältigten Abfahrt ist für ihn erlebensreich. Der Anreiz liegt somit bereits im **Vollzug der Arbeit**. Auch bei Künstlern, die lange und intensiv an einem Bild arbeiten, ist dies zu beobachten. Ist das Bild nach Wochen fertig gestellt, wird es ggf. einfach in die Ecke gestellt. Kurz darauf aber wird ein neues Bild begonnen. Es ist der Prozess des **selbstzweckbezogenen Schaffens**, der als genussvoll erlebt und entsprechend gesucht wird (vgl. Rheinberg 2010, S. 379 f.). Csikszentmihaly fand in einer darauf gerichteten großen Interviestudie mit rund 200 Personen heraus, dass mit dem Vollzug subjektiv attraktiver Tätigkeiten immer wieder ein besonderer Erlebniszustand auftritt (vgl. Csikszentmihaly 1975). Dabei handelt es sich um „das selbstreflexionsfreie, gänzliche Aufgehen in einer glatt laufenden Tätigkeit, bei der man trotz voller Kapazitätsauslastung, das Gefühlt hat, den Geschehensablauf noch gut unter Kontrolle zu haben" (Rheinberg 2010, S. 380). Diesen Zustand bezeichnet Csikszentmihaly als **Flow** (vgl. Abb. 2.17). **Das Flow-Erleben** ist dadurch charakterisiert (vgl. Csikszentmihaly 1975; Rheinberg 2008, S. 153 ff.), dass

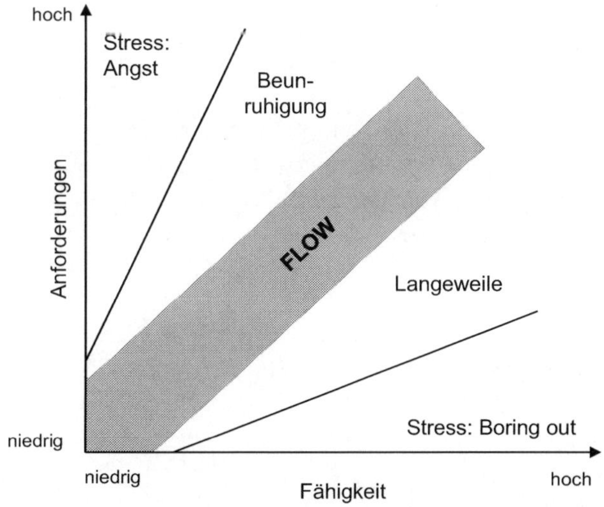

Abb. 2.17 Flow-Kanal nach Csikszentmihaly. Quelle: nach Rosenstiel v. (2015, S. 62) sowie Csikszentmihaly (2004, S. 107)

- sich der Mensch optimal beansprucht fühlt und alles unter Kontrolle hat,
- alle Herausforderungen transparent sind und die Person weiß, was sie tun muss,
- alle Handlungsschritte fließend ineinander übergehen,
- sich Konzentration von alleine einstellt und alle anderen Wahrnehmungen ausgeblendet sind,
- das Zeiterleben stark reduziert ist und
- die Person in der Tätigkeit aufgeht, gleichsam mit ihr verschmilzt.

Fühlt sich ein Mensch subjektiv durch die anstehenden Herausforderungen überfordert, weil seine Kompetenzen vermeintlich nicht ausreichen, führt das zu Beunruhigung und Unsicherheit sowie final zu einem Stresserleben. Aber auch im umgekehrten Fall, d. h. falls die Herausforderungen zu gering sind und dadurch die vorhandenen Kompetenzen nicht vollumfänglich in Anspruch genommen werden, führt dies zu Stresserleben. Hier entsteht dann zuerst Langeweile bis hin zu einem stressbedingten „Boring out".

Um **Flow-Erleben** im Kontext des Arbeitens zu ermöglichen, sollten Führungskräfte bei zu übertragenden Aufgaben folgende Gestaltungs- und Umsetzungsaspekte beachten:

- Rahmenbedingungen (Zeit, Qualitätskriterien) und Ziel der Aufgabe klar definieren; Widersprüche sind zu vermeiden.
- Rückmeldungen kommen sofort: idealerweise aus der Aufgabe heraus; ansonsten ist ein Feedback sehr zeitnah durch die Führungskraft zu geben.
- Anforderungen und Kompetenzen entsprechen sich (Flow-Kanal) und steigen stetig aber beherrschbar an. Dabei sollte nicht von den Zielen, sondern von den Fähigkeiten der Mitarbeiter ausgegangen werden.
- Fokussierung des Mitarbeiters auf eine Aufgabe sicherstellen – kein Multitasking zulassen oder einfordern.
- Abblocken von externen Störeinflüssen! Dadurch kann sukzessive die Zunahme der Konzentration gefördert werden.
- Zwingend vermeiden: Druck, Angst, Pflicht zu ständigen Reports etc.

Kritisch ist gegenüber dem Flow-Konzept für die Arbeitswelt anzumerken, dass dort oftmals notwendige Voraussetzungen zur Schaffung von Flow-Erleben gar nicht gegeben sind. So nennen Interview-Probanden in Bezug auf Flow-Situationen typischerweise Situationen aus der Freizeit, in denen sie Aktivitäten mit hoher subjektiver Valenz nachgehen können.

2.6 Realisierung von Handlungsabsichten: Rubikon-Modell

Die Analyse des Zustandekommens von Motivation reicht noch nicht aus, um tatsächliches, vollziehendes Handeln bei Menschen und damit auch bei Mitarbeitern erklären zu können. Hier spielen weitere **handlungspsychologische Prozesse** eine bedeutende Rolle (vgl. im Folgenden Achtziger und Gollwitzer 2010, S. 309 ff.). Ein Gesamtkonzept zur Handlungssteuerung stellt das **Rubikon-Modell** der Handlungsphasen dar (vgl. Heckhausen und Gollwitzer 1987, S. 101 ff.). Das Rubikon-Modell definiert den gesamten Handlungsverlauf als Wechsel von motivationalen und volitionalen Phasen, die die Prozesse der Zielauswahl („goal setting") und der Zielerreichung („goal striving") miteinander verbinden, und erklärt somit den Übergang von der Motivation zur Handlung (vgl. Abb. 2.18).

In der **Phase des Abwägens** (Prädezision) führen **motivationale Erwartungs-Wert-Überlegungen** auf Seiten des Individuums zu einer Handlungspräferenz. Aus der Vielzahl möglicher Handlungsalternativen bzw. Wünsche wird im Rahmen des Abwägeprozesses ein Motiv als besonders erstrebenswert bestimmt und es kommt am Ende der prädezisionalen Phase zu einer Absichts- bzw. Intentionsbildung – ein **Handlungsziel** wird ausgewählt. Mit dem Setzen eines verbindlichen Zieles, das der Mensch erreichen will, wird die Schwelle, der „Rubikon", vom Wunsch zum Ziel überschritten. Es entsteht im Sinne einer inneren Selbstverpflichtung ein starkes Commitment, dieses Ziel tatsächlich zu realisieren.

Nach der Zielauswahl beginnt die volitional gestützte Planung, wie das Ziel erreicht werden kann. Volition bezieht sich somit auf die gewollte Umsetzung einer Intention in eine Handlung. Die Handlungsplanung erfolgt auf der Basis **handlungsregulatorischer Prozesse**. Dabei wird zuerst ein inneres Modell handlungsrelevanter Bedingungen, das so genannte operative Abbildsystem, geschaffen (vgl. im Folgenden Schirmer 2006, S. 62 ff. sowie Hacker und Sachse 2014). Dieses enthält unter anderem schematisierte Repräsentationen von Zielen, Ausführungsbedingungen, eventuell auftretenden Schwierigkeiten, von verfügbaren Kenntnissen und methodischen Vorgehensweisen des Mitarbeiters. Darauf aufbauend werden in dieser ersten **volitionalen Phase Handlungsprogramme** entworfen, die für das angestrebte Ziel förderlich sind. Diese Programme werden auch als **Vorsätze**

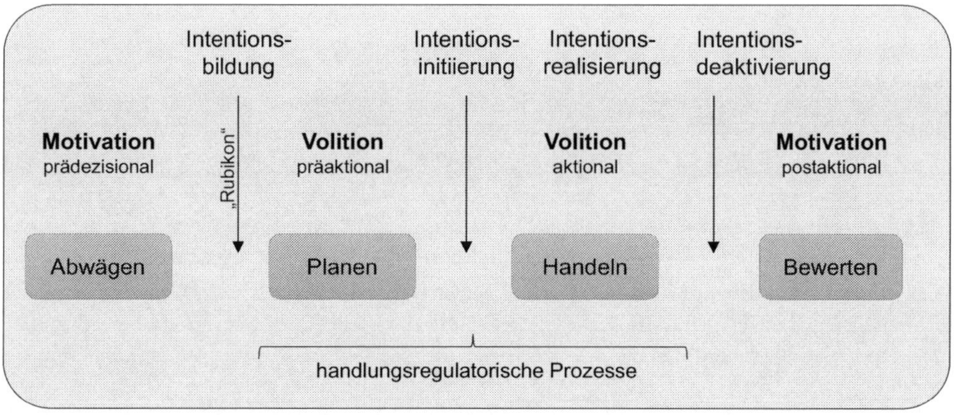

Abb. 2.18 Rubikon-Modell der Handlungssteuerung. Quelle: nach Heckhausen und Gollwitzer (1987, S. 115) und Achtziger und Gollwitzer (2010, S. 311); leicht ergänzt

oder Durchführungsintentionen bezeichnet und helfen Realisierungsschwierigkeiten zu überwinden. Mit dem Übergang der Planungs- in die Handlungsphase bzw. der Initiierung der notwendigen Handlungen zur Umsetzung der entwickelten Handlungsstrategien erfolgt das tatsächliche Ausführen von Tätigkeiten. Ob und wann eine Handlung begonnen wird, hängt von der so genannten „Fiat-Tendenz", die sich aus dem Grad der Selbstverpflichtung dem Ziel gegenüber sowie der situationalen Günstigkeit, die Handlung vollziehen zu können, ergibt. Im Rahmen der **Realisation** werden die Aktionsprogramme in Form sequentiell geordneter Operationen ausgeführt. Steuer- und Kontrollprozesse regeln den Ablauf der Aktionsprogramme, die jedem Teilziel zugeordnet sind, derart, dass Soll-Ist-Abweichungen auf dem Weg zum angestrebten Ziel laufend korrigiert und reguliert werden. Die Handlungsrealisation kann dabei aufgrund von Rahmenbedingungen immer wieder unterbrochen und neu gestartet werden, und sich somit auch über einen längeren Zeitraum erstrecken. Letztlich werden in dieser Phase die Aktivitäten realisiert, die als notwendig zur Erreichung des angestrebten und **erwünschten Zielzustandes** angesehen werden. Hier sind beharrliches Handeln, eine situativ angepasste Steigerung der Anstrengung, das Wiederaufnehmen zwangsweise unterbrochener Handlungsstränge usw. notwendig, um die Handlungen erfolgreich zu Ende führen zu können.

Nach Abschluss der für die Zielerreichung notwendigen Handlungen erfolgt in einer postaktionalen und nun wiederum **motivationalen Phase** eine abschließende **Bewertung** (vgl. Rheinberg 2008, S. 184 ff.). Dabei wird auf das am Ende der prädezisionalen Phase definierte Ziel zurückgegriffen und verglichen, wie weit dieses erreicht wurde und wie weit sich die damit erhofften Nutzenfolgen eingestellt haben. Wird die Zielerreichung als zufriedenstellend empfunden, führt dies zu einer **Deaktivierung** des ursprünglichen Zieles und darauf gerichtete Handlungen werden eingestellt. Wird der erreichte Zielzustand dagegen als unbefriedigend erlebt, kann dieser im Sinne kognitiver Dissonanzausgleichsprozesse in seiner Bedeutung abgewertet und die darauf gerichteten Handlungsabsichten deaktiviert werden. Alternativ können weitere, optimierte Handlungsprogramme entworfen werden, um den angestrebten Zielzustand doch noch zu erreichen.

Beispiel

Das Rubikon-Modell in der Praxis

Wird ein Mitarbeiter durch seinen Vorgesetzten darauf angesprochen, ob er bereit wäre, eine schwierige Sonderaufgabe zu übernehmen, wird dies bei ihm einen Abwägungsprozess auslösen: Mehrarbeit gegen Freizeit, Anerkennung gegenüber der Gefahr des Scheiterns usw. Entscheidet sich der Mitarbeiter dann auf Basis erwartungs-wert-theoretischer Überlegungen dafür, die Sonderaufgabe zu übernehmen, setzt er sich damit ein klares Ziel: „Ich werde diese Aufgabe erledigen". Aufbauend auf dieser Handlungsabsicht überlegt er nun, was er tun muss, um diese Aufgabe zu bewältigen. Durch die ausdrückliche Erklärung seinem Vorgesetzten gegenüber, die Herausforderung anzunehmen, verspürt der Mitarbeiter eine hohe innere Selbstverpflichtung, die Aufgabe zu lösen. Hat er dann alle anderen Standardaufgaben erfüllt und verfügt über Zeit, die Sonderaufgabe anzugehen, besteht eine situationale Günstigkeit zum Handlungsvollzug und er wird mit der Bearbeitung beginnen. Ob er dabei auftretende Schwierigkeiten und Mühen in den nächsten Tagen erfolgreich überwinden kann, hängt wiederum von seiner Volitionsstärke, also dem Willen, die Aufgabe abzuschließen, und den Rahmenbedingungen an seinem Arbeitsplatz ab. Eine hohe zeitliche Belastung durch operativen Arbeitsdruck beeinträchtigt volitionale Handlungstendenzen ebenso nachteilig, wie eine konkurrierende Handlungsabsicht, weniger Stress und Arbeitsdruck zuzulassen. Gelingt die Fertigstellung der Arbeit, wird er diese mit seinem Vorgesetzten bewerten. Je nachdem wie zufrieden er selbst mit dem Ergebnis und den damit verbundenen Folgen ist, z.B. Lob durch die Führungskraft, wird er die Aufgabe als abgeschlossen ansehen und sich künftig wieder darauf einlassen, oder er wird im negativen Fall gegebenenfalls durch weitere Anstrengungen versuchen das Ergebnis zu verbessern. Hält er eine Optimierung der Aufgabe für ausgeschlossen, wird er deren persönliche Wertigkeit herabstufen und sich künftig nicht mehr auf solche Aufgaben einlassen, da sie keinen motivationalen Anreiz bieten.

Grundsätzlich gilt dabei, dass es Menschen unterschiedlich gut gelingt, Handzlungen einzuleiten, aufrechtzuerhalten und erfolgreich abzuschließen. Neben den situationalen Gegebenheiten wird dies auch durch individuelle Merkmale beeinflusst. So verfügen Menschen über verschieden ausgeprägte Volitionsfähigkeiten. Volitionsförderliche **Aktivitätskompetenzen** beziehen sich dabei auf die Fähigkeit einer Person intendierte Handlungen aktiv umzusetzen. Im KODE-Kompetenzatlas nach Heyse/Erpenbeck werden Tatkraft, Mobilität, Initiative, Ausführungsbereitschaft, ergebnisorientiertes Handeln, zielorientiertes Führen, Konsequenz, Beharrlichkeit, Optimismus, soziales Engagement, Schlagfertigkeit, Impulsgeben, Entscheidungsfähigkeit, Gestaltungswille, Belastbarkeit und Innovationsfreudigkeit als Umsetzungskompetenzen aufgeführt (vgl. zur ausführlichen Beschreibung Heyse und Erpenbeck 2009, S. 135 ff.).

2.7 Zusammenfassung

Die Führer-Geführten-Beziehung wird auch durch die Persönlichkeitsstrukturen der beteiligten Partner beeinflusst. **Persönlichkeit** kann anhand der „Big Five"-Dimensionen Neurotizismus, Extraversion, Offenheit für Erfahrungen, Verträglichkeit und Gewissenhaftigkeit beschrieben werden. Gerade auf Seiten der Führungskräfte wurde in der Vergangenheit versucht, typische Persönlichkeitsstrukturen zu identifizieren. Eine bekannte Typologie benennt hier den Fachmann, den Dschungelkämpfer, den Firmenmenschen und den Spielmacher als unterscheidbare „Charaktere". Die individuelle Persönlichkeitsentwicklung findet im Prozess der **Enkulturation** und **Sozialisation** statt, innerhalb derer der heranreifende Mensch zum einen die notwendigen gesellschaftlichen Normen erlernt, zum anderen diese aber auf Basis individueller Eigenschaften kritisch reflektiert und individuell ausbildet. Dieser Prozess führt im Ergebnis zu unterschiedlich ausgeprägten Persönlichkeitseigenschaften bei verschiedenen

Menschen. Dabei können sich Persönlichkeitsmerkmale während des gesamten Lebens verändern und erreichen erst im Alter von ca. 50 Jahren eine stabile Ausprägung; auch wenn gerade in frühen Lebensjahren prägende Sozialisationserfahrungen wirken. Wie der Sozialisationsprozess verläuft, bzw. wie sich dieser auf die Entwicklung eines Menschen auswirkt, hängt wiederum von der Art der individuellen **Wahrnehmung** der Umwelt sowie der subjektiven **Ursachenzuschreibung** von Erfolgen und Misserfolgen ab. Die vermeintlich objektive Realität wird durch Wahrnehmungsprozesse subjektiv konstruiert und trägt demzufolge in unterschiedlicher Art und Weise zur Entwicklung von Menschen bei. Je nachdem, ob Erfolge bzw. Misserfolge mehr den eigenen Fähigkeiten oder externen, nicht beeinflussbaren Umständen zugeschrieben werden, wirkt dies auch auf die Genese des eigenen **Selbstkonzepts** und des **Selbstvertrauens** ein.

Wie sich Führender und Geführter in der Führungsdyade gegenseitig wahrnehmen, hängt stark von dem jeweils zugrunde liegenden **Menschenbild** ab, das die Personen verinnerlicht haben. Auch das eigene Verhalten gegenüber anderen Menschen, gerade von Führungskräften zu Mitarbeitern, wird durch die zugrunde liegenden Menschenbilder beeinflusst. Aus diesem Grund ist es ratsam, dass Personen ihr eigenes Menschenbild reflektieren, hinterfragen und gegebenenfalls positiv entwickeln.

Motivation von Mitarbeitern ist eine der wichtigsten Führungsaufgaben. Sie ist ein wesentliches Instrument, um das Leistungsverhalten von Menschen positiv zu aktivieren. Motivation kann sich dabei zum einen als tätigkeitsspezifischer Anreiz **intrinsisch** aus dem Vollzug der Arbeit selbst, zum anderen aber auch durch **extrinsische** Anreize ergeben, die in einer Mittel-Zweckbeziehung auf die Leistungsbereitschaft der Mitarbeiter einwirken – Menschen arbeiten, um Geld zu verdienen. Dabei kann Motivation auch zur Arbeitszufriedenheit der Mitarbeiter beitragen. Das Idealziel ist, eine hohe Arbeitsleistung bei gleichzeitig hoher Arbeitszufriedenheit zu erhalten. Um Mitarbeiter motivieren zu können, sind grundsätzliche Kenntnisse zu diesem Konstrukt auf Basis eines **motivatorischen Rahmenmodells** notwendig. Motivation lässt sich davon ausgehend detaillierter auf der Basis **inhaltstheoretischer Modelle** wie der Bedürfnishierarchie nach Maslow oder der Zwei-Faktoren-Theorie nach Herzberg, sowie auf der Grundlage **prozesstheoretischer Modelle** wie der VIE-Theorie nach Vroom, dem Rückkoppelungsmodell nach Porter und Lawler, der Leistungsmotivationstheorie nach McClelland/Atkinson oder dem Flow-Konzept nach Csikszentmihaly erklären. Motivation alleine reicht noch nicht aus, um das Verhalten und Handeln von Menschen zu erklären. Dafür muss auch der Prozess der Handlungsinitiierung, -aufrechterhaltung und -finalisierung, der so genannte **Volitionsprozess**, betrachtet werden. Ein ganzheitliches Handlungsmodell findet sich im **Rubikon-Modell** der Handlungssteuerung.

2.8 Kontrollaufgaben

Aufgabe 2.1 Benennen Sie die Persönlichkeitsdimensionen, die als „Big-Five" zur Beschreibung individueller Persönlichkeitsstrukturen genutzt werden.

Aufgabe 2.2 Erläutern Sie den Unterschied von Vergesellschaftung und Personalisation im Prozess der Sozialisation.

Aufgabe 2.3 Was ist unter der Aussage zu verstehen, dass sich Realität im Prozess der Wahrnehmung subjektiv konstruiert?

Aufgabe 2.4 Was ist unter dem fundamentalen Attributionsfehler im Zusammenhang mit der Erklärung menschlichen Verhaltens zu verstehen?

Aufgabe 2.5 Markieren Sie, ob die folgenden Aussagen richtig oder falsch sind!

Nach dem Menschenbild Y von McGregor haben Menschen eine natürliche Abneigung gegen Arbeit. Richtig ☐ Falsch ☐

Ein mechanistisches Menschenbild ist Voraussetzung, um Maßnahmen der Arbeitszufriedenheit als notwendig einzufordern. Richtig ☐ Falsch ☐

Die negative Führungsspirale droht beim Menschenbild Y nach McGregor. Richtig ☐ Falsch ☐

Aufgabe 2.6 Was ist unter dem Homöostase-Prinzip bedürfnistheoretischer Motivation zu verstehen?

Aufgabe 2.7 Erläutern Sie die Bedürfnishierarchie nach Maslow.

Aufgabe 2.8 Erklären Sie das Sprichwort „Lieber den Spatz in der Hand, als die Taube auf dem Dach!" mit der VIE-Theorie nach Vroom.

Aufgabe 2.9 Was ist mit dem „Überschreiten des Rubikons" in dem gleichnamigen Modell zur Handlungssteuerung gemeint?

Literatur

Achtziger, A., & Gollwitzer, P. M. (2010). Motivation und Volition im Handlungsverlauf. In H. Heckhausen & J. Heckhausen (Hrsg.), *Motivation und Handeln* (4., überarbeitete und erweiterte Aufl., S. 309–336). Heidelberg.

Allport, G. W., & Odbert, H. S. (1936). Trait – names: A psycholexical study. *Psychological Monographs, 47*(211), V–171.

Angleitner, A., & Riemann, R. (2005). Eigenschaftstheoretische Ansätze. In H. Weber & Th. Rammsayer (Hrsg.), *Handbuch der Persönlichkeitspsychologie und Differentiellen Psychologie* (S. 93–103). Göttingen.

Ansorge, U., & Leder, H. (2011). *Wahrnehmung und Aufmerksamkeit. Lehrbuch.* Wiesbaden.

Argyris, C. (1957). *Personality and organization.* New York: Harper Brothers.

Aronson, E., Wilson, T., & Akert, R. (2014). *Sozialpsychologie* (8., aktualisierte Aufl.). München.

Asendorpf, J. (2005). Persönlichkeit: Stabilität und Veränderung. In H. Weber & Th. Rammsayer (Hrsg.), *Handbuch der Persönlichkeitspsychologie und Differentiellen Psychologie* (S. 15–26). Göttingen.
Asendorpf, J., & Neyer, F. (2012). *Psychologie der Persönlichkeit* (5., vollständig überarbeitete Aufl.). Berlin.
Atkinson, J. W. (1957). Motivational determinants of risk-taking behaviour. *Psychological Review, 64*(6), 359–372.
Beauducel, A., & Leue, A. (2014). *Psychologische Diagnostik*. Göttingen.
Beckmann, J., & Heckhausen, H. (2010). Motivation durch Erwartung und Anreiz. In H. Heckhausen & J. Heckhausen (Hrsg.), *Motivation und Handeln* (4., überarbeitete und erweiterte Aufl., S. 105–144). Heidelberg.
Berthel, J., & Becker, F. G. (2013). *Personalmanagement. Grundzüge für Konzeptionen betrieblicher Personalarbeit* (10., überarbeitete und aktualisierte Aufl.). Stuttgart.
Biemann, T., & Weckmüller, H. (2013). Zufriedene Mitarbeiter sind gute Mitarbeiter? *Personal quarterly, 65*(4), 46–49.
Blessin, B., & Wick, A. (2014). *Führen und führen lassen* (7., vollständig überarbeitete Aufl.). Konstanz.
Blickle, G. (2004). Menschenbilder. In G. Schreyögg & A. Werder (Hrsg.), *Handwörterbuch der Unternehmensführung und Organisation* (4., Aufl., S. 836–843). Stuttgart.
Brezinka, W. (1990). *Grundbegriffe der Erziehungswissenschaft* (5., verbesserte Aufl.). München.
Bröckermann, R. (2012). *Personalwirtschaft. Lehr- und Übungsbuch für Human Resource Management*. Stuttgart.
Brunstein, J. C. (2010). Implizite und explizite Motive. In J. Heckhausen & H. Heckhausen (Hrsg.), *Motivation und Handeln* (4., überarbeitete und erweiterte Aufl., S. 237–256). Heidelberg.
Bühner, R. (2005). *Personalmanagement* (3., überarbeitete und erweiterte Aufl.). Oldenbourg.
Cattell, R. B. (1949). *The sixteen personality factor questionnaire*. Champaign: Institute for Personality and Ability Testing.
Comelli, G., & Rosenstiel, L. (2009). *Führung durch Motivation. Mitarbeiter für Organisationsziele gewinnen* (4., erweiterte und überarbeitete Aufl.). München.
Costa, P. T., & McCrae, R. R. (1992). *Revised NEO personality inventory (NEO-PI-R) and NEO five-factor inventory (NEO-FFI) professional manual*. Odessa: Psychological Assessment Resources.
Csikszentmihaly, M. (1975). *Beyond boredom and anxiety*. San Francisco: Jossey-Bass deutsche Ausgabe: Das Flow-Erlebnis. Jenseits von Angst und Langeweile im Tun aufgehen (11. Aufl.). Klett-Cotta, Stuttgart.
Csikszentmihaly, M. (2004). *Flow – Das Geheimnis des Glücks*. Stuttgart.
Della Picca, M., & Spisak, M. (2013). Psychologische Grundlagen für Führunhgskräfte. In T. Steiger & E. Lippmann (Hrsg.), *Handbuch Angewandte Psychologie für Führungskräfte. Führungskompetenz und Führungswissen* (4., vollständig überarbeitete Aufl., S. 65–112). Heidelberg.
Enste, D. H., Eyer, T., & Knelsen, I. (2013). Führung im Wandel. Führungsstile und gesellschaftliche Megatrends im 21. Jahrhundert. In Roman Herzog Institut e.V. (Hrsg.), Diskussion Nr. 21, München 2013. http://www.romanher-zoginstitut.de/uploads/tx_mspublication/RHI-Diskussion_Nr._22.pdf. Zugegriffen am14.01.2016).
Fehr, T. (2006). Big Five. Die fünf grundlegenden Dimensionen der Persönlichkeit und ihre 30 Facetten. In W. Simon (Hrsg.), *Persönlichkeitsmodelle und Persönlichkeitstests* (S. 113–135). Offenbach.
Fend, H. (1977). *Schulklima. Soziale Beeinflussungsprozesse in der Schule*. Weinheim.
Festinger, L. (1957). *A theory of cognitive dissonance*. Stanford.
Franke, F., & Felfe, J. (2008). Commitment und Identifikation in Organisationen. *ZfAO, 52*(3), 135–146.

Franken, S. (2010). *Verhaltensorientierte Führung. Handeln, Lernen und Diversity in Unternehmen* (3. Aufl.). Wiesbaden.

Gay, F. (2012). *Das persolog Persönlichkeits-Profil: persönliche Stärke ist kein Zufall* (40. Aufl.). Remchingen.

Goldstein, E. B. (2015). *Wahrnehmungspsychologie* (9. Aufl.). Berlin/Heidelberg.

Green, S. G., & Mitchell, T. R. (1979). Attributional processes of leaders in leader-member interactions. *Organizational Behavior and Human Performance, 23*(3), 429–458.

Gudjons, H. (2012). *Pädagogisches Grundwissen: Überblick – Kompendium – Studienbuch* (11., grundlegend überarbeitete Aufl.). Bad Heilbrunn.

Hacker, W., & Sachse, P. (2014). *Allgemeine Arbeitspsychologie. Psychische Regulation von Tätigkeiten* (3., vollständig überarbeitete Aufl.). Göttingen.

Heckhausen, H., & Gollwitzer, P. M. (1987). Thought contents and cognitive functioning in motivational versus volitional states of mind. *Motivation and Emotion, 11*(2), 101–120.

Heckhausen, J., & Heckhausen, H. (2010). Motivation und Handeln: Einführung und Überblick. In J. Heckhausen & H. Heckhausen (Hrsg.), *Motivation und Handeln* (4., überarbeitete und erweiterte Aufl., S. 1–10). Heidelberg.

Heider, F. (1958). *The psychology of interpersonal relations*. New York.

Herder, F. (1976). *Selbstkonzept. Lexikon Pädagogik*. Freiburg.

Herzberg, F. (1973). *The motivation to work*. New York.

Heyse, V., & Erpenbeck, J. (2009). *Kompetenztraining. Informations- und Trainingsprogramme* (2. Aufl.). Stuttgart.

Hossiep, R., & Mühlhaus, O. (2015). Personauswahl und -entwicklung mit Persönlichkeitstests. In H. Schuler, R. Hossiep, M. Kleinmann, J. Felfe, (Hrsg.), *Praxis der Personalpsychologie* (Bd. 9, 2., vollständig überarbeitete und erweiterte Aufl.). Göttingen.

Hug, B. (2013). Menschenbilder. In T. Steiger & E. Lippmann (Hrsg.), *Handbuch Angewandte Psychologie für Führungskräfte. Führungskompetenz und Führungswissen* (4., vollständig überarbeitete Aufl., S. 3–16). Heidelberg.

Hurrelmann, K., & Bauer, U. (2015a). Das Modell des produktiv realitätsverarbeitenden Subjekts. In K. Hurrelmann, U. Bauer, M. Grundmann, & S. Walper (Hrsg.), *Handbuch Sozialisationsforschung* (8., vollständig überarbeitete Aufl., S. 144–161). Weinheim.

Hurrelmann, K., & Bauer, U. (2015b). *Einführung in die Sozialisationstheorie. Das Modell der produktiven Realitätsverarbeitung* (11., vollständig überarbeitete Aufl.). Weinheim.

Judge, T. A., Thoresen, C. J., Bono, J. E., & Patton, G. K. (2001). The job satisfaction Job performan ce relationship: A qualitative and quantitative review. *Psychological Bulletin, 127*(3), 376–407.

Jung, H. (2014). *Persönlichkeitstypologie: Menschenkenntnis als Instrument der Mitarbeiterführung* (4., aktualisierte und erweiterte Aufl.). München.

Kanning, U. (2015). *Personalauswahl zwischen Anspruch und Wirklichkeit*. Berlin.

Krech, D., Crutchfield, R. S., & Ballachey, E. L (1962). *Individual in society*. New York

Lieber, B. (2011). *Personalführung…leicht verständlich!* (2. Aufl.). Stuttgart.

Lilge, H.-G. (1981). Menschenbilder als Führungsgrundlage. *Zeitschrift für Organisation, 50*(1), 14–22.

Locke, E. A. (1976). The nature and causes of job satisfaction. In M. D. Dunette (Hrsg.), *Handbook of industrial and organizational psychology* (S. 1297–1349). Chicago.

Lührmann, T. (2006). *Führung, Interaktion und Identität: Die Neuere Identitätstheorie als Beitrag zur Fundierung einer Interaktionstheorie der Führung*. Wiesbaden

Maccoby, M. (1977). *Die neuen Chefs*. Reinbek.

Mannheim, K. (1928). Das Problem der Generationen. *Kölner Vierteljahreshefte für Soziologie, 7*(2), 157–185.

March, J. G., & Simon, H. A. (1976). *Organisation und Individuum. Menschliches Verhalten in Organisationen*. Wiesbaden.

Maslow, A. H. (1954). *Motivation and personality*. New York: Harper & Row; deutsche Ausgabe: Motivation und Persönlichkeit (13. Aufl.). Reinbek bei Hamburg 1981, Nachdruck.

McClelland, D., Atkinson, J. W., Clark, R. A., & Lowell, E. L. (1953). *The achievement motive*. Princeton: Van Nostrand.

McCrae, R. R., & Costa, P. T. (1987). Validation of the five-factor model of personality across instruments and observers. *Journal of Personality and Social Psychology, 52*(1), 81–90.

McGregor, D. (1960). *The human side of enterprise*. New York: McGraw-Hill.

Muck, P. M. (2004). Rezension des „NEO-Persönlichkeitsinventar nach Costa und McCrae (NEO-PI-R)“ von F. Ostendorf und A. Angleitner. *Zeitschrift für Arbeits- und Organisationspsychologie, 48*(4), 203–210.

Murray, H. (1938). *Explorations in personality*. New York: Oxford University Press.

Myers, I. B. (1998). *Introduction to type: A guide to understanding your results on the Myers-Briggs type indicator*. Oxford: Oxford Psychologists Press.

Ostendorf, F., & Angleitner, A. (2004). NEO-*Persönlichkeitsinventar nach Costa und McCrae: NEO-PI-R*. Göttingen.

Paschen, M., & Dihsmaier, E. (2014). *Psychologie der Menschenführung: Wie Sie Führungsstärke und Autorität entwickeln* (2. Aufl.).

Porter, L. W., & Lawler, E. E. (1968). *Managerial attitudes and performance*. Homewood: Dorsey Press/Richard D. Irwin.

Raithel, J., Dollinger, B., & Hörmann, G. (2009). *Einführung Pädagogik. Begriffe – Strömungen – Klassiker – Fachrichtungen*. Wiesbaden.

Rammsayer, Th. (2005a). Psychoanalytische Persönlichkeitstheorien. In H. Weber & Th. Rammsayer (Hrsg.), *Handbuch der Persönlichkeitspsychologie und Differentiellen Psychologie* (S. 53–60). Göttingen.

Rammsayer, Th. (2005b). Humanistische Persönlichkeitstheorien. In H. Weber & Th. Rammsayer (Hrsg.), *Handbuch der Persönlichkeitspsychologie und Differentiellen Psychologie* (S. 61–70). Göttingen.

Rheinberg, F. (2008). *Motivation* (7., aktualisierte Aufl.). Stuttgart.

Rheinberg, F. (2010). Intrinsische Motivation und Flow-Erleben. In H. Heckhausen & J. Heckhausen (Hrsg.), *Motivation und Handeln* (4., überarbeitete und erweiterte Aufl., S. 364–388). Heidelberg.

Roberts, B. W., & DelVecchio, W. F. (2000). The rank-order consistency of personality traits from childhood to old age: A quantitative review of longitudinal studies. *Psychological Bulletin, 126*(1), 3–25.

Rogers, C. R. (2014). *Entwicklung der Persönlichkeit: Psychotherapie aus der Sicht eines Therapeuten* (19. Aufl.). Stuttgart.

Rosenstiel, L. v. (2014). Motivation von Mitarbeitern. In Rosenstiel et al. (Hrsg.), (S. 166–186).

Rosenstiel, L. v. (2015). *Motivation im Betrieb* (11., überarb. und erw. Aufl.). Leonberg (Nachdruck).

Rosenstiel, L. v., & Bögel, R. (2014). Arbeitszufriedenheit und Organisationsklima. In Rosenstiel et al. (Hrsg.), (S. 187–200).

Rosenstiel, L. v., Regnet, E., & Domsch, M. (Hrsg.). (2014). *Führung von Mitarbeitern. Handbuch für erfolgreiches Personalmanagement* (7., überarbeitete Aufl.). Stuttgart.

Rybnikova, I. (2014). Psychoanalytische Führungssicht. In R. Lang & I. Rybnikova (Hrsg.), *Aktuelle Führungstheorien und - konzepte* (S. 33–56). Wiesbaden.

Salewski, C., & Renner, B. (2009). *Differentielle und Persönlichkeitspsychologie*. München.

Scheffer, D., & Heckhausen, H. (2010). Eigenschaftstheorien der Motivation. In H. Heckhausen & J. Heckhausen (Hrsg.), *Motivation und Handeln* (4., überarbeitete und erweiterte Aufl., S. 43–72). Heidelberg.

Schein, E. H. (1980). *Organisationspsychologie*. Wiesbaden.

Schirmer, U. (2006). Die induktiv-deduktive Lernschleife in der handlungsorientierten Didaktik. *Personalführung, 39*(1), 62–69.

Schneewind, K. (2005). Persönlichkeitsentwicklung: Einflüsse von Umweltfaktoren. In H. Weber & Th. Rammsayer (Hrsg.), *Handbuch der Persönlichkeitspsychologie und Differentiellen Psychologie* (S. 39–52). Göttingen.

Schuler, H., & Prochaska, M. (2001). *Leistungsmotivationsinventar*. Göttingen: Hogrefe.

Semmer, N. K., & Meier, L. L. (2014). Bedeutung und Wirkung von Arbeit. In H. Schuler (Hrsg.), *Lehrbuch Organisationspsychologie* (5., vollständig überarbeitete Aufl., S. 559–604). Bern.

Steinmann, H., Schreyögg, G., & Koch, J. (2013). *Management. Grundlagen der Unternehmensführung. Konzepte – Funktionen – Fallstudien* (7., vollständig überarbeitete Aufl.). Wiesbaden.

Stock-Homburg, R. (2013). *Personalmanagement. Theorien – Konzepte – Instrumente* (3., überarbeitete und erweiterte Aufl.). Wiesbaden.

Tajfel, H., & Turner, J. C. (1979). An integrative theory of intergroup conflict. In W. G. Austin & S. Worchel (Hrsg.), *The social psychology of intergroup relations* (S. 33–47). Monterey: Brooks/Cole.

von der Assen, C. (2016). *Crash-Kurs Psychologie*. Hamburg.

Vroom, V. (1964). *Work and motivation*. New York.

Weber, H., & Rammsayer, Th. (Hrsg.). (2005). *Handbuch der Persönlichkeitspsychologie und Differentiellen Psychologie*. Göttingen.

Weibler, J. (2016). *Personalführung* (2., komplett überarbeitete und erweiterte Aufl.). München.

Weinert, A. (2004). *Organisations- und Personalpsychologie* (5. Aufl.). Weinheim.

Weiner, B. (1976). *Theorien der Motivation*. Stuttgart.

Wildenmann, B. (2000). *Die Persönlichkeit des Managers*. Göttingen.

Wildenmann, B. (2009). *Professionell führen. Empowerment für Manager, die mit weniger Mitarbeitern mehr leisten müssen* (7. Aufl.). Neuwied.

Wunderer, R. (2011). *Führung und Zusammenarbeit. Eine unternehmerische Führungslehre* (9., neu bearbeitete Aufl.). Köln.

Wunderer, R., & Wittmann, K. (1995). *Identifikationspolitik. Einbindung des Mitarbeiters in den unternehmerischen Wertschöpfungsprozess*. Stuttgart.

Zimbardo P. G., & Gerrig, R. J. (2008). *Psychologie* (16., aktualisierte Aufl.) München.

Sozialpsychologische Grundlagen der Führung

3

Lernziele

Dieses Kapitel vermittelt

- was man unter Sozialpsychologie und Gruppendynamik versteht,
- wie Teams entstehen, sich entwickeln und welche gruppendynamischen Prozesse existieren,
- welche Herausforderungen für Führungskräfte ohne Weisungsbefugnisse (z. B. häufig im Projektmanagement) und in virtuellen Teams bestehen und
- wie organisatorische Werte, Kulturen und Rahmenbedingungen die Mitarbeiterführung beeinflussen.

3.1 Grundkonzepte der Soziologie und Sozialpsychologie

Die Soziologie beschäftigt sich mit dem Verhalten und Handeln von Individuen gegenüber anderen. Nach Max Weber wird das Handeln des einzelnen zu **sozialem Handeln**, wenn es seinem subjektiven Sinn nach auf das Verhalten anderer Subjekte bezogen ist.

Die Sozialpsychologie untersucht die Auswirkungen der tatsächlichen oder vorgestellten Gegenwart anderer Menschen auf das Verhalten des Individuums. Sie geht davon aus, dass jedes Individuum seine eigene Realität konstruiert und dass sein Erleben und Verhalten durch Erfahrungen in sozialen Beziehungen beeinflusst ist. Es besteht dabei eine **Dualität von Struktur und Verhalten**: die Struktur einer Gruppe prägt mein Verhalten und mein Verhalten prägt die Struktur der Gruppe.

Als Wissenschaft versucht die Sozialpsychologie aufzuzeigen, wie Gruppenprozesse und Gruppenstrukturen unbewusst und natürlicherweise entstehen bzw. sich gegenseitig beeinflussen, um daraus Handlungsempfehlungen für Menschen, die mit sozialen Gruppen arbeiten, ableiten zu können. Dies können ua. Erzieher, Sozialarbeiter und Führungskräfte sein.

U. Schirmer, S. Woydt, *Mitarbeiterführung*, BA KOMPAKT,
DOI 10.1007/978-3-662-47915-5_3

(vgl. hier und im Folgenden grundsätzlich: Elias und Scotson 1993; Aronson et al. 2014.)

3.1.1 Identität und Gruppe

Personale Identität erwerben wir, indem wir uns mit anderen vergleichen, uns mit ihnen durch gemeinsame Merkmale verbunden fühlen und uns von ihnen durch unterscheidende Merkmale abgrenzen (vgl. auch Abschn. 2.1.4).

Auf ähnliche Weise entsteht **Gruppenidentität**: Eine Gruppe fühlt sich als Gruppe und entwickelt ein Wir-Gefühl durch Merkmale, mit denen sich die Mitglieder der Gruppe ähnlich sind und durch solche, mit denen sie sich gegenüber anderen Gruppen abgrenzen. Soziale Gruppen sind z. B. Studierende, Mitglieder einer Religionsgemeinschaft, einer Partei oder eines Orchesters, Angehörige einer Familie oder einer Nation.

Zu einer Gruppe dazuzugehören kann den Selbstwert steigern, ausgeschlossen sein, kann ihn schmälern.

Im Laufe des Lebens verändern sich die Gruppenzugehörigkeiten und damit auch ein Stück unserer Identität. Nicht immer geschieht das nach freiem Willen, z. B. wenn man seinen Arbeitsplatz verliert (und nicht mehr zu den Erwerbstätigen gehört) oder eine Trennung erlebt (und damit einen Teil Familienzugehörigkeit einbüßt). Auch andere sog. kritische Lebensereignisse, wie Ende des Studiums, Umzug, Arbeitsplatzwechsel, Heirat oder Geburten, verändern die personale Identität.

Sich mit dem Konzept der Gruppenidentität auseinanderzusetzen, ist besonders für Führungskräfte interessant, die demografisch heterogene Teams führen (s. a. Generationen und Ethnien im Diversity Management).

3.1.2 Rollentheorie: Soziale Rolle und soziale Position

Innerhalb einer Gruppe übernimmt der Einzelne eine **soziale Rolle**. Die soziale Rolle ist definiert durch die Position in der Gruppe und die Erwartungen, die andere Gruppenmitglieder an diese Position richten. Verhaltenserwartungen an die Position werden **Normen** genannt, deren Einhaltung durch Sanktionen von der Gruppe gesteuert wird (zur Führungsrolle vgl. auch Abschn. 1.2.4.).

Hintergrund

Akteurmodelle

Sicher kennen Sie den **Homo Oeconomicus**. Das ist in soziologischer Sprache ein Akteurmodell, nach dem der Akteur rational diejenige Handlungsalternative auswählt, die ihm zur Erreichung seiner Ziele den größten Nutzen bringt.

Das Akteurmodell des **Homo Sociologicus** geht davon aus, dass das Handeln eines Akteurs durch die Rollenerwartungen bestimmt ist, die an von ihm besetzte Rollen gerichtet sind. Diese können ihm bewusst sein oder nicht.

Raoul Schindler hat 1957 die in Gruppen charakteristisch auftretenden Positionen innerhalb einer Gruppe in seinem **rangdynamischen Positionsmodell** beschrieben (vgl. Schindler 1973):

- „G" = das Gemeinsame, auf das sich die Wirkung der Gruppe im Außen bezieht, das gemeinsame Ziel (eine Aufgabe, ein Gegner) der Gruppe.
- „Alpha" = Anführer/in. Diese Position definiert das „G" für die Gruppe und leitet sie Richtung Ziel. Alpha ist der Anführer, solange die Gruppe seine Zielvorstellungen teilt.
- „Beta" = Berater/in. Das ist die Position des Experten, der Alpha durch Fachwissen und Rat unterstützt. Alpha und Beta haben dadurch ein ambivalentes Verhältnis, denn einerseits braucht Beta Alpha, um mit seiner Expertise wirksam zu werden, und andererseits braucht Alpha Beta, um sich abzusichern. Gleichzeitig muss Alpha damit rechnen, von Beta möglicherweise verdrängt zu werden.
- „Gamma" = einfaches Gruppenmitglied, identifiziert sich mit Alpha und seiner Definition von „G". Leistet die Hauptarbeit, ohne die Gammas wäre die Gruppe nicht arbeitsfähig.
- „Omega" = Gegenposition zu Alpha. Hat eine eigenständige Sicht auf „G", widerspricht ggf. gegen Alphas Einschätzungen und Maßnahmen zur Zielerreichung. Wird von Alpha häufig als Widersacher und Störenfried empfunden, ist aber ein wichtiger Qualitätstreiber in der Gruppe, weil Omega auf Fehler oder Unklarheiten aufmerksam macht. Zieht häufig auch den Unmut von Gammas auf sich, weil Omega deren Identifikation mit Alpha gefährdet, was zu Ausgrenzung führen kann. Zieht sich ein Omega zurück, wird die Position von jemand anderem eingenommen.

Die vorgenannten Positionen werden unbewusst eingenommen und unbewusst von den anderen Gruppenmitgliedern bestätigt. Omega kann Spannungen auslösen, die dazu führen, dass die Gammas das „G" von Alpha nicht mehr akzeptieren und sich der Außensicht von Omega oder einem Beta anschließen, die dann das neue Alpha werden.

Es gibt weitere Rollentheorien. Die vorgenannte soll exemplarisch zeigen, dass mit der sozialen Position „Gruppenleiter" unterschiedliche Rollenerwartungen verbunden sind, je nachdem, von welcher anderen Position aus diese Erwartungen formuliert werden. Position Beta will von Alpha gefragt werden, Position Gamma erwartet, dass Alpha ohne Rückfrage weiß, was er/sie tut.

Alle in einer Gruppe verbundenen Individuen haben eine Vorstellung von Status, Aufgabe, Funktion und angemessenen Verhaltensweisen der einzelnen Positionen. Diese Vorstellungen müssen nicht einheitlich sein.

Da der Einzelne mit unterschiedlichen **Bezugsgruppen** in sozialer Interaktion steht, hat er auch unterschiedliche Rollen inne. Dies kann zu Rollenkonflikten führen, die man wie folgt unterscheidet:

- **Intra-Rollenkonflikte** entstehen innerhalb einer Rolle, wenn der Rolleninhaber widersprüchliche Erwartungen der beteiligten Gruppenpositionen wahrnimmt, z. B. wenn der Vorgesetzte eine andere Reaktion erwartet als die zugeordneten Mitarbeiter oder die Kollegen.
- **Inter-Rollenkonflikte** entstehen dadurch, dass die Person Träger mehrerer Rollen ist, an die jeweils unterschiedliche, schwer miteinander zu vereinbarende Erwartungen gerichtet sind. Solche Konflikte werden z. B. spürbar, wenn man aus dem Kollegenkreis zum Vorgesetzten aufsteigt und die alten Freunde weiterhin freundschaftliches Verhalten erwarten oder, wenn man ein Kind bekommt, damit in die Elternrolle schlüpft und die Rollenerwartungen aus der Sportmannschaft dazu in Widerstreit geraten.

Praxis

Rollenklärung für neu ernannte Führungskräfte

Wenn Sie eine Führungsaufgabe neu übernehmen (oder auch wenn längere Zeit verstrichen ist), dient es der eigenen Professionalisierung, sich der Erwartungen bewusst zu werden, denen man in den unterschiedlichen Kontexten seines Lebens ausgesetzt ist. Folgende Fragen sind dabei hilfreich:

- Machen Sie sich bewusst, in welchen Bezugsgruppen Sie zu Hause sind. Denken Sie auch an solche Bezugspersonen, die gerne eine Gruppe mit Ihnen bilden würden.
- Welche Positionen haben Sie in Ihren Bezugsgruppen inne? (Nehmen Sie vielleicht nur grob die drei: Leiter, Berater/Kritiker, Mitwirkender)
- Markieren Sie (um für weiterführende Überlegungen zu priorisieren) jeweils die drei Rollen/Gruppen, a) mit denen Sie die meiste Zeit verbringen, b) die Ihnen am häufigsten Kopfzerbrechen machen, c) die Ihnen am meisten Energie/Freude bringen. (Es könnten jetzt drei bis neun Gruppen sein, über die Sie weiter nachdenken)
- Überlegen Sie für jede Gruppe, welche Erwartungen von den einzelnen Positionen an Sie gerichtet werden? Welchen können/wollen Sie nicht entsprechen?
- Wie können Sie mit den Betroffenen ein Gespräch über deren mögliche Erwartungen und Ihre erwartbaren Möglichkeiten führen?

3.1.3 Kultur: Soziale Normen und Werte

Um das Wort Kultur umfassend zu erörtern, könnte man ein ganzes Buch schreiben. Kurz gesagt, soll hier zunächst alles darunter verstanden werden, was der Mensch installiert, um sein Zusammenleben zu regeln. Dies kann bewusst oder unbewusst geschehen.

Wenn zwei Menschen miteinander in Kontakt treten, d. h. soziologisch gesehen eine Gruppe bilden, welche Regeln gelten dann für ihre Interaktion?

Die Regeln ergeben sich aus den sozialen Normen, die im sozialen Umfeld des Einzelnen (in seiner Gesellschaft, in seinem Kulturkreis!) als allgemein praktiziert und akzeptiert gelten. Menschen aus einem ähnlichen Umfeld, haben ähnliche soziale Normen und Werte.

Soziale Normen beziehen sich auf Vorstellungen, Handlungsmaximen und konkrete Verhaltensweisen. Sie ordnen die Erwartungen der Interaktionspartner. Sie herauszubilden, ist eine notwendige kulturelle Leistung, um die prinzipielle Offenheit menschlicher Erfahrungen (Kontingenz) einzugrenzen und soziale Beziehungen beherrschbar zu machen.

Émile Durkheim (1858–1917) verdeutlichte als erster Soziologe, dass soziale Strukturen, Normen und Werte unabhängig davon existieren, ob es den Betroffenen bewusst ist oder nicht. Sie entstehen und werden für den Wissenschaftler beobachtbar durch Interaktion (sog. Emergenzphänomen). Durkheim unterschied in „Die Regeln der soziologischen Methode" (1895) zwischen der Funktion von Handeln (funktionale Analyse) und dem Entstehen von Handeln (historische Analyse). Im Kulturvergleich werden gesellschaftliche Strukturen, die Normen und Werte des „**kollektiven Gewissens**" und die Sanktionsmechanismen des „kollektiven Zwangs" besonders gut ermittelbar. Im Fremdartigen verstehen wir das Eigene (vgl. Rosa et al. 2013, S. 71 ff.).

Talcott Parsons (1902–1979) hat mit seinem Hauptwerk „The Structure of Social Action" (1937) einen sog. **Referenzrahmen für soziales Handeln** vorgelegt (und später weiterentwickelt). Der „action frame of reference" (AFR) beschreibt eine Handlung anhand von fünf Kategorien: 1. Akteure, 2. Ziel der Akteure, 3. Objekte der Situation, 4. befolgte Normen und 5. angestrebte Werte und macht sie dadurch einer soziologischen Analyse zugänglich. (vgl. Rosa et al. 2013, S. 156 ff.)

Diese einleitenden Hintergründe sind hilfreich, wenn man sich als Führungskraft mit Phänomenen wie Team-, Organisations- oder Unternehmenskultur beschäftigt. Ziel ist dabei, die bestehenden Normen und Werte zu verstehen, bevor man sie ggf. zu gestalten versucht.

3.1.4 Formelle und informelle Führung

Als grundlegendes Konzeptmerkmal der Soziologie soll das Begriffspaar formell/informell eingeführt werden. Es hilft zu verdeutlichen, dass es im Arbeitskontext (wie in jedem menschlichen Beziehungssystem) immer eine öffentliche, geregelte, bewusste Seite des Handelns gibt sowie eine unbewusste, stillschweigend vereinbarte Seite, die sehr machtvoll sein kann.

In der Soziologie unterscheidet man zwischen **formellen Gruppen** (wie z. B. Abteilungen, Familien), die ein gemeinsames Ziel und formale Regeln haben, wie man z. B. Mitglied wird oder wie man sich verhalten soll, und **informellen Gruppen**, die sich zufällig bilden

(z. B. in der Teeküche oder in der Raucherecke), keine formalen Strukturen oder Ziele haben, aber durchaus auch Regeln und Rollen kennen. Die Clique ist eine typische informelle Gruppe, deren Rollenerwartungen vielleicht dadurch zu Inter-Rollenkonflikten führen, weil sie von denen einer formellen Gruppe, wie z. B. Familie, stark abweichen.

Macht kann formell ausgeübt werden, z. B. durch eine gewählte Kanzlerin oder einen bestellten Vorstand. Beide können auf genau beschriebene Regeln (und einen dafür etablierten Machtapparat) zurückgreifen, um ihre formelle Macht auszuüben. Macht kann aber auch informell ausgeübt werden, indem z. B. mit Sanktionen gedroht, ein schlechtes Gewissen gemacht oder Belohnungen versprochen werden.

Es gibt auch die Unterscheidung zwischen formellem und informellem Führer. **Formeller Führer** ist, wer zur Führungskraft ernannt oder als Leiter gewählt wurde. **Informelle Führer** haben keinen formalen Führungsauftrag, sie führen, weil sie sich für den Zusammenhalt der Gruppe engagieren (Beliebtheitsführer) oder für die Erreichung des Teamzieles einsetzen (Tätigkeitsführer).

Hintergrund

Informelle Führungspositionen

Robert Freed Bales (1916–2004) beschrieb in den 1950er-Jahren das sog. Führungsdual. Dieses sieht vor, dass es **zwei informelle Positionen** in einer Gruppe gibt, die des **Beliebtheits- und die des Tätigkeitsführers** (vgl. Weinert 2004, S. 413).

Auf Bales gehen auch zwei Methoden der empirischen Sozialforschung zurück:

(1) die **Interaktionsprozessanalyse** (IPA), die zwei Beobachtungsebenen einführte, nämlich zwischen aufgabenorientierten Interaktionen und sozio-emotionalen Interaktionen zu unterscheiden (vgl. dazu auch die Kommunikationsebenen in Abschn. 4 zur Kommunikationspsychologie) und

(2) die daraus entwickelte **SYMLOG-Methode** (System for the Multiple Level Observation of Groups), einem validierten Instrument zur Messung von Team-Effektivität (vgl. www.symlog.com).

Es gibt viele soziale Gruppen ohne formellen Führer. Das sind z. B. die Arbeitsgruppen, die in Seminaren gebildet werden, um etwas auszuarbeiten. Diese haben dennoch Führungspositionen, die von informellen Führern besetzt sind. Ihre Wahl ist Gruppendynamik (Definition s. u. Abschn. 3.1.5): Einige Gruppenmitglieder bieten an, in die Führungsrolle zu gehen, die anderen Gruppenmitglieder lassen es zu. Typische Rollenaufgaben in der Gruppenarbeit sind z. B. an die Zeit erinnern, die Aufgabe vorantreiben, die Gruppe ablenken o. ä.

Als formelle Führungskraft muss man sich bewusst sein, dass es auch informelle Führer gibt. Deren informelle Macht ist ein sehr wirksames Mittel, um die eigene formelle Macht zu stützen. Falls formelle und informelle Führungskraft gegenläufige Ziele verfolgen, wird dies zu Unruhe und Spannungen führen.

Von der **informellen Führung** zu unterscheiden, ist die **laterale Führung**. Darunter versteht man die bewusst installierte „Führung ohne Weisungsbefugnis", z. B. in Projektgruppen, Netzwerken etc. (Mehr dazu in Abschn. 3.2.5.)

3.1.5 Gruppendynamik

Der Begriff der **Gruppendynamik** geht auf Kurt Lewin (vgl. Info-Kasten) zurück, der sich in der ersten Hälfte des letzten Jahrhunderts mit der Frage einer einheitlichen Wissenschaftslehre auseinandersetzte (vgl. hierzu und im Folgenden Back und Neary 1992, S. 102 ff.).

Lewin zeigte auf, dass gleiche Phänomene von den jeweiligen Wissenschaften unterschiedlich betrachtet werden. Das Phänomen „Mensch in der Gruppe" erfordere eine neue Wissenschaft, weil sich die „Psychologie eines Individuums" und die „Psychologie einer Gruppe" grundlegend voneinander unterschieden: Während das Verhalten des Individuums kaum vorhersagbar sei, sei es das Verhalten einer Gruppe sehr wohl. In Abgrenzung zur Individualpsychologie begründete Lewin daher die Wissenschaft der Gruppendynamik, eine Forschungsrichtung, die sich unabhängig von der Sozialpsychologie entwickelte und dennoch inhaltliche Bezüge teilt. Die Sozialpsychologie konzentriert sich auf das Verhalten des Individuums in der Gruppe; die Gruppendynamik auf die Struktur und Funktion der Gruppe, auf ihr Verhältnis zum Individuum und zu großen sozialen Gebilden.

Die Gruppendynamik ist wissenschaftsgeschichtlich ein interessantes Beispiel, um zu zeigen wie die Produktion und Rezeption von Forschungsergebnissen von ihrer Epoche abhängt. Die Organisation der Massengefolgschaft im Faschismus, die Idee eines aus sich selbst heraus produktiven Arbeitskollektivs im Sozialismus, die Förderung von Freiheit und Selbstfindung in Wohngemeinschaften, die Suche nach dem Teamgeist für mehr Produktivität von Arbeitsteams in der Automobilindustrie waren Forschungsgegenstand und Ergebnisverwerter der gruppendynamischen Forschung. Ideologisch kann man zwischen zwei Polen unterscheiden: dem Pol „Gemeinschaft stärken, um die Schwächen des Individuums auszugleichen," und dem Pol „Individualität stärken, um Höchstleistungen zu erzielen". Dazwischen schwanken die Ideologien zur richtigen Form des Zusammenlebens und Zusammenarbeitens hin und her. Die in Experimenten mit Gruppen gewonnenen Erkenntnisse sind theoretisch neutrale Fakten, die in der Betriebswirtschaftslehre meist unter dem Begriff Organisationspsychologie weiterverfolgt werden. Auch aktuelle sozialpsychologische Fragen, wie die Entstehung von Extremismus, von Feindseligkeiten zwischen ethnischen Gruppen oder die Eskalation von Konflikten, werden mit Hilfe der Gruppendynamik weiter untersucht.

Hintergrund

Kurt Lewin (1890–1947): Gestalt- und Feldtheorie

Kurt Tsadek Lewin wurde am 09.09.1890 in Mogilno (damals Provinz Posen/Westpreußen, heute Polen) als eines von sechs Kindern jüdischer Eltern geboren. 1905 zog die Familie nach Berlin, wo der Vater ein Handelshaus eröffnete und Lewin das evangelische Kaiserin-Augusta-Gymnasium besuchte. 1909 begann er ein Medizinstudium in Freiburg, wechselte später nach Berlin. Dort hatte Carl Stumpf 1894 das Psychologische Institut gegründet, an dem seine Schüler Wolfgang Köhler, Max Wertheimer und Kurt Koffka die Gestalttheorie entwickelten.

Die **Gestalttheorie** geht davon aus, dass der Mensch die Wirklichkeit nur selektiv wahrnimmt und sie deshalb gestaltet. Dabei lassen sich Gesetzmäßigkeiten beschreiben, wie z. B. Selektion nach der Ähnlichkeit. Bekannte Vexierbilder sind ein Randresultat gestaltpsychologischer Forschung.

1914 meldete sich Lewin freiwillig zum Kriegsdienst, führte gleichzeitig aber seine Studien weiter und schließt sein Studium 1916 mit der Promotion ab. In seinem Aufsatz „Kriegslandschaft" von 1917 zeigt Lewin beispielsweise auf, dass ein Soldat im Kampfeinsatz die ihn umgebende Landschaft nicht als Einheit begreift, sondern in Kriegs- und Friedenszonen, Gefahrenherde und Rückzugsbereiche zerlegt. Dieser Text gilt als erste Konzeption der von Lewin entwickelten „Feldtheorie", dazu gleich mehr.

Kurz vor Kriegsende wird Lewin schwer verwundet und muss über acht Monate im Krankenhaus bleiben. 1919/20 beantragt er seine Habilitation. Pikanterweise wird diese Arbeit zur Wissenschaftstheorie und ersten Überlegungen zur Gruppendynamik zurückgewiesen, stattdessen aber eine Arbeit über Assoziationen anerkannt.

Von 1920 bis 1933 lehrte er an der Berliner Friedrich-Wilhelm-Universität, führte gemeinsam mit seinen Doktoranden zahlreiche experimentalpsychologischen Studien durch, mit denen er die **Feldtheorie** näher begründete. Nach dieser Theorie ist Verhalten (V) eine (mathematische) Funktion von Person (P) und Umwelt (U), also $V = f\ (P, U)$: Je nachdem wer (P) sich wo (U) befindet, wird daraus ein anderes Verhalten folgen. Wir verhalten uns in einer Kirche anders als auf einem Sportplatz und ein Profisportler verhält sich dort anders als ein LKW-Fahrer. Lewin hat versucht, die in einem Feld wirkenden Kräfte mit Valenzen zu gewichten und mit Vektoren darzustellen. Zur Analyse nutzte er Filmaufnahmen (von denen einige über die Uni Würzburg abrufbar sind: http://www.awz.uni-wuerzburg.de/archiv/film_ foto_ tonarchiv/filmdokumente/kurt_tsadek_lewin/).

Lewin verschaffte sich durch Publikationen und Vorträge internationale Anerkennung und konnte 1933 in die USA emigrieren. 1935 kehrte er kurz nach Deutschland zurück, um seine Mutter nach dem Tod des Vaters nachzuholen. Diese verblieb jedoch in Deutschland und verstarb 1943 mit 76 Jahren im Vernichtungslager Sobibor.

In den USA forschte er über Führungsverhalten und begründete 1944 das Research Center on Group Dynamics am Massachusetts Institute of Technology (MIT). Weite Rezeption und damit Berühmtheit erlangte er mit seinen Experimenten zur Erforschung der Führungsstile (vgl. Abschn. 5.3.1) sowie den grundlegenden Erkenntnissen der Gruppendynamik (vgl. Haupttext), die als wichtige Grundlage der Organisationspsychologie und damit der Team- und Organisationsentwicklung dienen.

Quellen: Vgl. Marrow 2002; Lück 2011; Lewin 2012, http://www.kurt-lewin.de, http://www.newworldencyclopedia.org/entry/Kurt_Lewin [2016-03-31].

3.2 Das soziale System Gruppe

Teams und Gruppen werden gebildet, wenn eine Person allein die Aufgabe(n) nicht bewältigen kann. „Gruppenarbeit ist im Unterschied zur Einzelarbeit dadurch bestimmt, dass eine Arbeitsaufgabe von mehreren Arbeitern gemeinsam erledigt wird, wobei die verschiedenen Tätigkeiten unmittelbar aufeinander bezogen und zeitlich eng miteinander verknüpft sind" (Antoni 2003, S. 413). Von Teamarbeit spricht man, wenn eine Gruppe von Personen zusammenarbeitet, um ein gemeinsames Ziel zu erreichen.

3.2.1 Arbeitsgruppe und Hochleistungsteam

Die Bezeichnung Team steht in der Praxis häufig als Akronym für „**T**oll, **e**in **a**nderer **m**acht's". Damit wird das Phänomen des „**Social Loafing**" erfasst. „To loaf" meint herumbummeln, faulenzen – hier: zu Lasten anderer. „Social Loafer" genießen den Erfolg des Teams bei gemindertem Individualengagement. Ist die individuelle Leistung schwer identifizierbar und bewertbar oder erkennen einzelne Teammitglieder, dass das Gesamtergebnis auch ohne ihr aktives Handeln erreicht wird, begünstigt dies das Social Loafing (vgl. Aronson et al. 2014, S. 280 ff.).

Dem gegenüber steht das Ideal des **Teamplayers**, der sich für seine Mannschaft aufreibt. Katzenbach/Smith haben 1985 mit ihrem Buch „Teams. Der Schlüssel zur Hochleistungsorganisation" einen Definitionsrahmen für Gruppenarbeit und Teamarbeit vorgelegt. Nach Ausmaß und Wirkung der Gruppenleistung unterscheiden sie fünf Arten von Arbeitsgruppen (vgl. Abb. 3.1).

(1) **Die Arbeitsgruppe**. Sie arbeitet zweckorientiert mit klarer Aufgabenteilung. Die Zusammenarbeit beschränkt sich auf Informations- und Erfahrungsaustausch, jedes Teammitglied erbringt seine individuelle Bestleistung. Typisch z. B. für ein Vorstandsgremium.
(2) **Das Pseudo-Team**. Es existiert formal, doch gibt es keine gemeinsamen Ziele oder Lösungsinteressen. Der Einzelne verfolgt seine persönlichen Interessen, die Zusammenarbeit wird nicht koordiniert, die Teamleistung ist dadurch geringer als die Summe der Einzelleistungen.
(3) **Das potenzielle Team**. Seine Mitglieder bemühen sich um gemeinsame Ergebnisse, aber sie teilen die Verantwortung für die Ergebnisse nicht, haben kein gemeinsames Verständnis über das geeignete Vorgehen und die gegenseitige Abhängigkeit.
(4) **Das echte Team**. Es hat ein gemeinsames Ziel und einen gemeinsamen Arbeitsansatz. Die Fähigkeiten der Teammitglieder ergänzen sich. Jeder fühlt sich für die gemeinsamen Ziele, die gemeinsame Sache und die anderen Teammitglieder verantwortlich.
(5) **Das Hochleistungsteam**. Über die Merkmale des echten Teams hinaus engagieren sich seine Mitglieder für die Weiterentwicklung der eigenen Fähigkeiten, der gemeinsamen Ziele und Arbeitsprozeduren. Es besteht eine emotionale Bindung an die Aufgabe, das Ziel, das Unternehmen und das Team.

Arbeitsaufgabe und Ziel bestimmen, welche Teamform am besten geeignet ist. Eine Arbeitsgruppe kann, wenn sie gut geführt ist, gute Arbeitsergebnisse bringen. Das Hochleistungsteam braucht qualifizierte, sozial kompetente Mitglieder sowie viel Freiraum, um sich entwickeln zu können, damit seine Hochleistung messbar werden und sich auszahlen kann.

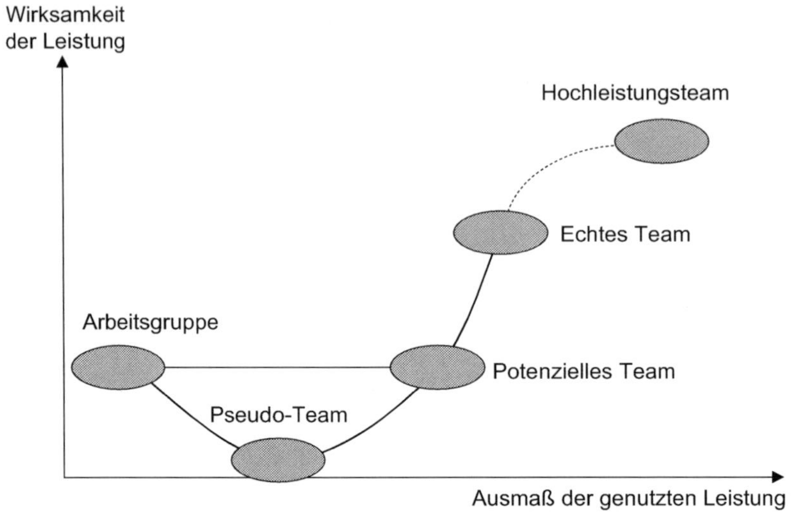

Abb. 3.1 Teamarten nach Katzenbach und Smith. Quelle: Katzenbach, J.R.; Smith, D.K.: Teams. Der Schlüssel zur Hochleistungsorganisation, Frankfurt/ Wien 1993, 2003. S. 121 ff

Folgende Voraussetzungen sollten für positive Effekte von Teamarbeit gegeben sein (vgl. Rosenstiel 2003, S. 326 ff.):

- Die **Aufgabe**, die in der Gruppe gelöst werden soll, kann durch das Zusammenspiel von mehreren besser gelöst werden als durch einen allein.
- Unterschiedliche Aspekte der Aufgabenstellung sollten durch jeweils **unterschiedlich kompetente Gruppenmitglieder** repräsentiert sein, so ergänzen sich die Teammitglieder gegenseitig.
- Alle Gruppenmitglieder sollten die **gleiche (Fach-)Sprache** sprechen, ein ähnliches Verständnis von Begriffen und der Fachterminologie haben.
- Die **ideale Gruppengröße liegt bei 5–7 Personen**. Bei größeren Gruppen steigen die Reibungsverluste und die Beiträge des Einzelnen sind weniger sichtbar, was sich negativ auf dessen Motivation auswirkt.
- Die **persönlichen Beziehungen** zwischen den Teammitgliedern sollten nicht schon im Vorfeld belastet sein (es sei denn, die zentrale, wenn auch vielleicht nicht offensichtliche, Teamaufgabe bestünde darin, durch die gemeinsame Arbeit einen Konflikt zu bewältigen).
- Die Gruppe erarbeitet sich **Regeln zur Arbeits- und Vorgehensweise** (z. B. zur Moderation, Diskussion, Dokumentation), um allen gleichermaßen Orientierung zu geben.

Jede Teamform braucht auch ihren **Führungsstil**. (vgl. dazu Abschn. 5.3)

In der Arbeitsgruppe koordiniert die Führungskraft die **Verteilung von Aufgaben**. Das Pseudo-Team sollte die Führungskraft moderierend zu einem echten Team entwickeln.

Im echten Team ist die Führungskraft nur noch als Sprecher bei Außenkontakten und Helfer beim Umgang mit Hindernissen oder Konflikten gefragt.

Die bereits in Abschn. 1.2.3 angesprochene **Lokomotionsfunktion** der Führung bedeutet für die Teambildung, dass die Führungskraft die Teammitglieder für ein gemeinsames Gruppenziel gewinnen muss. Als Gruppenziel gilt jenes Ziel, welches von den meisten Gruppenmitgliedern akzeptiert wird (vgl. Comelli et al. 2014, S. 162 f.). Dies gelingt dann, wenn der Einzelne die Möglichkeiten der individuellen Bedürfnisbefriedigung durch die Erreichung der Gruppenziele erkennt. Die Führungskraft hat also die Aufgabe, das Gruppenziel zu klären, die Bedürfnisstruktur des einzelnen zu erfassen und sie in Bezug zum Gruppenziel zu setzen.

Die **Kohäsionsfunktion** der Führung zielt auf den Zusammenhalt als Voraussetzung zur gemeinsamen Zielerreichung und zum Verbleib im Team ab. Die Führungskraft muss Gelegenheiten für gemeinsame Aktivitäten schaffen, weil mit steigender Kontakthäufigkeit die Chance zum Aufbau positiver Beziehungen wächst.

3.2.2 Teamentwicklungsphasen

Ein Team besteht nicht von Anfang an, es entwickelt sich aus einer Gruppe von Einzelpersonen, wobei etwas entsteht, was es vorher nicht gab. Das gängige Tuckman-Modell der Gruppenentwicklung (vgl. Tuckman 1965) teilt den Teamentwicklungsprozess in fünf Phasen ein (vgl. hierzu ausführlich Stahl 2012, S. 46 ff.). Aus der Übersicht in Abb. 3.2 wird deutlich, dass ein Team erst ab der dritten Phase wirklich arbeitsfähig wird.

Für den Teamentwicklungsprozess ist dabei wichtig, dass alle Phasen durchlaufen werden. Häufig werden jedoch die Konflikt- oder die Normierungsphase unterdrückt. Dies hat allerdings den Effekt, dass diese Phasen später nachgeholt und durchlaufen werden. Wenn ein Teamleiter also keinen Raum für die Konflikt- oder Normierungsphase gibt, erfolgen diese evtl. unkontrolliert zu einem späteren Zeitpunkt in der Regel zu einem ungünstigen.

Um eine Gruppe zu einem belastbaren Team zusammenzuführen, muss die Führungskraft dafür sorgen, dass alle Phasen durchlaufen werden können.

Die Führungskraft hat eine wichtige Aufgabe in der **Teamentwicklung**, die ihr von Mitarbeitern und Vorgesetzten oft nicht als solche zugestanden wird: Sie muss die unterschiedlichen Entwicklungsphasen erkennen und durch ein angepasstes Führungsverhalten unterstützen (vgl. im Folgenden auch Stock-Homburg 2013, S. 612). In der Stufe des Forming ist ein kooperativ-beziehungsorientierter Führungsstil vorteilhaft, in der sich die Führungskraft als Beziehungsmanager versteht. Im anschließenden Storming-Prozess ist die Führungskraft als Schlichter und Strukturgeber gefordert und kann dies durch ein kooperativ-autoritäres Auftreten sinnvoll begleiten. Wird sie in dieser Phase von Teammitgliedern in ihrer Führungsposition in Frage gestellt, braucht sie Rückhalt durch den eigenen Vorgesetzten. In der Norming-Phase hilft ein kooperativ-bürokratischer

Phase	Kennzeichen	Führungsempfehlung
Formierungs phase (Forming)	o Unsicherheit, Neuheit/ Kennenlernen von Personen und Aufgaben o Hohe Erwartungen und faktisches Abwarten o Beobachten des Teamleiters o Entdecken, Testen, Bewerten von verschiedenen Verhaltensweisen	o Kick-Off-Veranstaltung mit Warm-Up-Techniken o Klare Aufgabenstellung o Regelmäßige Meetings mit verlässlichem Ablauf
Konflikt-phase (Storming)	o Austesten von Grenzen o Sach- und Beziehungskonflikte o Cliquenbildung und Polarisierungen, um den individuellen Standpunkt zu klären o Widerstand gegen einzelne Mitglieder oder die Führungskraft o Entstehen von Gruppennormen und Rangordnung	o Moderation von Workshops zu Spielregeln im Umgang mit Konflikten, zur Klärung von Rollen und Festlegung von Vorgehensweisen o Verdeutlichen des gemeinsamen Ziels o Bewusstes Ansprechen von Normen und Rollen o Aufbau von Sozial- und Methodenkompetenz
Normierungs phase (Norming)	o Entwicklung von Konsens und Respekt in der Gruppe > Wir-Gefühl o Gruppe will Gruppenerhalt und Weiterentwicklung o Etablierte Spielregeln und Abläufe, die Gruppe ist arbeitsfähig.	o Wechsel von der eher direktiven Führung zur beratend-unterstützenden Führung o Wissensvermittlung, Ausbau von Sach- und Fachkompetenz
Arbeitsphase (Performing)	o Aufgaben- und zielorientiertes Arbeiten o Motivation, Vertrauen und Kooperation sind in der Kommunikation erkennbar o Energie wird nun hauptsächlich für die eigentliche Aufgabe verwendet o Konstruktives Geben und Nehmen von Kritik. Gruppe ist sehr leistungsfähig	o Fördern von Eigenverantwortung und Eigeninitiative o Moderation von Workshops zu Zielvorgaben und Weiterentwicklung der Teamkultur o Auf gruppendynamische Entwicklungen achten (wie z.B. verminderte Risikowahrnehmung)
Team-auflösung (Adjourning)	o Eine Aufgabe/ ein Projekt ist beendet, oder eine Gruppe/ Abteilung wird aufgelöst o Gefühle der Erleichterung oder Wehmut über das Projektende treten auf o Neue Interessen rücken in den Vordergrund, ggf. Sorgen über die Zukunft	o Projekt sichtbar abschließen und Leistung der Einzelnen im Team würdigen o Gestalten von Abschiedsritualen mit Fokus auf die Zukunft

Abb. 3.2 Teamentwicklungsphasen und Führungsverhalten. Quelle: eigene Darstellung - hatten wir bisher immer angegeben

Führungsstil, die notwendige Koordination und Strukturbildung umzusetzen. Ist das Team in der Performing-Phase angekommen, ist ein kooperativ-delegatives Führungsverhalten sinnvoll, da der Vorgesetzte hiermit die notwendige Coach-Funktion gut umsetzen kann.

3.2.3 Der Wunsch nach Zugehörigkeit (Input-output-Hypothese)

Was bewegt jemanden, zu einer Gruppe dazu gehören zu wollen? Nach der **Input-output-Hypothese** lautet die Antwort: Wenn ihm die Gruppe mehr gibt, als er in sie investiert.

Eine Gruppe gibt Schutz, Sicherheit, Anerkennung, Erfolgserlebnisse. Auf der anderen Seite nimmt sie Zeit, fordert das Einhalten von Regeln und Normen, die Übernahme von Aufgaben und das Erbringen von Leistungen. Welche Faktoren dabei wie gewichtet werden, ist vom subjektiven Erleben des Einzelnen abhängig (Abb. 3.3).

Im positiven Sinne besagt die Input-output-Hypothese, dass eine Gruppenmitgliedschaft attraktiv ist, wenn der (erwartete) Output höher ist als der individuelle und subjektiv wahrgenommene Input. Entsprechend werden Personen aus der Gruppe austreten (wollen), wenn der Input zu hoch, der Output zu gering oder möglicherweise das Verhältnis in einer anderen Gruppe besser erscheint. So ist erklärbar, warum Menschen die Firma verlassen, einem anderen Projekt zugeordnet werden oder die Abteilung wechseln wollen (Abb. 3.4).

3.2.4 Gruppendynamische Phänomene

Zu den Erkenntnissen der Gruppendynamik (vgl. Abschn. 3.1.5) gehören folgende wichtige gruppendynamische Phänomene (vgl. auch Rosenstiel 2014, S. 337 ff. und Weibler 2016, S. 78 ff.):

- **Gruppengeist und Wir-Gefühl**: Der Gruppengeist kann als das gemeinsame Gedankengut einer Gruppe verstanden werden, das sich aus dem Gruppenzusammenhalt ergibt und sich als gruppenspezifisches „Wir-Gefühl" ausdrückt. Das Wir-Gefühl bewirkt regelmäßig eine „gemeinsam sind wir stark" Denkhaltung, deren Gefahr darin besteht, die eigenen (Gruppen-) Kräfte zu überschätzen. Dies tritt vor allem dann auf, wenn sich eine Gruppe gegenüber einer anderen durchsetzen will oder mit ihr in Konkurrenz steht. Die Gefahr kann in der Überschätzung der eigenen Leistung, aber auch in der Unterschätzung der Leistung von anderen (Konkurrenzanbieter, Linienabteilungen, andere Projektgruppen) liegen.
- **Nivellierungseffekte**: Bei Gruppen ist regelmäßig ein Trend zur Mitte festzustellen. Darunter ist zu verstehen, dass Gruppenmitglieder tendenziell nach Ähnlichkeiten

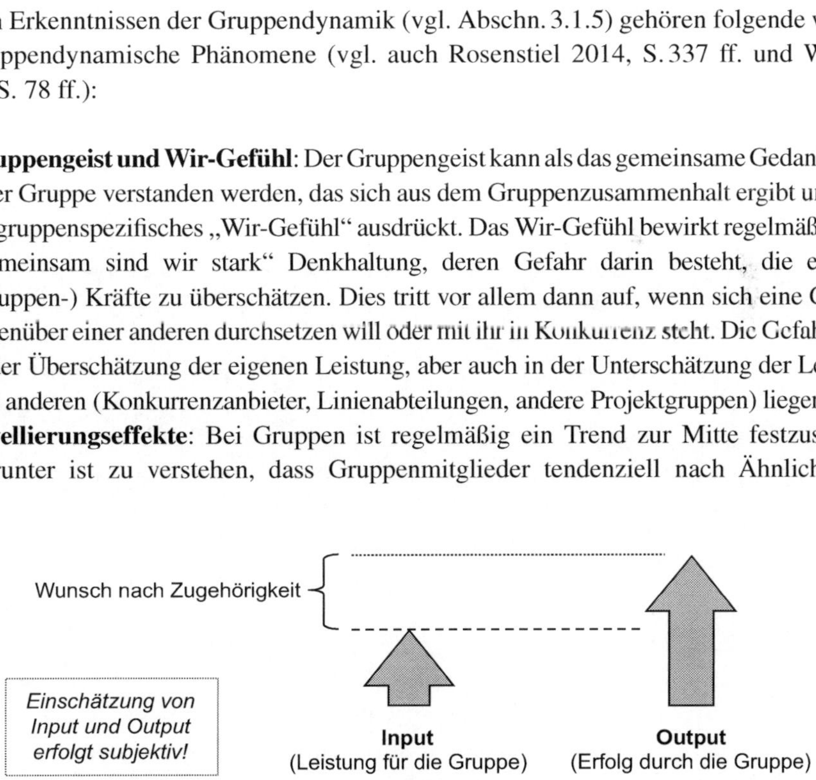

Abb. 3.3 Input-output-Hypothese der Gruppenzugehörigkeit, in Anlehnung an Comelli et al. 2014, S. 159

Input	Output
o Leistung o Zielerreichung o Loyalität o Ungünstige Arbeitszeit, Überstunden o Einhalten von Vorgaben, Richtlinien o Abhängigkeiten ertragen	o Gehalt/ Geld/ Bezahlung o Status o Macht, Einfluss o Interessante Tätigkeit, Erfolgserlebnisse o Freiräume, Handlungsspielräume o Interessante Kontakte

Abb. 3.4 Auszüge einer Input-output-Bilanz für die Zugehörigkeit zu eine Arbeitsgruppe, in Anlehnung an Comelli et al. 2014, S. 161.

suchen, um Gemeinsamkeiten feststellen und den Gruppenzusammenhalt unterstützen zu können. Hierzu gehört auch, dass (meist unbewusst) sozialer Druck auf Mitglieder ausgeübt wird, die abweichende Meinungen äußern oder ein abweichendes Verhalten zeigen. Durch den sozialen Druck soll Konformität hergestellt werden, die das Erreichen der Gruppenziele gewährleisten soll. Vor diesem Hintergrund ist auch zu verstehen, dass manche Entscheidungen aus Gruppendiskussionen zwar objektiv kein besseres Ergebnis erzielen als durch die Entscheidung einer Einzelperson (z. B. der Führungskraft) zustande gekommen wäre, allerdings eine Akzeptanz der Entscheidung (Konformität) erzielt wird, die ein Einzelner nicht erreicht hätte. Womöglich war die Gruppe als solche die ganze Diskussion über (unbewusst) „nur" damit beschäftigt, Konformität herzustellen oder zu erhalten. Für viele Entscheidungen mag die Akzeptanz der Gruppenmitglieder wichtiger sein, als das Entscheidungsergebnis selbst. Wichtig ist, die Entscheidungen nicht zu „nivellieren", bei denen es um wesentliche Inhalte geht.

- **Risikoverschiebung**: Das Phänomen der Risikoverschiebung besagt, dass die Risikobereitschaft einer Gruppe höher ist, als die Risikobereitschaft jedes Einzelnen gewesen wäre, wenn die Gruppenmitglieder hätten individuell entscheiden müssen. Das „Gemeinsam sind wir stark"-Phänomen bedeutet also auch „Gemeinsam sind wir mutiger". Zur Begründung können die bisherigen Ausführungen herangezogen werden: Konformitätsdruck sorgt dafür, dass weniger Widersprüche geäußert werden, Kritiker verstummen also schneller. Die aus dem Gruppengeist abgeleitete Selbstüberschätzung führt zu einer Desensibilisierung gegenüber Gefahren und zur Risiko-Blindheit. Gruppenmitglieder glauben unter anderem, das Gesamtrisiko würde sich auf alle verteilen und somit individuell geringer werden.
- **Reaktion auf Angriff**: Im Gegensatz zu Risikoverschiebung und Nivellierungseffekten ist bei einem (verbalen) Angriff auf eine Gruppe festzustellen, dass sich hier jeder Einzelne persönlich angegriffen fühlt (zumindest wenn eine Identifikation mit der Gruppe besteht). Je höher die individuelle Gruppenidentifikation ist, desto stärker wird auch der Angriff empfunden bzw. desto heftiger ist die individuelle Reaktion auf den Angriff. Häufig trauen sich Führungskräfte nicht, Personen direkt zu kritisieren. Es scheint einfacher, unpersönlich eine ganze Gruppe mit unangenehmen Dingen anzusprechen. Kritik wird daher in Teambesprechungen an alle gerichtet, auch wenn nur eine Minderheit angesprochen werden soll („die Betroffenen wissen Bescheid"). Gruppendynamisch logisch ist, dass sich das Team gegen den Angreifer, also die Führungskraft, solidarisiert.

Zur Gestaltung gruppendynamischer Prozesse sind professionelle Teamtrainings oder Teamentwicklungsmaßnahmen geeignet. Dabei bearbeiten die Mitarbeiter Teamaufgaben und erhalten theoretische Hintergrundinformationen. Teamtrainings sind eine präventive Maßnahme. Wenn bereits größere Probleme aufgetreten sind, ist ein Konfliktmanagement-Seminar bzw. Teamcoaching angezeigt.

3.2.5 Lateral Führen

Das Phänomen der **Teamführung ohne Weisungsbefugnis** wurde bereits angesprochen (vgl. Kap. 1.4.1 S. 7). „Lateral" heißt „von der Seite" und eben nicht wie bei der hierarchischen Führung „von oben", d. h. ein Kollege soll Kollegen führen. Dafür gibt es nur in den wenigsten Arbeitskontexten Regeln und begleitende Unterstützung. Die Vorgesetzten gehen einfach davon aus, dass sich Erwachsene schon einig werden und dass es besser ist, wenn keiner der Kollegen eine irgendwie hervorgehobene Position hat. Das ist mehrheitlich in Projektteams der Fall, aber auch in Arbeitsgruppen, die im Laissez-Faire-Stil (vgl. Abschn. 5.3) geführt werden.

Die laterale Führungskraft bekommt offiziell häufig lediglich den Auftrag, Aktivitäten von Kollegen zu koordinieren. Dass sie dabei auch führen soll und muss, ist meist nicht transparent. Koordinieren bedeutet: Aufgaben und Tätigkeiten aufeinander abstimmen. Führen bedeutet: Ein gemeinsames Ziel definieren und die Tätigkeiten daraufhin ausrichten. Dabei gilt es, möglicherweise gegenläufige Einzel- oder Abteilungsinteressen zu überwinden. Das ist die große Herausforderung für den lateralen Führer.

Laterale Führung liegt auch vor, wenn Geschäftsinteressen z. B. mit Kunden und Lieferanten sondiert werden. Hier wäre eine hierarchische Überstellung gar nicht umsetzbar. Auch in Leitungsgremien oder in der Beratung kann Führung nur lateral ausgeübt werden.

Die Instrumente lateraler Führung sind eher informell (zu den formellen Führungsinstrumenten vgl. Abschn. 6). Sie beziehen sich auf die Verständigung über Denkmodelle, die Verbesserung der Kommunikation, vertrauensbildende Maßnahmen und informelle Machtausübung. Aufgrund des Buchtitels „Mitarbeiterführung" muss für weitere Ausführungen zur „Kollegenführung" auf die Literatur verwiesen werden, z. B. auf Faltin 2012; Stöwe und Keromosemito 2013 und Krämer et al. 2015.

3.2.6 Virtuell Führen

Vor dem Hintergrund zunehmender Globalisierung und Wettbewerbsdynamik haben sich in Unternehmen spezielle **Formen der Arbeitsorganisation** entwickelt, um auf diese Herausforderungen zu reagieren. Flexible, dezentrale Organisationsformen stellen besondere Anforderungen an die Führungskräfte. Typische Ansätze sind in diesem Zusammenhang **virtuelle Teams** oder nur temporär existente **Projektgruppen**. Beiden Organisationsformen ist die Forderung nach effizienter Kommunikation inhärent, da sowohl in virtuellen als auch in projektbezogenen Teams ein hoher Abstimmungs- und Koordinationsaufwand besteht, der vor dem Hintergrund spezifischer Rahmenbedingungen erfüllt werden muss.

Virtuelle Teams (vgl. grundsätzlich Herrmann et al. 2012) sind insbesondere durch eine **geografische Dezentralität** gekennzeichnet (vgl. Bühlmann 2008, S. 36), die dazu führt, dass einzelne Mitglieder an verschiedenen Standorten und eventuell zu unterschiedlichen Zeiten arbeiten. Die Kooperation erfolgt selten über **Face-to-Face-Kommunikation**, sondern überwiegend mithilfe elektronischer Kommunikationsmedien wie z. B. E-Mails, Video-Conferencing, Chats, Groupware. In Abhängigkeit des relativen Anteils **digitaler Kommunikation**, der durchschnittlichen Entfernung der Mitglieder untereinander, der Anzahl der Teamstandorte sowie der Zahl der involvierten Kulturkreise wird der **Grad der Virtualität** bestimmt.

In der mediengestützten Kommunikation und Führung, dem sog. E-Leadership (vgl. Weibler 2016, S. 547 ff.), fehlt die nonverbale Komponente, die einen erheblichen Teil der Qualität zwischenmenschlicher Kommunikation ausmacht. Gestik, Mimik, Stimmmodulation usw. fehlen als Transportmedien für Zusatzinformationen auf der Beziehungs- und Selbstkundgabeebene (vgl. Abschn. 4.3.2). Eher im Gegenteil kann digitale Kommunikation erst zu Verzerrungen, Fehlinterpretationen oder Missverständnissen führen (vgl. Weibler 2016, S. 562 ff.). Ebenso mangelt es an der Kommunikationsplattform der sog. **Flurgespräche (Floor Talks)**, d. h. es kommt kaum zu spontaner, informeller Kommunikation, die hilft, Missverständnissen vorzubeugen oder einseitige Informationsdefizite zu beseitigen (vgl. Bühlmann 2008, S. 36). Mit der geringen Ko-Präsenz anderer Teammitglieder ist das Gefühl der **sozialen Isolation** verbunden, welches durch die Kommunikationsdefizite noch verstärkt wird. Ist das virtuelle Team aus Mitarbeitenden verschiedener Länder und Kulturkreise zusammengesetzt, erhöht sich die Komplexität weiter: Als zusätzliche Herausforderung kommen hier **sprachliche** und **kulturelle Unterschiede** zwischen den Teammitgliedern hinzu.

Für Führungskräfte ergeben sich aus den Besonderheiten virtueller Teams erhebliche Anforderungen an das Führungsverhalten. Grundsätzlich gilt es, eine effektive **Führung über Distanz** zu etablieren (vgl. Hofmann und Regnet 2014, S. 611). Eine zentrale Aufgabe der Vorgesetzten ist es, eine belastbare **Vertrauensbasis** zu und zwischen den Mitarbeitern herzustellen, die auch dann wirksam bleibt, wenn die Teammitglieder über einen längeren Zeitraum keinen Kontakt zueinander haben (vgl. im Folgenden Bühlmann 2008, S. 37). Da die interpersonelle Vertrauensbasis nicht durch persönliche Kontakte aufgebaut werden kann, muss stattdessen verstärkt auf die Entwicklung eines **aufgabenbasierten Vertrauens** Wert gelegt werden. Durch gegenseitiges Unterstützen, kooperatives und hilfsbereites Arbeiten sowie das Einhalten von Zusagen und Terminen kann sich Vertrauen und damit die für die Teameffizienz notwendige **Kohäsion** entwickeln. Die Führungskraft sollte für eine hohe Kontaktdichte durch Quartalstreffen, Telefonkonferenzen usw. unter den Teammitgliedern sorgen (vgl. Hofmann und Regnet 2014, S. 617). Gerade bei der erstmaligen Implementierung eines virtuellen Teams ist zu Beginn eine Kick-off-Veranstaltung mit den Teammitgliedern unverzichtbar, damit sich alle einmal persönlich gesehen haben.

Ein direktiver Führungsstil ist in virtuellen Teams eher ungeeignet, stattdessen werden Aufgaben vollständig delegiert. Dies entspricht dem Grundgedanken der **Super-Leadership-Theorie**, in der die Mitarbeiter zu Self-Leadern werden (vgl. Abschn. 5.5).

In virtuellen Teams ist es besonders wichtig, **Spielregeln der Kommunikation** in Abstimmung mit den Teammitgliedern zu fixieren, um Missverständnisse oder übertriebene Erwartungshaltungen zu vermeiden. So führt z. B. das unreflektierte Senden von Mails (z. B. als „Kopie an alle") zu Effizienzverlusten (nicht nur) in virtuellen Teams. Wenn man fortwährend online ist, führt dies zum sog. **Stakkatoarbeiten** mit Verlusten bezüglich Konzentration und Produktivität. Auch die Beachtung der „**Media Richness**" (Informationsgehalt) bei der Auswahl des geeigneten Mediums für den jeweiligen Kommunikationszweck ist eine Herausforderung für Führungskräfte. Im Grundsatz gilt demnach (vgl. Möslein et al. 2014, S. 590 f.):

- Die Kommunikation über informationsreiche Medien (z. B. Face-to-Face oder Videokonferenzen) ist umso effektiver, je komplexer die zu vermittelnde Aufgabe ist.
- Die Kommunikation über informationsarme Medien (z. B. Mail oder Fax) ist umso effektiver, je strukturierter die zugrunde liegende Aufgabe ist.

Generell erfordert die Führung virtueller Teams aufseiten der Führungskräfte neben den klassischen Führungskompetenzen auch **Medienkompetenz** als Grundlage für die erfolgreiche Leitung solcher Gruppen.

3.3 Das soziale System Unternehmen

Eine Führungskraft kann nur in dem Maße wirksam werden, wie es die Rahmenbedingungen zulassen. Vor dem Hintergrund sozialpsychologischer Grundlagen sind hierbei die Kultur und Werte sowie die gelebte und wahrgenommene Identität des Unternehmens relevant. So kann eine Führungskraft mit ihrem Verhalten in einem Unternehmen sehr erfolgreich sein, im nächsten Unternehmen mit demselben Verhalten aber scheitern.

3.3.1 Konzept der Unternehmenskultur

Unternehmenskultur ist beispielsweise daran erkennbar, ob „man" in einem Unternehmen pünktlich zu Besprechungen erscheint und falls dies der Fall ist, aus welchem Grund. Ist es das Interesse am Inhalt der Besprechung oder die Angst vor einer Bloßstellung beim Zuspätkommen? Weitere bezeichnende Merkmale einer Organisationskultur sind, ob offen über Konflikte oder Probleme gesprochen wird, ob Verantwortung abgegeben und delegiert oder eher kommandiert und beauftragt wird, usw.

„Unternehmenskultur wird […] als sozialer, normativer Klebstoff (Glue) verstanden, der eine Organisation zusammenhält" (Heinen 1987, S. 16), d. h. Unternehmenskultur bezeichnet die **organisationsimmanenten Vorstellungs- und Interpretationsmuster**, die das Verhalten der Mitglieder nachhaltig prägen und auf kollektiv geteilten **Werte- und Denkmustern** basieren (vgl. Schein 1984, S. 3 ff.). Zu den Bestandteilen einer Unternehmenskultur gehören folgende Elemente:

- **Verhaltensweisen**: spezifische Sprache (ein bestimmter „Running Gag"), Traditionen (Feierabend-Bier) oder Rituale (Casual Friday).
- **Gruppennormen**: Maßstäbe und Regeln in Gruppen (Rauch- oder Handyverbot in Besprechungen, Gruppenkasse für Verspätungen etc.)
- **Bekundete Werte**: (Unternehmens-) Werte, die allen bekannt und von allen akzeptiert werden (z. B. bzgl. Qualität, Leistung, Service).
- **Philosophie**: Unternehmenspolitik oder Ideologie als Gruppennorm (z. B. „Work hard, have fun, make money").
- **Spielregeln**: offizielle, aber auch inoffizielle Regeln (z. B. wer Projektleiter werden will, muss erst Projektassistent gewesen sein).
- **Klima**: Stimmung im Unternehmen oder in Abteilungen, die von Umgangsformen beeinflusst wird (z. B. sachlich, fröhlich, ängstlich usw.).
- **Symbole**: Bedeutung, die Gegenstände haben, um zu integrieren oder zu distanzieren (Büroeinrichtung, Dienstwagen, Notebook, Dienstkleidung, Parkplatz, Gebäude, usw.).

Edgar Schein (geb. 1928) hat diese Bestandteile 1984 in ein Drei-Ebenen-Modell gebracht (vgl. Abb. 3.5), bestehend aus: **Basisannahmen**, **Werten und Regeln** sowie dem **Symbolsystem**, das die **Unternehmensidentität** zum Ausdruck bringt.

Auf der Ebene der **Basisannahmen** bestehen grundlegende Orientierungs- und Vorstellungsmuster, die Wahrnehmung und Handeln von Menschen leiten. Dazu gehören insbesondere Annahmen darüber, welchen Wert z. B. Zeit hat oder was in einer Organisation als wahr angesehen wird: Gilt das, was der Vorgesetzte sagt, oder das, was die Studie als Ergebnis liefert? Sehr häufig wird von Unternehmen im Rahmen der Kulturentwicklung versucht, diese im Laufe der Zeit gewachsenen Annahmen zu beeinflussen. Hierzu werden dann neue Werte und Basisannahmen in Form von Leitbildern kommuniziert. Diese proklamierten Annahmen können gemeinsam mit den vorhandenen Grundüberzeugungen den Kulturkern bilden. Allerdings passiert es oftmals, dass proklamierte Basisannahmen von den Mitarbeitern als „aufgesetzt" empfunden werden und nicht akzeptiert sowie in Folge auch nicht internalisiert und gelebt werden. Auf der Ebene der **Werte, Regeln und Standards** befinden sich u. a. Normen und Richtlinien, die implizit oder explizit formuliert sind und ganz konkret das wertebasierte Verhalten der Mitarbeiter beeinflussen: „Bei uns beginnen Besprechungen immer pünktlich!" Die tatsächlich gelebten Verhaltenskonsequenzen sind auf der **Symbolebene** der Kultur beobachtbar und drücken das Selbstverständnis von Mitarbeitern als Mitglieder einer Organisation aus (Identität der Organisation). Erkennbar ist dies am Auftreten der Mitarbeiter oder an deren Umgang miteinander sowie z. B. an den umgesetzten Bürokonzepten (Großraum- vs. Einzelbüro) und findet auch Ausdruck in Aussagen von Mitarbeitern wie z. B. „Ich arbeite beim Daimler", welche die hohe Identifikation mit der Organisation

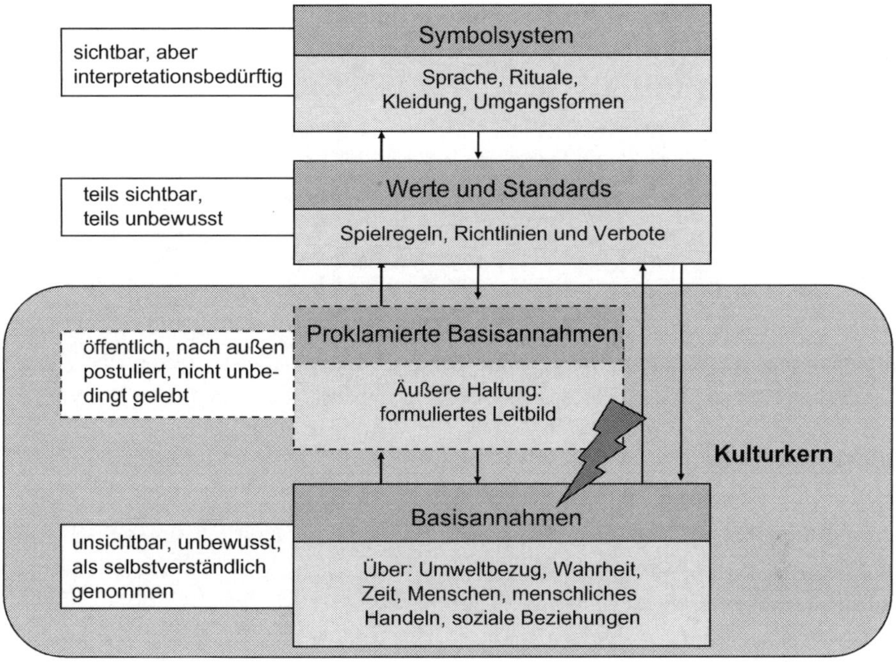

Abb. 3.5 Drei-Ebenen-Modell der Unternehmenskultur nach Schein. Quelle: Schein (1984, S. 4 ff.) und Sackmann (2004, S. 27): modifiziert.

ausdrücken. Dies alles sind Symbole für die darunterliegenden Normen und Basisannahmen. Der Kulturkern wirkt somit „bottom-up" auf das Verhalten der Organisationsmitglieder ein. Will man eine Unternehmenskultur beeinflussen, muss dies hingegen „top-down" durch glaubwürdige symbolische Handlungen des Managements erfolgen.

Hintergrund

Landesspezifische Unternehmenskulturen

Der Ursprung des Themas der Unternehmenskultur geht auf die frühen 70er-Jahre zurück, als der Erfolg japanischer Unternehmen untersucht und darauf zurückgeführt wurde, dass in japanischen Unternehmen Führungskräfte ihre Mitarbeiter unterscheidbar anders integrierten, als dies beispielsweise die Mehrheit der amerikanischen Führungskräfte tat. Danach stützen japanische Manager ihre Entscheidungen weniger auf formale Berichts- und Kontrollsysteme, Entscheidungen werden eher in einer Art partizipativem Prozess getroffen, die Kommunikation ist eher indirekt. Offene Konflikte oder gar das öffentliche Bloßstellen von Mitarbeitern ist verpönt. Formale Regelungen zur Aufgabenverteilung, zu hierarchischen Beziehungen und Entscheidungsbefugnissen haben nicht die Bedeutung wie bspw. in westlichen Unternehmen. Als Schlussfolgerung aus der Feststellung der unterschiedlichen Managementmethoden, die ihren Ursprung in den verschiedenen Kulturen in USA und in Japan haben, wurde das Konzept der

Unternehmenskultur entwickelt, das die Bedeutung von „weichen Steuerungsmechanismen" hervorhob.

Quelle: Heinen (1987, S. 4 ff.)

In Anlehnung an das Drei-Ebenen-Modell der Unternehmenskultur können die folgenden Unterkapitel den jeweiligen Bereichen zugeordnet werden.

3.3.2 Basisannahmen in einer Organisationskultur

Basisannahmen sind Orientierungspunkte für organisatorisches Handeln von Organisationsmitgliedern (vgl. im Folgenden Steinmann und Schreyögg 2013, S. 712 ff.). Mitarbeiter handeln ganz automatisch und ohne darüber nachzudenken nach diesen Annahmen. Zu solchen Annahmen gehören:

- **Annahmen über die Außenwelt**: Inwieweit wird die Organisationsumwelt als z. B. bedrohlich, beherrschbar, herausfordernd wahrgenommen und wie wird die Organisation zu anderen Institutionen in Beziehung gesetzt.
- **Vorstellungen über Wahrheit**: Dieser Aspekt beinhaltet z. B., ob auf Autoritäten, auf Traditionen oder auf wissenschaftliche Erkenntnisse vertraut wird. Bei einem Unternehmen wird so Gremienarbeit, bei einem anderen Marktforschung wichtiger.
- **Annahmen über die Natur des Menschen**: Hier werden wiederum die in Abschn. 3.1 bereits betrachteten Menschenbilder relevant, indem Kulturen Menschenbilder transportieren.
- **Annahmen über menschliches Handeln**: Diese impliziten Handlungstheorien beinhalten Vorstellungen darüber, was Menschen grundsätzlich bewirken können und ob man eher aktiv agieren oder passiv reagieren sollte.
- **Annahmen über zwischenmenschliche Beziehungen**: Vorstellungen darüber, wie soziale Beziehungen in einer Organisation geordnet sind. Sind diese Beziehungen etwa sehr hierarchisch oder eher flach? Was begründet eine Hierarchie: Alter oder Leistung?
- **Annahmen zur Zeit**: Vorstellungen darüber, wie mit der Ressource Zeit umzugehen ist. In einem Unternehmen steht Pünktlichkeit im Fokus der Bemühungen und des Mitarbeiterverhaltens, in einem anderen Unternehmen besteht hierzu eine eher lockere Einstellung.

Praxis

Auszug: Grundwerte der Bertelsmann AG

Eine Unternehmenskultur, in der Mitarbeiter, Unternehmensführung und Gesellschafter partnerschaftlich zusammenarbeiten, ist undenkbar ohne gemeinsame Werte und Ziele. Die Bertelsmann Grundwerte (Essentials) schaffen Transparenz und Orientierung für alle und sind von grundlegender Bedeutung für die Identifikation mit dem Unternehmen.

Partnerschaft
Partnerschaft zum Nutzen der Mitarbeiter und des Unternehmens ist die Grundlage unserer Unternehmenskultur. Motivierte Mitarbeiter, die sich mit dem Unternehmen und seinen Grundwerten identifizieren, sind die treibende Kraft für Qualität, Effizienz, Innovationsfähigkeit und Wachstum des Unternehmens. Die Basis unseres partnerschaftlichen Führungsverständnisses bilden gegenseitiges Vertrauen, Respekt vor dem Einzelnen sowie das Prinzip der Delegation von Verantwortung. Unsere Mitarbeiter haben größtmöglichen Freiraum, sie sind umfassend informiert und nehmen sowohl an Entscheidungsprozessen als auch am wirtschaftlichen Erfolg des Unternehmens teil. Für ihre Weiterentwicklung und die Sicherung ihrer Arbeitsplätze setzen wir uns ein.

Gesellschaftliche Verantwortung
Unabhängigkeit und Kontinuität unseres Unternehmens werden dadurch gesichert, dass die Mehrheit der Aktienstimmrechte bei der Bertelsmann Verwaltungsgesellschaft liegt. Unsere Gesellschafter verstehen Eigentum als Verpflichtung gegenüber der Gesellschaft. Sie sehen das Unternehmen in der Marktwirtschaft dadurch legitimiert, dass es einen Leistungsbeitrag für die Gesellschaft erbringt. Diesem Selbstverständnis entspricht auch die Arbeit der Bertelsmann Stiftung, in die die Mehrheit der Bertelsmann Aktien eingebracht wurde. Unsere Firmen achten Recht und Gesetz und lassen sich von ethischen Grundsätzen leiten. Sie verhalten sich gegenüber der Gesellschaft und der Umwelt stets verantwortungsbewusst.

Quelle: Bertelsmann (2016)

3.3.3 Werte und Standards in Organisationen

Als Folge der Grundüberzeugungen einer Kultur entwickeln sich ungeschriebene Verbote, **Verhaltensrichtlinien** usw., die mehr oder weniger mit den **individuellen Wertvorstellungen** der einzelnen Organisationsmitglieder übereinstimmen. Persönliche Ziele der Mitarbeiter (Werte) und Ziele des Unternehmens fallen häufig auseinander. Wenn ein Teamleiter selbst entscheiden kann, müssen seine persönlichen Ziele und die des Unternehmens in Einklang gebracht werden – er muss freiwillig richtig im Sinne des Unternehmens entscheiden.

Die Problematik der unterschiedlichen Wertvorstellungen äußert sich allerdings nicht nur darin, welche, sondern vor allem auch wie Ziele erreicht werden sollen. Teams sind definitionsgemäß nicht sehr hierarchisch und meist interdisziplinär zusammengesetzt. Es arbeiten ältere mit jüngeren Mitarbeitern, Kaufleute mit Technikern usw. Auftretende Konflikte, die durch unterschiedliche Werte entstehen, müssen im Team selbst ausgetragen und im Einklang mit den im Unternehmen kulturbedingt vorherrschenden **Verhaltensmaximen** geregelt werden.

Eine wesentliche Erklärungshilfe sind hierbei die Generationenmodelle. Scholz (2014, S. 30 ff.) verdeutlicht die Unterschiede anhand einer Gegenüberstellung wie in Abb. 3.6 dargestellt.

	Babyboomer ca. ab 1950	Generation X ca. ab 1965	Generation Y ca. ab 1980	Generation Z ca. ab 1995
Grundhaltung	Idealismus	Skeptizismus	Optimismus	Realismus
Hauptmerkmal	Selbst-erfüllung	Perspektiven-losigkeit	Leistungs-bereitschaft	Flatter-haftigkeit
Freizeit-Werte	relativ niedrig	mittel	relativ hoch	hoch
soziale Werte	relativ hoch	mittel	relativ niedrig	niedrig
extrinsische Anreize	relativ niedrig	relativ hoch	mittel	hoch
intrinsische Anreize	relativ hoch	mittel	relativ niedrig	niedrig

Abb. 3.6 Wertemerkmale der Generationen. Quelle: in Anlehnung an Scholz 2014, S. 36 und S. 38.

Je nachdem welcher Generation sich eine Führungskraft aufgrund ihrer Einstellungen zugehörig fühlt, wird sie mit Kollegen, Vorgesetzten oder Mitarbeitern anderer Generationen leichter oder schwerer Konflikte lösen. Das Generationenmodell basiert auf klassisch westlichen Sozialisationen, in anderen Kulturkreisen stehen vielleicht andere generationenunterschiedliche Werte im Vordergrund (zu kulturvergleichenden Studien allgemein vgl. Hofstede und Geert 2011 und House et al. 2014 bzw. zusammenfassend Weibler 2014).

3.3.4 Symbolsystem der Organisationskultur

Die teilweise unbewusst beachteten Verhaltensstandards werden auf der **Symbolebene** durch das konkrete Tun der Organisationsmitglieder sichtbar.

Ernst Cassirer (1874–1945), einer der geistigen Vorväter der sozialpsychologischen Forschung, bezeichnet den Menschen als „animal symbolicum“, d. h. ein symbolbildendes und -verwendendes Wesen. Die Tasse Kaffee am Morgen ist z. B. ein Symbol für Kräftesammeln, das Läuten von Kirchenglocken ein Symbol zum Innehalten. Diese Beispiele zeigen schon, dass Symbolbedeutungen und -wertigkeiten nicht von allen gleichermaßen geteilt werden. Dennoch sind sie wirksam gestalten für den Einzelnen dessen Wirklichkeit.

In Religion und Politik kennen wir Symbole wie Kreuze, Schleier, Fahnen, Palmzweige, Orden uvm. Zur Symbolebene zählen auch Rituale, wie das Aufstehen beim Einzug eines Brautpaars oder die Durchführung von Abstimmungen.

In der Wirtschaft sind Marken ein Symbol, ein Nutzenversprechen. In Wohn- und Arbeitsräumen ist die Gestaltung des Eingangsbereichs, die Form von Stühlen, die Licht- und Farbgebung von Arbeitsplätzen symbolhaft. Nicht ohne Grund sind die meisten Vorstandsbüros in der obersten Etage oder die Raucherbereiche an besonders unattraktiven Stellen zu finden.

Der Dresscode in einem Unternehmen sagt etwas über das Selbstverständnis aus: geht es um Individualität, Formalität, Praktikabilität. Mancherorts sind Piercings und Tatoos in diesem Sinne Symbole, die gegen das Kultursystem eines Unternehmens verstoßen.

Die Sprache sowie die Umgangsformen mit Siezen oder Duzen von Kollegen und/oder Kunden, gehören ebenfalls zur Symbolebene der Unternehmenskultur.

Anhand seiner Symbole wird das Unternehmen sichtbar, was die Symbole bedeuten ist interpretationsbedürftig. Als Führungskraft sollte man über wesentliche Unternehmenssymbole mit den Mitarbeitern sprechen, um im Konsens zu handeln und das Wir-Gefühl zu stärken. Häufig werden auch in Teamentwicklungsseminaren Symbole für die Werte und Stärken des Teams gesucht.

3.3.5 Typen von Unternehmenskulturen

Typologien helfen Ausgangssituationen zu analysieren und daraus Verhaltensentscheidungen abzuleiten. Deal und Kennedy haben 1982 eine Kulturtypologie entwickelt, nach der sich aus zwei Dimensionen:

- **Risikograd** der Geschäftstätigkeit und der unternehmerischen Aktivitäten
- Schnelligkeit des **Feedbacks** auf Strategie und Entscheidungen

vier Typen von Unternehmenskulturen aufspannen lassen (vgl. Abb. 3.7).

Macho-Kultur (Alles-oder-Nichts-Kultur) (vgl. im Folgenden Steinmann und Schreyögg 2013, S. 721 f.): Diese Organisationskultur ist am ehesten in Organisationen zu finden, in denen es tatsächlich um „Leben und Tod" geht (Krankenhäuser, Polizei, Militär). In etwas schwächerer Ausprägung in Unternehmen, bei denen relativ schnell festzustellen ist, ob ein Geschäft erfolgreich oder eben nicht erfolgreich war und gleichzeitig pro Geschäftsabschluss große

Abb. 3.7 Typologie von Unternehmenskulturen nach Deal und Kennedy. Quelle: in Anlehnung an Töpfer (2007, S. 695)

Budgets eingesetzt werden, z. B. in der Unterhaltungsindustrie und im Sport. Es herrscht quasi eine Alles-oder-nichts-Einstellung, bei der das „schnelle Geld“ lockt, der Misserfolg aber auch umso härter trifft. Schnelle Entscheidungen und interner Wettbewerb werden somit gefördert. In Macho-Kulturen finden sich risiko- aber auch wechselfreudige Personen wieder. Langfristige Investitionen werden eher vermieden.

Harte-Arbeit-viel-Spaß-Kultur (Brot-und-Spiele-Kultur): Bei diesem Kulturtypus ist Feedback ebenso schnell zu erhalten wie in der Macho-Kultur, allerdings steht dabei pro Geschäftsabschluss weniger auf dem Spiel. Typisch ist diese Kultur in Verkaufs- oder Vertriebsorganisationen. Das schnelle Feedback besteht darin, dass man sofort weiß, ob ein Auftrag oder Geschäft zustande gekommen ist oder nicht, wobei im negativen Fall „lediglich“ kein Gewinn aber auch kein großer Verlust oder Schaden anfällt. Im Gegensatz zur Macho-Kultur stellt ein Scheitern eines Abschlusses kein Risiko für das Gesamtunternehmen dar. Es wird viel und intensiv gearbeitet; wer nicht agiert, gilt als Low-Performer. Zum Ausgleich gibt es viele Events, wie Feiern und Ausflüge, sowie Auszeichnungen wie „Top-Performer“ oder „Mitarbeiter des Monats“.

Risiko-Kultur (Analytische-Projektkultur): Hier ist das Geschäftsrisiko sehr hoch, dazu erhält das Unternehmen erst sehr spät oder nur zögerlich Informationen über den Erfolg. Unternehmen dieses Kulturtypus entwickeln und forschen oft lange und investieren viel Geld in ein Projekt oder Produkt, das sich dann erst langfristig am Markt durchsetzen und amortisieren bzw. rentieren muss. Bei einem Risiko-Kultur-Unternehmen werden Entscheidungen ausgiebig geprüft, da Fehler die Existenz des Unternehmens bedrohen und nicht sofort entdeckt und ausgebessert werden können. Diese Kulturen sind geprägt von Bedachtsamkeit, Genauigkeit und intensivem Wissensaustausch. Branchenbeispiele sind die Öl-, Pharma-, Luftfahrtindustrie sowie Investitionsgüter-Hersteller. Typisch ist die Sitzung, in der versucht wird, die richtige Entscheidung herauszuarbeiten.

Verfahrenskultur (Prozesskultur): Hier sind die finanziellen Risiken pro Geschäftsabschluss gering, Mitarbeiter und Entscheider erhalten dennoch (oder gerade deswegen) kaum oder gar kein Feedback auf ihre Entscheidungen. In der Kultur der Aktennotizen, Berichte, Formulare und Mitteilungen kommt es meist weniger darauf an, was getan wird, sondern wie. Beispiele sind Banken, Versicherungen, Versorgungsunternehmen, Behörden und öffentliche Einrichtungen. Die Kultur ist geprägt von Pünktlichkeit und Genauigkeit, von Perfektion, Berechenbarkeit und Absicherung. Hierarchie, Statussymbole und Titel werden geschätzt und geachtet.

Nach einer Selbsteinschätzung der Unternehmensleitung bzw. der Führungskräfte und einer entsprechenden Zuordnung des Unternehmens oder verschiedener Abteilungen in entsprechende Typologien muss die Ausrichtung von **Managementmethoden** und **Führungsstilen** überdacht werden.

Zu beachten ist dabei, dass die Typologisierung von Kulturen eine starke Vereinfachung darstellt und nur einer ersten Orientierung dienen kann. Eine tiefergehende Analyse des **organisationsimpliziten Orientierungsmusters** Kultur beginnt nach dem Drei-Ebenen-Modell der Unternehmenskultur nach E. Schein ausgehend von der Beobachtung der Symbolebene. Im nächsten Schritt sind über diese Daten die vorhandenen Werte und Verhaltensmaximen zu entschlüsseln, die dann eine Analyse und Interpretation der grundlegenden Basisannahmen ermöglichen (vgl. Steinmann und Schreyögg 2013, S. 719 ff.).

Exkurs

Das Konzept der organisationalen Energie

Organisationale Energie wird definiert als „... die Kraft, mit der ein Unternehmen zielgerichtet Dinge bewegt. Die Stärke der organisationalen Energie zeigt, in welchem Ausmaß ein Unternehmen sein emotionales, mentales und verhaltensbezogenes Potenzial für die Verfolgung seiner Ziele mobilisiert hat." (Bruch und Vogel 2009, S. 29). Auf Basis empirischer Untersuchungen konnten typische Energiezustände von Unternehmen identifiziert werden, die sich durch zwei unabhängige Dimensionen beschreiben lassen (vgl. Bruch und Vogel 2009, S. 39 ff.). Die Dimensionen bezeichnen zum einen die Qualität, zum anderen die Intensität organisationaler Energie. Die Kombination der Dimensionen ergeben vier typische Ausprägungen von Zuständen organisationaler Energie in Unternehmen:

- Angenehme Trägheit (niedrige aber positive Energie): Mitarbeiter sind zufrieden mit dem Status quo, vor diesem Hintergrund wird auch wenig Notwendigkeit gesehen, diesen Zustand ändern zu müssen oder zu wollen. Das Resultat ist ein eher geringes Aktivitätsniveau sowie eine geringe Wachsamkeit bzgl. des Unternehmensgeschehens (Unternehmensumfeld sowie eigene Geschäftstätigkeit).
- Resignative Trägheit (niedrige und negative Energie): Relativ geringes Interesse der Mitarbeiter am Unternehmensgeschehen. Aktivitätsniveau sowie Interaktions- und Kommunikationsintensität sind vergleichsweise gering. Im Unternehmen herrschen negative Emotionen, wie Enttäuschung und Frustration vor, was beispielsweise von misslungenen Änderungsprozessen herrühren kann.
- Korrosive Energie (hohe aber negative Energie): Hohe Aktivität und emotionale Involviertheit der Mitarbeiter, jedoch ist diese Aktivität negativ ausgerichtet. Somit ist die Organisation nicht in der Lage, die freigesetzte Energie zur Erreichung der Unternehmensziele produktiv einzusetzen. Vielmehr wird ein Großteil der Anstrengungen darauf verwendet, interne Machtkämpfe auszutragen und mikropolitisch aktiv zu sein.
- Produktive Energie (hohe und positive Energie): Es gelingt im Unternehmen Emotionen, Aufmerksamkeit und Aktivitäten der Mitarbeiter auf die gemeinsam zu erreichenden Unternehmensziele auszurichten. Das hohe Aktivitätsniveau geht mit einer gleichzeitigen Begeisterungsstimmung, hohen Anstrengungen, Stolz und Glücksgefühlen bzw. Erfolgserlebnissen einher.

Das angemessene Zuordnen von Organisationen zu den entsprechenden Energiezuständen ist bereits ein wichtiger Erkenntnisschritt. Für den Erhalt oder die Veränderung der Energieform gilt es, anschließend adäquate Maßnahmen und Strategien abzuleiten.

Quelle: Bruch und Vogel (2009)

3.3.6 Mikropolitik

Mikropolitik ist „die auf eigenen Vorteil bedachte Instrumentalisierung anderer in organisationalen Ungewissheitszonen" (vgl. Neuberger 2006, Buchdeckel). Der Begriff geht auf Burns zurück: „Verhalten wird als politisch identifiziert, wenn in Konkurrenzsituationen Andere als Ressourcen genutzt werden." (1962, zit. bei Neuberger 2006, S. 5). Neuberger ergänzt, dass „mikro-" dafür steht, dass sie (anders als die große Politik) im Verborgenen und von einem Einzelnen ausgeübt wird. Sinngemäß könnte man seine Ausführungen mit der Erklärung fortsetzen, dass Mikropolitik das Verhalten des Einzelnen in der Organisationskultur ist. Um persönliche Interessen durchzusetzen, gibt es einige Methoden, die die mikropolitische Forschung zu fassen sucht und die der Praktiker über Ratgeber-Literatur zu „fiesen Tricks der Kollegen" rezipieren kann. Niccolo Machiavelli oder chinesische Strategeme der Kriegslist haben schon früh Manager fasziniert, die nach Möglichkeiten suchten, sich durchzusetzen.

Aus der Vielzahl existierender mikropolitischer Taktiken (vgl. dazu den Überblick Neuberger 2006, S. 85 ff.) sind folgende Hauptgruppen von zentraler Bedeutung. Diese können offen, verdeckt und in Täuschungsabsicht erfolgen.

- **Zwang, (Nach-)Druck**: Zu dieser Kategorie zählen das Androhen oder Ausüben von Strafe oder Sanktionen, ebenso der Entzug von Belohnung oder Vorteilen (z. B. kein Einzelbüro oder keinen alleinigen Dienstwagen mehr). Personen unter Druck neigen allerdings dazu, nach Alternativen und Ausweichmöglichkeiten zu suchen, die für den jeweils Druck Ausübenden nicht berechenbar sind.
- **Belohnung, Vorteilsversprechen**: Belohnung ist eine positive Verstärkung der Motivation durch andere. Ein Vorteil dieser Taktik besteht in der besseren Berechenbarkeit der Reaktionen, da keine Ausweichstrategien gesucht werden. Allerdings muss das Vorteilsversprechen glaubhaft sein und an den Bedürfnissen des zu Belohnenden ausgerichtet sein. Ein Beispiel wäre das Versprechen einer Prämie für bestimmte Leistungen.
- **Einschaltung höherer Autoritäten**: Um eigene Ziele durchzusetzen, werden oft höhere Stellen hinzugezogen, man könnte auch sagen, es wird indirekt veranlasst, dass Druck ausgeübt wird. Beispielsweise wendet sich ein Mitarbeiter an den Chef seines Vorgesetzten, um sich über diesen zu beklagen. Zu den höheren Autoritäten können aber auch andere Instanzen oder Institutionen gehören, nicht nur Vorgesetzte. So z. B. die Öffentlichkeit bzw. Presse und Medien. Beispielsweise werden Gerüchte verbreitet, die Presse oder der Betriebsrat bekommt einen „Tipp" etc.
- **Rationale Argumentation**: Am besten verständlich ist dies bei der Anwendung von Expertenmacht. Dem Sachverstand und der rationalen Argumentation von Experten kann man sich (in einem gewissen Rahmen) nicht widersetzen, wenn man selbst keine besseren Argumente besitzt. Im alltäglichen Sprachgebrauch kann man auch von Überredungskunst sprechen.
- **Koalitionsbildung**: Koalitionen werden gebildet, wenn die Macht eines Einzelnen nicht ausreicht, um Interessen gegen Widerstand durchzusetzen. Gemeint sind hier

Zweckbündnisse, die kalkuliert eingegangen werden, um individuelle Vorteile zu sichern, wie z. B. Netzwerke und Mitgliedschaften, die gebildet werden, um sich durch entsprechende Kontakte selbst Vorteile zu verschaffen („old boys network", Businessklubs usw.).
- **Persönliche Anziehungskraft**: Diese Taktik zielt darauf ab, Vorbild oder Modell für andere zu sein bzw. zu werden. Dabei spielt die persönliche Beziehung eine zentrale Rolle. Das Vorbild versucht, Ziele, Visionen oder Eigenschaften zu verkörpern, die andere selbst auch haben möchten. Man folgt dann dem Vorbild, um (scheinbar) seinen eigenen Zielen zu folgen. Das Mentorenprinzip ist hier anzuführen, sofern sich Förderer und Geförderter „gesucht und gefunden" haben. Der Mentor kann seinen Günstling dann taktisch beeinflussen (und somit auch ausnutzen).
- **Idealisierung, Ideologisierung**: Diese Taktik geht über die Rolle eines Vorbildes hinaus. Ein Ideal oder Idol betont die emotionale Qualität, die mit Begeisterung verbunden ist. Die Träume, Ideale und Visionen üben eine Sogwirkung aus, die bis hin zu Fanatismus und Besessenheit führt. Als Beispiel dienen Fälle, in denen Führungspersonen das Unternehmen verlassen und Dutzende Führungskräfte „mitnehmen", um ein eigenes Unternehmen auf Basis ihrer Vision zu gründen.

Insbesondere der Hinweis auf mögliche Täuschungsabsichten suggeriert, dass Mikropolitik etwas Verwerfliches sei und mikropolitisches Handeln in Unternehmen unterbunden werden muss. Dies stimmt allerdings nicht. Organisatorische Strukturen, Normen und Regelungen beinhalten immer gewisse Spielräume, sie müssen sie sogar enthalten, denn eine vollständige Regelung ohne Auslegungsspielräume ist kaum möglich und – wie beim **„Dienst nach Vorschrift"** deutlich wird – auch nicht sinnvoll. „Bei einer solchen Betrachtungsweise ist nicht zu sehen, wie in Organisationen anders als politisch gehandelt werden könnte." (Neuberger 1995, S. 155). Für Organisationen und deren Führungskräfte ist somit entscheidend, in welchem Ausmaß und mit welcher Wirkung Mikropolitik betrieben wird. Entscheidend ist auch, auf die sensible Grenze zum Mobbing zu achten, wenn Selbstdarstellung und Machtstreben zu Lasten anderer verwirklicht werden (vgl. Abschn. 7)

3.4 Zusammenfassung

Die **Sozialpsychologie** stellt hilfreiche Modelle bereit, um zu erklären, wie Gruppen entstehen und welches Eigenleben (Gruppendynamik) sie entfalten. Man kann eine Gruppe, wie auch ein Unternehmen, als einen eigenständigen Organismus betrachten.

Jede Gruppe hat die **Gruppenpositionen** Führer, Experte, Mitarbeiter und Opponent. Es kann einen formellen Führer geben (in das Amt eingesetzt) und zwei **informelle Führer**: den Beliebtheits- und den Tätigkeitsführer. Wenn die Positionsinhaber unterschiedliche Ziele und Werte vertreten kommt es zu Konflikten.

Der Begriff **Teamarbeit** kann nach dem Grad des Engagement des Einzelnen und der Wirksamkeit des ganzen Teams sehr differenziert betrachtet werden. Nur weil Menschen in einer Gruppe zusammen gefasst arbeiten, sind sie noch lange kein **Hochleistungsteam**. Um ein echtes oder ein Hochleistungsteam zu werden, braucht es viele Gelegenheiten zur Interaktion, zum Aushandeln von Spielregeln und zum Erkennen der jeweils eingebrachten Begabungen. Dies ist in **virtuellen Teams** nur schwer möglich, da sie definitionsgemäß örtlich disparat sind und wenig Gelegenheit zum realen Kontakt besteht.

In **Projektteams** oder in Zusammenarbeit mit Kunden und Lieferanten tritt das Problem der **lateralen Führung** auf. Das ist Führen ohne Führungsmacht. Hier ist die Herausforderung, auch ohne Weisungsbefugnis, gemeinsame Ziele und Interessen zu klären, um gut zusammenzuarbeiten.

Auf organisationaler Ebene ist das Sozialverhalten auch durch die **Unternehmenskultur** geprägt, die auf drei Ebenen betrachtet werden kann: den Basisannahmen, den Werten und Standards und den Symbolen. Team- und Unternehmenskultur sind immer wirksam, wenn auch oft nicht bewusst oder offen sichtbar. Ähnlich ist dies auf der Individualebene, wenn man das sog. **mikropolitische Verhalten** beobachtet, d. h. wie Einzelne sich in der Organisation verhalten, um ihre Ziele und Interessen durchzusetzen.

3.5 Kontrollaufgaben

Aufgabe 3.1 Erklären Sie den Begriff der Gruppendynamik.

Aufgabe 3.2 Erklären Sie den Ansatz sowie Maßnahmen der lateralen Führung.

Aufgabe 3.3 Welche Rahmenbedingungen fördern eine Teambildung, sodass aus einer Ansammlung von Personen ein Team mit gemeinsamen Zielen und Werten entsteht?

Aufgabe 3.4 Markieren Sie, ob die folgende Aussage richtig oder falsch ist!

Gemäß dem Modell der Teamentwicklungsphasen ist es ratsam, Spiel- und Kommunikationsregeln für ein Team aufzustellen, weil dadurch die Normierungsphase ausgelassen und direkt mit der Arbeit begonnen werden kann. Richtig ☐ Falsch ☐

Aufgabe 3.5 Erläutern Sie die Bedeutung von Werten für die Mitarbeiterführung in Unternehmen.

Aufgabe 3.6 Markieren Sie, ob die folgenden Aussagen richtig oder falsch sind!

Der Grad der Virtualität in virtuellen Teams wird alleine durch den Teamleiter festgelegt, da hiervon die verfügbaren Budgets abhängen. Richtig ☐ Falsch ☐

Die Entwicklung einer gemeinsamen Vertrauensbasis kann der Vorgesetzte primär durch das Versenden persönlich gehaltener Mails unterstützen. Richtig ☐ Falsch ☐

Die Führungsanforderungen in virtuellen Teams korrespondieren mit den Grundgedanken der Super-Leadership-Theorie. Richtig ☐ Falsch ☐

Aufgabe 3.7 Beschreiben Sie den Aufbau einer Unternehmenskultur nach dem Drei-Ebenen-Modell von Schein.

Literatur

Ameln, F. von, & Kramer, J. (2014). *Psychodrama, Grundlagen* (3. Aufl.). Berlin.

Antoni, C. H. (2003). Gruppen und Teamarbeit, Kap. 7.2. In H.-J. Bullinger, H.-J. Warnecke & E. Westkämper (Hrsg.), *Neue Organisationsformen im Unternehmen. Ein Handbuch für das moderne Management* (3. Aufl., S. 410–420). Heidelberg.

Aronson, E., Wilson, T., & Akert, R. (2014). *Sozialpsychologie* (8. Aufl.). Hallbergmoos.

Back, K. W., & Neary, B. U. (1992). Gruppendynamik und Sozialpsychologie. *Psychologie und Geschichte, 3*(3/4), 102–113. http://journals.zpid.de/index.php/PuG/article/view/117. Zugegriffen am 31.03.2016.

Bertelsmann. (2016). Bertelsmann Essentials. Ziele und Grundwerte für alle Mitarbeiter, Führungskräfte und Gesellschafter des Unternehmens. http://www.bertelsmann.de/media/verantwortung/downloads/deutsch/bertelsmann-essentials-de.pdf. Zugegriffen am 31.03.2016.

Bruch, H., & Vogel, B. (2009). *Organisationale Energie – Wie Sie das Potenzial Ihres Unternehmens ausschöpfen* (2. Aufl.). Wiesbaden.

Bühlmann, B. (2008). Zum Führen virtueller Teams braucht es besondere Prozesse und Regeln. *HR Today, 10*(7/8), 36–37.

Comelli, G., Rosenstiel, L. von, & Nerdinger Friedemann, W. (2014). *Führung durch Motivation. Mitarbeiter für die Ziele des Unternehmens gewinnen* (5. Aufl.). München.

Deal, T. E., & Kennedy, A. A. (1999). *The new corporate cultures: Revitalizing the workplace after downsizing, mergers, and reengineering*. New York.

Durkheim, É. (1984). *Die Regeln der soziologischen Methode* (8. Aufl.). Berlin [EA 1895].

Elias, N., & Scotson, J. L. (1993). *Etablierte und Außenseiter*. Berlin.

Faltin, L. (2012). *Erfolgreich führen in Netzwerken. Gemeinsamkeit gestalten*. Wien.

Forgas, J. P. (2014). *Soziale Interaktion und Kommunikation. Eine Einführung in die Sozialpsychologie* (4. Aufl.). Weinheim.

Frey, D., & Bierhoff, H.-W. (2011). *Sozialpsychologie. Interaktion und Gruppe (Bachelorstudium Psychologie)*. Göttingen.

Heinen, E. (1987). *Unternehmenskultur*. München.

Herrmann, D., Hüneke, K., & Rohrberg, A. (2012). Führung auf Distanz: Mit virtuellen Teams zum Erfolg (2. Aufl.). Wiesbaden.

Hofmann, L. M., & Regnet, E. (2014). Führung und Zusammenarbeit in virtuellen Strukturen. In L. Rosenstiel von, E. Regnet & M. E. Domsch (Hrsg.), *Führung von Mitarbeitern. Handbuch für erfolgreiches Personalmanagement* (7. Aufl., S. 602–612). Stuttgart.

Hofstede, G., & Geert, H. J. (2011). *Lokales Denken, globales Handeln: interkulturelle Zusammenarbeit und globales Management* (5. Aufl.) München.

Homans, G. C. (1978). *Theorie der sozialen Gruppe* (7. Aufl.). Opladen: Westdeutscher Verlag [EA 1960].

House, R. J. (Hrsg.). (2004). *Culture, leadership, and organizations. The GLOBE study of 62 societies*. Thousand Oaks.

House, R. J. et al. (2014). *Strategic leadership across cultures: Globe study of CEO leadership behavior and effectiveness in 24 countries*. Thousand Oaks.

Jenewein, W., & Heidbrink, M. (2008). *High-performance-teams: Die fünf Erfolgsprinzipien für Führung und Zusammenarbeit*. Freiburg.

Katzenbach, J. R., & Smith, D. K. (2003). *Teams. Der Schlüssel zur Hochleistungsorganisation*. Frankfurt.

Krämer, D., Lammert, K., & Weigang, S. (2015). *Führen ohne Vorgesetztenfunktion*. Freiburg.

Lewin, K. (2012). *Feldtheorie in den Sozialwissenschaften. Ausgewählte theoretische Schriften*. Bern.

Lück, H. E. (2011). Biografie Kurt Lewins in tabellarischer Form. *Gestalt Theory, 33*(2), 115–120.

Marrow, A. J. (2002). *Kurt Lewin. Leben und Werk*. Weinheim [EA 1969].

Neuberger, O. (1995). *Mikropolitik. Der alltägliche Aufbau und Einsatz von Macht in Organisationen*. Stuttgart.

Neuberger, O. (2006). *Mikropolitik. und Moral in Organisationen* (2. Aufl.). Stuttgart.

Möslein, K., Dumbach, M., & Reichwald, R. (2014). Informelle Zusammenarbeit und Technologie. In L. Rosenstiel von, E. Regnet & M. E. Domsch (Hrsg.), *Führung von Mitarbeitern. Handbuch für erfolgreiches Personalmanagement* (7. Aufl., S. 590–601). Stuttgart.

Rosa, H., Strecker, D., & Kottmann, A. (2013). *Soziologische Theorien* (2. Aufl.). Konstanz/München.

Rosenstiel, L. von (2003). *Grundlagen der Organisationspsychologie* (5. Aufl.). Stuttgart.

Rosenstiel, L. von (2014). Die Arbeitsgruppe. In L. Rosenstiel von, E. Regnet & M. E. Domsch (Hrsg.), *Führung von Mitarbeitern. Handbuch für erfolgreiches Personalmanagement* (7. Aufl., S. 337–344). Stuttgart.

Sackmann, S. A. (2004). *Erfolgsfaktor Unternehmenskultur*. Wiesbaden.

Schein, E. H. (1984). Coming to a new awareness of organizational culture. *Sloan Management Review, 25*(2), 3–16 http://compass.port.ac.uk/UoP/file/9ae42a63-0544-40e3-8fc6-7be0e2ef9231/1/Police+Culture+%28s%29_IMSLRN.zip/media/Culture_Schein.pdf. Zugegriffen am 31.03.2016.

Schindler, R. (1957). Grundprinzipien der Psychodynamik in der Gruppe. *Psyche, 11*(5), 308–314.

Schindler, R. (1973). Das Verhältnis von Soziometrie und Rangordnungsdynamik. In A. Heigl-Evers (Hrsg.), *Gruppendynamik* (S. 30–36). Göttingen.

Scholz, C. (2014). *Generation Z: Wie sie tickt, was sie verändert und warum sie uns alle ansteckt*. Weinheim.

Stahl, E. (2012). *Dynamik in Gruppen. Handbuch der Gruppenleitung* (3. Aufl.). Weinheim.

Steinmann, H., & Schreyögg, G. (2013). *Management. Grundlagen der Unternehmensführung* (6. Aufl.). Wiesbaden.

Stöwe, C., & Keromosemito, L. (2013). *Führen ohne Hierarchie. Laterale Führung* (2. Aufl.). Wiesbaden.

Stock-Homburg, R. (2013). *Personalmanagement. Theorien – Konzepte – Instrumente* (3. Aufl.). Wiesbaden.

Töpfer, A. (2005). Betriebswirtschaftslehre : Anwendungs- und prozessorientierte Grundlagen (2. Aufl.). Berlin: Heidelberg.

Tuckman, B. W. (1965). Developmental sequence in small groups. *Psychological Bulletin, 63*, 384–399. Nachdruck online verfügbar unter http://openvce.net/sites/default/files/Tuckman1965DevelopmentalSequence.pdf. Zugegriffen am 31.03.2016.

van Dick, R., & West, M. A. (2013). *Teamwork, Teamdiagnose, Teamentwicklung* (Praxis der Personalpsychologie, Bd. 8). Göttingen.

Weibler, J. (2012). *Personalführung* (2. Aufl.). München.

Weibler, J. (2014). Führung in anderen Kulturen – Ergebnisse der Globe-Studie. In L. Rosenstiel von, E. Regnet & M. E. Domsch (Hrsg.), *Führung von Mitarbeitern. Handbuch für erfolgreiches Personalmanagement* (7. Aufl., S. 478–493). Stuttgart.

Weinert, A. B. (2004). *Organisations- und Personalpsychologie* (6. Aufl.). Weinheim/Basel.

Kommunikationspsychologische Grundlagen der Führung

4

Lernziele

Dieses Kapitel vermittelt

- warum Menschen kommunizieren wollen,
- wie gute Kommunikation und Gesprächsführung funktioniert,
- wie Kommunikation im Führungsalltag analysiert werden kann,
- welche Rolle Konflikte im Führungsalltag spielen und
- wie Konflikte analysiert und bearbeitet werden können.

4.1 Kommunikation

„Man kann nicht nicht kommunizieren." Dies ist eines der fünf Axiome, die Paul Watzlawick 1967 in seinem Buch „Pragmatics of Human Communication" als grundlegend für zwischenmenschliches Verhalten formulierte (vgl. Watzlawick et al. 2011): Wann immer sich zwei Menschen begegnen, findet Kommunikation statt, denn so wie man sich nicht nicht verhalten kann, kann man auch nicht nicht kommunizieren. Jemanden unbewusst zu übersehen, ist Kommunikation, ihn bewusst zu ignorieren ebenfalls und ihn gezielt anzusprechen, genauso.

Sprachwissenschaftler und Psychologen beschäftigen sich damit, wie Kommunikation funktioniert, wie Menschen unterschiedlicher Kulturen kommunizieren (lernen) und wie es kommt, dass wir uns manchmal missverstehen oder durch Worte oder Zeichen (nicht) das erreichen, was wir erreichen möchten.

U. Schirmer, S. Woydt, *Mitarbeiterführung*, BA KOMPAKT,
DOI 10.1007/978-3-662-47915-5_4

4.2 Kommunikationsbedürfnisse

Eine Frage der Kommunikationspsychologie ist, warum Personen mit anderen Menschen kommunizieren wollen. So gibt es beispielsweise Personen, die einen Bericht sehr weit ausholend, schnell sprechend und bis ins kleinste Detail ausführend vortragen, andere hingegen beschränken sich auf wenige Sätze und warten dann auf Fragen.

Die Fähigkeit zur Kommunikation erfüllt viele Funktionen, Frindte (2001, S. 64 ff.) stellt einige Argumente zusammen:

Self Disclosure (Selbstöffnung): Bei jeglicher Kommunikation sagen Menschen auch etwas über sich selbst aus. Dies kann bewusst, aus einem Mitteilungsbedürfnis heraus, geschehen oder auch unbewusst. Auch wenn wir über andere Dinge, Personen oder Sachverhalte sprechen, teilen wir dabei etwas über uns selbst mit: was wir von den Dingen halten, welche uns wichtig genug sind darüber zu sprechen, ob wir uns als aktiv oder passiv in der Beziehung zu anderen erleben. Wenn wir kommunizieren, öffnen wir uns selbst. Diese Selbstöffnung dient der Selbstwahrnehmung (vgl. Frindte 2001, S. 67). Die Reaktion des Gegenüber ist ein Feedback zur Selbstaussage und ermöglicht den Abgleich von Selbstbild und Fremdbild sowie den sozialen Vergleich. Mit Äußerungen wie „Ich finde es toll, was Sie gemacht haben", „Das könnte ich nie" oder „Das kann ja jeder" setzt sich der Sprecher in Beziehung zu seinem Gegenüber.

Impression Management (sich in Szene setzen): Das Sich-in-Szene-Setzen oder Sich-selbst-Präsentieren kann bewusst und unbewusst eingesetzt werden, um das Denken und die Meinung anderer über die eigene Person zu beeinflussen. (vgl. Frindte 2001, S. 69). Entsprechend ihrer Persönlichkeitsstruktur sind Menschen auf unterschiedliche Weise und Ausprägung darauf bedacht, das eigene Verhalten zu überwachen und zu kontrollieren, um bei anderen einen jeweils gewünschten Eindruck zu hinterlassen. Impression Management will soziale Anerkennung erzielen. Dazu gehört auch, sich unter Umständen schlechter zu machen, als man ist, um somit durch eine gewisse Bedürftigkeit Aufmerksamkeit, Zuwendung oder Anerkennung zu erhalten.

Kognitive Dissonanz reduzieren (Auflösung von Widersprüchen): Der Mensch muss sich in seiner sozialen Umwelt orientieren und zurechtfinden, das sichert seine Existenz. Nimmt er Dinge wahr, die sich widersprechen oder die er nicht einordnen kann, so entsteht ein unangenehmes Gefühl. Leon Festinger hat dies 1957 „kognitive Dissonanz" genannt. Diese entsteht zum Beispiel, wenn man irgendwo zu Gast ist und eigene Sitten und Gebräuche von den Gastgebern offenbar nicht geteilt werden. Man weiß nicht, wie man sich richtig verhält, dies erzeugt psychischen Druck. Man kann ihm ausweichen und die Situation verlassen oder man tritt in Kommunikation.

Kognitive Dissonanz entsteht häufig bei Kommunikations- und Informationsprozessen. Dies ist z. B. für die Entscheidungsfindung relevant. „Eine einmal getroffene Entscheidung möchten wir nicht wieder rückgängig machen, weil das zu inneren Widersprüchen, Konflikten und Inkonsistenzen führen würde. Stattdessen versuchen wir, uns diese Entscheidung schönzureden oder Kommunikationssituationen zu meiden, in denen wir mit derartigen Widersprüchen und Inkonsistenzen konfrontiert werden könnten." (Frindte 2001, S. 75 f.). Eine kognitive Dissonanz könnte z. B. erzeugt werden durch das Selbstbild „Ich bin ein guter Manager" verbunden mit der Information aus dem Statusbericht „Wir werden den Liefertermin nicht halten können." Dieser Widerspruch kann aufgelöst werden durch eine Änderung der Selbsteinschätzung („Ich bin doch kein guter Manager"), durch Beschönigung („Ich krieg das schon irgendwie hin") oder durch Distanzierung („Ich bin und bleibe ein guter Manager und an der Verzögerung ist alleine XY schuld"). In jedem Fall muss die Dissonanz reduziert werden, damit die wahrgenommene Realität und die (Selbst-)Wahrnehmung über die eigene Person wieder in Einklang gebracht werden können. Der Widerspruch kann also über Kommunikation im weitesten Sinne aufgelöst werden.

Attributionen (Zuschreibungen): Attributionen sind Erklärungen, die Menschen vornehmen, um das eigene Verhalten oder das anderer Personen zu erklären bzw. zu interpretieren (vgl. Kap. 2.1.3). Das Bedürfnis ist, durch Kommunikation Verhalten zu deuten und weitere Handlungen daran ausrichten zu können. Das Modell der Attributionstheorie entspricht dabei der Funktionsweise eines Computerprogramms. Demnach erhalten Menschen über Kommunikationsprozesse Informationen, berechnen diese anhand bestimmter Prozeduren und Schemata und interpretieren so das jeweilige Verhalten. Je nach Ergebnis der Interpretation wird das eigene Handeln daran ausgerichtet. Missverständnisse und Vorurteile lassen sich auf diese Weise erklären. Kommunikation liefert also die nötigen Informationen, um eigenes und fremdes Verhalten deuten zu können. Diese Deutungen sind jedoch nicht objektiv wahr, sondern subjektive – durch Vorurteile, Lebenserfahrung, Wahrnehmungsfilter geprägte – Zuschreibungen.

Zusammenfassend: Menschen nutzen auch erzwungene und notwendige Kommunikationsanlässe (Meetings, Berichte etc.) dazu, sich nicht nur fachlich auszutauschen, sondern etwas über sich selbst mitzuteilen, sich positiv darzustellen, Widersprüche aufzulösen und Verhalten zu deuten.

Praxis

Beispiele für Kommunikationsbedürfnisse

- Folgende Aussagen in einer Besprechung könnten entsprechend der Theorie zu Kommunikationsbedürfnisse erklärt werden:
- „Im letzten Bericht wurde von mir bereits darauf hingewiesen, dass..."
- (Selbstöffnung: Unmut; es ist immer noch nichts passiert).
- „Inzwischen kann dieser Verdacht bestätigt werden..."
- (Selbstdarstellung: Ich habe es ja gleich gesagt; denkt gut über mich).
- „Die Verantwortung für dieses Versäumnis liegt eindeutig bei..."
- (Dissonanzreduktion: Ich bin gut, Ergebnis ist schlecht, also muss ein anderer Schuld haben).
- „Nachdem nun seit Projektbeginn mehrfach unterlassen wurde,..."
- (Attribution: Das Management taugt nichts).
- Wenn solche beispielhaften Aussagen unkommentiert stehen bleiben, können Missstimmungen entstehen. In diesem Fall müsste z. B. hinterfragt werden, wie eindringlich auf Probleme tatsächlich hingewiesen wurde, ob ein Hinweis alleine schon von der Verantwortung entbindet, ob die Verantwortlichkeiten und Versäumnisse tatsächlich eindeutig sind, welche Konsequenzen daraus zu ziehen sind und vor allem, wer dies zu entscheiden hat.

4.3 Kommunikationstheorien und -modelle

Führungskräfte verbringen einen Großteil ihres Arbeitsalltages mit Kommunikation. Wesentliche Grundlagen der Kommunikation zu kennen, ist daher elementar.

4.3.1 Das Eisberg-Modell

Häufig gehen Menschen davon aus, dass Kommunikation (ausschließlich) auf einer sachlichen Ebene stattfinden würde, dass man, wenn man schweigt, auch nichts sagt, nicht kommuniziert. Dies stimmt nicht. Schweigen ist sehr beredt. Vgl. auch das eingangs erwähnte erste Axiom der Kommunikation **„Man kann nicht nicht kommunizieren."** (Watzlawick et al. 2011, S. 53)

Wenn wir etwas (nicht) sagen, sagen wir trotzdem etwas, allerdings nicht offen. Schweigen kann z. B. kommunizieren „Du nervst mich." oder „Ich will mich nicht angreifbar machen." Vergleicht man die menschliche Kommunikation mit einem Eisberg, so gilt folgende Analogie: So wie bei einem Eisberg nur etwa 1/7 seiner Größe für den Seemann offensichtlich ist, weil sie aus dem Wasser ragt, und der größere, weitaus bedeutungsvollere Teil mit 6/7 unsichtbar ist, so ist es auch bei der Kommunikation: Das, was wörtlich gesagt wird, und das, was uns bewusst ist, dass wir sagen wollen, macht höchstens 1/7 der Kommunikation aus. Der Rest ist unbewusst, wird über Gestik, Mimik, Körperhaltung, Tonalität ausgedrückt. Deswegen ist auch ein Schweigen beredt – weil das gesprochene Wort vergleichsweise unbedeutend dafür ist, was verstanden wird.

„Jede Kommunikation hat einen Inhalts- und einen Beziehungsaspekt", so beginnt das zweite Axiom der Kommunikation. (vgl. Watzlawick et al. 2011, S. 53 ff.). Der Inhaltsaspekt ist das Sichtbare, oberhalb der Wasseroberfläche; der Beziehungsaspekt ist das unter der Oberfläche, das Unbewusste, aber viel Machtvollere. **„derart, dass letzterer den ersteren bestimmt und daher eine Metakommunikation ist."** (a.a.O., S. 56). Der zweite Satzteil meint, dass meine Einstellung zu mir und zum anderen das eigentlich Wichtige an der Kommunikation ist (vgl. auch die einleitendenden Ausführungen zur Funktion von Kommunikation) – die Beziehungsaussage ist eine Verstehensanweisung für die Inhaltsaussage. Die Art, wie jemand den Satz „Ich habe Hunger" gegenüber einer konkreten Bezugsperson ausspricht, bestimmt, wie diese Person darauf reagiert: mit einem Schulterzucken, mit „Ich auch" oder mit der Zubereitung einer Mahlzeit.

4.3.2 Das Kommunikationsquadrat

Friedemann Schulz von Thun verfeinerte 1981 das Modell von Inhalts- und Beziehungsaspekt (vgl. Schulz von Thun 2010a): **Jede Nachricht hat vier Seiten: Inhalt, Beziehung, Selbstoffenbarung und Appell.**

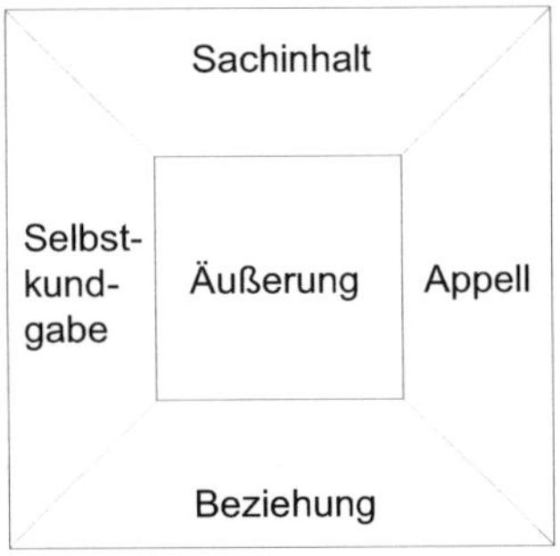

Abb. 4.1 Kommunikationsquadrat. Quelle: Schulz von Thun (2003, S. 34)

Sein Modell, das als „Kommunikationsquadrat" oder „Vier-Seiten-Modell" weit verbreitet ist, hilft zu erklären, wie absurd das gesprochene Wort manchmal ist oder wie es in der Kommunikation zu Missklängen kommen kann. Denn selten ist das, was wir sagen, genau das, was wir meinen. Ein Beispiel: In der Besprechung sagt die Chefin „Der Kaffee ist leer!" Der Sachinhalt ist sicher zutreffend, doch den will sie eigentlich gar nicht mitteilen, vielmehr möchte sie, dass die Appellseite der Nachricht – von wem auch immer – gehört wird, und diese besagt: „Sorgen Sie für neuen Kaffee." (Abb. 4.1)

Ob wir es wollen oder nicht: Wir sind bei jeder Kommunikation vierfach wirksam, senden vier Botschaften, obwohl wir vielleicht nur einen Satz sagen. Die vier Seiten drücken Folgendes aus:

- **Sachinhalt**: worüber ich informiere.
  Aussagen, die man mit wahr/unwahr, relevant/nicht relevant oder ausreichend/nicht ausreichend klassifizieren kann.
- **Beziehung**: was ich von dir halte und wie ich zu dir stehe.
  „Ob ich will oder nicht: Wenn ich jemanden anspreche, gebe ich (durch Formulierung, Tonfall, Begleitmimik) auch zu erkennen, wie ich zum Anderen stehe und was ich von ihm halte – jedenfalls bezogen auf den aktuellen Gesprächsgegenstand" (Schulz von Thun 2003, S. 35).
  Der Empfänger fühlt sich durch die eingehenden Informationen wertgeschätzt/abgelehnt, missachtet/geachtet, respektiert/gedemütigt.
- **Selbstkundgabe**: was ich von mir zu erkennen gebe.
  In jeder Aussage schwingt neben Sach- und Beziehungsbotschaft auch ein Hinweis auf die eigene Befindlichkeit mit. Das sind Informationen über Gefühle, Werte, Eigenarten und Bedürfnisse. Auch die Selbstkundgabe kann implizit oder explizit erfolgen.
- **Appell**: was ich bei dir erreichen möchte.
  In jeder Aussage steckt auch ein Appell an den Empfänger, was der Sender von ihm an Reaktion erwartet, sei es einer bestimmten Aussage zuzustimmen oder eine konkrete Handlung auszuführen. Entsprechend enthält die Appellseite Wünsche, Aufforderungen, Ratschläge oder Handlungsanweisungen.

Schulz von Thun sagt, dass der Sender einer Nachricht mit „vier Schnäbeln“ spricht und der Empfänger mit „vier Ohren“ hört. Wie z. B. die Beziehungsaussage vom Sender gemeint ist, muss dabei nicht identisch sein mit der Beziehungsaussage, die der Empfänger heraushört. An der Reaktion des Empfängers kann der Sender erkennen, auf welche Seite der Nachricht dieser reagiert und wie er sie vermutlich interpretiert hat. So könnte ein Mitarbeiter im o. g. Kaffee-Beispiel mit der Nachricht reagieren „Och nee, nicht schon wieder ich.“ Sein Ohr hat den Appell von „Der Kaffee ist leer!“ so verstanden, dass genau er damit aufgefordert sei, Kaffee nachzukochen. Eine denkbare Reaktion der Chefin könnte ein genervtes „Das habe ich doch gar nicht gesagt!“ sein. Auch sie reagiert damit nicht auf die wortwörtliche Rede, sondern auf den versteckten Vorwurf auf der Selbstkundgabe- und Beziehungsseite: „Immer lassen Sie mich die niedrigen Arbeiten tun.“ So wird aus einer harmlosen Geschichte ein die Konferenzstimmung beeinträchtigendes Hin und Her.

Praxis

Konflikte klären mit dem Kommunikationsquadrat

Die Kenntnis des Kommunikationsquadrats ist hilfreich, wenn man sich als Führungskraft erklären will, warum manche Mitarbeiter scheinbar sofort verstehen, was man meint, und andere nicht. Dann macht es Sinn, sich eine Kommunikationssequenz (Rede und Gegenrede) aufzuschreiben und zu benennen, welche vier Botschaften man der Rede als Sender zuschreibt und welche offensichtlich der Empfänger gehört hat, als er seine Gegenrede formulierte. Hat man dies herausgefunden, kann man durch eine entsprechende unmissverständliche Kommunikation die Ursache offen ansprechen und klären. Um noch einmal das Beispiel aus dem Text zu bemühen: Die Chefin könnte ihren Satz „Der Kaffee ist leer!“ von Anfang an ergänzen, z. B. mit der Aussage „Mir würde jetzt eine Tasse gut tun. Herr Müller, wären Sie bitte so freundlich, uns Nachschub zu organisieren?“

Die Frage übrigens, wer bei einem missverständlichen oder konfliktbehafteten Verhalten angefangen hat, beschreibt Paul Watzlawick in seinem dritten Axiom. Es heißt im Original: **„Die Natur einer Beziehung ist durch die Interpunktion der Kommunikationsabläufe seitens der Partner bedingt.“** (Watzlawick et al. 2011, S. 61). Es bedeutet, dass Kommunikation immer Ursache und Wirkung zugleich ist, die Partner jedoch häufig die „Punkte“ unterschiedlich setzen, wann ein Problem begonnen hat.

Das vierte Axiom **„Kommunikation ist digital und analog.“** widmet sich dem Umstand, dass wir sowohl digital, also mit Zeichen (wie Worten oder Schrift) kommunizieren, als auch analog, d. h. mit Gestik und Mimik, die z. B. den Beziehungsaspekt konkretisieren. Während durch die komplexen Regeln von Syntax und Semantik in der Sprache auch Feinheiten kommuniziert werden können, sind analoge Handlungen mehrdeutig und eröffnen mehr Interpretationsspielräume (das fünfte Axiom finden Sie am Ende von Abschn. 4.3.3.).

4.3.3 Die Ich-Zustände nach der Transaktionsanalyse

Die Transaktionsanalyse geht auf Eric Berne (1910–1970) zurück, der in den 1960er-Jahren ein Modell erarbeitete, das erklärt, warum Menschen in unterschiedlichen Situationen unterschiedlich kommunizieren (vgl. Harris 1989). Eine Kommunikationssequenz (A spricht mit B und B reagiert darauf) nennt er Transaktion. Diese detailliert zu analysieren, war für ihn ein Werkzeug, um seinen Klienten weiterzuhelfen. Berne hatte beobachtet, dass Menschen aus drei unterschiedlichen Ich-Zuständen heraus handeln bzw. sprechen und in der Kommunikation mit anderen auf bestimmte Ich-Zustände des Gegenübers reagieren.
Diese Ich-Zustände sind:

- Im **Kindheits-Ich** hat die Person Zugang zur inneren Gefühlswelt ihrer Kindheit, die zunächst unmittelbar existiert und nicht sprachlich vermittelt werden kann (Angst, Zuneigung, Hunger, …). Ein Säugling oder Kleinkind kann beispielsweise nur fühlen und miterleben, dass und wie die Eltern streiten, hat aber nicht die Möglichkeit, zu erklären, warum.
- Im **Eltern-Ich** hat die Person Zugang zu Normen und Verhaltensweisen, die sie von anderen, typischerweise den Eltern, (noch) unreflektiert übernommen hat. Meist wirken kindliche Erfahrungen normativ in Gedanken wie: Man muss, man darf nicht, es ist nicht gut wenn man… Solche „Einschärfungen", man könnte auch Zuschreibungen oder Glaubenssätze dazu sagen, prägen das Selbsturteil und das Handeln.
- Im **Erwachsenen-Ich** ist die Person in angemessener Weise voll und ganz im Hier und Jetzt. Sie hat Zugang zu ihrem eigenen Verstand, zu Normen, die sie reflektiert und als sinnvoll befunden hat, zu Gefühlen, mit denen sie umgehen kann. Das Erwachsenen-Ich entsteht nach und nach, wenn ein Mensch entdeckt, dass er etwas tun kann, das seinem eigenen Bewusstsein und seinem eigenen Denken entspringt. Hierbei können elterliche Normen infrage gestellt und Gefühle rational ergründet werden.

Hintergrund

Transaktionsanalyse als therapeutische Methode
Die **Transaktionsanalyse** (kurz: TA) ist eine psychotherapeutische Schule, die beständig weiter entwickelt wurde, um Menschen zu unterstützen, ihre erlebte Wirklichkeit zu verstehen und zu verändern. Von Berne zunächst als Ergänzung zur Psychoanalyse nach Freud entwickelt, wurde daraus eine eigenständige Methodik, die neben den Ich-Zuständen auch das Konzept des „**Skripts**" (Lebensplan, der sich in unserer Kindheit einprogrammiert) und des „**Spiels**" (stereotype Verhaltensrituale, mit denen wir gewohnte Beziehungsmuster wiederholen) umfasst. Grundlegend ist die Haltung des Therapeuten „Ich bin ok. Du bist ok." (so auch ein Buchtitel von Thomas Harris 1989), eine Haltung, die zwei Erwachsenen-Ichs gemäß ist.

Die TA wird von vielen Disziplinen sehr verkürzt rezipiert und reduziert auf die gut nachvollziehbare Erklärung, warum Erwachsene sich gut verstehen, wenn sie gemeinsam herumalbern (Kongruenz im Kindheits-Ich) oder sich gemeinsam über Busverspätungen empören (Kongruenz im Eltern-Ich), warum es aber zu Missklängen kommt, wenn sich die Transaktionen kreuzen (vgl. Haupttext). Ähnlich ist übrigens auch das Kommunikationsquadrat nur ein Ausschnitt aus der von Schulz von Thun begründeten Modelltheorie. Bei Interesse lohnt es sich, die Originale nachzulesen.

Die drei Ich-Zustände stehen jedem Menschen zur Verfügung. Welche in einer Situation dominiert, ist von den Reizen ab, die in dieser Situation wahrgenommen werden und auf die reagiert wird.

Anhand der Wortwahl (aber auch der nonverbalen Zeichen) kann man erschließen, aus welchem Ich heraus ein Mensch spricht (Abb. 4.2).

Theoretisch kann es nun 3x3 = 9 Variationen geben, wie zwei Personen miteinander kommunizieren. Transaktionsanalytiker notieren das mit Symbolen wie in Abb. 4.3 ff.

Die erste Kommunikationsregel der Transaktionsanalyse besagt: **Wenn Reiz und Reaktion auf parallelen Linien verlaufen, dann ist die Transaktion komplementär (d. h. sie ergänzt sich selbst immer wieder von Neuem) und kann endlos weitergehen** (Harris 1998, S. 91).

Die nicht-komplementäre oder Überkreuz-Transaktion ist gegeben, wenn Person B sich an die angebotene Rolle nicht hält. Dann gilt, so die zweite Kommunikationsregel: **Wenn Reiz und Reaktion, sich im EL-Er-K-Schema überkreuzen, wird die Kommunikation unterbrochen.** (a.a.O., S. 102) (Abb. 4.5).

Im Verhältnis Führungskraft zu Mitarbeiter ist unbewusst eine Kommunikation zwischen Eltern-Ich und Kind-Ich angelegt. Sofern beide aus dem jeweiligen Ich-Zustand kommunizieren, funktioniert die Kommunikation. Sie manifestiert allerdings ein Über-/

Ich-Zustand	Körpersprache	Typische Floskeln
Eltern-Ich	gerunzelte Brauen, Stirnfalten, ausgestreckter Zeigefinger, den Kopf tätscheln, Arme in die Seite stemmen/ vor der Brust verschränken	o Ich werde dafür sorgen, dass... o Was fällt dir/ Ihnen ein... o Wie oft habe ich schon gesagt o lächerlich, idiotisch, ekelhaft o Schätzchen, mein Bester, guter Mann, Menschenskind o Und jetzt? Nan na!
Kind-Ich	Tränen, zitternde Lippen, Schmollen, Wutanfall, Betteln, Lachen, Grimassen schneiden, Hand heben, wenn man etwas sagen möchte, Achselzucken	o Ich will, Ich wünsche mir, Ich möchte o Weiß ich doch nicht Mir doch egal o besser, am besten und andere Komperative/ Su perlative o Ich mach jetzt erst mal (gar nichts)
Erwachsenen-Ich	Offen, dem Gegenüber zugewandt, hört zu, ist interessiert, wach	o alle W-Fragen o verhältnismäßig, wahrscheinlich o ich finde, denke, meine, glaube

Abb. 4.2 Indizien für Ich-Zustände nach der Transaktionsanalyse. Quelle : in Anlehnung an Harris 1998, S. 84 ff.

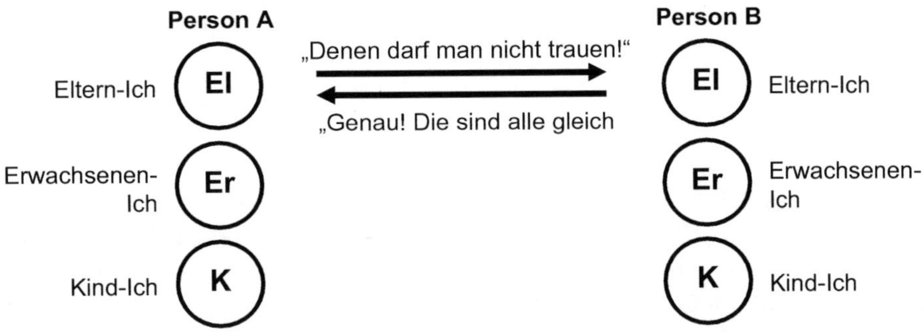

Abb. 4.3 Darstellung einer komplementären Transaktion. Quelle: eigene Darstellung

	Person A	Person B
El-El	Denen darf man nicht trauen	Genau! Die sind alle gleich.
Er-Er	Wie viel Uhr ist es?	Ich habe vier Uhr dreißig
K-K	Rumalbern, Lachen (selten verbal)	Rumalbern, Lachen (selten verbal)
El-K	Tust du mir den Gefallen und erledigst X.	Ich kann das nicht, das ist mir peinlich.
K-El	Was soll ich heute Abend anziehen?	Nimm den dunklen Anzug.

Abb. 4.4 Beispiele für komplementäre Transaktionen. Quelle: in Anlehnung an Harris 1998, S. 94 ff.

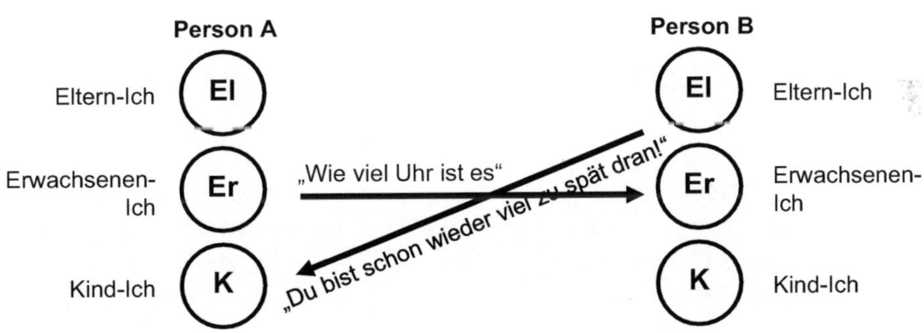

Abb. 4.5 Darstellung einer nicht komplementären Transaktion. Quelle: eigene Darstellung

Unterordnungsverhältnis, was mit moderner Mitarbeiterführung, Delegation und sich selbstorganisierenden Unternehmen nichts zu tun hat.

Das Ideal der Kommunikation sowie die Ausstiegsstrategie im Fall nicht-komplementärer Kommunikation ist immer die Kommunikation aus dem Ich-Zustand des Erwachsenen heraus. Ein Erwachsenen-Ich kann ein anderes Erwachsenen-Ich um Hilfe bitten, ohne sich dabei klein zu machen, es kann sein Missfallen äußern, ohne sich damit über den anderen zu erheben.

Das fünfte Axiom von Watzlawick et al. lautet übrigens: **„Kommunikation ist entweder symmetrisch oder komplementär.“** (Watzlawick et al. 2011, S. 70). Symmetrisch kommunizieren zwei gleichstarke Partner, die nach Gleichheit und Verminderung von Unterschieden streben. Man könnte es auch ein „spiegelhaftes Verhalten“ der Partner nennen. In der komplementären Kommunikation gibt es immer einen „superioren“ und einen „inferioren“ Partner. Die Partner ergänzen sich in ihrem Verhalten. In der Führungssituation ist das der Normallfall und nicht als negativ zu betrachten. Negativ wäre allenfalls, sich als Führungskraft vorzumachen, es könne eine symmetrische Kommunikation mit Mitarbeitern geben. Harris verwendet den Begriff „komplementär“ in einer anderen Bedeutung: Hier ergänzen sich die Ich-Zustände sowohl von oben nach unten, als auch von gleich zu gleich. Seine Empfehlung für Führungskräfte: Der Ansprache im Eltern-Ich widerstehen und immer aus dem Erwachsenen-Ich heraus kommunizieren.

4.4 Konfliktmanagement

Konflikte werden nahezu immer über Kommunikation deutlich, auch und gerade wenn Personen nicht miteinander reden.

Mitarbeiter verbringen durchschnittlich rund 12 % ihrer Arbeitszeit im Unternehmen damit, Konflikte auszutragen (vgl. Duve et al. 2011, S. 13). Eine wichtige Fähigkeit für Führungskräfte ist daher, die Grundlagen des Konfliktmanagements zu beherrschen und anwenden zu können.

4.4.1 Definition und Bewertung von Konflikten

Zunächst sollte der Konfliktbegriff von seinem Negativimage befreit werden. Man kann nämlich auch die Meinung vertreten, Konflikte seien wünschenswert, denn sie zeigen Regelungsbedarf auf und bieten somit den Anlass dafür, Probleme zu bewältigen. Mit der Regelung von Konflikten gelangt man persönlich, als Team oder als Organisation schließlich auf eine Entwicklungsstufe, die man ohne den Konflikt unter Umständen nicht oder nicht so schnell erreicht hätte. Damit wird deutlich: Nicht der Konflikt an sich ist problematisch, sondern seine Lösung. Ziel ist daher nicht, Konflikte zu verhindern, sondern Maßnahmen und Regeln zu finden, um die Konflikte zum Vorteil aller aufzulösen.

Im Allgemeinen liegt der Sinn von Konflikten darin, einem bestimmten Missstand abzuhelfen. Die Beteiligten wollen ein Problem bewältigen und übergeordnete Strukturen oder Systeme erhalten. Konflikten ist gemeinsam, dass die beteiligten Konfliktparteien jeweils erwarten, durch ihr Verhalten im Konflikt irgendwann eine Beseitigung der Konfliktsituation zu erreichen und letztlich Vorteile für sich selbst zu erlangen oder zumindest ihre Ziele zu erreichen. Entscheidend ist dabei nicht, ob Vorteile oder Zielerreichung objektiv in Aussicht gestellt werden können, sondern ob die Konfliktparteien dies subjektiv erwarten.

Ein Konflikt kann deshalb neutral und knapp als ein Phänomen definiert werden, „bei dem widerstreitende menschliche Strebungen aufeinanderprallen“ (Hertel 2013, S. 16). Glasl (2013, S. 19 f.) betont den unterschiedlichen Umgang mit den widerstreitenden Interessen: „Sozialer Konflikt ist eine Interaktion zwischen Aktoren (Individuen, Gruppen, Organisationen usw.), wobei wenigstens ein Aktor **Unvereinbarkeiten im Denken/Vorstellen/Wahrnehmen und/oder Fühlen und/oder Wollen** mit dem anderen Aktor (anderen Aktoren) in der Art erlebt, dass beim Verwirklichen dessen, was der Aktor denkt, fühlt oder will eine **Beeinträchtigung durch einen anderen Aktor** (die anderen Aktoren) erfolge“. Diese Definition stellt den subjektiv erwartenden Charakter aus Sichtweise der Konfliktparteien in den Vordergrund. Ein Aktor nimmt dabei an, dass er eine Beeinträchtigung erleiden müsse, wenn er dem Wunsch der Gegenpartei nachgeben würde. Die Definition lässt auch die Möglichkeit einer Konfliktlösung zu, bei der sich nicht die objektive Situation, wohl aber Annahmen und subjektive Sichtweise eines oder mehrerer Beteiligten ändert.

Hintergrund

Der Sinn von Konflikten

Menschen, die nach der Lösung eines Konfliktes streben, fragen häufig nach dessen Ursache. Allerdings zeigen sich Konflikte äußerlich häufig nur durch Kleinigkeiten, die kaum als wahre Konfliktursache gelten können. Ferner kann man nicht davon ausgehen, dass die wahren Konfliktursachen objektiv und unmittelbar zugänglich gemacht werden, da sie meist unbewusst oder tabuisiert sind. Stattdessen wird eine vermeintliche Ursache identifiziert, entsprechend interveniert und die wahre Ursache dadurch verschleiert. Der Konflikt würde dann an anderer Stelle oder zu einer anderen Zeit wieder auftreten. Schwarz (2014, S. 15). empfiehlt daher, nach dem Sinn von Konflikten zu fragen, nicht nach Ursachen. Auch wenn Menschen meist nicht die Ursachen für ihr Verhalten kennen und bewusst artikulieren können, so können sie jedoch meist durchaus erklären, was sie mit ihrem Verhalten erreichen wollen. Wenn man also fragt, „Welchen Sinn macht es für A, wenn er XY von B verlangt?“ und ebenso fragt, „Welchen Sinn macht es für B, wenn er YX von A verlangt?“, dann kommt man zu einem Punkt, an dem sich der Sinn des Konfliktes zwischen A und B offenbart. An diesem Sinn und seiner Erfüllung kann man dann weiter arbeiten.

Quelle: Schwarz (2014)

Für das Konfliktmanagement bedeutet dies, dass Konflikte zwar ernst genommen werden und eine Bearbeitung erfahren sollen, nicht aber, dass die Konfliktlösung darin besteht, dass eine Konfliktpartei recht, die andere unrecht hat. Konflikte ohne klare Schuldzuweisung werden in der Praxis häufig noch als Fehler von Führungskräften gedeutet, und zwar unabhängig davon, wie erfolgreich diese Person mit ihrem Team tatsächlich ist. Dabei machen Konflikte Sinn, weil sie im Rahmen der Teamentwicklung ein notwendiger Schritt sind (vgl. Abschn. 3.2.2) und dazu führen, dass sich ein System erneuert. Das Ziel einer Führungskraft im Konfliktmanagement sollte weitestgehende Zufriedenheit bei den Konfliktparteien sein, nicht Recht zu sprechen. Konflikte können dabei auch funktional eingesetzt werden (vgl. hierzu Schwarz 2014, S. 15 ff.).

Konflikte als Ordnungsprinzip: Menschen tragen Auseinandersetzungen kommunikativ aus, im beruflichen Kontext meist verbal. Mit der Zeit entsteht durch eine Vielzahl von großen und kleinen Konflikten in einer Gruppe (durchaus unbewusst) eine Rangordnung. Durch die zukünftige Einhaltung dieser Rangordnung werden weniger Konflikte notwendig, da nun ein Regelsystem existiert. Konflikte haben also die Funktion, Sozialsysteme zu ordnen und dadurch insgesamt stabil zu halten.

Konflikte als Integrationsinstrument: Konflikte sollten nicht vermieden werden, um ein Sozialsystem zusammenzuhalten, sondern konstruktiv kanalisiert, evtl. sogar gefördert werden, um genau dieses zu erreichen. Indem Konflikte überwunden werden, findet eine Gruppe oder ein Sozialsystem wieder zu einer Einheit zusammen. Dieses Gebilde ist dann meist stabiler als zuvor. Entscheidend ist, ob Konflikte konstruktiv oder destruktiv bearbeitet werden. Bei der Bearbeitung eines Konfliktes einigen sich die Beteiligten implizit oder explizit auf gewisse Normen und Werte und verpflichten sich darauf. Der Konflikt sorgt somit für die Integration der Gruppenmitglieder in die jeweilige Gruppe.

Konflikte als Anpassungsmechanismus: Um ein bestehendes Sozialsystem in einem sich wandelnden Umfeld integriert zu halten, müssen permanent Gemeinsamkeiten gesucht oder bestehende überprüft werden. Über kommunikative Austauschprozesse in Konfliktsituationen durchläuft ein Team oder eine Organisation selbst einen Wandel. Interessant ist hierbei, dass Gruppen, in denen es nicht nur eine Autoritätsperson, sondern immer auch eine Opposition gibt, meistens erfolgreicher sind als Gruppen, die unbehelligt einem Führer folgen. Allein die Tatsache eines (möglichen) Widerspruchs zwingt alle, zu überlegen, wer nun recht hat. Durch diese Überlegungen kann sich die Leistung der Gruppe verbessern, wenn sich herausstellt, dass die Kritik berechtigt war.

4.4.2 Konfliktanalyse und -diagnose

4.4.2.1 Einteilung nach Konfliktarten

Schwarz (2014, S. 97 ff.) unterscheidet Konfliktarten anhand der Anzahl und Konstellation von Personen, die am Konflikt beteiligt sind:

- Persönlicher Konflikt: z. B. Entscheidungskonflikte, Intra- oder Interrollenkonflikte (vgl. Abschn. 3.1.2)
- Paarkonflikt: zwischen zwei Personen oder Parteien
- Dreieckskonflikt: zwischen drei Parteien oder auch zwischen zwei Personen und einer Institution (z. B. Mitarbeiter, Führungskraft und Unternehmen)
- Gruppenkonflikt: in einer sozialen Gruppe, z. B. einem Projektteam oder einer Abteilung
- Organisationskonflikte: zwischen Organisationseinheiten, z. B. Machtkämpfe zwischen Abteilungen, etwa Vertrieb und Zentralstellen
- Institutionskonflikt: zwischen Institutionen, etwa einem Unternehmerverband und Gewerkschaften
- Systemkonflikt: zwischen den Strukturen und Regeln eines Systems

4.4.2.2 Einteilung nach heißen und kalten Konflikten

Eine weitere Möglichkeit der Kategorisierung von Konflikten ist die Unterteilung in heiße und kalte Konflikte (vgl. hierzu Glasl 2013, S. 77 ff.). Bei **heißen Konflikten** befinden sich die jeweiligen Konfliktparteien in einer Begeisterungsstimmung, hitzige Debatten um den Streitgegenstand entstehen, jede Konfliktpartei ist dabei von einem bestimmten Idealismus getrieben und versucht, die jeweils andere(n) Seite(n) zu überzeugen. Die eigene tiefe Überzeugung ist gepaart mit einem Unverständnis, warum „die anderen" das denn nicht auch erkennen können. Bisweilen visionär möchte man Ziele erreichen und verwirklichen, die recht klar in der eigenen Vorstellung existieren. Als Problem erscheint dabei die jeweils andere Seite, die einen selbst an der Verwirklichung der Ziele hindert. Grundsätzlich habe man mit der Gegenseite kein Problem, wenn sie einen nur nicht immer behindern würde.

Kalte Konflikte sind anders. „Anstelle des Feuers der Begeisterung begegnet man bei den Konfliktparteien tiefen Enttäuschungen, einer weitgehenden Desillusionierung und Frustration. Es gibt eigentlich nichts, für das sie sich erwärmen oder begeistern könnten." (Glasl 2013, S. 80). Bei kalten Konflikten gibt es auch innerhalb der Konfliktparteien oft keine oder nur wenig Verbindungen und gemeinsam abgestimmte Aktionen. Das gemeinschaftliche Selbstwertgefühl, das bei heißen Konflikten beobachtet werden kann, ist bei kalten Konflikten aufgelöst. Jeder kämpft für sich, es fehlt ein positives Leitbild. Das fehlende Selbstbewusstsein führt allerdings nicht dazu, nachzugeben oder einzulenken. Im Gegenteil – die anderen sind ja noch viel schlimmer und haben noch viel weniger recht.

Entsprechend der unterschiedlichen Charakterisierungen dieser beiden Konflikttypen ergeben sich auch **unterschiedliche Ansätze zur Intervention** bzw. zur Bearbeitung.

Bei heißen Konflikten ist es oft schwieriger, die Konfliktparteien dazu zu bewegen, die Rahmenbedingungen infrage zu stellen oder zu ändern. Sie wollen weiterhin inhaltlich „kämpfen" (sie sind schließlich von sich und ihrer Lösung überzeugt). Deshalb sollte sich eine Führungskraft bei der Intervention um die Bereitschaft beider Seiten bemühen, gemeinsam an der Beziehung zu arbeiten, etwa offen aufeinander zuzugehen.

Bei kalten Konflikten, bei denen sich die Gegner eingegraben haben und ggf. sogar leugnen, dass ein Konflikt besteht, sollte man hingegen auf Eskalation setzen. Konfliktgegner sind hier meist offener für strukturelle Änderungen, denn in der Situation des kalten Konfliktes ist man festgefahren, es geht nichts vor und nichts zurück. Eine Eskalation des Konfliktes bringt wieder Bewegung hinein. Letztlich sind die Gegner beide erleichtert, wenn sich irgendetwas ändert, und seien es die Rahmenbedingungen. Dies bietet dazu noch die Möglichkeit, sein Gesicht zu wahren, denn unter diesen neuen Umständen ist alles etwas ganz anderes. Man kann also neu nachdenken, ohne gleich Zugeständnisse machen zu müssen. Durch sukzessiven Vertrauensaufbau kann der Konflikt dann langsam wieder erwärmt werden. Man kommt wieder ins Gespräch, was ein Engagement hin zu einer Lösung fördert.

4.4.2.3 Einteilung nach Eskalationsstufen

Das Phasenmodell der Eskalation beinhaltet neun Stufen (vgl. im Folgenden Glasl 2013, S. 211 ff.). Eskalation meint hier: Stufen in den Abgrund. Zu Beginn ist der Konflikt noch harmlos, die Betroffenen könnten ihn noch selbst lösen. Geschieht dies nicht, gibt

es typische Verhaltensweisen, wie sich ein Konflikt verschärft, um schließlich in der Katastrophe zu enden: dem gemeinsamen Untergang.
Die neun Eskalationsstufen sind folgende:

- **Verhärtung**: Standpunkte verhärten sich hin und wieder und prallen auf jene der Gegenseite. Gelegentlich sind (verbale) Ausrutscher oder Verkrampfungen festzustellen, es entsteht ein Bewusstsein für die bestehenden Spannungen, die an Personen festgemacht werden.
- **Debatte**: Auf der zweiten Stufe beginnt man für ein Publikum zu sprechen, um Punkte zu machen. Es kommt zur Polarisierung im Denken, Fühlen und Wollen, was in Schwarz-Weiß-Denken mündet. Man argumentiert rational und versucht die Oberhand zu behalten.
- **Taten**: „Den Worten müssen Taten folgen", so die Ansicht, Worte würden ohnehin nichts mehr bewirken. Die Strategie der vollendeten Tatsachen wird verfolgt. Man verliert die Empathie für den Gegner. Geäußertes und gezeigtes Verhalten weichen voneinander ab.
- **Koalitionen**: Man manövriert sich gegenseitig in negative Rollen hinein und bekämpft sich. Der Gegner wird mit Klischees, Imagekampagnen und Stereotypen zum Feindbild aufgebaut. Dabei werden Verbündete gesucht, symbiotische Bündnisse eingegangen.
- **Gesichtsverlust**: Der Gegner wird öffentlich und direkt angegriffen, um ihm einen „Gesichtsverlust" zuzufügen. Inszenierte Demaskierungsaktionen. Rückwirkende Aha-Erlebnisse, Ekel. Isolation. Ausgestoßensein.
- **Drohstrategien**: Drohung und Gegendrohung, Setzen von Ulitmaten. Dadurch bringt man sich selbst in Zugzwang, weiterzumachen.
- **Begrenzte Vernichtungsschläge**: Das Menschliche zählt nicht mehr, es gibt „Verluste" auf beiden Seiten. Die Wertung dieser Verluste wird dabei ins Gegenteil verkehrt. Derjenige mit den kleineren Verlusten wird als der Gewinner dargestellt.
- **Zersplitterung**: Das gegnerische System wird paralysiert, abgeschnitten von jeder Versorgung. Vitale Systemfaktoren werden zerstört, dadurch wird das System unsteuerbar, bis er gänzlich zerfällt.
- **Gemeinsam in den Abgrund**: Auf der letzten Stufe gibt es kein Zurück mehr. In der totalen Konfrontation gilt es, den Gegner um jeden Preis zu vernichten. Dabei wird teilweise irrational auch der Verlust der eigenen Existenz in Kauf genommen, Hauptsache der Gegner fällt mit (Abb. 4.6).

In der Gesamtsicht der neun Stufen und drei Phasen zeigen sich somit folgende Orientierungen: Zu Beginn herrschen noch kooperative Einstellungen vor, die sich mit Wettbewerbsaspekten mischen. Man will seine Interessen durchsetzen, ist für eine einvernehmliche Lösung (Win-win-Situation) jedoch prinzipiell offen. Danach tritt eine Polarisierung auf, die durch eine Win-lose-Haltung gekennzeichnet ist. Man ist vom eigenen Sieg überzeugt und bietet dem Gegner daher verschiedenerlei Anlässe, seine aussichtslose Lage zu erkennen. Die Einstellung in der letzten Phase ist dadurch gekennzeichnet, dass beide erkennen,

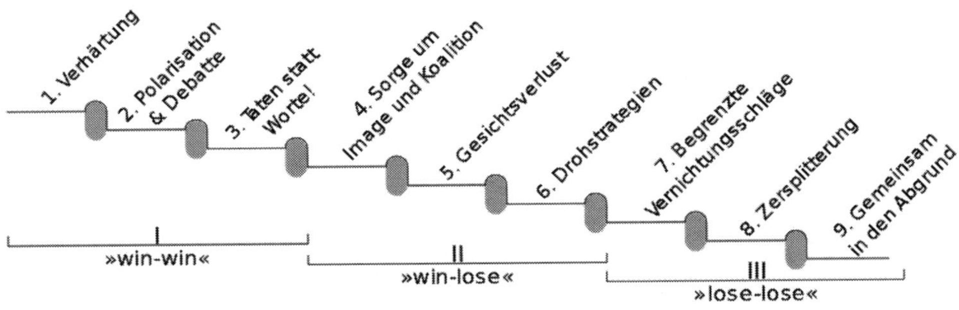

Abb. 4.6 Stufenmodell der Konflikteskalation nach Glasl. Quelle: Glasl 2013, S. 216 ff.

dass es nichts mehr zu gewinnen gibt (Lose-lose-Situation). Die Strategie zielt somit darauf ab, den Sieg (nicht den Gewinn) durch geringe eigene Verluste zu erreichen bzw. zu dokumentieren.

Glasls Stufenmodell gibt Führungskräften eine Orientierung, von wem eine Konfliktintervention ausgehen kann: von der Gruppe selbst und der Führungskraft (in Phase I), von externen Mediatoren (in Phase II) oder von einer außenstehenden Autorität (in Phase III).

4.4.3 Konfliktintervention und -lösung

Konfliktlösungsstrategien

Konfliktlösungsstrategien sind grundlegende Muster der Konfliktlösung (vgl. hierzu ausführlich Schwarz 2014, S. 277 ff.).

- **Flucht**: Flucht ist zur Lösung von Konflikten ein grundlegendes menschliches Verhaltensmuster, das instinktiv zum Einsatz kommt. Zumindest kurzfristig lässt sich ein Konflikt (ein Problem) schnell und einfach lösen, indem man sich von ihm entfernt. Alltägliche Beispiele sind Fahrerflucht nach einem Unfall, die „Flucht in Arbeit" oder auch das „krank werden" (was durchaus unbewusst geschieht und psycho-somatisch bedingt ist), um Konflikten am Arbeitsplatz aus dem Weg zu gehen.
- **Vernichtung**: Die Strategie, die hinter dieser Konfliktlösung steht, ist der Kampf, durch den versucht wird, den Konfliktgegner und damit den Konflikt aus der Welt zu schaffen. Häufig kommt diese Strategie zum Einsatz, wenn bemerkt wird, dass Flucht den Konflikt nicht lösen kann. Die Vernichtung erfolgt heutzutage symbolisch bzw. durch sozialen, nicht durch körperlichen Tod des Gegners. Alltagsbeispiele sind Firmenübernahmen, Entlassung, Versetzung, Scheidung etc.
- **Unterordnung**: Der erwartete Ausgang des Kampfes wird gedanklich vorweggenommen. Das Prinzip lautet: „lieber Sklave als tot". Grundsätzlich (und darauf baut die Hoffnung des sich Unterordnenden) ist das Verhältnis der Über- und Unterordnung langfristig wieder auflösbar und sogar umkehrbar.

- **Delegation**: Delegation meint in diesem Kontext, dass die Verantwortung für die Konfliktlösung an eine dritte Stelle delegiert wird, die selbst nicht in den Konflikt involviert ist. Schiedsrichter in Sport, Politik oder Wirtschaft (Schiedsgericht) bzw. die Institution der Gerichte selbst beruhen auf diesem Prinzip.
- **Kompromiss**: Um einen Kompromiss zu finden, müssen die Konfliktparteien in der Lage sein, zu einem gewissen Teil Verständnis für Bedürfnisse oder Interessen der Gegenseite aufzubringen, um dadurch eine Teileinigung zu erzielen. Während ein Teil der Interessen, Forderungen oder Bedürfnisse der Konfliktgegner erfüllt wird, bleibt ein anderer Teil allerdings unerfüllt. Beim Kompromiss steigt die Akzeptanz der Lösung.
- **Konsens**: Einen Konsens zu erzielen, kann als die qualitativ hochwertigste Konfliktlösung bezeichnet werden, da hier alle Bedürfnisse und Interessen der Konfliktparteien zu deren Zufriedenheit erfüllt werden. Dies bedeutet allerdings nicht, dass ihre ursprünglichen Forderungen vollständig erfüllt werden. Man trifft sich nicht in der Mitte, sondern an einem zuvor unbeachteten Punkt, der zu Konfliktbeginn meist außerhalb der eigenen Wahrnehmung lag.

Praxis

Beispiel für einen Konsens

Zwei Männer streiten in einer Bibliothek. Der eine möchte das Fenster offen haben, der andere geschlossen. Sie zanken herum, wie weit man es öffnen soll: einen Spalt weit, halb-, dreiviertel offen. Keine Lösung befriedigt beide.

Die Bibliothekarin kommt herein. Sie fragt den einen, warum er denn das Fenster offen haben möchte. „Ich brauche frische Luft."

Sie fragt den anderen, warum er das Fenster lieber geschlossen hat. „Wegen der Zugluft."

Nach kurzem Nachdenken öffnet sie im Nebenraum das Fenster weit. Auf diese Weise kommt frische Luft herein, ohne dass es zieht.

Quelle: Fisher et al. (2002, S. 68)

Eine Partei allein kann auch mit dem besten Vermittler keinen Konsens erreichen, wenn die Gegenpartei nicht auch ihre Ziele, Wünsche und Interessen offenbart. Auf den Umgang mit dieser Problematik gehen das Harvard-Konzept (vgl. hierzu Fisher et al. 2002) und die Methode der Mediation (vgl. hierzu Hertel 2013) ein.

4.4.4 Lösungen verhandeln mit dem Harvard-Konzept

Das Harvard-Konzept ist entstanden aus der wissenschaftlichen Auswertung erfolgreicher Konfliktlösungen in Politik, Wirtschaft und Institutionen. Es liefert ein Modell, wie Verhandlungen ablaufen sollten, um zum Konsens zu finden. „Verhandeln ist eine Grundform, Gewünschtes von anderen Leuten zu bekommen. Es ist wechselseitige Kommunikation mit dem Ziel, eine Übereinkunft zu erreichen, wenn man mit der anderen Seite sowohl gemeinsame als auch gegensätzliche Interessen hat." (Fisher et al. 2002, S. 15). Verhandeln ist somit eine Möglichkeit, soziale Konflikte kommunikativ auszutragen.

In Verhandlungen besteht ein Grundbedürfnis darin, der Gegenseite die jeweils eigene Position deutlich zu machen, um dadurch die eigenen Interessen aufzuzeigen. Die eigene Position wird dabei meist als unverrückbar kommuniziert, um die Interessen gegen Angriffe zu schützen. Dieses Positionsgerangel sorgt allerdings auch dafür, dass sich Konflikte und Verhandlungen festfahren und immer mehr verhärten. „Je mehr Sie die Gegenseite davon überzeugen, dass Sie Ihre Ausgangsposition nicht ändern können, umso schwerer wird es dann, dies doch noch zu tun." (Fisher et al. 2002, S. 23). Die Verhandlungsmethode nach dem Harvard-Konzept versucht nun einen Leitfaden an die Hand zu geben, um ein solches Dilemma von vornherein zu verhindern und den Verhandelnden die Möglichkeit zu geben, ihre Interessen zu verfolgen, ohne sich dabei jedoch an bestimmte Positionen zu binden. Ziel des Vorgehens in fünf Stufen ist ein Konsens, in dem beide Verhandlungspartner als Gewinner hervorgehen (Win-win-Situation).

- **Menschen und Probleme trennen**

Jeder Mensch ist anders als andere und reagiert auch anders, selbst wenn er ein und demselben Problem ausgesetzt ist. Entsprechend reagieren Menschen auch in ähnlichen Verhandlungssituationen unterschiedlich. Die Reaktion und das Verhalten in Verhandlungen sollten daher entsprechend vom eigentlichen sachlichen Problem getrennt betrachtet werden.

- **Interessen und Positionen trennen**

Interessen und Positionen hängen zusammen, da Positionen von Interessen bestimmt werden. In der Regel werden in Verhandlungen nur Positionen diskutiert. Interessen dienen allenfalls zu Beginn dazu, Positionen zu bestimmen, im Verlauf der Verhandlungen werden sie dann aber meist nicht mehr intensiv betrachtet. Dies kann sich zu einem folgenschweren Fehler entwickeln. Um nämlich einen Konsens zu erzielen, ist die Betrachtung und Verhandlung von Positionen meist nicht ausreichend, denn dieser verlangt Lösungen, die außerhalb der bisherigen Wahrnehmung liegen und dennoch die Bedürfnisse der Verhandlungspartner befriedigen. Für einen Konsens ist es also geradezu notwendig, neue Positionen einzunehmen. Hierfür ist es wiederum erforderlich, Interessen und Positionen zu trennen.

- **Vorteilsoptionen für alle entwickeln**

Im dritten Schritt wird geklärt, wie eine Lösung aussehen müsste, mit der die Konfliktparteien gleichermaßen zufrieden sein könnten. Um dies zu erreichen, sollte man verschiedenste Optionen suchen und bewerten. Dabei ist es wichtig, den Suchprozess zeitlich vom Bewertungsprozess zu trennen (also zuerst zu suchen und zu sammeln und erst nach Abschluss der Suchphase das Gesammelte einzeln zu prüfen und zu bewerten). Darüber hinaus ist es sinnvoll, statt nach einer Lösung nach mehreren zu suchen, um anschließend die beste auswählen zu können. Darüber hinaus sollte der Fokus nicht nur auf die eigenen Vorteile und Problemlösungen gerichtet werden.

- **Neutrale Beurteilungskriterien anwenden**

Wenn die Gegenpartei einen Lösungsvorschlag unterbreitet, der sich eigentlich ganz gut anhört, fragt man sich oft instinktiv: „Wo ist der Haken an der Sache?" Um einer vorschnellen Reaktion vorzubeugen, sollte man den entsprechenden Lösungsvorschlag anhand objektiver Kriterien bewerten. Dies bestätigt im Optimalfall nicht nur den Lösungsvorschlag, sondern kann auch neues und gegenseitiges Vertrauen der Verhandlungspartner fördern. Als objektive Kriterien eignen sich besonders solche, die auf Fairness, Effektivität oder wissenschaftlicher Sachbezogenheit (z. B. Gutachten) beruhen. Die Forderung in dieser Stufe, neutrale Beurteilungskriterien heranzuziehen, unterstreicht somit das Grundprinzip des Harvard-Konzepts „Hart in der Sache, weich zum Menschen".

- **Beste Alternative prüfen**

Der letzte Schritt des Harvard-Konzeptes ist daher darauf ausgerichtet, nicht von vornherein auf eine Verhandlung zu verzichten, wenn die Gegenseite mächtiger erscheint. Auch in einer unterlegenen Position gibt es immer zwei Möglichkeiten: die Verhandlungslösung annehmen oder eben nicht. Es gilt, das Beste aus einer schlechten Ausgangslage zu machen. Das Stichwort für diesen letzten Schritt heißt BATNA (Best Alternative to Negotiated Agreement). Bevor die verhandelte Vereinbarung angenommen wird, sollte geprüft werden, welches die beste Alternative zu eben dieser Vereinbarung ist. Die Klarheit über die „BATNA" betrifft nicht nur die eigene Situation, sondern auch die des Gegenübers. Oft ist die BATNA nur geringfügig schlechter für einen selbst, jedoch um ein Vielfaches schlechter für die Gegenpartei. Somit gewinnt man selbst wieder an Verhandlungsmacht, wenn das Interesse der Gegenpartei darin bestehen muss, eine Entscheidung zugunsten der BATNA des vermeintlich schwachen Gegners zu verhindern.

Praxis

Gehaltsverhandlung mit dem Vorgesetzten nach dem Harvard-Konzept
Ein gutes Übungsthema für die Anwendung des Harvard-Konzepts ist die Situation, dass man sich auf eine Gehaltsverhandlung vorbereitet. Folgende Überlegungen empfehlen sich für die schriftliche (!) Vorbereitung:

(1) Trennen Sie zwischen der Person Ihres Vorgesetzten und der Sache, um die es Ihnen geht. Gestehen Sie sich ein, ob Sie Ihren Vorgesetzten mögen oder nicht, und überlegen Sie, welche Reaktionen und/oder Einwände Sie erwarten.
(2) Notieren Sie Ihre Interessen und welche Position Sie folglich derzeit beziehen. Schreiben Sie ebenfalls die Interessen und die vermutete Position Ihres Vorgesetzten

auf. Im späteren Gespräch können Sie klären, ob Sie seine Interessen richtig identifiziert haben.

(3) Welche Alternativen zu einer Erhöhung des Monatsgehalts gibt es, um Ihre Interessen der Anerkennung, des Mehr an Lebensqualität oder was immer Sie mit Ihrem Gehaltswunsch verbinden, zu verwirklichen?

(4) Welche Kriterien legen Sie selbst an eine gute Lösung an? Welche Ihr Vorgesetzter?

(5) Was ist Ihre beste Alternative, für den Fall, dass Sie mit Ihrem Anliegen nicht erfolgreich sind? (So vermeiden Sie, dass Sie leichtfertige Drohungen aussprechen oder zerknirscht klein beigeben müssen.)

4.5 Zusammenfassung

Führung ist Kommunikationsarbeit. Die Kenntnis von grundlegenden menschlichen Kommunikationsbedürfnissen ist daher Voraussetzung, um Führungsaufgaben erfolgreich wahrzunehmen. Grundmodelle der Kommunikation sind das Eisberg-Modell, das Kommunikationsquadrat sowie die Transaktionsanalyse.

Zum Führungsalltag gehört auch die Bearbeitung von Konflikten. Diese wiederum sind entweder durch misslungene Kommunikation entstanden oder werden zumindest über Kommunikation deutlich. Konflikte sind in Organisationen notwendig, um Regelungsbedarf aufzuzeigen und damit letztlich auch, um die Organisation an ein sich wandelndes Umfeld anzupassen. Je besser und konstruktiver Führungskräfte in Unternehmen mit Konflikten umgehen können, desto effizienter wird die Konfliktbearbeitung. Zur Konfliktanalyse bietet sich die Betrachtung verschiedenster Konfliktarten an. Ein Verständnis der Eskalationsmechanismen sowie der grundsätzlichen Lösungsmöglichkeiten von Konflikten dienen einer späteren Konfliktintervention. Diese kann z. B. nach dem Verhandlungsmodell des Harvard-Konzepts erfolgen.

4.6 Kontrollaufgaben

Aufgabe 4.1 Erläutern Sie knapp Kommunikationsbedürfnisse von Menschen.

Aufgabe 4.2 Markieren Sie, ob die folgenden Aussagen richtig oder falsch sind!

Gemäß dem Eisberg-Modell der Kommunikation hat man immer mehrere Möglichkeiten etwas aus einer Aussage herauszuhören. Richtig ☐ Falsch ☐

Der Sachinhalt ist der wichtigste Teil einer Aussage. Richtig ☐ Falsch ☐

Entsprechend dem Konzept der Transaktionsanalyse ist es in Führungssituationen wichtig, aus Sicht des „Eltern-Ich" zu kommunizieren. Richtig ☐ Falsch ☐

Nachdem Mitarbeiter rund 12 % ihrer Arbeitszeit damit verbringen Konflikte auszutragen, sollten Führungskräfte versuchen, Konflikte zu vermeiden oder zu unterbinden.

Richtig ☐ Falsch ☐

Konsens ist die beste Form der Konfliktlösung. Richtig ☐ Falsch ☐

Literatur

Berne, E. (1970). *Spiele der Erwachsenen. Psychologie der menschlichen Beziehungen*. Reinbek [EA 1967].

Duve, C., Eidenmüller, H., & Hacke, A. (2011). *Mediation in der Wirt-schaft. Wege zum professionellen Konfliktmanagement* (2. Aufl.). Köln.

Fisher, Roger; Ury, William; Patton, Bruce (2002): *Das Harvard Konzept*. Sachgerecht verhandeln – erfolgreich verhandeln, Frankfurt 2002.

Frindte, W. (2001). *Einführung in die Kommunikationspsychologie*. Weinheim

Glasl, F. (2013). *Konfliktmanagement. Ein Handbuch für Führungskräfte, Beraterinnen und Berater* (11. Aufl.). Stuttgart.

Glasl, F. (2007). *Selbsthilfe in Konflikten: Konzepte – Übungen – Praktische Methoden* (7. Aufl.). Stuttgart.

Harris, T. A. (1989). *Ich bin o.k. Du bist o.k. Wie wir uns selbst besser verstehen und unsere Einstellung zu anderen verändern können. Eine Einführung in die Transaktionsanalyse*. Reinbek bei Hamburg.

Harris, T. A. (1989). *Ich bin o.k. - Du bist o.k. / Einmal o.k. - immer o.k.: Wie wir uns selbst besser verstehen und unsere Einstellung zu anderen verändern können: Transaktionsanalyse für den Alltag Taschenbuch*. Reinbek.

Hertel, A. von (2013). *Professionelle Konfliktlösung. Führen mit Mediationskompetenz* (3. Aufl.). Frankfurt.

Röhner, J. (2012). *Psychologie der Kommunikation. Lehrbuch Basiswissen Psychologie*. Wiesbaden.

Schulz von Thun, F., Ruppel, J., & Stratmann, R. (2003). *Miteinander reden: Kommunikationspsychologie für Führungskräfte* (5. Aufl.). Reinbek.

Schulz von Thun, F. (2010a). *Miteinander reden 1: Störungen und Klärungen. Allgemeine Psychologie der Kommunikation* (48. Aufl.). Reinbek.

Schulz von Thun, F. (2010b). *Miteinander reden 2: Stile, Werte und Persönlichkeitsentwicklung* (31. Aufl.). Reinbek.

Schulz von Thun, F. (2010c). *Miteinander reden 3: Das „Innere Team" und situationsgerechte Kommunikation* (19. Aufl.). Reinbek.

Schwarz, G. (2014). *Konfliktmanagement: Konflikte erkennen, analysieren, lösen* (9. Aufl.). Wiesbaden.

Watzlawick, P. (2011a). *Wie wirklich ist die Wirklichkeit* (10. Aufl.). München [EA 1976].

Watzlawick, P. (2011b). *Anleitung zum Unglücklichsein* (19. Aufl.). München [EA 1983].

Watzlawick, P., Beavin, J. H., & Jackson, D. D. (2011). *Menschliche Kommunikation, Formen Störungen Paradoxien* (12., unveränd. Aufl.). Bern [EA 1967].

Führungstheorien und -modelle 5

Lernziele

Dieses Kapitel vermittelt

- einen Überblick zu zentralen Führungstheorien und -modellen,
- welche Persönlichkeitseigenschaften Führungserfolg unterstützen,
- zwischen welchen Führungsstilen Führende wählen können,
- wie Führung an unterschiedliche Situationen angepasst werden kann,
- wie Vorgesetzte begeisternd führen können,
- wie Mitarbeiter zu selbstgesteuertem Handeln angeregt werden können und
- worin die systemischen Herausforderungen der Führung liegen.

5.1 Führungsansätze im Überblick

Führungstheorien versuchen die Frage zu beantworten, wovon der Erfolg personaler Führung abhängt. Diese Aufgabenstellung ist zentraler Gegenstand der **Führungsforschung** und hat im Zeitverlauf zu verschiedenen Ansätzen mit spezifischen Schwerpunkten geführt und bringt weiterhin mehr oder weniger neue Führungskonzepte hervor. Dabei findet Führungsforschung immer eingebettet in das Denk- und Wertesystem mit den vorherrschenden Menschenbildern des historisch-gesellschaftlichen Umfeldes statt. Auch die jeweiligen Produktionssysteme mit ihrem grundsätzlichen Wandel hin zu postfordistischen und agilen Strukturen beeinflussen das Führungsverständnis. Hinzu kommen globale, interkulturelle Einflüsse, die sich auf das Entstehen und die Weiterentwicklung von Führungsansätzen auswirken (vgl. Lang und Rybnikova 2014a, S. 15 ff.). Im Folgenden werden fünf zentrale Perspektiven der Führungsforschung dargestellt (vgl. zu einer umfassenden Übersicht Wunderer 2011, S. 273 sowie grundsätzlich z. B. Weibler 2016; Blessin und Wick 2014; Felfe 2014):

U. Schirmer, S. Woydt, *Mitarbeiterführung*, BA KOMPAKT,
DOI 10.1007/978-3-662-47915-5_5

- Eigenschaftsbasierter Ansatz
- Verhaltensansatz
- Situationsansatz
- Transformationaler Ansatz
- Systemischer Ansatz

Die dabei betrachteten Führungstheorien sind in Abb. 5.1 mit wesentlichen Autoren und Veröffentlichungen auf einer Zeitleiste dargestellt, ohne dass damit ein exakte „Geburtsstunde" des jeweiligen Ansatzes verbunden ist. Dabei wirken Führungstheorien aus früheren Jahrzehnten in unterschiedlichem Maße auf die modernen Führungsansätze ein und haben weiterhin Einfluss. Eine grundsätzliche Entwicklung in der inhaltlichen Ausrichtung der Führungstheorien hat im Zeitablauf weg von der Betrachtung der Führung als Austauschbeziehung (**transaktionale Führung**) hin zur Führung als Begeisterung der Mitarbeiter (**transformationale Führung**) stattgefunden. Die aktuellen Entwicklungen, die sich mit weiblichem Führungsverhalten und dem „Managing von Diversity" befassen, werden in Abschn. 7.2 dieses Buches dargestellt. Das führungsethische Themenfeld des „bad leadership" wird in Abschn. 1.4.5 diskutiert.

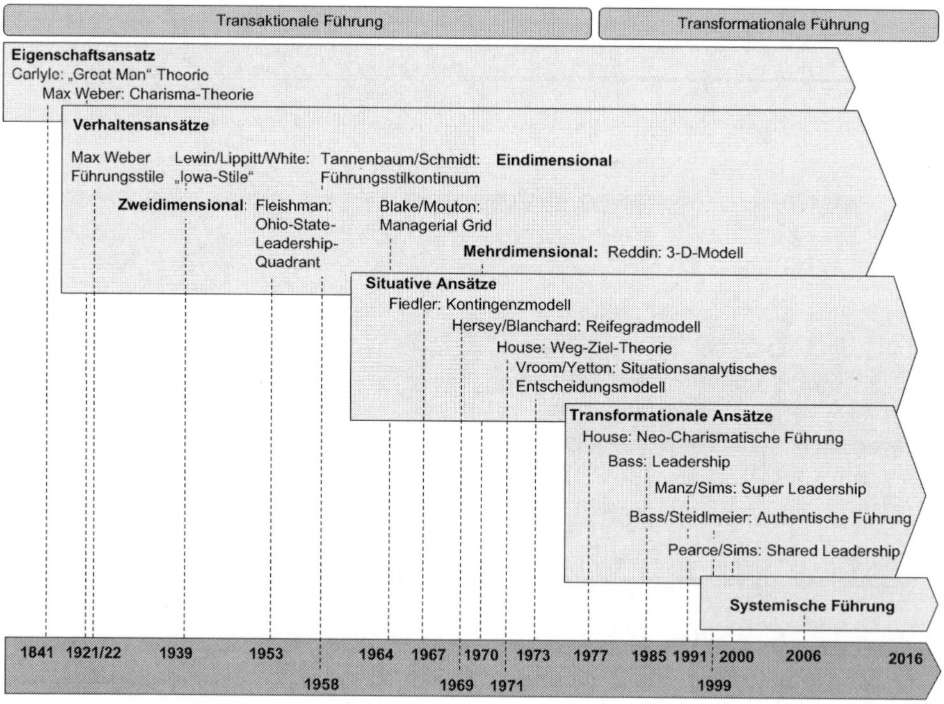

Abb. 5.1 Ausgewählte Führungstheorien im chronologischen Überblick. Quelle: eigene Darstellung

5.2 Eigenschaftsbasierte Ansätze

Der eigenschaftsbasierte Ansatz der Führung geht von einer individuenzentrierten, auf die Persönlichkeit des Führenden fokussierten Perspektive zur Erklärung von Führungserfolg aus. Die Führungskraft mit ihren überdurchschnittlich ausgebildeten kognitiven Eigenschaften und ihrer **Führungspersönlichkeit** wird dabei als zentraler Faktor für den Führungserfolg gesehen. Hinzu kommt in diesem seit Mitte des 19. Jahrhunderts diskutiertes Ansatzes, dass die Führungseigenschaften vererbt werden. In der Konsequenz bedeutet dies ein sehr diskriminierendes Gesellschaftsbild, das Menschen dauerhaft in Führende und Geführte einteilt.

5.2.1 Eigenschaftsansatz – „great man theory"

Dieser Theorie liegt die Vorstellung zugrunde, dass sich Führung alleine durch die **Person des Führers** erklären lässt (vgl. im Folgenden Staehle 1999, S. 305 ff.; Blessin und Wick 2014, S. 48 ff.). Bestimmte, **angeborene Eigenschaften** prädestinieren wenige Menschen, Führung auszuüben. Dabei werden diese Eigenschaften als stabil, d. h. als **situationsinvariant** angesehen (vgl. Stock-Homburg 2013, S. 458). Sie müssen zudem geeignet sein, persönliche Entscheidungen und individuelles Verhalten der Führungskräfte zu beeinflussen und vorherzusagen (vgl. Weibler 2016, S. 98). Dieser Ansatz resultiert aus den gesellschaftlichen Idealen der zweiten Hälfte des 19. Jahrhunderts, welches durch ein sozialdarwinistisches Elitedenken geprägt war. Erfolgreiche Industrieführer wie Alfred Krupp und Werner von Siemens sowie militärische Führer wie Paul von Hindenburg und Helmuth von Moltke beeindruckten in Deutschland durch ihre Erfolge, die sie basierend auf alleinigen, einsamen Entscheidungen hervorbrachten (**great man theory**) (vgl. Carlyle 1841; Galton 1869). Dem Ansatz liegt zudem die Vorstellung zugrunde, dass die notwendigen Persönlichkeitsmerkmale insbesondere bei führenden Vertretern der zentralen Gesellschaftsschichten wie Militär, Klerus, Adel und Industrie zu finden seien und dort vererbt würden (vgl. Weibler 2016, S. 98). Durch diesen elitären Führungsansatz werden partizipative Führungsforderungen verneint und konsequent ausgegrenzt. Korrespondierend zu dem Eigenschaftsansatz der Führung wirkt das mechanistische Menschenbild nach **Taylor** in Bezug auf die Mitarbeiter (vgl. Taylor 1917). Arbeiter sind aufgrund ihrer begrenzten intellektuellen Fähigkeiten nicht für dispositive Aufgaben einsetzbar und benötigen somit einen starken Führer.

Die zentrale Frage im eigenschaftsgestützten Führungsansatz lautet: Welche Eigenschaften unterscheiden eine erfolgreiche von einer erfolglosen Führungskraft? Dabei könnte es genau eine Eigenschaft sein (**„unitary trait theory"**) oder eine Kombination aus mehreren Eigenschaften (**„constellation of traits theory"**), welche den Unterschied ausmachen. In Konsequenz dazu richtete die Forschung in der Zeit zwischen 1900 und 1950 ihren Fokus auf die Suche und Entdeckung genau dieser Führereigenschaften. Standen zuerst physische Eigenschaften wie Größe, Stärke und Gesundheit im Vordergrund, wurden diese später durch Persönlichkeitsmerkmale wie Intelligenz, Willensstärke und Entschlusskraft ergänzt.

Hintergrundinformation

Führungseigenschaften in der „great man theory“

In einer Metaanalyse von 100 eigenschaftstheoretischen Studien wurden durch Stogdill folgende personale Eigenschaften als zentral für den Führungserfolg identifiziert:

- **Fähigkeit** (Intelligenz, Urteilskraft, Ausdrucksfähigkeit usw.)
- **Leistung** (Wissen, Schulerfolg, sportliche Erfolge usw.)
- **Verantwortung** (Zuverlässigkeit, Initiative, Selbstsicherheit usw.)
- **Partizipation** (Kooperation, Anpassungsfähigkeit, Humor usw.)
- **Status** (sozioökonomische Position, Popularität usw.)

Letztlich konnte aber kein konsistenter Zusammenhang zwischen einzelnen Persönlichkeitsmerkmalen und Führungserfolg belegt werden. Vielmehr zeigte sich, dass die Situation einen erheblichen Einfluss ausübt. Letztere wurde von Stogdill mit dem geistigen Niveau, dem Status, den vorhandene Fertigkeiten sowie den Bedürfnissen und Interessen der Geführten umschrieben. In Konsequenz zu der Metaanalyse konnte kein verbindlicher Kanon von Führungseigenschaften ermittelt werden. Es ist plausibel, dass ein Industrieführer über andere Merkmale verfügen muss, wie ein Feldherr oder ein fürsorglicher Vertreter der Kirche. Dies zeigte sich auch darin, dass „erfolgreiche Führer“ in ungewohnten Situationen scheiterten.

Quelle: Stogdill (1948, S. 35 ff.) und Staehle (1999, S. 333)

Der Eigenschaftsansatz ist als statisch zu betrachten, da er weder die Dynamik der Führungssituation noch eine mögliche Entwicklung von Persönlichkeitsmerkmalen thematisiert. Auch die Interaktion zwischen Führendem und Geführten wird nicht erfasst. Spätestens mit Beginn der zweiten Hälfte des 20. Jahrhunderts hat der Eigenschaftsansatz erheblich an Bedeutung verloren. Dies wurde in Deutschland durch die zunehmende **Demokratisierung** und dem Wunsch nach Mitsprache am Arbeitsplatz, dem steigenden Bildungsniveau sowie der Abkehr vom Elitedenken induziert. Zudem ist Führungserfolg keiner monokausalen Erklärung zugänglich, sondern bedarf einer ganzheitlichen Analyse (vgl. Staehle 1999, S. 308; Steiger 2013, S. 41). Auch ist aus heutiger Sicht klar, dass es kein „Führungsgen“ gibt (vgl. Van Vugt 2012, S. 146), gleichwohl ist der Einfluss von Persönlichkeitseigenschaften auf die Führungseffektivität zu bejahen (vgl. zu aktuellen Forschungsergebnissen Weibler 2016, S. 105 ff.).

Hintergrundinformation

Bedeutung von Führungseigenschaften bei der Auswahl von Führungskräften

Anwendung in der Praxis findet das Denken des Eigenschaftsansatzes heute z. B. immer noch bei der Auswahl von Führungskräften – sowohl im Rahmen der internen Talententwicklung als auch bei der externen Rekrutierung. Oftmals finden sich in den Anforderungsprofilen für Managementpositionen typische Persönlichkeitseigenschaften wie Durchsetzungsvermögen, Extravertiertheit usw. aufgelistet, anhand derer Führungskräfte ausgewählt werden. Zur Erfassung dieser Eigenschaften existieren innerhalb der Eignungsdiagnostik psychometrische Testverfahren, die definierte Persönlichkeitseigenschaften zu erfassen versuchen. Viele dieser Testverfahren orientieren sich dabei an dem „Big Five"-Modell der Persönlichkeit mit seinen Dimensionen Neurotizismus, Extraversion, Offenheit für Erfahrungen, Verträglichkeit und Gewissenhaftigkeit. Testverfahren, die hierfür eingesetzt werden, sind z. B. das NEO-PI (Neuroticism, Extraversion Openness Personality Inventory) von Costa/McCrae oder der 16-PF-Test (16 Persönlichkeitsfaktoren-Test) von Cattell (vgl. Kap. 2.1.1).

In einer Studie untersuchten Heidrick & Struggles im Jahr 2008, welche Eigenschaften, Denk- und Verhaltensweisen zum Aufstieg in Spitzenpositionen deutscher Unternehmen befähigen. Dabei wurden u. a. eine ausgeprägte Leistungsbereitschaft und Ehrgeiz verbunden mit Robustheit als wesentlich identifiziert. Aber auch Durchsetzungsvermögen, Entscheidungsfreude, Risikobereitschaft, Kommunikationsfähigkeit, Teamführung und strategisches Verständnis gelten als unverzichtbar. Ein darauf basierendes ausgeglichenes, glaubwürdiges und integres Verhalten wird als zentral für die Karriere benannt. Hinzu kommen Loyalität, Konsequenz und ein offener Umgang mit Menschen. Heidrick & Struggles sprechen in diesem Zusammenhang von einer **„deutschen Manager-DNA"**.

Quelle: Kanning (2004, S. 379); Fischhuber (2008) und Weibler (2016, S. 101 ff.)

5.2.2 Charismatische Führung

Gleichsam als zugespitzte Weiterführung der "great man theory" kann die „klassische" charismatische Führungstheorie interpretiert werden (vgl. im Folgenden Weibler 2016, S. 123 ff.). Deren grundsätzliches Erkenntnisinteresse liegt darin, zu erklären, warum es einzelnen Personen immer wieder gelingt aufgrund ihrer persönlichen Ausstrahlung andere Menschen in ihren Bann zu ziehen. Der charismatische Führungsansatz geht in seinem Grundkonzept auf die Forschungsarbeiten von Max Weber zur **Legitimierung von Herrschaft** zurück (Weber 1980/1922, S. 140 ff.). Weber sieht neben legaler (Bürokratie) und traditioneller Herrschaft (Monarchie) die charismatische Führung als dritte Herrschaftsform an. Herrschaft in diesem Sinne meint, dass Menschen den Vorgaben, Befehlen eines einzelnen Menschen folgen. Charisma wird dabei im Gegensatz zur heutigen, oftmals **inflationären Nutzung** des Wortes, mit der jegliches besondere persönliche Auftreten als charismatisch bezeichnet wird, als eine „außeralltäglich (...) geltende Qualität einer Persönlichkeit" gesehen, „um derentwillen sie als mit übernatürlichen oder übermenschlichen oder mindestens spezifisch außeralltäglichen, nicht jedem andern zugänglichen Kräften oder Eigenschaften [begabt] oder als gottgesandt oder als vorbildlich und deshalb als »Führer« gewertet wird." (Weber 1980/1922, S. 140). Dabei kommt es nicht darauf an, ob diese Ausstrahlung „von irgendeinem ethischen, ästhetischen oder sonstigen Standpunkt aus »objektiv« richtig zu bewerten sein würde" (Weber 1980/1922, S. 140). Es zählt nur die Bewertung durch die Beherrschten. Damit sind auch Despoten und Diktatoren wie Adolf Hitler oder Josef Stalin als Charismatiker in diesem Sinne einzustufen. Durch die **Zuschreibung von Charisma** durch die Geführten erfolgt eine Erweiterung des Ansatzes weg von rein persönlichkeitsbezogenen Betrachtungen hin zu einer **dyadischen Perspektive**, da Charisma ohne Wahrnehmung und Akzeptanz durch die Geführten nicht entstehen kann. Die Anerkennung des Charismas bedingt auf Seiten der

Geführten eine emotionale Gefolgschaft, und „ist psychologisch eine aus Begeisterung oder Not und Hoffnung geborene gläubige, ganz persönliche Hingabe.“ (Weber 1980/1922, S. 140). Damit wird offensichtlich, dass für charismatische Führung neben der rein personengebundenen und durch andere Menschen attribuierten Ausstrahlung noch weitere situationale, **charismabedingenden Kontextfaktoren** notwendig sind. Gerade, aber nicht nur, infolge von Krisensituationen und Notlagen sind Geführte offen für eine Herrschaft durch außeralltägliche Führer, die die bestehenden Probleme und Herausforderungen vermeintlich oder tatsächlich lösen können. Gelingt es dem charismatischen Führer nicht, diese Situationen langfristig zu bereinigen, „zeigt sich der charismatische Begnadete von seinem Gott oder seiner magischen oder Heldenkraft verlassen“ (Weber 1980/1922, S. 140). Charisma kann in einer solchen Situation schwinden. Diese Führungs- bzw. Herrschaftsform ist somit labil, zeitlich begrenzt und benötigt zu ihrer Fortsetzung den fortwährenden Erfolg.

Aufbauend auf den ursprünglichen Darstellungen von Max Weber und heutigen eigenschafts- und attributionstheoretischen Überlegungen lässt sich das Entstehen von Charisma durch das prozessuale Zusammenwirken verschiedener Variablen erklären (vgl. Abb. 5.2 sowie Klein und House 1995, S. 183 ff.). Auf Basis einer krisenhaften Situation auf der Meso- oder Makroebene, d. h. auf der Ebene der Organisation oder der gesamten Gesellschaft, die von den Betroffenen als bedrohlich empfunden wird, entsteht der intuitive Wunsch nach Lösung dieser Situation. Dies fördert die Bereitschaft bei Menschen, einem möglichen Führer und dessen inspirierender und Hoffnung spendender Vision zu folgen. Tritt nun ein solcher Führer auf, der durch sein Verhalten und seine Persönlichkeit Zuversicht und Hoffnung ausstrahlt, erfolgt die Zuschreibung des Charismas und eine entsprechende Führungsbeziehung entsteht. Bildhaft kann dies wie folgt beschrieben werden: Ist **Sauerstoff** in der Luft vorhanden (krisenhafte Situation) und eine **Funke** (Führer) trifft auf **entflammbares Material** (Geführte) entsteht **Feuer** (Charisma).

Die entstehende charismatische Beziehung führt dazu, dass die Mitarbeiter hoch motiviert und bereit sind, persönliche Opfer zu akzeptieren, um die Vision des Führers zu

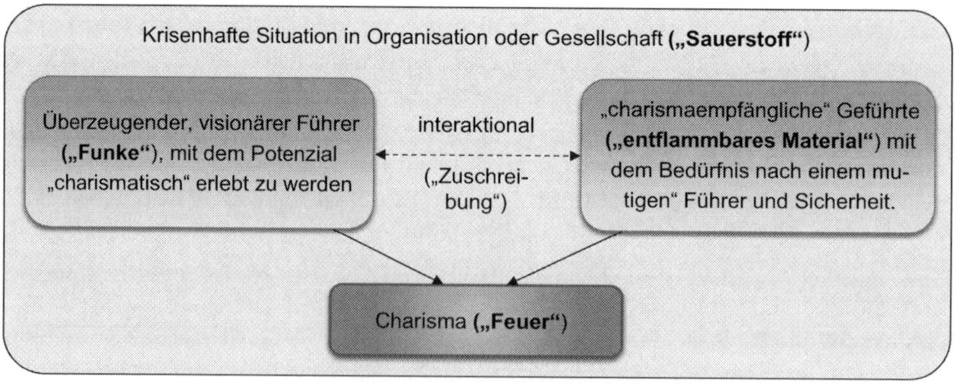

Abb. 5.2 Zustandekommen charismatischer Führung. Quelle: nach Klein und House (1995, S. 186), ergänzt und modifiziert

verwirklichen. Sie fühlen sich zudem in hohem Maß mit dem Führer und anderen Geführten verbunden, sie identifizieren sich mit dieser Gemeinschaft (Klein und House 1995, S. 187).

Eine derartige fortgesetzte **Leistungsentgrenzung** im Sinne einer Verausgabung für die gesetzten Ziele, kann mittelfristig allerdings nachteilige Folgen wie Erschöpfung, Stress usw. bei den Geführten hervorrufen (vgl. im Folgenden Weibler 2016, S. 127 f. und Blessin und Wick 2014, S. 74 und S. 82 ff.). Zudem ist in Bezug auf charismatische Führung zu berücksichtigen, da Charisma als Grundlage für ein Führungskonzept nicht planbar ist, dass es durch das soziale Umfeld zugeschrieben werden muss, also Teil einer interaktionalen Beziehung ist. Zudem kann Charisma als „außergewöhnliche" Begabung per definitionem nur begrenzt vorhanden sein. Damit ergibt sich die konkrete Problematik, dass durch das Ausscheiden eines charismatischen Vorgesetzten aus einer Organisation, kein Nachfolger vorhanden ist. Daraus folgt, dass Unternehmen in hohem Maß von einzelnen Personen abhängig sind. Zudem ist eine charismatische Führung labil und beinhaltet nach Max Weber die Gefahr der Vergänglichkeit, spätestens dann, wenn die Bewährung, d. h. entsprechende Erfolge, ausbleiben.

Hintergrundinformation

Voraussetzungen charismatischer Führung

Im Zusammenhang mit charismatischer Führung beschäftigt sich ein Großteil der einschlägigen Ratgeberliteratur mit der Frage, wie eine derartige Ausstrahlung durch Führungskräfte erzeugt werden kann. Als persönliche Voraussetzungen werden hier z. B. folgende Hinweise gegeben:

- Selbstwertgefühl entwickeln: Sich selbst wahrnehmen und akzeptieren, in sich ruhen. Den Gedanken verankern: „Ich bin es wert, Wirkung zu entfalten."
- Eigene Wege einschlagen: Charisma entwickelt sich fern vom Mainstream. Wer besondere Wege einschlägt und geht, kann begeistern
- Empathie entfalten: Da Charisma im Auge des Betrachters entsteht, ist es notwendig mit anderen Menschen in Kontakt zu treten. Es ist wichtig, sich für andere zu interessieren, sich in sie einzufühlen.
- Eine Vision verkörpern: Eine Botschaft haben – „Das Beste liegt noch vor uns!".
- Wirkungsvoll kommunizieren: Körpersprache, Mimik, und Stimmlage bestimmen mit über den charismatischen Eindruck.

5.3 Verhaltensansätze (Führungsstile)

Bei den verhaltensorientierten Führungsansätzen stehen nicht mehr die Persönlichkeitseigenschaften als zentrale Erfolgsvariablen im Vordergrund, sondern das bewusste und reflektierte Agieren der Führungskräfte in Form der Art und Weise des Umgangs mit den Mitarbeitern. Führung wird nun in gewissen Umfang als erlernbar gesehen (vgl. Stock-Homburg 2013, S. 484 f.), wobei implizit unterstellt wird, dass das angewandte Vorgehen von persönlichen Einstellungen abhängig ist (vgl. Staehle 1999, S. 334). Führungsverhalten bezeichnet dabei übergreifend und grundsätzlich ein situativ angepasstes Vorgehen von Führungskräften, während in Abgrenzung dazu unter einem **Führungsstil** ein tendenziell situationsinvariantes, langfristig stabiles Verhalten verstanden wird, das gegebenenfalls nur über bestimmte Klassen von Situationen variiert (vgl. Hentze et al. 2005, S. 236) und zudem auch interindividuell annähernd stabil ist (vgl. Blessin und Wick 2014, S. 88). Ziel der Führungsstilansätze ist es, die Effizienzwirkungen in Bezug auf Produktivität, Effektivität und Arbeitszufriedenheit verschiedener Verhaltensmuster situationsunabhängig zu bestimmen (vgl. Staehle 1999, S. 334 f.).

Hintergrundinformation

Lassen sich konkrete, erfolgsrelevante Verhaltensweisen von Führungskräften bestimmen?

Neben der Diskussion um situationsübergreifende konsistente Verhaltensmuster von Führungskräften interessiert auch die Suche nach konkretem erfolgsrelevanten Detailverhalten von Führungskräfte, um daraus normative Empfehlungen ableiten zu können. So gibt es mittlerweile verschiedene auf Fremd- oder Selbstbeobachtung gestützte Studien etwas älteren Datums, die das faktische Verhalten von Führungskräften zu erfassen versuchen. Ergebnisse sind hier z. B. dass

- Vorgesetzte oftmals 50 und mehr Stunden pro Woche arbeiten.
- der typische Arbeitstag von Führungskräften aus sehr vielen kleinen Episoden besteht, die oftmals weniger als neun Minuten dauern. Nur selten wird eine Stunde oder mehr auf denselben Vorgang verwandt.
- Vorgesetzte überwiegend mündlich kommunizieren.
- die Kontakte zu Mitarbeitern wichtig sind, aber ebenso die Kontakte zu anderen Interessengruppen relevant sind.
- Führungskräfte eigentlich keinen festen Arbeitsplatz haben, sondern viel unterwegs sind.
- der Arbeitstag in weit überwiegendem Maße nicht planbar und durch viele unvorhergesehene „ad-hoc-„ Ereignisse geprägt ist.

Letztlich handelt es sich dabei eher um Rollenspezifika als um inhaltlich konkretisiertes, erfolgsrelevantes Führungsverhalten. Somit bleibt die Frage offen, welches Verhalten Führungserfolg auslöst.

Quelle: Blessin und Wick (2014, S. 87 ff.)

In Abhängigkeit der Anzahl und der Inhalte der Verhaltensdimensionen, die einem Führungsstil zugrunde liegen, wird zwischen ein-, zwei- und mehrdimensionalen Führungsstilkonzepten mit spezifischer Ausrichtung unterschieden. Mit der Beschreibung von **idealtypischen Führungsstilen** werden grundsätzliche Verhaltensweisen definiert, die Führenden eine Orientierung zur Ausgestaltung ihrer Führung bieten. Es handelt sich dabei um gedankliche Überzeichnungen, die eine bessere Unterscheidung ermöglichen, in der Praxis aber nicht in Reinform praktiziert werden (vgl. Weibler 2012, S. 340).

5.3.1 Eindimensionale Führungsstile (Führungsstiltypologien)

Basierend auf den theoretischen Arbeiten von **Max Weber** zu verschiedenen Herrschaftsformen (legale, traditionelle und charismatische) begann die „modernere" Führungsstildiskussion in den 20er-Jahren des 20 Jahrhunderts. Zu den nachfolgend dargestellten vier, auf Weber´s Ideen zurückgehenden, idealtypischen Führungsstilen gehört auch der charismatische Führungsstil (vgl. Weber 1980/1922, S. 122 ff. sowie Staehle 1999, S. 309 ff.). Dabei nimmt dieser insofern eine Sonderstellung ein, als dass es sich hier eigentlich um keinen echten Verhaltensansatz handelt. Charismatisches Verhalten im ursprünglichen Sinn ist nicht erlernbar, sondern kann sich nur auf Basis einer interaktionalen Zuschreibung konstituieren.

- **Patriarchalischer Führungsstil**
  Die Autorität des Familienvaters ist Vorbild für diesen Führungsstil. Der Patriarch sorgt sich um seine Mitarbeiter, erwartet dafür Loyalität und Gehorsam. Es gibt nur einen Entscheider und keine Delegation von Befugnissen.
- **Charismatischer Führungsstil**
  Die Autorität des Führenden gründet sich auf einzigartige Persönlichkeitsmerkmale. Solche Führer beziehen ihren Erfolg vor allem aus ihrem persönlichen Auftritt und weniger aus Führungsstrukturen etc.
- **Autokratischer Führungsstil**
  Autokratisch führende Vorgesetzte sind besonders in großen Organisationen anzutreffen. Sie bedienen sich eines umfangreichen Führungsapparates (Hierarchie), in dem nachgelagerte Instanzen die Entscheidungen durchzusetzen haben. Es besteht kaum direkter Kontakt zwischen Führer und Geführten.
- **Bürokratischer Führungsstil**
  Dieser Führungsstil stellt eine weitere Entpersönlichung der Führung dar. Der Führer bedient sich im extremen Ausmaß formaler Regeln und Organisationsanweisungen. Ein Kontakt zu den Geführten ist dabei nicht notwendig. Der Sachverstand des Bürokraten ersetzt die Willkür des Autokraten.

Den sozialpsychologischen Ursprung findet die Führungsstildiskussion in den Experimenten der sog. **Iowa-Studien** (vgl. Lewin et al. 1939, S. 271 ff.). Hier wurden in einer Laborsituation die Auswirkungen unterschiedlicher Führungsstile als unabhängige Variable auf das Verhalten von Kindern, die Papiermasken bastelten, untersucht (vgl. Hentze et al. 2005, S. 237 ff.). Differenzierendes Merkmal der eingesetzten Führungsstile war die Entscheidungsbeteiligung der Geführten. Durch eine dichotomisierende Gegenüberstellung wurden der autoritäre und der demokratische Führungsstil definiert. Als im Verlauf der Studien ein demokratisch führender Leiter die Kontrolle über seine Gruppe Jugendlicher verlor und diese in großem Maße sich selbst überließ, entstand aus dieser Beobachtung heraus der Laissez-faire-Stil. Die Führungsstile sind in der Übertragung auf die Arbeitswelt wie folgt charakterisiert (vgl. Hintz 2011, S. 40; Weibler 2016, S. 312 f.).

- **Autoritärer Führungsstil**
  Die Führungskraft gestaltet, setzt Ziele und bestimmt Aufgaben, ohne dass die Untergebenen beteiligt werden. Das Verhältnis von Führenden und Mitarbeitern beruht auf Befehlen und Gehorsam. Der Führende ordnet alles im Detail an und die Mitarbeiter führen es entsprechend aus.
- **Kooperativer (demokratischer) Führungsstil**
  Beim kooperativen Führungsstil bindet der Führende die Mitarbeiter ein, um Ziele und Aufgaben gemeinsam zu besprechen. Der Führende und die Mitarbeiter machen Lösungsvorschläge, die gleichrangig behandelt werden. Die Führungskraft informiert und unterstützt die Mitarbeiter, damit sie ihre Aufgaben selbstständig erledigen können.
- **Laissez-faire-Stil**
  Dieser Stil kann eigentlich nicht als Führung bezeichnet werden, da er durch die Abwesenheit von Führungsmaßnahmen geprägt ist und keine Zielorientierung besitzt. Der Vorgesetzte gibt auf Fragen der Mitarbeiter Antworten, agiert ansonsten aber passiv und initiativlos. Der Laissez-faire-Stil ist Ausdruck einer distanzierten und desinteressierten Führungseinstellung. Der Vorgesetzte bietet keine Unterstützung und hält sich aus Gruppenprozessen heraus.

Die in den Iowa-Studien beobachtete leichte Vorteilhaftigkeit des demokratischen Führungsstils konnte nachfolgend nicht bestätigt werden (Blessin und Wick 2014, S. 102 f.). Zudem zeigte sich, dass die Konzentration auf die beiden Extreme „autoritär" und „demokratisch" unzureichend ist, da keine hybriden Handlungsmuster vorgesehen waren, was nicht der Führungspraxis entspricht.

Diesem Defizit wurde mit der Entwicklung von **Führungsstilkontinuen** begegnet. Mit der Einführung dieser Modelle wurde die eindimensionale Betrachtungsweise von Führungsstilen dahingehend weiterentwickelt, dass sich jede Führungsstilvariante auf der Grundlage eines festgelegten Verhaltenskriteriums auf einem Kontinuum von zwei gegensätzlichen Polen einordnen lässt. In ihrem populären Ansatz formulierten **Tannenbaum und Schmidt** 1958 die Frage, wie sich Führende gegenüber Mitarbeitern in dem Kontinuum zwischen autoritärer und demokratischer Führung verhalten sollten. Aus Beobachtungen in Führungstrainings entwickelten sie ein Führungsstilkontinuum, das nach dem Ausmaß der Führungsautorität und der Mitarbeiterpartizipation gestaffelt ist und sieben Führungsstile unterscheidet (vgl. Abb. 5.3). Zur Wahl des effektiven Führungsverhaltens fordert das Modell, dass die Führenden die Situation (z. B. Größe des Unternehmens, Unternehmenskultur, Eigenschaften der Arbeitsgruppe, verfügbare Zeit usw.), sich selbst (z. B. Wissen und Können, individueller Lebenshintergrund, eigene Wertvorstellungen, Vertrauen in die Mitarbeiter usw.) sowie die Mitarbeiter (z. B. Erfahrung, Sicherheitsbedürfnis, Kenntnisse, Erwartungen an die Führungskraft usw.) betrachten und darauf basierend ihre Entscheidung treffen (vgl. Tannenbaum und Schmidt 1958, S. 98 ff. sowie Weibler 2016, S. 314 ff.). Dadurch wird erstmalig die **Situation** modellhaft berücksichtigt. Zudem wurden anstatt von Idealtypen praktikable **Realtypen** von Führungsstilen definiert. Allerdings konnten mit dem Modell keine

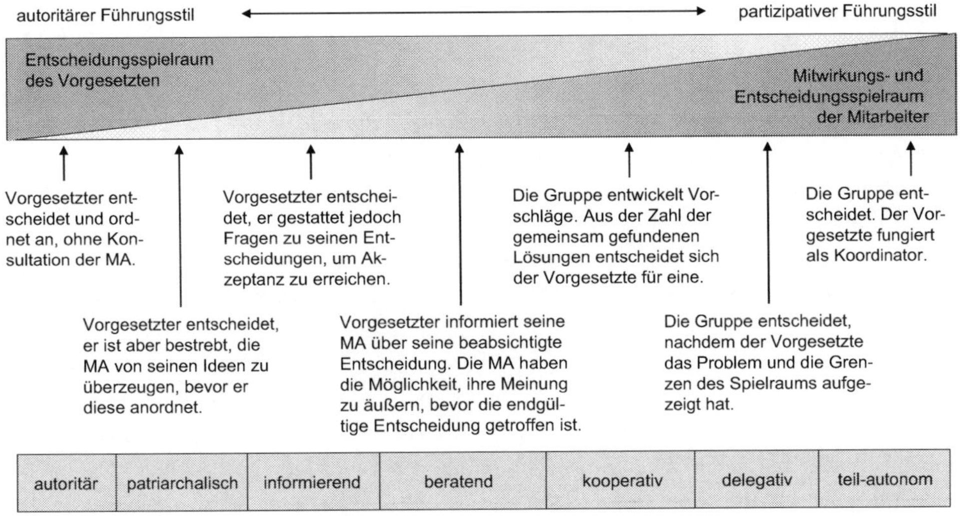

Abb. 5.3 Führungsstilkontinuum nach Tannenbaum/Schmidt. Quelle: Tannenbaum und Schmidt (1958, S. 96); modifiziert nach Wunderer (2011 S. 209)

empirischen Erfolgswirkungen in Bezug auf Leistungserbringung bzw. Mitarbeiterzufriedenheit nachgewiesen werden.

Nach diesem Modell würde ein durchaus entscheidungsfreudiger Vorgesetzter, der eine erfahrene Arbeitsgruppe anleitet, der seinen Mitarbeitern großes Vertrauen in deren Expertise entgegenbringt und der auch weiß, dass die Geführten sich einbringen wollen, eher einen kooperativen bzw. eventuell einen delegativen Führungsstil umsetzen.

5.3.2 Zweidimensionale Führungsstilansätze: Ohio-State-Leadership-Quadrant und Grid-Ansatz

An der Ohio-State-University entwickelte eine Forschergruppe, beginnend ab 1945, zu der u. a. Stogdill, Coons, Halpin und Fleishman gehörten, ein differenzierteres Modell des Führungsverhaltens. Auf der Basis empirischer Daten aus Interviews zu Führungssituationen wurden inhaltsanalytisch neun verschiedene Führungsdimensionen herausgearbeitet. Mittels weiterführender Faktoranalysen wurden diese erst auf vier und schließlich dann auf zwei voneinander unabhängige Dimensionen des Führungsverhaltens reduziert: „**Consideration**" (Mitarbeiterorientierung) und „**Initiating Structure**" (Aufgabenorientierung) (vgl. Fleishman 1953, S. 153 ff.; Halpin und Winer 1957 sowie Hentze et al. 2005, S. 209 ff.). Zur Messung dieser beiden Führungsdimensionen wurde der LBDQ (**Leader Behaviour Description Questionnaire**) (Halpin 1957) entwickelt, mit dem weitere Untersuchungen zur Bestätigung der beiden Führungsdimensionen vorgenommen wurden. Auf Basis der Forschungsergebnisse erfolgte eine Abkehr von der eindimensionalen Charakterisierung von Führungsstilen.

- **Mitarbeiterorientierte Führung**
  Der Führende geht davon aus, dass über das Interesse am Menschen auch die Begeisterung an der Arbeit entsteht, sodass im Ergebnis eine hohe Leistung erzielt werden kann. Solche Führungskräfte sprechen mit ihren Mitarbeitern, gehen auf deren Sorgen ein und kümmern sich um ihr berufliches Weiterkommen. Respekt, Freundlichkeit, Vertrauen, Rücksichtnahme und Wertschätzung prägen den Umgang.
- **Aufgabenorientierte Führung**
  Die Führungskraft richtet ihr Hauptaugenmerk auf den technischen Ablauf und die geforderte Leistungsmenge. Sie definiert die Aufgabe, sichert die Kooperation in der Gruppe und erlässt Vorschriften zur Erreichung der Ziele.

Zentrales Ergebnis der Ohio-Studien war somit, dass Aufgaben- bzw. Mitarbeiterorientierung nicht sich gegenseitig ausschließende Pole einer Dimension sind, sondern voneinander unabhängig wirken und damit miteinander kombinierbar sind (vgl. Steinmann et al. 2013, S. 608). Eine Führungskraft kann sowohl Rücksichtnahme als auch Leistungsorientierung zum gleichen Zeitpunkt zeigen. Auf Basis der beiden Verhaltensdimensionen und deren jeweiliger dichotomer Ausprägung von hoch und niedrig werden vier grundsätzliche Führungsstile unterschieden, die im sogenannten **Ohio-State-Leadership-Quadranten** zusammengefasst sind (vgl. Abb. 5.4). Die normative Schlussfolgerung aus dem Leadership-Quadranten war, dass ein erfolgreicher Führer beide Dimensionen hoch ausgeprägt realisieren muss.

Ausgehend von dem Ergebnis der Ohio-Studien, dass ein integratives Führungsverhalten vorteilhaft ist, entwickelten Robert Blake und Jane Mouton 1960 im Rahmen eines

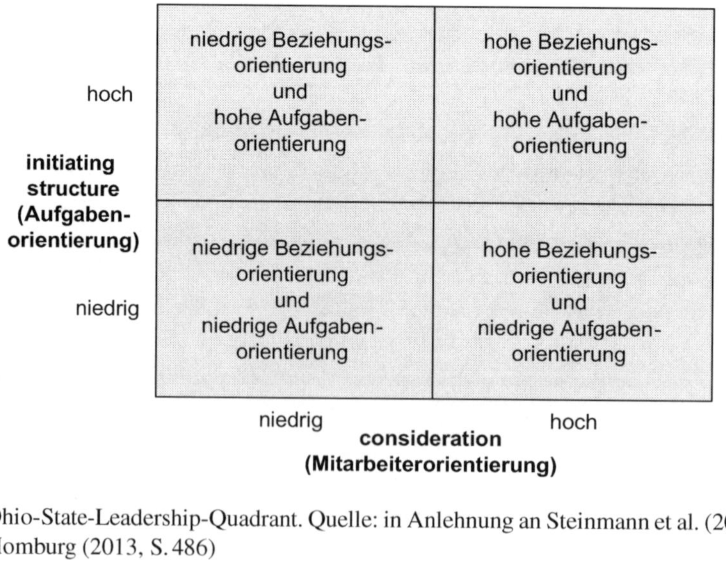

Abb. 5.4 Ohio-State-Leadership-Quadrant. Quelle: in Anlehnung an Steinmann et al. (2013, S. 609) und Stock-Homburg (2013, S. 486)

Führungstrainings für Exxon einen ebenfalls zweidimensionalen Führungsansatz, das Führungsverhaltensgitter (**Managerial Grid**) (vgl. Blake und Mouton 1964). Auf jeweils neunstufigen Skalen wird dabei der Grad der Mitarbeiter- und der Aufgaben- bzw. Produktionsorientierung abgebildet (vgl. Abb. 5.5).

In dem Verhaltensgitter ergeben sich insgesamt 81 Führungsstil-Felder, von denen jedoch primär nur die vier Eckfelder und das Mittelfeld intensiv betrachtet werden (vgl. Blake und McCanse 1995, S. 51 ff; Stock-Homburg 2013, S. 490):

- **1.1 Überlebensmanagement:** Hier werden weder soziale Beziehungen noch das Arbeitsergebnis aktiv durch die Führungskraft gestaltet. Für die Führungskraft genügen geringste Aktivitäten, um die eigene Position im Unternehmen zu sichern.
- **1.9 Glacehandschuh-Management:** Die sozialen Beziehungen zwischen den Geführten werden als besonders wichtig angesehen und entsprechend wird das Führungsverhalten

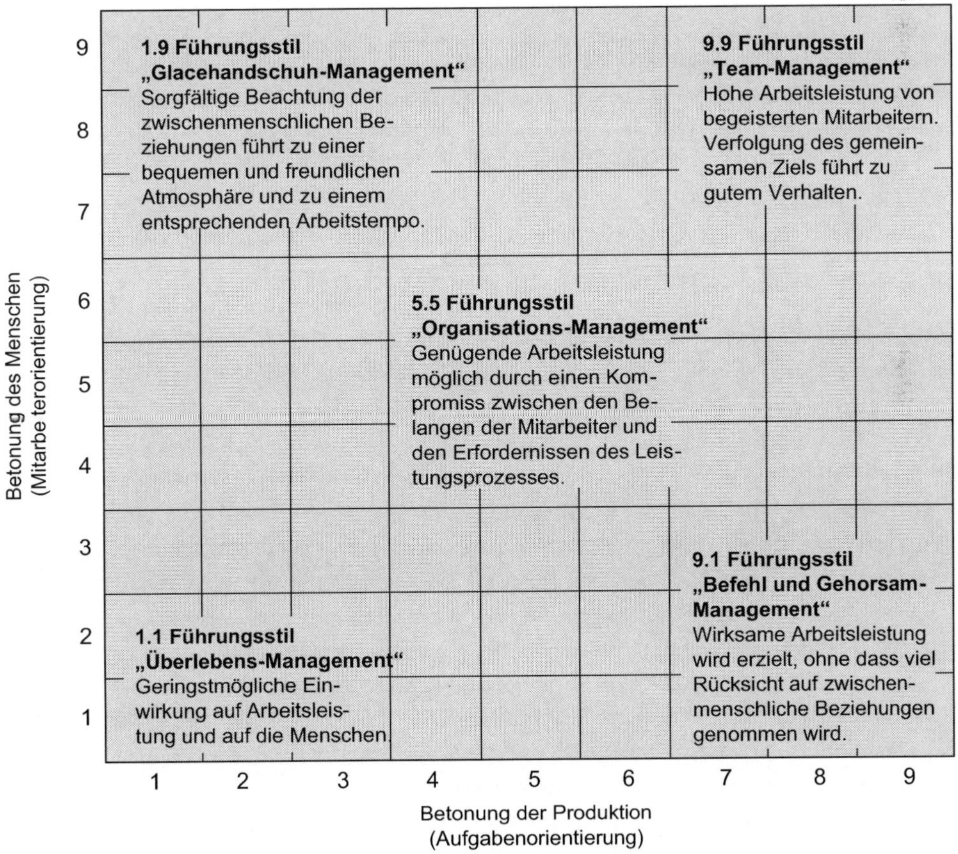

Abb. 5.5 Führungsverhaltensgitter. Quelle: Blake und Mouton (1978, S. 11); modifiziert

darauf ausgerichtet. Die Bedürfnisse der Mitarbeiter und die Entwicklung eines positiven Arbeitsklimas stehen im Vordergrund. Aufgabenbezogene Führungsimpulse bestehen kaum.

- **9.1 Befehl-und-Gehorsam-Management:** Das Erreichen der Leistungsziele steht im Vordergrund. Zwischenmenschliche Bedürfnisse werden kaum berücksichtigt. Die Arbeitsaufgabe wird so strukturiert und verteilt, dass persönliche Faktoren keine Rolle spielen.
- **5.5 Organisations-Management:** Dieser Führungsstil stellt eine Balance zwischen Mitarbeiter- und Leistungsorientierung auf mittlerer Intensität her. Ein angemessenes Ergebnis wird im Zusammenspiel der Notwendigkeit, die Arbeit tun zu müssen, und der Realisierung eines angemessenen Betriebsklimas erreicht.
- **9.9 Team-Management:** Durch eine intensive Betonung zwischenmenschlicher Bedürfnisse und arbeitsbezogener Leistungsziele wird ein hohes Arbeitsergebnis bei gleichzeitig hoher Arbeitszufriedenheit und hohem Engagement erreicht. Gegenseitiges Vertrauen und Respekt stellen sich zwischen den Mitarbeitern im Arbeitsprozess ein.

In moderneren Fassungen des Modells werden noch zwei weitere „kombinierte“ Führungsstile eingeführt (vgl. Blake und McCanse 1995, S. 51 ff.; Creusen und Müller-Seitz 2010, S. 21 f.). Der **9+9-Patriarchen-Stil** setzt sich aus dem 1.9-Glacehandschuh-Management sowie dem 9.1-Befehl-und-Gehorsam-Management zusammen und beruht letztlich auf einen Austausch von Belohnung und Anerkennung gegen Loyalität und Gehorsam. Der sogenannte **Opportunisten-Stil** offeriert der Führungskraft einen der anderen sechs Führungsstile anzuwenden – je nach Situation und Mitarbeiter. Das Managerial Grid enthält eine normative Ausrichtung, da der 9.9-Führungsstil als erstrebenswertes Ideal deklariert wird (vgl. Weibler 2012, S. 359 f.). Die anderen vier Führungsstile führen nur zu suboptimalem Führungserfolg und sind bestenfalls als Ausgangsbasis zur Optimierung individuellen Führungsverhaltens im Rahmen von Personalentwicklungsmaßnahmen nutzbar. Durch die Forderung nach Umsetzung des 9.9-Führungsstils abstrahiert das Modell zur Erklärung von Führungserfolg von den jeweiligen situativen Rahmenbedingungen (vgl. Stock-Homburg 2013, S. 491).

Fraglich ist, ob die beiden Verhaltensdimensionen gegenseitig tatsächlich förderlich oder wenigstens neutral wirken. Nur dann könnte bezüglich der beiden Zieldimensionen Leistung und Zufriedenheit entsprechend Zielkomplementarität bzw. Zielneutralität festgestellt werden (vgl. Berthel und Becker 2013, S. 205 f.). Diese Frage ist insofern berechtigt, da in den seit 1947 zeitlich parallel verlaufenden Studien an der University of Michigan zur Effizienz verschiedener Führungsstile Mitarbeiter- und Leistungsorientierung als zwei Pole auf einer Dimension, dem **Michigan-Kontinuum**, definiert wurden (vgl. Katz et al. 1950). Im Managerial Grid wird unterstellt, dass es sich um unabhängige Dimensionen handelt, die sich kombiniert verstärken und zu **emergentem Führungsverhalten** führen – abhängig von der Intensität der einzelnen Verhaltensdimension (vgl. Blake et al. 1987, Sp. 2019 f.).

Beispiel

Grid International

Die hohe Akzeptanz des von Blake/Mouton entworfenen Führungsverhaltensgitters in der Praxis zeigt sich an der internationalen Vermarktung desselben. Grid International, früher Scientific Methods, wurde 1961 von Blake/Mouton gegründet und konzentriert sich auf Trainings und Organisationsentwicklung. Mit aktuell weltweit über 45 Grid® Instituten und Seminarmaßnahmen in 20 Sprachen wird das Grid® Führungsmodell verbreitet. Schwerpunkte der Tätigkeit sind Seminare und Maßnahmen zur Führungskräfte- und zur Unternehmensentwicklung.

Ein zentrales Angebot ist das 4,5-tägige Leadership Grid® Seminar. Es richtet sich an Führungskräfte der oberen und mittleren Ebene. Beabsichtigt ist, die Teilnehmer zu effektivem Teammanagement durch Änderung des traditionellen Führungsverhaltens zu befähigen. Vermittelt werden die wesentlichen Elemente der Mitarbeiterführung und Zusammenarbeit im Stil des „9.9 Leaderships": Initiative ergreifen, Informationen gewinnen, Standpunkte vertreten, Konflikte lösen, Entscheidungen treffen, mit Misserfolgen umgehen und Kritik üben. Zur Nachbereitungsphase gehört nach 3 bis 6 Monaten das zweitägige Seminar „9.9 Führungspraxis".

Quelle: GRID International Deutschland (2008)

In neueren Modellversionen wird als dritte Dimension die **Motivation** aufgenommen, um das Verhalten der Führungskräfte zu erklären (vgl. Hentze et al. 2005, S. 229 ff.). Dazu wird eine dipolare Motivationsdimension herangezogen, um zu beschreiben, was Führungskräfte leisten wollen (positiver Pol) und was sie zu vermeiden suchen (negativer Pol). So könnte der Antrieb für einen 1.1-Führungsstil „Überlebens-Management" z. B. die Angst vor Kündigung (negative Motivation) oder der Wunsch, sich aus allem herauszuhalten (positive Motivation), sein. Negativ motivierte Führungskräfte können wahrscheinlich keinen Führungserfolg realisieren.

Als grundsätzliche **Kritik** dem Mangerial-Grid gegenüber bleibt festzustellen, dass es empirisch nicht bestätigt ist, insgesamt in seinen Grundannahmen vage formuliert und sehr offen bzw. unverbindlich gestaltet ist, so dass es bei aufkommender Kritik durch Variationen und Erweiterungen scheinbar problemlos angepasst werden kann (vgl. Blessin und Wick 2014, S. 113). Fraglich bleibt auch, ob es jeder Führungskraft gelingt, gleichzeitig hoch aufgaben- und beziehungsorientiert zu führen.

5.3.3 Mehrdimensionaler Führungsstil: 3-D-Modell nach Reddin

Aufbauend auf den Ohio-Studien und dem Führungsverhaltensgitter entwickelte Reddin 1970 das **3-D-Konzept** der Führung (vgl. Reddin 1970; Berthel und Becker 2013, S. 207 f.).

Dabei betrachtete er die vier Eckfelder im Managerial Grid als Basis-Führungsstile und entwickelte daraus einen Führungsstil-Quadranten mit vier Basisstilen (vgl. Abb. 5.6): **Verfahrensstil** (wenig Aufgaben-, wenig Mitarbeiterorientierung), **Beziehungsstil** (wenig Aufgaben-, viel Mitarbeiterorientierung), **Aufgabenstil** (viel Aufgaben-, wenig Mitarbeiterorientierung) und **Integrationsstil** (viel Aufgaben-, viel Mitarbeiterorientierung).

Zentral im Ansatz von Reddin ist die deutlich weitergehende Überlegung, dass sich die Effektivität des angewandten Führungsstils nicht absolut, d. h. nur aus der Realisierung von Aufgaben- (task orientation) und Kontaktorientierung (relationship orientation) im Führungsverhalten, sondern nur im Kontext der situativen Rahmenbedingungen bestimmen lässt. Jeder Führungsstil kann also sowohl effektiv als auch ineffektiv wirken (vgl. Reddin 1977, S. 47 ff. und S. 254 ff.):

- **Verfahrensstil:** Vorgesetzter verlässt sich primär auf Verfahren, Methoden und Systeme. Als **Bürokrat** beherrscht er Routineprozesse durch straffe Organisation. Als **Kneifer** beharrt er auf Regeln und Anweisungen, wo die Situation flexible Anpassung erfordert. Er ist unkooperativ und widersetzt sich dem Wandel.
- **Beziehungsstil:** Vorgesetzter betont gute zwischenmenschliche Beziehungen. Als **Förderer** delegiert er so viel, wie die Situation erlaubt. Durch Mitarbeiterförderung erhofft er sich langfristig eine Leistungssteigerung. Er kooperiert mit seiner Umwelt und ist vertrauenswürdig. Als **Gefälligkeitsapostel** glaubt er, dass zufriedene Mitarbeiter mehr leisten und vernachlässigt darüber die Sachziele. Er ist ein

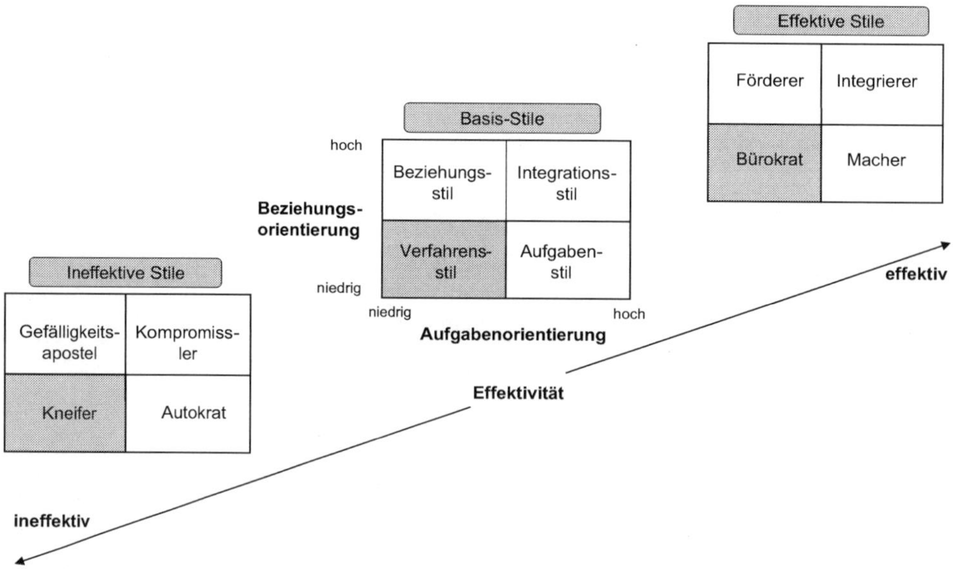

Abb. 5.6 3-D-Modell nach Reddin. Quelle: Reddin (1977, S. 28)

angenehmer und freundlicher Mensch, der passiv auftritt, keine Anregungen gibt und auch kein Interesse an Ergebnissen hat.
- **Aufgabenstil:** Der Vorgesetzte betont Leistungsergebnisse und denkt produktivitätsorientiert. Als **Macher** setzt er realistische, aber anspruchsvolle Ziele und überzeugt durch Fachwissen. Als **Autokrat** überfordert er seine Mitarbeiter und pocht auf Amtsautorität. Er ist kritisch, wirkt auf andere bedrohlich und fordert unbedingten Gehorsam. Entscheidungen trifft er alleine und kommuniziert nur „von oben nach unten".
- **Integrationsstil:** Der Vorgesetzte strebt nach gleichgewichtiger Bedeutung von Mensch und Aufgabe. Als **Integrierer** entscheidet und führt er kooperativ, motiviert und fördert seine Mitarbeiter. Als **Kompromissler** meidet er Konfrontationen, ist entscheidungsscheu und versucht es allen recht zu machen. Er wirkt schwach und es wird ihm misstraut.

Die Theorie löst sich somit von dem Gedanken eines normativ zu fordernden idealen Führungsstils. Aus diesem Grund führte Reddin die Situation als dritte Dimension ein und bezeichnete diese als **Effektivität**, da sie über die Wirkung des Führungsstils entscheidet. Daraus ergibt sich auch die Bezeichnung des Modells als „3-D-Modell". Die Einschätzung der Situation erfolgt anhand von fünf Grundfaktoren, die mit je 20 Indikatoren konkretisiert sind. Die Analyse der Situation soll den Einsatz des effektiven Führungsstils ermöglichen. Die fünf Grundfaktoren sind:

- Arbeitsweise, Aufgabenanforderungen und Technologie,
- Mitarbeiter,
- Kollegen,
- Führende sowie
- Organisationsstruktur und -klima.

Reddin formuliert zudem drei Fähigkeiten, über die Führungskräfte verfügen müssen, um effektiv führen zu können:

- **Sensibilität für die Situation:** Vorgesetzte müssen in der Lage sein, situative Faktoren in Bezug auf die Wahl des richtigen Führungsstils zutreffend einzuschätzen.
- **Flexibilität im Führungsverhalten:** Führungskräfte müssen grundsätzlich in der Lage sein, die verschiedenen Führungsstilvarianten in ihrem Verhalten abbilden zu können.
- **Gestaltungsfähigkeit:** Vorgesetzte müssen auch fähig sein, in bestimmtem Umfang auf eine Führungssituation zum Zweck der Veränderung einzuwirken.

Das 3-D-Modell von Reddin stellt den Übergang zu den situativen Theorien dar, da hier erstmals zentrale Situationseinflüsse erfasst und in Bezug auf das Führungsverhalten reflektiert werden. Allerdings ist das Modell noch sehr allgemein gehalten und kaum falsifizierbar (vgl. Berthel und Becker 2013, S. 208).

5.4 Situationsansätze

Vor dem Hintergrund der bisherigen Erkenntnisse wurde immer deutlicher, dass sich Führungserfolg nicht hinreichend durch das Verhalten der Führenden erklären lässt. Für eine zutreffende Prognose der Auswirkungen eines individuellen Führungsstils muss stattdessen die Situationsabhängigkeit berücksichtigt werden: **„It all depends"**. Die Situation wirkt als moderierende Variable auf den Einfluss der Vorgesetzten ein (vgl. Steinmann et al. 2013, S. 612 f.).

5.4.1 Kontingenzmodell der Führung nach Fiedler

Als eine der zentralen situativen Führungstheorien geht das Kontingenzmodell der Führung davon aus, dass der Führungserfolg, d. h. die **aufgabenbezogene Gruppenleistung**, von zwei interagierenden Variablen abhängt: dem Führungsstil und der Führungssituation (vgl. Fiedler 1967; Staehle 1999, S. 323 ff.; Stock-Homburg 2013, S. 493 ff.). Die Situation fungiert als moderierende Variable, die den Erfolg des angewandten Stils beeinflusst. Das Modell enthält neben der Gruppenleistung zwei Kernvariablen:

(1) **Führungsstil**: Fiedler unterscheidet zwischen einem aufgabenbezogenen und einem personenbezogenen Führungsstil. Die mitarbeiterorientierte Führungskraft hat ein Bedürfnis nach harmonischen zwischenmenschlichen Beziehungen, während der aufgabenorientierte Führer nach erfolgreicher Leistung strebt. Zur Diagnose des Führungsstils setzt Fiedler die sog. **LPC-Skala** (Least Preferred Coworker-Skala) als ein Wahrnehmungsmaß ein, das aufzeigen soll, wie der Vorgesetzte auf Basis seiner Persönlichkeitsstruktur, seines Menschenbildes usw. sein soziales Gegenüber wahrnimmt. Ein hoher Wert, d. h. eine wohlwollende Beurteilung des am wenigsten geschätzten Mitarbeiters durch den Führenden, wird als Maß für einen personenbezogenen Führungsstil angesehen, weil dieser offensichtlich über eine sehr wertschätzende, respektvolle und rücksichtsvolle Einstellung Menschen gegenüber verfügt. Ein niedriger LPC-Wert spricht für einen aufgabenbezogenen Führungsstil, da der Führende vermutlich wenig Interesse am Wohlergehen der Mitarbeiter hat, eine eher nüchterne und etwas distanzierte Beziehung zu den Mitarbeitern bevorzugt (vgl. Yukl 2013, S. 168 ff.). Die Beschreibung der Person, mit der bisher aus Sicht des Führenden am schlechtesten zusammengearbeitet wurde, erfolgt anhand von 18 bipolaren Adjektiven (semantisches Differenzial). Der LPC-Score wird durch Addition der Skalenwerte der 18 Items erhoben.

Beispiel

LPC-Skala nach Fiedler

„Denken Sie an die Person, mit der Sie am wenigsten gut zusammenarbeiten können, d. h. mit der Sie die meisten Schwierigkeiten in der Zusammenarbeit haben.

Beschreiben Sie diese Person, wie sie Ihnen erscheint. Bevor Sie Ihr Kreuz setzen, betrachten Sie die Wörter an beiden Enden der Linie. Addieren Sie am Ende die links notierten Skalenwerte zu einer Summe."

										Skalenwert
angenehm	8	7	6	5	4	3	2	1	unangenehm	____
freundlich	8	7	6	5	4	3	2	1	unfreundlich	____
zurückweisend	1	2	3	4	5	6	7	8	entgegenkommend	____
gespannt	1	2	3	4	5	6	7	8	entspannt	____
distanziert	1	2	3	4	5	6	7	8	persönlich	____
kalt	1	2	3	4	5	6	7	8	warm	____
unterstützend	8	7	6	5	4	3	2	1	feindselig	____
langweilig	1	2	3	4	5	6	7	8	interessant	____
streitsüchtig	1	2	3	4	5	6	7	8	ausgleichend	____
verdrießlich	1	2	3	4	5	6	7	8	heiter	____
offen	8	7	6	5	4	3	2	1	verschlossen	____
verleumderisch	1	2	3	4	5	6	7	8	loyal	____
unzuverlässig	1	2	3	4	5	6	7	8	zuverlässig	____
rücksichtsvoll	8	7	6	5	4	3	2	1	rücksichtslos	____
widerlich	1	2	3	4	5	6	7	8	nett	____
akzeptabel	8	7	6	5	4	3	2	1	nicht akzeptabel	____
unaufrichtig	1	2	3	4	5	6	7	8	aufrichtig	____
gefällig	8	7	6	5	4	3	2	1	nicht gefällig	____
									Summe:	____

Quelle: nach Fiedler (1967, S. 39 ff.)

(2) **Günstigkeit der Situation**: Die Situation bestimmt, ob der Einfluss des Führenden auf die Mitarbeiter erleichtert wird. Die situationale Günstigkeit hängt von drei Aspekten ab:

- **Positionsmacht**
  Bezeichnet die formalen Belohnungs- und Sanktionspotenziale des Führers, um das Verhalten der Mitarbeiter auf die Erreichung der Unternehmensziele hin ausrichten zu können. Je höher die Positionsmacht, desto günstiger die Situation. Dies stellt den am wenigsten gewichteten Situationsfaktor dar.
- **Aufgabenstruktur**
  Die situationale Günstigkeit ist umso größer, je strukturierter die Aufgabe ist, je klarer die Ziele und die Rahmenbedingungen der Ausführung sind.

- **Beziehung zwischen Führer und Geführten**
  Die Situation ist für die Führungskraft dann gut, wenn sich die Mitarbeiter affektiv zu ihm hingezogen fühlen, ihn akzeptieren und ihm gegenüber loyal sind. Dies stellt den am stärksten gewichteten Situationsfaktor dar.

Die Kombination dieser drei dichotom ausgeprägten Variablen führt zu acht Führungssituationen mit unterschiedlicher situationaler Günstigkeit wie in Abb. 5.7 dargestellt. Deutlich wird daraus, dass Fiedler in Abkehr von den Ohio-Studien nicht eine zeitgleiche aufgaben- und mitarbeiterorientierte Führung vorschlägt, sondern dass in Abhängigkeit der situativen Ausprägungen entweder mitarbeiter- oder aufgabenorientiert zu führen ist. Ergebnis der Studien von Fiedler ist, dass eine aufgabenorientierte Führung in Situationen hoher und niedriger Günstigkeit vorteilhaft ist, während in Situationen mittlerer Günstigkeit ein personenorientierter Führungsstil zu besseren Leistungen führt (vgl. Wunderer 2011, S. 213). Dies erklärt Fiedler damit, dass der Führende in sehr günstigen Situationen eine hohe Klarheit und Strukturiertheit vorfindet und sich somit ganz auf die Aufgabe konzentrieren kann. In sehr ungünstigen Situationen muss er strukturieren, um die Gruppenkohäsion zu bewahren und einen Aufgabenvollzug zu ermöglichen. In Situationen mittlerer Günstigkeit sind Aufgabenvollzug, Zielsetzung usw. unklar. Dies ruft Irritation

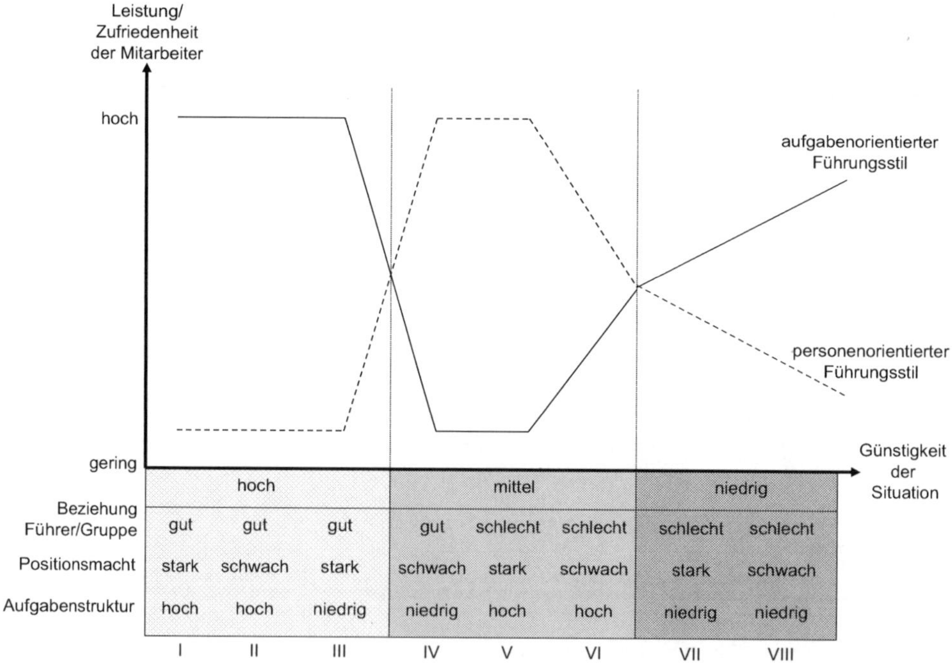

Abb. 5.7 Situationale Günstigkeit und Führungserfolg im Kontingenzmodell. Quelle: Fiedler und Mai-Dalton (1987, Sp. 943)

und Unbehagen hervor, worauf sich ein unterstützendes, personenbezogenes Verhalten positiv auswirkt.

Zur Steigerung der Effektivität empfiehlt Fiedler einen **„Match"** von Führungsstil und -situation herzustellen. Das kann zum einen durch die Platzierung geeigneter Führungskräfte und zum anderen durch die Veränderung der Situation erreicht werden. Fiedler selbst geht nicht davon aus, dass sich das Führungsverhalten eines Vorgesetzten ändern lässt. Wenn dies überhaupt möglich ist, dann nur sehr langfristig (vgl. Fiedler 1967, S. 151 und S. 255 ff.).

Kritisch anzumerken gegenüber dem Kontingenzmodell ist, dass es keine hinreichenden Erklärungen zu den **Kongruenzbeziehungen** zwischen dem Führungsstil und den Situationstypen bietet, sondern nur auf die Empirie verweist. Gerade die empirische Bestätigung des Modells ist nur mangelhaft gelungen. Auch ist zu hinterfragen, ob die Situation mit den drei ausgewählten Parametern zutreffend erfasst ist (vgl. Rosenstiel und Kaschube 2014, S. 703). Fraglich ist zudem, ob das angewandte Vorgehen zur Differenzierung von personen- und aufgabenorientiertem Führungsstil valide ist (vgl. hierzu Hungenberg und Wulf 2011, S. 376 f. sowie Yukl 2013, S. 169 ff.).

5.4.2 Reifegradmodell der Führung nach Hersey und Blanchard

Inspiriert durch die Arbeiten von Reddin integrieren auch Hersey und Blanchard die Situation in ihr Führungsmodell, betrachten als alleinige, zentrale Situationsvariable aber nur die **Mitarbeiter**, genauer den Reifegrad der Mitarbeiter (vgl. Hersey und Blanchard 1969). Es erfolgt somit eine Reduktion der situativen Differenzierung auf einen Faktor. Zusammen mit einem Führungsstil-Quadranten, der sich auf die beiden Dimensionen des Ohio-State-Leadership-Modells, **Aufgaben- und Personenorientierung,** stützt, lässt sich so für verschiedene Reifegrade der Mitarbeiter ein jeweils passendes und damit effektives Führungsverhalten bestimmen (vgl. Abb. 5.8). Dabei wird Führungserfolg nicht inhaltlich definiert, sondern es gilt unabhängig davon, welche Ziele verfolgt werden, wer diese schnell, gut und effizient erreicht, ist effektiv.

Aufgabenorientierte Führung bedeutet, dass der Führende die Ziele, Regeln und Termine klar vorgibt. Personenorientierte Führung beinhaltet dagegen die Einbindung der Mitarbeiter, deren Motivation und die Kommunikation mit den Mitarbeitern (vgl. Hersey und Blanchard 1982, S. 152). Die resultierenden **Führungsstile „S 1" bis „S 4"** sind wie folgt charakterisiert:

- **Telling (S 1)**: Hierbei handelt es sich um einen direktiven Führungsstil, in dem der Führende klare Vorgaben macht, die Leistung kontrolliert und die Optimierungsbedarfe des Mitarbeiters kompensiert.
- **Selling (S 2)**: Dieses Verhalten ist noch durch einen hohen Anteil an direktivem Vorgehen gekennzeichnet, erfordert aber, dass der Führende dem Mitarbeiter Probleme erklärt, ihn stärker einbindet und trainiert.

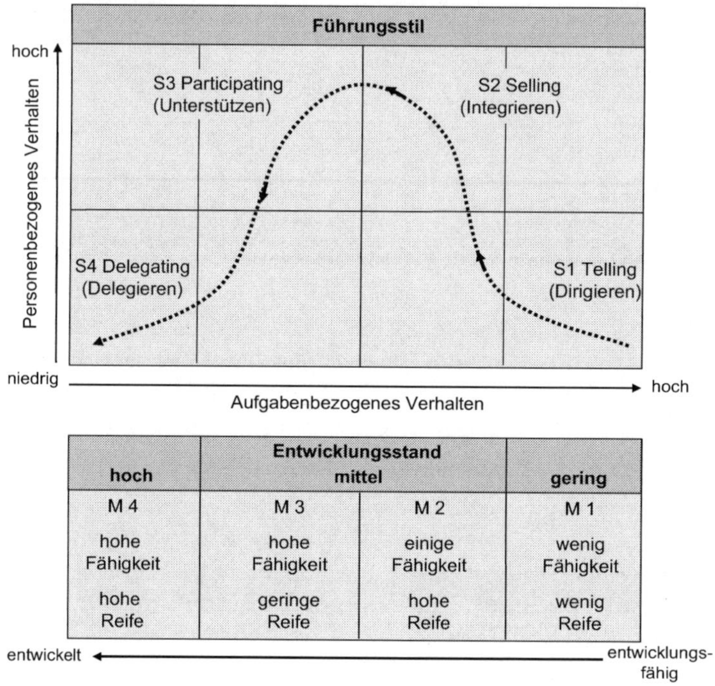

Abb. 5.8 Das Reifegradmodell der Führung. Quelle: Hersey et al. (2011, S. 196); leicht modifiziert

- **Participating (S 3)**: Die Führungskraft betrachtet den Mitarbeiter als Partner. Ideen zur Problemdefinition und zum Vorgehen werden ausgetauscht. Notwendige Entscheidungen werden gemeinsam getroffen.
- **Delegating (S 4)**: Der Mitarbeiter erledigt die Aufgaben selbstständig, d. h., der Führende delegiert Inhalte und Verantwortung, steht ggf. für Rückfragen und Diskussionen zur Verfügung.

Der Reifegrad der Mitarbeiter wird anhand der beiden Faktoren **Fähigkeit** bzw. Funktionsreife (Wissen, Ausbildung und Erfahrung) und **psychologischer Reife** (Bereitschaft und Selbstvertrauen), eine Aufgabe zu erfüllen, definiert. Der Reifegrad ist dabei immer aufgabenbezogen und muss in Abhängigkeit des delegierten Auftrages neu bestimmt werden. Analog zu dem Führungsstil-Quadranten werden **vier Reifegradstufen** (Maturity Level 1–4) unterschieden, denen jeweils ein passender Führungsstil zugeordnet wird (vgl. Hersey und Blanchard 1982, S. 154):

- **Reifegrad M 1**: Mitarbeiter mit geringen Fähigkeiten und geringer Bereitschaft, eine Aufgabe zu übernehmen.
- **Reifegrad M 2**: Mitarbeiter mit geringen Fähigkeiten, die aber Verantwortung wollen, d. h. eine hohe Leistungsbereitschaft aufweisen.

- **Reifegrad M 3**: Mitarbeiter mit hohen Fähigkeiten, die Aufgaben übernehmen können, aber nicht wollen, d. h. wenig leistungsbereit sind.
- **Reifegrad M 4**: Mitarbeiter, die fähig und bereit sind, Aufgaben zu übernehmen und Verantwortung zu tragen.

Aufgabe des Führenden ist es, den Reifegrad seiner Mitarbeiter aufgabenspezifisch zu ermitteln, um den individuell und aufgabenbezogen, passenden Führungsstil zu wählen. Der Kurvenverlauf in Abb. 5.8, der den **Entwicklungsprozess der Mitarbeiter** symbolisiert, verdeutlicht, dass den Reifegraden M 1 bis M 4 die Führungsstile S 1 bis S 4 entsprechen und zuzuordnen sind. Durch diese Kombination ist die größte Effektivität im Führungsverhalten gewährleistet. Damit wendet sich das Reifegradmodell wesentlich gegen die Forderung des Kontingenzmodells nach Fiedler, das ein konsistentes Führungsverhalten gegenüber allen Mitarbeitern formuliert. Zudem soll sich der Führer im Reifegradmodell nicht auf die Anpassung des Führungsverhaltens beschränken, sondern seine Mitarbeiter bewusst fördern, d. h. sie zum Reifegrad M 4 entwickeln. Daraus resultiert in der Gesamtbetrachtung wiederum eine Tendenz zum delegativen Führungsverhalten.

Für die praktische Umsetzung des Modells haben Hersey/Blanchard weitere Hilfsmittel entwickelt. Mit dem Diagnose-Instrument und Testverfahren **LEAD** (Leader-Effectiveness and Adaptability Description) wird über 12 Führungssituationen mit jeweils 4 Antwortalternativen entsprechend der Führungsstile S 1 – S 4 erfasst, welchen Führungsstil Vorgesetzte intuitiv bevorzugt anwenden und ob sie in der Lage sind, zwischen den verschiedenen Führungsstilen zu wechseln. Falls eine Führungskraft in allen geschilderten Situationen nur einen Führungsstil anwenden würde, dann hätte sie in Bezug auf Stilflexibilität (Adaptability) sehr geringe Werte. Zudem wird mit dem LEAD-Verfahren erfasst, wie effektiv, die in den Situationen gewählten Vorgehensweisen durch den Vorgesetzten wären. Somit erhält der Führende eine aktuelle Standortbestimmung und notwendige Optimierungsbedarfe im Kontext des Reifegradmodells zurückgemeldet. Zur Einschätzung des Reifegrades der Mitarbeiter wurde ein Fragbogen entwickelt, der die Dimensionen Arbeitserfahrung, Arbeitswissen, Verantwortungsbereitschaft und Leistungsmotivation auf einer achtstufigen Skala erfasst. Die Gesamtreife eines Mitarbeiters wird dann durch die Summation der einzelnen Einschätzungen zu einem Gesamtwert ermittelt.

Hintergrundinformation

Irritation und Herausforderung im Reifegradmodell

Wird das Reifegradmodell im Führungsalltag angewandt, führt dies oftmals zur Irritation bei den Mitarbeitern. Die Führungskraft erscheint als unkalkulierbar und intransparent in ihrem Führungsverhalten. Die Mitarbeiter können nicht ausreichend nachvollziehen, warum sich die Führungskraft für einige von ihnen mehr Zeit nimmt, d. h. Aufgaben ausführlich erklärt und Hilfe anbietet (Selling), bei anderen Mitarbeitern aber nur kurze Zeit zur Auftragsübergabe aufwendet (Delegating). Das Dilemma zwischen individueller, Reife abhängiger Führung und dem Wunsch nach Gleichbehandlung kann der Führende durch eine offene Kommunikation auflösen. Er sollte den Mitarbeitern seinen Führungsansatz erklären.

Auf der Seite der Führungskraft stellt sich die Herausforderung, dass diese überhaupt in der Lage sein muss, alle vier Führungsstile umsetzen zu können. Zudem muss sie in der Lage sein, den aufgabenbezogenen Reifegrad einer Vielzahl von Mitarbeitern zutreffend einschätzen zu können. Unabhängig von modelltheoretischen Betrachtungen lässt sich die Kernaussage des Reifegradmodells auf folgende Forderung zusammenführen: Der einzelne Mitarbeiter ist bezüglich des anzuwendenden Führungsverhaltens „dort abzuholen, wo er in seiner Entwicklung aktuell steht".

Als Kritik ist gegenüber dem Reifegradmodell zu bemerken, dass die **einseitige Fokussierung** auf die Situationsvariable Mitarbeiter die Komplexität realer Führungssituationen nicht hinreichend erfassen kann (vgl. zur Kritik Steinmann et al. 2013, S. 615 und Weibler 2016, S. 331). Auch bleibt der Einfluss der Mitarbeiter auf die Führungskräfte unberücksichtigt, was der dialogischen Konstruktion von Führung als interaktionalen, sozialen Einflussprozess widerspricht. Ein wesentlicher Kritikpunkt ist zudem die Definition der Reifegrade. Sowohl die gewählten Reifedimensionen als auch die Anzahl und Ausprägung der Reifegrade sind kritisch zu hinterfragen und wurden von den Autoren des Modells im Laufe der Zeit auch immer wieder verändert. Fraglich ist auch, ob die Vorgesetzten die geforderten Führungsstile tatsächlich in ihr Verhaltensrepertoire übernehmen und umsetzen können.

5.4.3 Weg-Ziel-Theorie nach House

Eine neue Betrachtungsweise zur Klärung der Frage, wovon Führungserfolg abhängt bzw. wie sich dieser erreichen lässt, bietet die Weg-Ziel-Theorie der Führung (vgl. House 1971 und Weibler 2016, S. 335 ff.). Sie versucht den Führungsprozess und den Führungserfolg nicht primär aus der Perspektive der Führenden zu erklären, sondern rückt **erwartungswert-theoretische Überlegungen** der Motivation nach dem VIE-Modell von Vroom aus der Perspektive der Mitarbeiter in den Mittelpunkt der Betrachtungen. Die Kernaussage lautet: Erst wenn das praktizierte Führungsverhalten den Mitarbeitern derart hilft, dass diese ihre **persönlichen Ziele** erreichen können, werden sie sich dem damit verbundenen Einflussversuch motiviert unterordnen.

Die Weg-Ziel-Theorie erklärt menschliches Tun grundsätzlich als **nutzenmaximierendes Entscheidungsverhalten** zwischen mehreren Handlungsalternativen auf der Basis individueller Ziele und Vorstellungen sowie situativer Kontextfaktoren (vgl. Wunderer 2011, S. 288 ff.). Ein Mitarbeiter bevorzugt die Handlungsalternative, bei der die **Wahrscheinlichkeit (Erwartung)**, das Handlungsergebnis erreichen zu können und der daraus resultierende **Nutzen (Valenz)** zur persönlichen Bedürfnisbefriedigung am größten

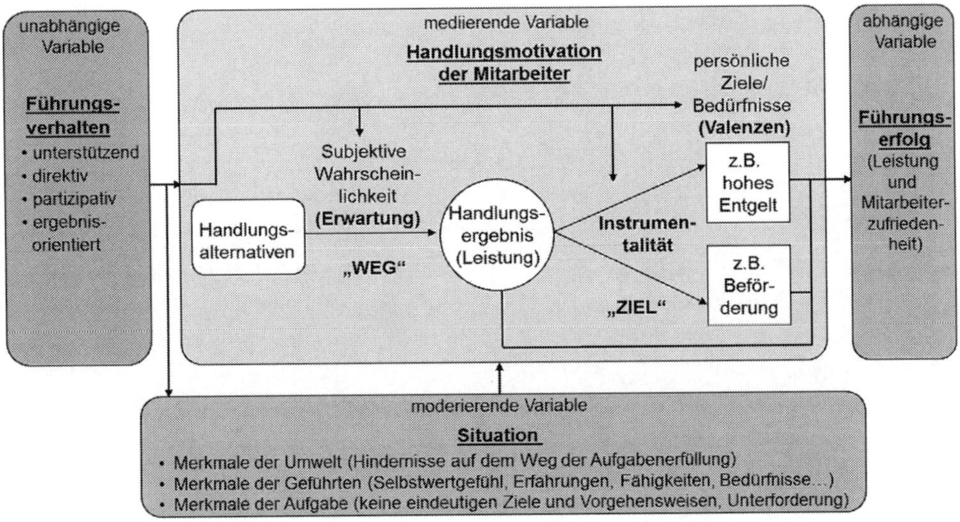

Abb. 5.9 Weg-Ziel-Theorie der Führung. Quelle: eigene Darstellung in Anlehnung an Stock-Homburg (2013, S. 497)

ist (vgl. Abb. 5.9). Notwendige Voraussetzungen, dass ein Mitarbeiter im Sinne des Vorgesetzten handelt sind somit, dass der Arbeitnehmer daran glaubt, die Aufgabe erfüllen zu können sowie einen verbindlichen Zusammenhang zwischen Arbeitsleistung und Belohnung (Bedürfnisbefriedigung) sieht. Ist diese **Instrumentalität** nicht gegeben, besteht auch kein Anreiz für ihn, da er keine Belohnung für seine Anstrengung sieht.

Die Prozesskette der Weg-Ziel-Theorie der Führung beginnt mit dem Führungsverhalten als unabhängiger Variable. Der Führende kann damit auf die mediierenden **erwartungswert-theoretischen Handlungsüberlegungen** der Mitarbeiter in dreifacher Weise einwirken: Er kann zum einen das Belohnungssystem inhaltlich auf die Bedürfnisse des jeweiligen Arbeitnehmers ausrichten und es verbindlich mit den zu erbringenden Leistungen verknüpfen, d. h. die Instrumentalität und die Valenz der betrieblichen Anreize steigern. Zum anderen kann er die Erfolgszuversicht der Mitarbeiter erhöhen, die vorgegebene Aufgabe realisieren zu können, indem er Wege zur Zielerreichung aufzeigt (vgl. Wunderer 2011, S. 289). Diese steuernden Eingriffe kann er insbesondere durch die Wahl des geeigneten **Führungsstils** erreichen. Vier Varianten stehen im Grundmodell zur Verfügung (in späteren Arbeiten werden neun Führungsstile unterschieden, vgl. House 1996):

- **Unterstützende Führung**: Der Führende nimmt Rücksicht auf die Bedürfnisse der Mitarbeiter, schafft eine angenehme Arbeitsatmosphäre und kümmert sich um deren Wohlergehen und schafft dadurch eine Atmosphäre des Vertrauens.
- **Direktive Führung**: Der Führende gibt klare Standards und Regeln vor. Er plant und steuert den Arbeitsprozess und kontrolliert die Ergebnisse.

- **Partizipative Führung**: Der Führende berät sich gemeinsam mit den Mitarbeitern. Er bindet diese in die Problemformulierung und -lösung aktiv ein.
- **Ergebnisorientierte Führung**: Der Führende achtet insbesondere auf die Leistungsergebnisse. Diese werden von ihm anspruchsvoll formuliert. Die Mitarbeiter werden motiviert auch höherwertige Leistungsergebnisse zu erreichen.

Durch die Wahl des Führungsstils kann sich der Führende auf die **Persönlichkeitsmerkmale** der einzelnen Mitarbeiter einstellen und dadurch eventuelle Unzulänglichkeiten in Bezug auf Können, psychologische Reife oder Selbstvertrauen ausgleichen. Zum anderen kann die Führungskraft damit auch Einfluss auf die anderen **situativen Rahmenbedingungen** wie Aufgabenstellung, Gruppendynamik, organisatorische Regelungen, Eindeutigkeit der Zielsetzung und Vorgehensweisen ausüben. Dadurch wird insgesamt der Führungserfolg als abhängige Variable positiv gesteuert.

House hat für bestimmte **Situationsausprägungen** die Vorteilhaftigkeit einzelner Führungsstile definiert. So wird z. B. bei fehlendem Selbstvertrauen der Mitarbeiter eine unterstützende, bei geringer Aufgabenklarheit eine direktive, bei niedrigem Anspruch der Aufgabe eine ergebnisorientierte und bei ungerechten Belohnungen eine partizipative Führung empfohlen (vgl. House 1971 und Stock-Homburg 2013, S. 498 f.).

Beispiel

Führungsmaßnahmen im Weg-Ziel-Modell

Die erwartungs-wert-theoretischen Überlegungen der Mitarbeiter können durch konkrete Führungsmaßnahmen positiv beeinflusst werden.

Die Erfolgszuversicht kann durch Coaching, fehlertolerantes Führungsverhalten, das Anbieten von Unterstützung, Feedback und Weiterbildung gefördert werden. Die Valenz der Anreize kann erhöht werden, wenn der Führende versucht, die Bedürfnisse seiner Mitarbeiter in Gesprächen zu identifizieren. Auch Mitarbeiterbefragungen bzw. Workshops zum Arbeitsklima, die das Thema „Was motiviert uns?“ beinhalten, sind geeignet. Auf dieser Basis lassen sich dann passende, attraktive intrinsische und extrinsische Anreize gestalten. Die Instrumentalität kann dadurch erhöht werden, dass die Anreize allen Mitarbeitern bekannt gemacht werden und dass ausgelobte Belohnungen verbindlich und zeitnah gewährt werden, sobald die Leistung erbracht wurde.

Kritisch gegenüber der Weg-Ziel-Theorie ist anzumerken, dass sie von den Führenden verlangt, die Bedürfnisse der Mitarbeiter, deren Beurteilung der Arbeitssituation sowie deren daraus resultierenden Schlussfolgerungen zu kennen (vgl. Lieber 2011, S. 85 f.; Weibler 2016, S. 338 f.). Dies stellt eine sehr hohe Anforderung dar, die im Führungsalltag nicht durchgängig zu leisten sein dürfte. Hinzu kommt, dass die Theorie in Bezug auf denkbare situative Einflüsse offen ist und somit Prognosen zur Effektivität einzelner Führungsstile nur begrenzt möglich sind.

5.4.4 Situationsanalytisches Entscheidungsmodell von Vroom/Yetton

Die Grundidee des normativen, situationsanalytischen Ansatzes (vgl. Vroom und Yetton 1973 sowie Weibler 2016, S. 317 ff.; Blessin und Wick 2014, S. 131 ff.) ist es, Führungskräften zu zeigen, wie sie die Führungssituation systematisch kategorisieren können, um dann den effektiven Führungsstil auszuwählen. Dies geschieht mittels eines **Entscheidungsbaums**, der anhand von sieben Leitfragen sequenziell zu durchlaufen ist (vgl. Abb. 5.10). Als Ergebnis sind insgesamt 13 verschiedene Situationsausprägungen (Problemtypen) möglich. Zu jeder dieser Situationen sind einer oder mehrere von fünf Führungsstilen passend (vgl. Vroom und Jago 1991, S. 58 ff.).

Die Leitfragen bauen auf den zwei Kriterien **Qualität** und **Akzeptanz** durch die Mitarbeiter auf und sind mit Ja oder Nein zu beantworten. Das Modell ist nach dem Ausschlussprinzip konzipiert, d. h. der Führende erhält am Ende nur eine Information, wie er sich nicht verhalten soll. Daraus resultiert, dass in insgesamt sieben Situationen noch eine Wahlmöglichkeit zwischen zwei bis fünf Führungsstilen besteht. In solchen Fällen

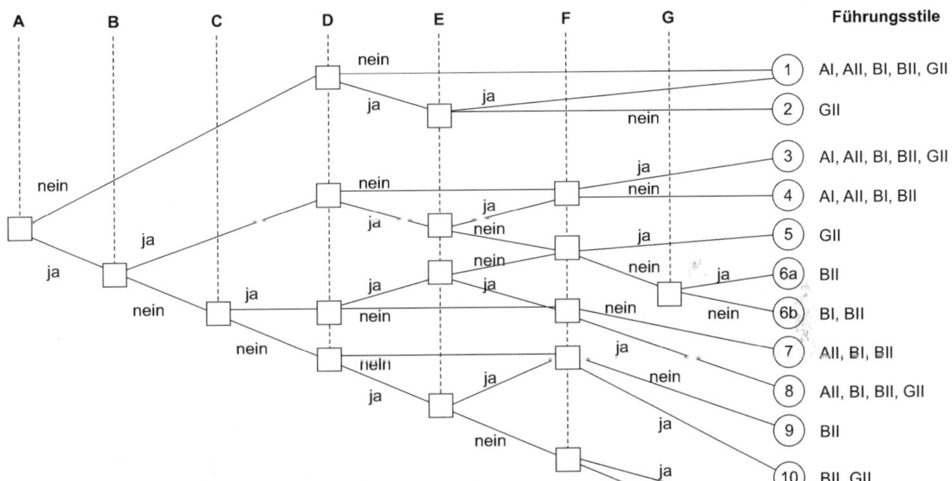

A = Gibt es qualitativ eindeutig bessere oder schlechtere Entscheidungen und ist es wichtig, die beste Entscheidung zu treffen?
B = Haben Sie als Führungskraft alle wesentlichen Informationen für eine qualitativ gute Entscheidung?
C = Ist das Problem gut strukturiert?
D = Ist die Akzeptanz der Entscheidung durch die Mitarbeiter wichtig für die Umsetzung?
E = Ist die Akzeptanz der Entscheidung der Mitarbeiter zu erwarten, wenn Sie als Führungskraft allein entscheiden?
F = Stimmen die Ziele der Mitarbeiter mit den Zielen des Unternehmens, die durch Sie als Führungskraft vertreten werden, überein?
G = Sind Konflikte zwischen den Mitarbeitern über mögliche Entscheidungen zu erwarten?

Abb. 5.10 Entscheidungsbaum nach Vroom und Yetton. Quelle: Vroom und Jago (1991, S. 60); leicht modifiziert

gilt die **Entscheidungsregel** der **Zeiteffizienz**. Sie heißt: „Wähle unter den möglichen Führungsstilen immer den autokratischsten.“. Für Führungskräfte, die nicht unter Zeitdruck stehen, sollte die Entwicklung der Teamkohäsion im Vordergrund stehen. Hier lautet die Regel zur **Partizipationseffizienz**: „Wähle immer den demokratischsten Führungsstil.“. Durch den Einsatz dieser Regeln ist eine eindeutige Definition des anzuwendenden Führungsstils möglich.

Die Führungsstile sind nach dem **Ausmaß der Partizipation** der Mitarbeiter gestuft und orientieren sich an dem eindimensionalen Führungsstilkontinuum nach Tannenbaum/Schmidt. Dabei bezeichnet A ein autoritäres, B ein beratendes und G ein gruppenorientiertes, demokratisches Verhalten, während I die Bezugnahme auf eine Person und II die Ausrichtung auf eine Gruppe von Mitarbeitern beschreibt (vgl. Vroom und Jago 1991, S. 31):

- **Autokratisch I (A I)**: Der Führer löst das Problem selbst und trifft die Entscheidungen allein. Im Anschluss weist er die Ausführung an.
- **Autokratisch II (A II)**: Der Führer holt zusätzliche Informationen bei den Mitarbeitern ein und entscheidet alleine.
- **Konsultativ I (B I)**: Der Führer bespricht das Problem mit den betroffenen Mitarbeitern in Einzelgesprächen. Er holt Ideen und Vorschläge ein, entscheidet dann aber selbst.
- **Konsultativ II (B II)**: Die Führungskraft bespricht das Problem mit der ganzen Gruppe in einer gemeinsamen Sitzung, entscheidet dann aber selbst.
- **Demokratisch (G II)**: Der Führer diskutiert das Problem mit der Gruppe, um einen Konsens zu erreichen. Am Ende entscheidet die Gruppe.

Das Modell ist als normativ zu bezeichnen, da es den Führungskräften klar vorschreibt, wie in bestimmten Problem- bzw. Führungssituationen vorzugehen ist, um Führungserfolg erreichen zu können. Zudem ist es logisch aufgebaut und kann Führungskräften in der Praxis hilfreiche Hinweise zum Umfang der Mitarbeiterbeteiligung geben. Als Kritik gegen das Modell ist anzumerken, dass es zu mechanistisch und komplex ist, als dass es in der täglichen Führungspraxis eingesetzt werden könnte. Auch das von Vroom und Jago entwickelte Computerprogramm, das Führungskräften bei der **Situationsdiagnostik** helfen soll, kann diesen Vorwurf nicht heilen. Hinzu kommt, dass inhaltlich nicht bestimmt ist, worin der Führungserfolg besteht. Dadurch wird eine empirische Überprüfung des Modells schwierig (vgl. dazu und zu weiterführender Kritik Lieber 2011, S. 82; Wunderer 2011, S. 287; Blessin und Wick 2014, S. 136 f.).

5.5 Transformationale New Leadership-Ansätze

Der transformationale New Leadership-Ansatz verkörpert ein neues Denken im Bereich der Führungsforschung und stellt im Vergleich zu den bisherigen, austauschtheoretischen Modellen stärker auf die emotionale, begeisternde Wirkung der Führungskräfte ab (vgl. Bryman 1992; Weibler 2016, S. 339 ff.; Scholz 2014, S. 1167 ff.), welche Geführte auf eine höhere Motivations- und Involvementebene „transformieren" kann (vgl. Muck 2007, S. 362 ff.). Die Führenden sind nun gefordert, durch Ausstrahlung und Auftreten das Commitment, die Motivation und die Identifikation der Mitarbeiter zu steigern. Die zuerst entwickelten Ansätze neocharismatischer Führung begründen diesen Übergang von der transaktionalen Führung zum transformationalen Leadership (vgl. Bass 1985). Die **transaktionale Führung** basiert auf dem Austausch von Leistung gegen Belohnung, um Führungsziele zu erreichen. Das Verhalten der Mitarbeiter ist dabei zweckrational und limitiert durch die angebotenen Anreize. **Transformationales New Leadership** setzt dagegen auf die Erzeugung einer begeisterten Gemeinschaft zur Erreichung gemeinsamer Ziele. Unter dem Oberbegriff der New Leadership-Modelle werden eine Reihe unterschiedlicher Ansätze diskutiert, aus denen einige Denkrichtungen im Folgenden vorgestellt werden.

5.5.1 Neocharismatische Führung

Die zentrale Annahme der modernen transformationalen-charismatischen Führungsansätze greift auf die Tradition des eigenschaftsorientierten Führungsansatzes und des klassischen Charisma-Konzepts nach Max Weber zurück. Deshalb werden diese Ansätze als neocharismatisch bezeichnet. Kernüberlegung ist auch hier, dass Führende über außergewöhnliche Persönlichkeitsmerkmale verfügen, welche in eine hohe Identifikation der Mitarbeiter mit den Zielen und Visionen der Führungskraft münden (vgl. Hauser 1999, S. 1005) und die Geführten zu besonderen Leistungen motivieren. Hinzu kommen allerdings bewusst gestaltbare Verhaltenselemente, die eine Attribution von Charisma durch die Geführten wahrscheinlicher werden lässt. Somit implizieren neocharismatische Ansätze einen verhaltensbezogenen Gestaltungsaspekt, um charismatische Führungseffekte erzeugen zu können (vgl. Robbins 2001, S. 386). Als Ergebnis entwickelt sich eine primär emotional und weniger funktional geprägte Führer-Geführten-Beziehung (vgl. Hentze et al. 2005, S. 186).

Typische **Persönlichkeitsdispositionen** charismatischer Führer, die eine entsprechende Ausstrahlung unterstützen, sind u. a. (vgl. Stock-Homburg 2013, S. 460; House 1977, S. 193 ff.):

- starke eigene Überzeugungen und Werte.
- hohes Selbstvertrauen.
- starke Vorstellungskraft.
- ausgeprägte Machtorientierung.
- hohes Vertrauen in die Fähigkeiten der Mitarbeiter.
- moralische Integrität.
- positive Einstellung gegenüber den geführten Mitarbeitern.

Charismatische Führer sind dabei in besonderem Maß fähig, Visionen, motivierende Ziele und Werte zu formulieren, die von zukunftsweisender und emotionaler Ausstrahlung für die Mitarbeiter sind (vgl. Hentze et al. 2005, S. 186). Solche Führungskräfte sind zudem in der Lage, diese Ideen verständlich und bildhaft zu formulieren. Beispiele hierfür sind die Reden von Martin Luther King „I have a dream", John F. Kennedy „Ich bin ein Berliner"; Barack Obama „Yes we can" oder Angela Merkel „Wir schaffen das". Die Führenden leben die Werte vor und zeigen, dass sie bereit sind, für deren Erreichung persönliche Opfer einzugehen.

Den **Prozess charismatischer Führung**, der hier beispielhaft als Vertreter neocharismatischer Führungsansätze dargestellt wird, hat House 1977 wie in Abb. 5.11 dargestellt zusammengefasst und fokussiert dabei vor allem auf notwendige **Verhaltensweisen** der Führungskräfte. Formuliert der Führende klare Ziele und Visionen und zeigt sich durch sein persönliches Auftreten als fähig, diese umzusetzen, folgt daraus eine positive Wahrnehmung bei den Mitarbeitern. Sie nehmen die Führungskraft als positiv und vorteilhaft für die Realisierung eigener Ziele wahr. Die Begeisterung bei den Mitarbeitern wird weiter durch das Vorleben der Werte, das Aktivieren von Handlungsbereitschaften, das Kommunizieren von hohen Leistungserwartungen und durch das Entgegenbringen von Vertrauen gesteigert. In Folge vertrauen auch die Mitarbeiter dem Führenden, sind ihm gegenüber loyal, übernehmen dessen Wertüberzeugungen, akzeptieren herausfordernde Ziele und steigern u. a. die Erwartungen an die eigenen Leistungen. Dies alles führt in letzter Konsequenz zu einem außerordentlichen Leistungsverhalten.

In diesem Prozess neocharismatischer Führung werden folgende **Charisma stimulierende Verhaltensweisen** als erlernbar betrachtet (vgl. Stock-Homburg 2013, S. 463; Lang 2014, S. 94):

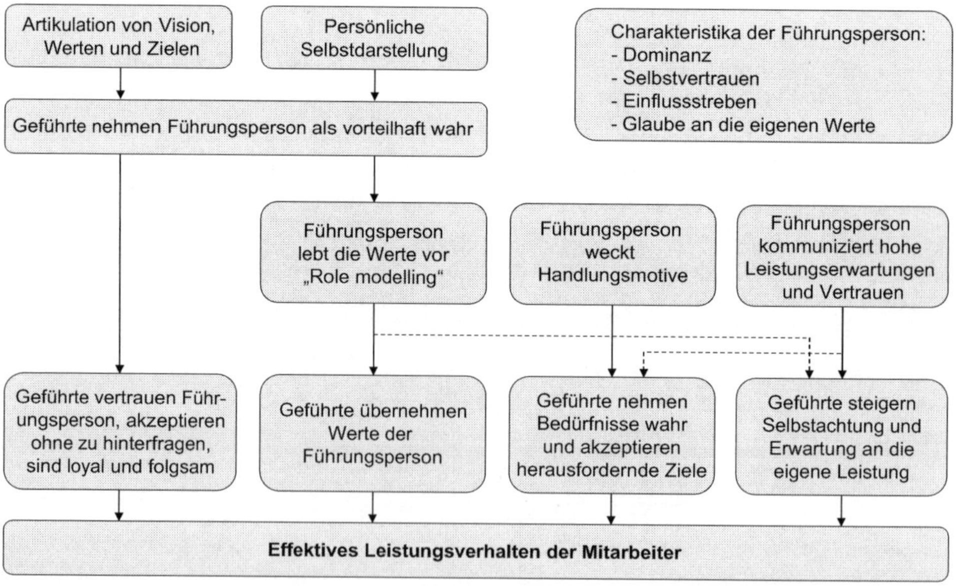

Abb. 5.11 Prozess der neocharismatischen Führung nach House. Quelle: House (1977, S. 206)

- Artikulation und Verfolgung klarer Ziele und Visionen.
- konsequentes Vorleben von Werten.
- Motivation der Mitarbeiter.
- Formulierung und Vorgabe von Leistungszielen.
- Bereitschaft zeigen, persönliche Opfer in Kauf zu nehmen.
- hohe persönliche Leistungsbereitschaft.
- konsequentes Beeindruckungsmanagement.

Begünstigt wird die Entstehung charismatischer Führung durch Geführte, die sich durch einen hohen Pragmatismus, Optimismus, eine hohe Zielorientierung, ausgeprägte Authentizität sowie ein hohes Selbstwertgefühl auszeichnen – dabei aber eine starke Führungskraft wünschen (vgl. Stock-Homburg 2013, S. 461). Damit wird deutlich, dass der Prozess neocharismatischer Führung ebenfalls eine interaktionale und damit attributionstheoretische Komponente enthält. Weiterhin positiv beeinflusst wird neocharismatische Führung im Kontext krisenbehafteter Situationen. Suchen die Mitarbeiter dann geradezu nach einem **„Problemlöser"** und tritt eine Führungskraft mit entsprechenden Persönlichkeitsmerkmalen auf, kann dies dazu führen, dass ihm Charisma zugesprochen wird (vgl. Abschn. 5.2.2 in diesem Buch).

Kritisch anzumerken ist gegen das Modell, dass eine allein „technische" charismatische Führung, ohne das Vorliegen grundlegender Persönlichkeitsdispositionen, wenig Erfolg versprechend sein dürfte (vgl. Stock-Homburg 2013, S. 463) und dass eine charismatische Führung zu einer ständigen **Leistungsentgrenzung** und damit Überlastung und -forderung der Mitarbeiter mit nachteiligen Folgen bis hin zum Burnout führen kann.

Übergreifend zu den verschiedenen neocharismatischen Führungsansätzen lässt sich ein **Rahmenmodell** für diese Theorien konzipieren (vgl. Lang 2014, S. 92 f.; zu weiteren Ansätzen z. B. Burns 1978; Shamir et al. 1993; Walter und Bruch 2009). So geht Lang davon aus, dass neocharismatische Führung durch folgende Faktoren charakterisiert ist:

- Die Person des Führenden nimmt mit ihren Persönlichkeitseigenschaften und ihren transformationalen Verhaltensweisen eine zentrale Roll ein.
- Die besonders intensive Führungsbeziehung zwischen Führer und Geführten ist sehr wichtig.
- Bestimmte Eigenschaften der Geführten fördern das Entstehen charismatischer Führung.
- Chrisma wird der Führungskraft im Rahmen des Attributionsprozesses durch die Geführten zugesprochen. Dies begründet dann das spezifische Mitarbeiterverhalten.
- Mitarbeitereigenschaften, Führungssituation und Führungserfolg stellen wesentliche konstituierende Merkmale charismatischer Führung dar.

5.5.2 Transformationale Führung

Das Leadership-Konzept der transformationalen Führung (vgl. grundsätzlich Bass 1985; Schirmer 2010, S. 123 ff.; Stock-Homburg 2013, S. 463 ff.) integriert die transaktionale Führung und das transformationale Charisma-Konzept.

Die transaktionale Führung wird durch betriebliche **Motivationsanreize** im Sinne des Prinzips der bedingten Verstärkung, mit dem durch Belohnungen bestimmte Leistungen bewirkt werden, und durch die Delegation von Aufgaben zur selbstständigen Bearbeitung (**Management by exception**) realisiert. **Charisma** wird als notwendige, aber nicht hinreichende Bedingung für die weiterführende transformationale Führung gesehen (vgl. Wunderer 2011, S. 279). Charismatische Führungskräfte müssen die Mitarbeiter zudem intellektuell stimulieren, inspirieren und individuell wertschätzen. Ausgehend von diesem Fundament ist es das Ziel, die Mitarbeiter zu einem Leistungsniveau zu führen, das weit über das herkömmliche Maß hinausgeht (**Leistungstransformation**).

Zentrale Komponenten des transformationalen Leaderships wurden ähnlich wie beim Ohio-State-Leadership-Quadranten mittels eines Fragebogens und einer daran anschließenden faktoranalytischen Ergebnisauswertung gewonnen. Als Resultat wurden die folgenden vier Dimensionen ermittelt (vgl. Weibler 2016, S. 340 ff.):

- **Charisma**: Der Führende muss Enthusiasmus vermitteln, als Identifikationsperson wirken und eine Vertrauensbasis schaffen. Er wirkt als Vorbild für die Mitarbeiter, setzt moralische Standards und entwickelt die Vision.
- **Inspiration**: Der Führende motiviert die Mitarbeiter durch fesselnde Visionen und fördert deren Interesse an den Aufgaben.
- **Intellektuelle Stimulierung**: Der Führende versucht bei den Mitarbeitern etablierte Denkmuster aufzubrechen und neue Einsichten zu vermitteln.
- **Individuelle Wertschätzung**: Der Führende kümmert sich individuell um die Mitarbeiter und fördert diese intensiv.

Abgrenzen lassen sich neben den existierenden Interdependenzen transaktionales und transformationales Führungsverhalten wie in der nachfolgenden Abb. 5.12 dargestellt. Während der klassische Führer eher verwaltet, Bestehendes erhält, auf Kontrolle setzt und Mitarbeiter als Mittel zum Zweck sieht, innoviert und visioniert der Leader, vertraut seinen Mitarbeitern und stellt diese in den Mittelpunkt seiner Aktivitäten (vgl. auch Lieber 2011, S. 90 f.).

Beide Facetten des Führungsverhaltens sind für erfolgreiche Führung wichtig, da diese aufeinander aufbauen. Das Leadership-Konzept der transformationalen Führung kombiniert somit transaktionale und transformationale Führung zu emergenten Führungserfolg im Konzept des **„Full Range of Leadership“** (vgl. Abb. 5.13). Dabei bildet die transaktionale Führungsbeziehung die Basis und verhilft über Zielvereinbarungen, Delegation usw. durch eine austauschbezogene Führungsbeziehung zu Leistungsergebnissen im erwarteten Umfang. Die erhofften Extra-Rollen-Ergebnisse werden anschließend im Zuge der transformationalen Führung eben mittels Charisma, Inspiration, intellektueller Stimulierung und Wertschätzung zu erreichen versucht.

Kritisch anzumerken gegenüber dem transformationalen Leadership-Konzept ist die Frage nach den Grenzen einer **legitimen Führung**, d.h. ob und wie weit ein versuchter

Merkmale / Führungsform	Transaktionale Führung	Transformationale Führung
Koordinationsmechanismus	Verträge, Belohnung, Bestrafung	Begeisterung, Zusammengehörigkeit, Vertrauen, Kreativität
Mitarbeitermotivation	extrinsische Anreize	intrinsische Anreize
Perspektive der Zielerreichung	eher kurzfristig	mittel- bis langfristig
Zielinhalte	materielle Ziele	ideele Ziele
Rolle des Führenden	Instrukteur	Lehrer, Coach

Abb. 5.12 Abgrenzung transaktionale und transformationale Führung. Quelle: Stock-Homburg (2013, S. 464)

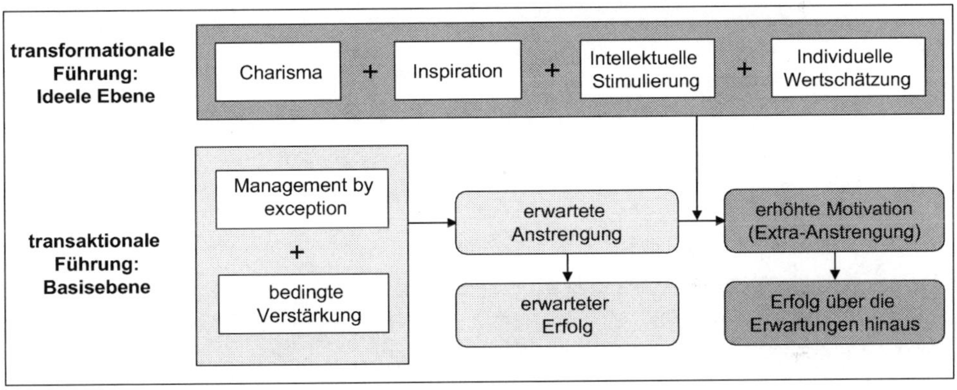

Abb. 5.13 Full Range of Leadership. Quelle: nach Scholz (2014, S. 1169) auf Basis von Bass und Avolio (1990, S. 12)

Eingriff in die Überzeugungen und Wertestruktur der Mitarbeiter gerechtfertigt ist (vgl. weiterführend Weibler 2016, S. 346 f.).

Zur Erfassung insbesondere der transformationalen Leadership-Qualitäten kann der MLQ (Multifactor Leadership Questionnaire) (Bass und Avolio 1990) eingesetzt werden. Alternativ kann auch der Fragebogen „Scales of charismatic leadership“ nach Conger und Kanungo (1998) eingesetzt werden.

Beispiel

Auszug Fragebogen zur Einschätzung des eigenen Leadership-Verhaltens

	Ich...	Diese Aussage trifft... gar nicht zu (1)	eher nicht zu (2)	teil-weise zu (3)	eher zu (4)	voll zu (5)
1.1	...baue gegenseitigen Respekt und Sympathie auf.	☐	☐	☐	☐	☐
1.2	...habe Unternehmensgeist: Ich entdecke neue Gelegenheiten und Wege, um Ziele zu erreichen.	☐	☐	☐	☐	☐
1.3	...zeige unkonventionelles Verhalten, um die Ziele der Organisation zu erreichen.	☐	☐	☐	☐	☐
1.4	...versuche die Harmonie zwischen den Organisationsmitgliedern zu sichern.	☐	☐	☐	☐	☐
1.5	...gebe inspirierende Ziele vor.	☐	☐	☐	☐	☐
1.6	...schone mich nicht, wenn es um das Wohl der Organisation geht.	☐	☐	☐	☐	☐

Quelle: Schirmer, in Anlehnung an Conger & Kanungo Scales of charismatic leadership in der übersetzten und ergänzten Version nach Rowold (2004)

In der betrieblichen Praxis finden sich verschiedene Varianten transformationaler Führung wie z.B. der **Servant Leadership** (vgl. Greenleaf 1991). Der Grundgedanke des Servant Leaderships ist, dass der eigene Nutzen der Führungskraft dem Nutzen der Mitarbeiter untergeordnet wird. Damit wird eine austauschorientierte Beziehung verneint. Vielmehr geht es u.a. darum, die Mitarbeiter in ihrer Entwicklung zu unterstützen und voranzubringen, sie zu autonomen, moralisch Geführten mit freiem Willen und eigenem Gewissen auszubilden (vgl. dazu sowie zur Abgrenzung bzw. zur Übereinstimmung zur transformationalen Führung Weibler 2016, S. 512 ff.). Zentrale Attribute eines derart führenden Vorgesetzten sind z.B. aktives Zuhören, Empathie, Bewusstsein, Überzeugungskraft, visionäre Kraft usw.

Beispiel

Transformationale Führung in der Praxis

– bei Federal Express

Die „People-Philosophie" bei FedEx verpflichtet jede Führungskraft, ein Arbeitsumfeld zu schaffen, in dem die Mitarbeiter motiviert sind, ihr Bestes zu geben. Dahinter steht die Überlegung, dass sich Führungskräfte den Respekt ihrer Mitarbeiter erst durch ein entsprechendes Leitungsverhalten verdienen müssen.

Dieser als Servant Leadership bezeichnete Führungsansatz wird jährlich durch die „Federal Express Best People Practices-Studie", die ein internes Benchmarking darstellt, in besonders erfolgreichen Standorten erhoben. Als Antwort, worauf die herausragenden Leistungen zurückzuführen sind, werden folgende Gründe genannt:

Führungskräfte

- geben den Mitarbeitern zu verstehen, dass sie gebraucht werden und ihr Einsatz geschätzt wird.
- streben den langfristigen Erfolg der Arbeitsgruppe an.
- kümmern sich darum, dass sich Mitarbeiter im Team wohlfühlen.
- machen es sich persönlich zur Aufgabe, ihre Mitarbeiter zu coachen.
- delegieren Verantwortung, damit die Mitarbeiter sich entwickeln können.
- packen bei Problemen direkt mit an, z. B. beim Verladen von Paketen.

Im Zuge der geforderten transformationalen Führung des Servant Leaderships müssen Führende bei FedEx für ihren Bereich eine Vision entwickeln und ihre Mitarbeiter dafür begeistern. Im Zuge des transaktionalen Führungsanteils müssen sie den Mitarbeitern klare Ziele und Aufgaben nennen und Anreize, wie z. B. Lob oder Teilnahme an Fortbildungen, bieten.

Quelle: Kremer (2008, S. 43 f.)

5.5.3 Super Leadership

Im Kontext einer dezentralen und dynamischen Arbeitswelt, die immer schnellere Entscheidungen auf Basis unvollständiger Informationen erfordert, wird es für Führungskräfte fortlaufend schwieriger durch personale Führung eine zielgerichtete Verhaltensbeeinflussung der Mitarbeiter sicherzustellen. Führungskräfte können Mitarbeiter nicht zeitnah erreichen, um notwendige Anweisungen zu geben, bzw. sind durch die Anzahl in kurzer Zeit zu treffender Entscheidungen überfordert. Um diesen Herausforderungen der modernen Unternehmenspraxis zu begegnen, werden vermehrt neue Formen der Arbeitsorganisation erforscht und eingeführt, die auf eine höhere Selbststeuerung der Mitarbeiter setzen. Beispiele für solche Konzepte sind **teilautonome Arbeitsgruppen** oder **Projektgruppen**, die partiell selbst regulierend auf unvorhergesehene Veränderungen z. B. im Produktionsplan oder bei Kundenwünschen reagieren sollen (vgl. Antoni 2014, S. 273 ff.). Damit verbunden stellt sich zum einen die Frage, wie Führende ihre Mitarbeiter dazu befähigen können, sich selbst zu organisieren, und zum anderen ist das Paradoxon zu klären, wie sich selbst führende Mitarbeiter anzuleiten sind (vgl. Wegge und Rosenstiel 2014, S. 351).

Die **Super Leadership-Theorie** (vgl. Manz und Sims 1991) versucht diese Fragen zu beantworten, indem sie die Sicht der externen Verhaltenssteuerung zugunsten einer selbstgesteuerten Führung „von innen heraus" reduziert. Führende fungieren als **Super Leader**, deren Aufgabe es ist, passende Rahmenbedingungen zu schaffen (**Grenzregulation**) und die Mitarbeiter so zu qualifizieren, dass **zweckgerichtete Selbststeuerung** in Bezug auf die Aufgabenerfüllung möglich wird. Diese Fähigkeit wird als **Self Leadership** bezeichnet (vgl. Stock-Homburg 2013, S. 515). Im Super Leadership-Ansatz erfolgt die Verhaltenssteuerung somit nicht durch einen Vorgesetzten, der eventuell als „Über-Führer" alles regelt und anweist. Stattdessen werden die Mitarbeiter befähigt, sich selbst zu organisieren, zu motivieren und zielgerichtet zu verhalten. Der Super Leader fungiert als Prozessmoderator und begleitet und unterstützt die Implementierung des Self Leaderships.

Zur Umsetzung und Entwicklung von Self Leadership schlagen Manz und Sims einen siebenstufigen Prozess vor (vgl. Abb. 5.14), der auf Banduras sozialer Lerntheorie des Modellernens (vgl. Bandura 1979) basiert.

Dabei müssen die Führungskräfte vorbildhaft als **Self Leader** auftreten und sich eventuell fehlende Fähigkeiten im Bereich Selbstmanagement aneignen. Dazu gehören Zeit- und Terminplanungssysteme, das Arbeiten mit Checklisten, Techniken zur Selbstmotivation usw. Durch das aktive Vorleben selbststeuernder Verhaltensweisen sollen die Mitarbeiter zur Nachahmung motiviert werden. Verbunden mit der bewussten Anregung durch den Führenden, eigene Ziele und Aufgaben zu formulieren, wird das eigenständige Handeln der Mitarbeiter gefördert. Einsetzende Selbstregulationen muss der Führende positiv verstärken und eventuelle Fehlschläge im Rahmen des Einübens von Selbststeuerung akzeptieren. Wichtig ist es zudem, die Kommunikations- und Konfliktfähigkeit der Teammitglieder zu

Abb. 5.14 Sieben-Stufen-Prozess des Super Leaderships. Quelle: in Anlehnung an Stock-Homburg (2013, S. 539 f.); modifiziert

verbessern, da sich dies positiv auf die interne Kommunikation auswirkt. Durch ein immer weitergehendes Zurückziehen muss der Führende schließlich Handlungs- und Entscheidungsspielräume schaffen, um eine **Kultur der Selbststeuerung** zu etablieren.

Self Leadership durch Super Leadership ist dann erreicht, wenn sich die Mitarbeiter ihre Aufgaben und Informationen selbst suchen, Entscheidungen selbst, kompetent und passend zur Unternehmensstrategie treffen. Dabei wird deutlich, dass zwingend ein gewisser Handlungsspielraum im Tätigkeitsfeld der Mitarbeiter sowie Basisausprägungen von Handlungskompetenz bei den Mitarbeitern gegeben sein müssen.

Das Konzept der Selbstführung ist in seinen zugrunde liegenden Theoriefundierungen keinesfalls banal und auch nicht einfach umzusetzen. Dem Ansatz liegen handlungs- und selbstregulatorische Konstrukte, motivationstheoretische, sozialisations- und selbstwirksamkeitsbezogene sowie sozial-kognitive Überlegungen zugrunde, die zusammenwirkend aktiviert werden müssen.

Als **Kritik** ist gegen den Super Leadership-Ansatz vorzubringen, dass die Last des Führungserfolges in letzter Konsequenz weitgehend den Mitarbeitern aufgebürdet wird. Fraglich muss auch bleiben, ob das Super Leadership-Konzept in allen Bereichen sinnvoll angewandt werden kann. Bei hoch standardisierten Tätigkeiten muss dies zumindest angezweifelt werden (vgl. zur Kritik Weibler 2016, S. 360 f.). Gut geeignet dürften dagegen Unternehmensbereiche mit wenig standardisierten und routinierten Aufgaben sein, in denen zudem fast zwangsläufig hoch qualifizierte und kompetente Mitarbeiter tätig sind. Insofern ist eine kontingenztheoretische Relativierung des Ansatzes bedenkenswert.

Beispiel

Teilautonome Arbeitsgruppen in der Automobilindustrie

Saab hatte bereits im Jahr 1975 im Rahmen von Restrukturierungsaktivitäten teilautonome Arbeitsgruppen in der Fahrzeugmontage etabliert. Dabei wurde den Arbeitern ein umfassendes Aufgabenpaket zur eigenen Verantwortung übertragen. Nach außen vertraten sich die Gruppen durch eine „Kontaktperson", die im Rotationsverfahren in der Gruppe bestimmt wurde. Drei bis vier Gruppen bildeten einen Meisterbereich. Zu den selbst regulierend zu erfüllenden Aufgaben der Gruppen gehörte u. a. das Einrichten und Instandhalten der Maschinen, das Anlernen neuer Mitarbeiter, das Prüfen erstellter Teile sowie der Transport der Werkstücke. Durch die Einführung teilautonomer Gruppenarbeit hatten sich auch die Führungsanforderungen an die Meister fundamental verändert. Waren diese zuvor stark damit befasst, die Erreichung der Produktionsziele sicherzustellen und Qualität zu überwachen, waren sie nun vor allem darin gefordert, sich um die Mitarbeiter zu kümmern und soziale Sachverhalte wie Kommunikation und Konflikte zu klären. Nach sechs Jahren zeigten sich erhebliche Nutzeneffekte z. B. in den Bereichen Qualitätssteigerung, Fluktuation, Produktionsstabilität, Reduktion der Lagerkosten usw.

Quelle: Ulich (2011, S. 239 ff.)

5.5.4 Authentische Führung

Echte transformationale Führung kann nur entstehen, wenn die Führenden sich aus innerer Überzeugung an grundsätzlich geteilten und akzeptierten ethischen Grundpositionen und den daraus abgeleiteten Moralen orientieren. Ohne dies bleibt Führung pseudotransformational, da Führungskräfte ohne Verantwortungsbewusstsein und moralischem Gewissen nicht begeisternd führen können (vgl. Luthans und Avolio 2003). Mitarbeiter erleben ansonsten, dass Führungskräfte kein Interesse an ihnen haben, sich nicht an geltende Normen halten und egozentrische Selbstoptimierung betreiben. Mit dem Ansatz der authentischen Führung wird dagegen die Forderung nach einem auf ethischen Vorstellungen basierendem Führungsverhalten, einem so genannten **positiven Führungsverhalten**, postuliert (vgl. im Folgenden Bass und Steidlmeier 1999; Weibler 2016, S. 129 ff.; Peus et al. 2015, S. 15 ff.). Authentische Führungskräfte erfassen auf Grundlage einer intensiven Selbstwahrnehmung und einer nach außen gerichteten Empathie insbesondere ihre eigenen moralischen Werte, aber auch die anderer Menschen (vgl. auch Rohrhirsch 2011). Frühere Erfahrungen, biografische und sozialisationsbedingte Ereignisse bilden dabei ein wesentliches Fundament für authentisches Handeln, da hierdurch die inhaltliche Gerichtetheit der Moralen beeinflusst wird. Authentische Führungskräfte beeindrucken in Konsequenz dazu durch einen hohen Grad an innerer, wertebasierter Überzeugung und integrer Maßstäbe, die sie aktiv umsetzen und an denen sie ihr Handeln ausrichten (vgl. Avolio et al. 2004, S. 802). Sie wissen wer sie sind und an was sie glauben und leben danach. Mit dieser **Glaubwürdigkeit und Ehrlichkeit** erzeugen sie ein hohes Maß an Vertrauen bei den Mitarbeitern. Zu einem solchen Führungsverständnis gehört es auch, authentische, d. h. moralisch getragene Beziehungen zu den Mitarbeitern zu entwickeln, so dass sich Vorgesetzte und Mitarbeiter als Gemeinschaft erleben – Führungskraft und Mitarbeiter handeln auf der Basis gemeinsam geteilter Werte und Vorstellungsmuster, die intensiv durch die Führungskraft vorgelebt werden (zur ethischen Begründung solcher Werte vgl. Abschn. 1.4.4 dieses Buches und die dortige Diskussion zur „dark side-" and „light side of leadership"). Durch Authentizität geprägte Führungsbeziehungen tragen erheblich zum Führungserfolg über eine gesteigerte Leistungsbereitschaft der Mitarbeiter bei. Dabei ist Authentizität keine persönliche Eigenschaft, über die eine Führungskraft verfügt, vielmehr wird diese dem Vorgesetzten im Kontext der Führungsdyade durch die Geführten zugeschrieben. Erst auf Basis dieser realisierten **Attribution** und der positiven Wahrnehmung des Führers durch die Geführten, kann dieses Führungsverhalten seine positiven Wirkungen entfalten.

Ein Rahmenmodell zur authentischen Führung, das den Einfluss der Führenden auf die Werte und die Einstellungen der Geführten sowie deren Leistung erklärt, bietet Abb. 5.15.

Der erste Schlüsselfaktor authentischer Führung besteht in der Einsicht über sich selbst, d. h. in der Entwicklung eines **Selbstbewusstseins**, das ein Bild zur eigenen Identität, zum eigenen Selbstkonzept, den inneren Werten etc. zum Ergebnis hat. Darauf aufbauend wirkt der zweite Schlüsselfaktor, die **Selbstregulation**. Damit ist gemeint, dass eine Führungskraft vorurteilsfrei alle Informationen zum eigenen Selbst annimmt, reflektiert, verarbeitet und sich stetig weiterentwickelt. Auf diesem selbstreflexiven Werte-Fundament kann dann ein **authentisches, vorbildhaftes Führungsverhalten** realisiert werden, das wiederum die Geführten zur introspektiven Selbstwahrnehmung

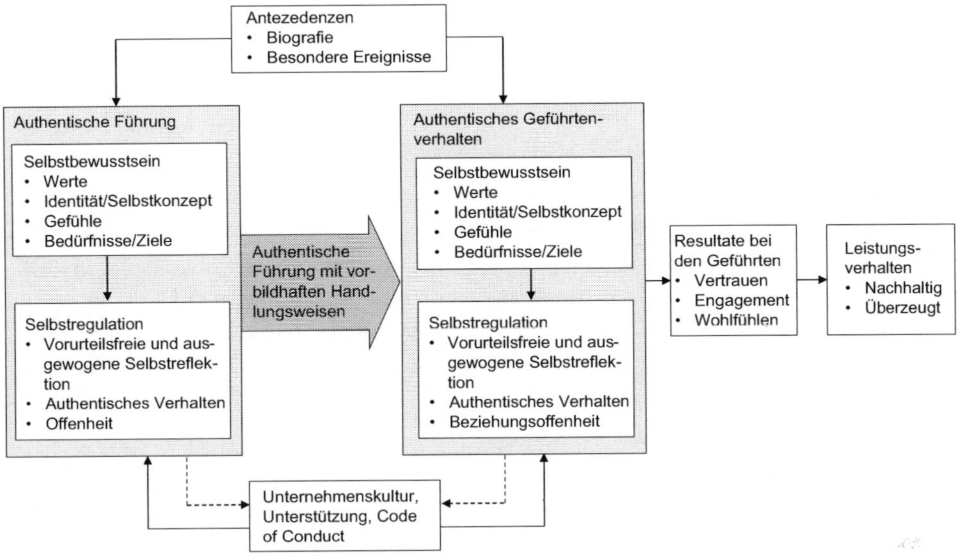

Abb. 5.15 Authentic Leadership. Quelle: nach Gardner et al. (2005, S. 346)

und -reflexion anregt. Dabei hängt das Ergebnis dieser Selbstprozesse auf Seiten der Führenden und Geführten von den persönlichen Biografien ab. Beeinflusst werden die Selbstprozesse und die authentische Führung auch durch den organisationalen Rahmen. Hier spielen die vorhandene **Unternehmenskultur**, die **ethischen Werte** usw. eine Rolle. Als Ergebnis der authentischen Führung kommt es bei den Geführten z. B. zu einem Vertrauensaufbau, zu einer partiellen Werteakzeptanz und -übernahme, zu einem Wohlfühlen auf der Arbeit und zu hohem Engagement. Daraus resultiert dann ein nachhaltiges und auf Überzeugung basierendes Leistungsverhalten.

Kritisch gegenüber der authentischen Führung ist u. a. anzumerken, dass neben der Forderung nach Authentizität keine inhaltliche Konkretisierung zu den Werten und zum Führungsstil erfolgt (vgl. Weibler 2016, S. 134 ff.).

5.5.5 Shared Leadership und agile Führung

In den Unternehmen ist eine zunehmende Komplexität und Dynamik u. a. infolge von Globalisierung und Digitalisierung mit zum Teil neuen Organisationskonzepten wie Industrie 4.0 zu beobachten. Verbunden mit der gesellschaftlich induzierten Forderung nach Demokratisierung unternehmerischer Entscheidungsprozesse und stärkerer Einbindung der Mitarbeiter rückt ein weiterer Ansatz transformationaler New Leadership-Ansätze in das Zentrum des Interesses – das Shared Leadership, d. h. die **geteilte Führung** (vgl. im Folgenden Lang und Rybnikova 2014, S. 151 ff.). Shared Leadership beschreibt eine Abkehr von führerzentrierten, vertikalen Führungstheorien hin zu einer **„postheroischen" Funktion** des Vorgesetzten, in der dieser nicht mehr als Alleinentscheider, sondern eher als Katalysator für geteilte Führung wirkt. Es steht die Frage im Vordergrund, wie Führung in Organisationen aufgeteilt werden soll, um Motivation und Leistung zu optimieren (vgl. Piecha und Wegge 2015, S. 79). Hier sind verschiedene Ebenen zu unterscheiden, die betrachtet und gestaltet werden müssen. Auf der Ebene der Organisation kommen Instrumente **organisationaler Demokratie** wie betriebsverfassungsrechtliche Mitbestimmungsgremien, Vorschlagswesen-Systeme, Open-Space-Moderations- und Beteiligungsmethoden sowie eine partizipative Unternehmenskultur zum Tragen (vgl. Sattelberger et al. 2015). Auf Gruppenebene kommen Konzepte zur geteilten Führung zum Einsatz und auf der bilateralen Ebene der Führungsdyade gilt es eine freundschaftliche Beziehung zu entwickeln, in der Mitarbeiter und Führungskraft als gleichberechtigte Partner zusammenwirken. Dabei gilt, dass klassische Führung und geteilte Führung keinen Widerspruch darstellen, sondern in entsprechender Ausgestaltung im Sinne sich ergänzender Systeme parallel wirken: Selbststeuerung braucht Führung (vgl. Gloger und Rösner 2014).

Shared Leadership mit seinen aktuellen praxisbezogenen Ausprägungen wie **Empowerment, Scrum-Projektmanagement, agile Führung** und **demokratische Unternehmen** findet seinen Ursprung zum einen in den Forschungen zur Partizipation von Mitarbeitern und greift stark auf das Führungsstilkontinuum von Tannenbaum/Schmidt zurück. Dort werden im Rahmen des partizipativen Führungsstils Entscheidungen gemeinsam mit den Mitarbeitern getroffen. Zum anderen stellen auch die Überlegungen von Manz/Sims zum Super und Self Leadership vorausgehende Überlegungen dar (vgl. zu einer weiterführenden Übersicht von Vorläuferkonzepten Lang und Rybnikova 2014, S. 157). Geteilte Führung geht grundsätzlich davon aus, dass definierte Führungsfunktionen und Rollensegmente einer Führungskraft auf die Geführten übergehen und von diesen übernommen werden. Die vollkommen selbstständige und eigenverantwortliche Führung stellt einen idealistischen Endpunkt in Bezug auf autonomes Handeln dar und spiegelt auch sich ändernde normative Gesellschaftsvorstellungen wider.

Kennzeichnend für den Ansatz des Shared Leaderships sind folgende Aspekte (Avolio et al. 2009, S. 431 ff.):

- Führung wird als **Netzwerkprozess** mit emergenten Ergebnissen betrachtet.
- Abkehr von der Führungsdyade hin zu Gruppenprozessen mit **kollektiven Koordinationsmechanismen**.
- Die Geführten übernehmen eine aktive Rolle im Führungsprozess und durchleben einen **Rollenwandel**.
- Führung wird als Interaktion zwischen **Gleichberechtigten** verstanden.
- Betrachtung und Definition förderlicher organisatorischer und unternehmenskultureller **Rahmenbedingungen** sind notwendig.

Den konzeptionellen Kern geteilter Führung bildet letztlich der wechselseitige, interaktionelle Einflussprozess zwischen Mitarbeitern mit dem Zweck, sich gegenseitig zu führen, um gemeinsame Ziele zu erreichen (vgl. Wegge und Rosenstiel 2014, S. 354). Dabei wird die Führungsaufgabe gleichberechtigt und lateral auf alle beteiligten Mitarbeiter verteilt. Werden noch weitere Einflüsse berücksichtigt, die sich durch die Organisation, die Kultur etc. ergeben, wird auch von verteilter Führung gesprochen (vgl. Lang und Rybnikova 2014, S. 158 ff.). Es geht nicht mehr darum eine Gruppe zu führen, sondern Führung durch die Gruppe zu realisieren. Auf die faktische Umsetzung geteilter Führung haben Rahmenbedingungen einen erheblichen Einfluss. Dazu zählen z. B. (vgl. Pearce und Sims 2009, S. 126):

- Gruppengröße
- Diversität der Gruppenmitglieder
- Fähigkeiten der Individuen
- Aufgabenkomplexität (Routine vs. Projekte)
- Dringlichkeit der Aufgabe
- Unternehmenskultur
- Anreizsysteme usw.

Shared Leadership stößt in Folge verschiedener **Paradoxien** an Umsetzungsgrenzen bzw. -schwierigkeiten. So sind hierarchisch sozialisierte Führungskräfte nun aufgefordert, die demokratische Organisation zu verwirklichen. Auch fokussiert die geteilte Führung auf einen kollektiven Verständigungsprozess, während häufig in Belohnungs- und Karrieresystemen noch gegenläufige, individuelle Betrachtungsperspektiven vorherrschen.

Als **Ergebnisse des Shared Leaderships** werden oftmals eine bessere Team-Performance (Effektivität), mehr Vertrauen zwischen den Teammitgliedern, mehr Hilfeleistungen sowie eine höhere Arbeitszufriedenheit genannt (vgl. Wegge und Rosenstiel 2014, S. 355 f.; Piecha und Wegge 2015, S. 82 ff.). Die **positiven Wirkungen** geteilter Führung können u. a. damit erklärt werden, dass durch die übertragene Autonomie und die höhere Partizipation motivationale und affektive Erlebensprozesse bei den Mitarbeitern positiv angeregt werden (vgl. Piecha et al. 2012, S. 563 f.). Dies wirkt sich wiederum auch auf die Arbeitszufriedenheit aus. Zudem dürften sich typische Gruppeneffekte im Sinne von „gemeinsam sind wir stark" förderlich auf das Vertrauen der Teammitglieder auswirken, übertragene Aufgaben im Kollektiv bewältigen zu können. Es bleibt aber darauf hinzuweisen, dass keine zwingende Kausalitätsbeziehung derart besteht, dass mehr geteilte Führung automatisch besser sei. Es sind durchaus auch **negative Effekte** geteilter Führung feststellbar. Ausgehend von längeren Bearbeitungsdauern aufgrund umfangreicherer Abstimmungszyklen reichen solche Phänomene bis hin zu Situationen, in denen Orientierungslosigkeit (Laissez faire-Führung) oder sogar destruktive Machtausübung durch Teamkollegen (aversive Führung) eintreten können (vgl. Wegge und Rosenstiel 2014, S. 355 ff.).

Die Erzeugung der positiven Effekte durch die **Einführung** von geteilter Führung bedarf eines Entwicklungsprozesses, d. h. Shared Leadership kann nicht kurzfristig implementiert werden, sondern Bedarf eines Einübungs- und Findungsprozesses für die Beteiligten. Erste Studienergebnisse (vgl. Piecha und Wegge 2015, S. 85) deuten darauf hin, dass ein hoher Frauenanteil und ein geringer Altersdurchschnitt Shared Leadership begünstigen (vgl. Abb. 5.16). Dies gilt auch in Bezug auf eine hohe ethnische Diversität sowie auf ein ausgeprägt vorhandenes gegenseitiges Vertrauen der Teammitglieder, das

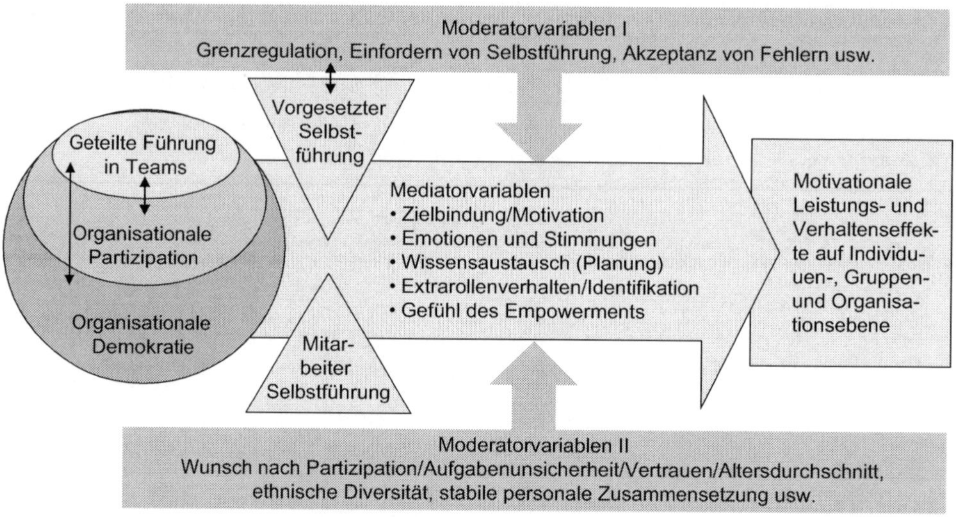

Abb. 5.16 Förderung geteilter Führung. Quelle: nach Rosenstiel und Wegge (2014, S. 356), leicht modifiziert und ergänzt

idealerweise mit einer hohen Gruppen- bzw. Kollektivorientierung der Mitarbeiter korrespondiert. Auch eine stabile personale Zusammensetzung sowie ein demokratisch geprägter Organisationskontext mit institutionellen und faktischen Beteiligungsmöglichkeiten ohne hemmende Hierarchien, der auch Selbstführung fördert, wirken sich katalytisch auf geteilte Führung aus (vgl. Rosenstiel 2014, S. 357).

Gezielt gefördert werden kann geteilte Führung durch folgende Maßnahmen (Wegge und Rosenstiel 2014, S. 357; Biemann und Weckmüller 2015, S. 15 ff.):

- Entwicklung von Selbstführungsfähigkeiten auf Seiten der Teammitglieder
- Aktives Einfordern von Selbstführungsfähigkeiten.
- Förderung von Empowerment bei den Mitarbeitern.
- Vermeidung von Bestrafung, stattdessen Befürworten des Lernens durch Fehler.
- Formulierung von Fragen statt Ausgeben von Antworten.
- Förderung von Initiative und Kreativität.
- Förderung von Entscheidungsfindung auf Individual- und Gruppenebene.
- Schaffung von Interaktion und Interdependenz.
- Implementierung förderlicher Grenzregulation (flexible Arbeitszeiten, das Kollektiv fördernde Anreizsysteme usw.).

Zusammengefasst kann Shared Leadership durch einen **partizipativen Organisationskontext** befördert werden, in dem sich der Vorgesetzte als Super Leader zur Unterstützung von geteilter Führung etabliert und moderierende und grenzregulative Unterstützung organisiert sowie geteiltes Führungsverhalten positiv unterstützt. Er wirkt dann als **Facilitator** für die notwendigen gruppendynamischen Prozesse. Zudem wirken weitere moderierende Variable wie Vertrauen, geringer Altersdurchschnitt usw. positiv auf ein gemeinsam getragenes, gegenseitiges Führen ein. Im positiven Fall führt dies zu entsprechenden Folgen bei den Mitarbeitern wie Zielbindung und Extrarollenverhalten aus dem letztlich positive Verhaltens- und Leistungsergebnisse resultieren.

Beispiel

Softwareentwicklung nach der Scrum-Methode

In der unternehmerischen Praxis wird Shared Leadership aktuell im Konzept der agilen Führung, z. B. in der Softwareentwicklungmethodik Scrum, umgesetzt. Scrum kommt aus dem Rugby-Sport und bezeichnet eine „Gedränge-Formation", in der sich Mannschaften nach einer kurzen Spielunterbrechung zur Weiterführung wieder zusammenfinden. Scrum als agiles Führungskonzept setzt auf selbstorganisierende Teams ohne Projektleiter in der Softwareentwicklung, die das Gesamtprojekt in kurze Intervalle (Sprints) aufteilen, an deren Ende jeweils in sich abgeschlossene Teilergebnisse stehen, die durch eigenverantwortliche und selbstorganisiert arbeitende Entwicklertandems etc. realisiert werden. Damit wird auf die bisher sehr umfangreichen, bürokratischen Planungs- und Vorbereitungsprozesse verzichtet, die letztlich zu einer Trennung von Planung und Ausführung führten. Scrum bezeichnet dagegen einen iterativ-inkrementellen Entwicklungsprozess in kleinen Schritten, der es ermöglicht schnell und unkompliziert, d. h. agil, auf geänderte Kundenforderungen zu reagieren, die im sogenannten Produkt-Backlog festgehalten werden. Scrum fordert auch den ausdrücklichen Verzicht auf individuelle Besitzstände derart, dass Programmcodes nicht wie in der Vergangenheit als Erfindung eines Programmierers zu sehen sind. Vielmehr ist der Code infolge von „dual programming" ein Gemeinschaftsergebnis. Unterstützt wird der Teamaspekt durch tägliche Meetings (daily Scrum), in denen auch die nächsten Intervalle gemeinsam definiert werden (Sprint planning) und eine Rückschau auf absolvierte Sprints erfolgt (Review). Dadurch werden kollektive „lessons learned"-Inhalte realisiert. Gerade das „Sprint planning" ist Ausdruck geteilter Führung, da das Team hier selbstständig abschätzt, was es im nächsten Schritt leisten kann. Auf einem sogenannten „Burn-Down-Chart" wird der Arbeitsfortschritt festgehalten. Scrum verzichtet auf einen Projektleiter und definiert stattdessen drei Rollen, die gleichberechtigt zusammenwirken: den Product-Owner, den Scrum-Master und das Team. Der Product-Owner verkörpert die fachliche Seite. Er definiert Anforderungen an die Software und entscheidet, ob eine Programmfunktion als erfüllt zu betrachten ist oder nicht. Der Scrum-Master fördert den gesamten Softwareentwicklungsprozess im Sinne der Scrum-Methode. Er coacht das Team und den Product-Owner in diese Richtung ohne inhaltliche Weisungsbefugnis. Das Team organisiert sich mittels des Methodeninventars selbstständig und reagiert damit auf die Inputs durch den Product-Owner.

Quelle: Gloger und Margetich (2014); Grund (2015, S. 159 ff.)

Auch außerhalb von Softwareentwicklungsteams steigt der Bedarf an Shared Leadership bzw. agiler Führung und erlebt aktuell eine verstärkte Beachtung. **Agile Führung** meint die Leitung in selbstorganisierten Systemen, die weniger direktiv, sondern mehr prozessorientiert und moderierend ausgelegt ist (vgl. Vigenschow 2008, S. 86 ff.). Dabei wird agile Führung als „facilierendes" Verhalten interpretiert, bei der die Mitarbeiter selbstbestimmt den Weg der Aufgabenbewältigung festlegen und somit demokratisch in Entscheidungen eingebunden werden. Wichtig ist dabei, dass hierarchische Strukturen aufgebrochen werden. Flexible Reaktionen und Entscheidungen sind in einem starren Einliniensystem mit funktional geprägten Unternehmensstrukturen nicht möglich. Unter Selbstorganisation im agilen Kontext fällt auch die eigenständige Verteilung der Aufgaben. Dabei sollen Mitarbeiter ihre Kompetenzen selber erkennen, einschätzen und sich gegenseitig Feedback geben. Dabei kann agiles Führen auch bedeuten, dass Führungsfunktionen nach dem Motto „**Mitarbeiter wählen ihren Chef**" infolge eines basisdemokratischen Wahlprozesses temporär auf einzelne Mitarbeiter übertragen werden.

Beispiel

Demokratisch gewählter Chef bei Haufe Umantis

Zusammengefasst Auszüge aus einem Interview mit Marc Stoffel, CEO der Schweizer Firma Umantis, die zur deutschen Haufe-Gruppe gehört:

a) „Herr Stoffel, Sie sind ein demokratisch legitimierter Chef – wie funktionierte Ihre Wahl und mit was haben Sie versucht, bei den Kollegen zu trumpfen?: Das wichtigste ist am Anfang immer, dass untereinander diskutiert wird, was die Chefrolle überhaupt umfassen soll und was das Team braucht.
b) Wann macht man dann sein Kreuzchen für den Chef?: Der wichtigste Schritt zum Wahlprozess ist, dass sich alle unterhalten und gemeinsam die gewünschte Führungsrolle definieren. Diese geht meistens aus einer Strategie hervor, die ebenfalls gemeinsam entwickelt wurde und dann lautet die Frage: Wer kann uns am besten dabei helfen, diese Strategie umzusetzen?
c) An der Stelle haben Sie sich dann beworben?: Richtig, und ich habe versucht meine Kollegen davon zu überzeugen, dass ich zu diesem Zeitpunkt der richtige Mann für sie bin. Es findet also in dem Sinn kein Wahlkampf statt, wie Sie das aus der Politik kennen, sondern man definiert eine Rolle, auf die man sich dann bewirbt.
d) Besteht dabei nicht die Gefahr, dass sich Drückeberger denjenigen als Chef wählen, der ihnen am wenigsten abverlangt?: Wenn man denkt, dass Mitarbeiter keinen Erfolg oder einen Vorgesetzten wollen, der sie möglichst in Ruhe lässt, deutet das auf ein verquertes Menschenbild hin. Wir erleben, dass Mitarbeiter grundsätzlich das Beste für ihr Unternehmen wollen. Und sie wissen sehr genau,

was es braucht, um noch erfolgreicher zu werden. Gerade deshalb macht es ja Sinn, dass sie an diesem Entscheidungsprozess, wer ihr neuer Chef wird, beteiligt sind und so eine zweiseitige Beziehung entsteht."

Quelle: Kontio (2015)

5.6 Systemische Führung

Der Ansatz der systemischen Führung stellt einen grundsätzlichen Paradigmawechsel, weg von einem kausal-deterministischen Universum mit monokausal steuerbaren Führer-Geführten-Beziehungen, hin zu einem **nichtlinearen, hoch-komplexen Weltbild**, in dem Reaktionen über die verschiedenen Beteiligten hinweg nicht vorherzusehen sind, dar (vgl. Lutz 1992, S. 310 ff. sowie Bleicher 2011). Auch wenn das Super Leadership oder das Shared Leadership schon in hohem Maße auf selbstorganisierende Prozesse setzen, werden diese aber immer noch als durch die Führungskraft steuerbar gesehen. Zudem wird aus der Perspektive der systemischen Führung in den transformationalen Ansätzen einseitig verkürzend die Funktion des Führenden für den Führungserfolg betont, ohne seine systemische Vernetzung und Integration ausreichend zu beachten; somit wird das Gesamtsystem „Führung" unzureichend **„trivialisiert"**. In einem systemisch-vernetzen Sozialgefüge führen Lenkungshandlungen dagegen zu einer Vielzahl von direkten und indirekten Führungsreaktionen, womit eine klassische, beeinflussende Führung „unmöglich" wird (vgl. dazu und im Folgenden Steinkellner 2006, S. 85 ff.).

Systeme sind Ganzheiten, die sich aus einzelnen **Elementen** zusammensetzen die miteinander über **Relationen** verbunden sind und interagieren (vgl. im Folgenden Schirmer 1997, S. 26 ff.; Blessin und Wick 2014 S. 203). Unternehmen stellen mit ihren Subsystemen und Elementen, d. h. Abteilungen und Mitarbeitern, **komplexe Systeme** dar. Komplexität beschreibt dabei die Fähigkeit eines Systems, eine große Zahl verschiedener Zustände einnehmen zu können bzw. mit einer großen Zahl unterschiedlich zusammengesetzter Reaktionen auf Impulse reagieren zu können. Dies ist abhängig von den vielfältigen Verhaltensmöglichkeiten der Elemente und den veränderlichen Wirkungsverläufen und Beziehungen zwischen den Elementen (vgl. Nicolis und Prigogine 1987). Damit wird die Abgrenzung zu **einfachen Systemen** wie einer Maschine deutlich, die auf einen gewissen Input, z. B. Treibstoffzufuhr, immer nur mit einer Reaktion „Verbrennung des Treibstoffs" reagieren kann. Gerade soziale Systeme können auf einen Input, z. B. „veränderte Konjunkturlage", mit ganz unterschiedlichen Handlungen reagieren. Diese reichen z. B. von Kostenreduzierungsprogrammen, über Produktprogrammerweiterungen bis hin zur Erschließung neuer Absatzmärkte.

Innerhalb der Systemtheorie stellt die **Synergetik** als „Lehre vom Zusammenwirken" auf die allgemeinen Gesetzmäßigkeiten ab, nach denen in komplexen Systemen neue, selbstorganisierte Strukturen und effektive Reaktionen entstehen (vgl. Beisel 1994; Graf und Witte 2012).

Erkenntnisobjekt ist dabei nicht die Struktur oder die Reaktion an sich, sondern deren Entstehungsprozess. **Selbstorganisation** bezeichnet hier die Fähigkeit eines komplexen Systems, bei sich wandelnden Inputs einen Übergang zu einem angepassteren Systemzustand zu vollziehen bzw. passende Reaktionen zu generieren, ohne abschließend von außen gesteuert zu werden. Zwar wirkt ein Input als Initialprozess verändernd auf den aktuellen Systemzustand ein, allerdings verfügt das System aufgrund seiner Komplexität über eine **Eigendynamik**, die dazu führt, dass derselbe Input zu verschiedenen Zeitpunkten eben zu unterschiedlichen Systemreaktionen führen kann. Komplexe Systeme sind in ihrer Veränderung nicht vorhersagbar. Vereinfacht dargestellt erklärt Synergetik die Selbstorganisation in komplexen Systemen dadurch, dass infolge veränderter Inputs ein System instabil wird und dass sich aus dem resultierenden mikroskopischen Chaos (Veränderungen auf der Ebene der Elemente und Subsysteme, d.h. der Mitarbeiter und Teams etc.) infolge von Zufallsschwankungen als nicht vorhersehbare Reaktionsmechanismen innerhalb systembedingter Grenzen eine neue Ordnung durchsetzt.

In der Theorie **sozialer Systeme** nach Luhmann (1984) werden Systeme als **autopoietische**, d.h. sich selbst organisierende und erhaltende, geschlossene Gesamtheiten aufgefasst, deren Basiselement Kommunikation und nicht der Mensch ist. Durch spezifische Kommunikation werden Systeme geschaffen und funktionsfähig gehalten. So benötigt das „System Liebe" eine andere Sprache als das „Wirtschaftssystem" um sich aufrechterhalten zu können. Kommunikation beeinflusst die subjektive **Wirklichkeitskonstruktion** der Subjekte und schafft infolge dazu passende Strukturen, die sich in ähnlichen Kommunikationen ganz unterschiedlich ausgestalten können. So können sich im Wirtschaftssystem z.B. markt- oder planwirtschaftliche Strukturen entwickeln. Letztlich hängt Kommunikation aber auch wieder genau von dem konstruierten Wirklichkeitsverständnis und den geschaffenen Strukturen ab und wird dadurch autopoietisch, d.h. sich selbst erhaltend. Derart geschlossene soziale Systeme grenzen sich von ihrer Umwelt ab und können damit auch nicht von außen gesteuert werden. Übertragen auf Unternehmen bedeutet dies, dass eine „außen stehende" Führungskraft keinen Steuerungseinfluss z.B. auf eine Abteilung hat. Die Steuerung des Systems kann stattdessen nur als **Selbststeuerung** innerhalb des Systems erfolgen. In den beiden obigen Beispielen z.B. durch die Kommunikation der Liebenden oder der Wirtschaftssubjekte untereinander. Die Führungskraft kann bestenfalls „von außen" intervenierend auf diese Steuerungsprozesse einwirken, in dem sie versucht durch das „Herbeireden" einer konstruktivistischen Realitätsbildung solche Interpretationsmuster zu etablieren, die dann zu annähernd gewünschten Ergebnissen, Handlungen oder Strukturen führen.

Vor diesem Erkenntnishintergrund versucht **systemische Führung** nicht die Komplexität zu begrenzen bzw. zu beherrschen, sondern begreift Komplexität als notwendigen Bestandteil effektiver Führung. Systemische Führung versucht in einer ganzheitlichen Perspektive nicht nur die bilateralen, linearen Interaktionen zwischen Führungskraft und Mitarbeiter, sondern auch die komplexen Interaktionen zwischen Mitarbeitern, Kollegen, Kunden und weiteren im Zusammenhang stehenden Interessens- und Kommunikationsgruppen zu erfassen. Die Führungskraft ist nur ein Impulsgeber in diesem Gesamtnetzwerk. Damit wird auch die Problematik führungsbasierter Interventionen deutlich. Diese sind von vielen nicht beherrschbaren, selbstregulierenden Einflüssen abhängig. Damit wird das

Misslingen von Lenkungsversuchen eher zum Normalfall als das Gelingen. Undurchschaubarkeit, Unberechenbarkeit und Unvorhersehbarkeit von Organisationen als Systemen machen gezielte Eingriffe im Sinne von eindimensionalen Weisungen sehr schwierig. Ansatzpunkt systemischer Führung ist nach dem oben dargelegten Verständnis sozialer Systeme die **Kommunikation als konstituierendem Basiselement**. Systemische Führung ist damit in hohem Maße interaktionale Führung. Systemische Gesprächsführung ist dabei nicht linear im Sinne von „Sie machen das!" oder „Wie können wir das erreichen?", sondern versucht durch **Reflexivität** neue Sichtweisen und Interpretationen zu schaffen, in deren Folge neue Lösungen und Vorgehensweisen entstehen. Dabei sind Fragen hilfreich, die nicht darauf abzielen, dass eine einheitliche Sichtweise geschaffen wird, sondern die einen konstruktiven Dissens fördern. Hilfreich sind hier **Klassifikations- und Skalenfragen**. Erstere fördern Unterschiede gut zu Tage, z. B. „Welche Investition wird den größten wirtschaftlichen Erfolg erbringen?" Zweitere dienen der Einschätzung von Bedeutungen oder Wertigkeiten, z. B. „Wie wichtig ist auf einer Skala von eins bis zehn die Zufriedenheit unserer Mitarbeiter?" Auch **Fragen zur Wirklichkeitskonstruktion** sind hilfreich. Sie dienen dazu, den zu besprechenden Sachverhalt in seiner Mehrdimensionalität und aus verschiedenen Perspektiven zu erfassen, z. B. „Was tun Sie, wenn dieses Problem auftritt!", „Wann treten diese Probleme auf?" und „Treten die Problem alleine auf oder liegen bestimmte Konstellationen zu anderen Sachverhalten vor?". **Fragen zur „Möglichkeitskonstruktion"** (Refraiming) helfen den Blick auf neue Lösungsansätze zu lenken. Dabei geht es darum, den Blick der Mitarbeiter zu öffnen, z. B. „Was würden Sie in einem solchen Fall tun, wenn Sie keinen Vorgesetzten hätten?". Ziel dieser systemischen Fragen ist es, den Gesamtzusammenhang von „Realitätsausschnitten" aufzuzeigen, um damit den subjektiv-konstruktivistischen Realitätsausschnitt zu erweitern und zu passenderen, den systemischen Problembezug berücksichtigenden Vorgehensweisen zu kommen. Generell bietet eine „systemische Führungskraft" keine einfachen Lösungen, sondern regt zur selbstorganisierten Lösungsfindung auf Basis holistischer Betrachtungen an.

Systemische Führung kann per definitionem keine „einfachen" Handlungsanweisungen für „komplexe" soziale Systeme bieten. Sie kann aber versuchen, die wahrgenommen Realität durch die Mitarbeiter und die Führungskräfte so zu beeinflussen, dass passendere Lösungen von alleine gefunden werden. Systemische Führung versucht durch die Berücksichtigung sozialer, sachlicher und zeitlicher Interdependenzen von Problemstellungen zu einer **holistischeren Betrachtung** von Herausforderungen zu kommen und diese in einen ganzheitlichen Bezugsrahmen zu setzen (vgl. Blessin und Wick 2014, S. 207). Hierfür können z. B. **Einfluss-Netzwerk-Karten** (Systemlandkarten) gezeichnet werden, die zirkuläre Kausalitäten enthalten (vgl. Ulrich und Probst 1995, S. 181 ff.). Die nachfolgende Abb. 5.17 zeigt, welche Fehler bei der trivialisierten Betrachtung komplexer Problemsituationen entstehen können, wenn die vielfältigen Relationen vernachlässigt werden.

Kritisch am Konzept systemischer Führung ist deren sehr spezifische Theoriefundierung zu sehen, die vielen Praktikern schlicht einen „verstehenden" Zugang verwehrt. Hinzu kommt, dass sie gerade in der luhmannschen Ausprägung ein **Paradox** in sich darstellt, da die ausdrückliche Betonung der autopoietischen Selbststeuerung im Innenbereich sozialer

Denkfehler im Umgang mit komplexen Situationen	Schritte ganzheitlichen Problemlösens
1. Probleme sind objektiv gegeben und müssen nur noch klar formuliert werden.	Abgrenzung des Problems: Die Situation ist aus verschiedenen Blickwinkeln zu definieren und eine Integration zu einer ganzheitlichen Abgrenzung anzustreben.
2. Jedes Problem ist die direkte Konsequenz einer Ursache.	Ermittlung der Vernetzung: Zwischen den Elementen einer Problemsituation sind die Beziehungen zu erfassen und in ihrer Wirkung zu analysieren.
3. Um eine Situation zu verstehen, genügt eine „Fotografie" des Ist-Zustandes.	Erfassung der Dynamik: Die zeitlichen Aspekte der einzelnen Beziehungen und einer Situation als Ganzem sind zu ermitteln. Gleichzeitig ist die Bedeutung der Beziehungen im Netzwerk zu erfassen.
4. Verhalten ist prognostizierbar, notwendig ist nur eine ausreichende Informationsbasis.	Interpretationen der Verhaltensmöglichkeiten: Künftige Entwicklungspfade sind zu erarbeiten und in ihren Möglichkeiten zu simulieren.
5. Problemsituationen lassen sich „beherrschen", es ist lediglich eine Frage des Aufwandes.	Bestimmung der Lenkungsmöglichkeiten: Die lenkbaren, nicht lenkbaren und zu überwachenden Aspekte einer Situation sind in einem Lenkungsmodell abzubilden.
6. Ein „Macher" kann jede Problemlösung in der Praxis durchsetzen.	Gestaltung der Lenkungseingriffe: Entsprechend systemischer Regeln sind die Lenkungseingriffe so zu bestimmen, dass situationsgerecht und mit optimalen Wirkungsgrad eingegriffen werden kann.
7. Mit der Einführung einer Lösung kann das Problem endgültig ad acta gelegt werden.	Weiterentwicklung der Problemlösung: Veränderungen in einer Situation sind in Form lernfähiger Lösungen vorwegzunehmen.

Abb. 5.17 Denkfehler im Umgang mit komplexen Situationen. Quelle: Gomez und Probst (1987, S. 62)

Systeme eigentlich einen intervenierenden Einfluss – hier durch Führungskräfte – kaum bis gar nicht zulässt. Zudem liefert der Ansatz keine einfach umsetzbaren Handlungsanweisungen, sondern fördert vielmehr das grundlegende Verständnis für ganzheitliche Prozesse in sozialen Systemen (vgl. Blessin und Wick 2014, S. 226).

5.7 Zusammenfassung

Im Rahmen der **Führungsforschung** werden Theorien entwickelt, die Führenden helfen sollen, ihr Führungsverhalten erfolgreich zu gestalten.

In der zweiten Hälfte des 19. Jahrhunderts herrschte die Sichtweise vor, dass Menschen höherer Gesellschaftsschichten durch angeborene Eigenschaften zum Führen befähigt sind (**Eigenschaftsansatz**). Solche Eigenschaften wurden z. B. schon um 1840 bei außergewöhnlichen Industrie-Führern und Generälen beobachtet (**great man theory**). Eine darauf basierende Weiterentwicklung dieses Denkens war der **charismatische Führungsansatz** nach Max Weber, der das Zustandekommen von Führung aufgrund außergewöhnlicher Begabungen einzelner Menschen, später dann auch im Zusammenwirken mit Krisensituationen und gefolgsbereiten Mitarbeitern, untersuchte. Eine Abkehr von dem „genetischen Führungsansatz" wurde durch die **Verhaltensansätze** zu Beginn des 20. Jahrhunderts eingeleitet. Es dominierte nun der Gedanke, dass durch ein grundsätzlich erlernbares, stabiles Führungsverhalten (**Führungsstil**) erfolgreiche Führung möglich ist. Die Führungsstilforschung entwickelte hierzu verschiedene Stilvarianten (**Führungsstiltypologien**), die situationsübergreifend anwendbar sein sollten. Nach den **idealtypischen, eindimensionalen Führungsstilen**, wie autoritäres oder kooperatives Verhalten, setzten sich ab Mitte des 20. Jahrhunderts zuerst Kontinuenansätze durch, die abgestufte Intensitätsgrade in Bezug auf das den Führungsstil zugrunde liegende Verhaltensmerkmal propagierten (z. B. das **Führungsstilkontinuum** nach Tannenbaum/Schmidt). Begünstigt durch die Erkenntnisse insbesondere aus den Ohio-Studien erfolgte dann die Hinwendung zu zweidimensionalen Führungsstilkonzepten. Führende waren nun gefordert, zur gleichen Zeit sowohl aufgabenorientiert, als auch mitarbeiterorientiert zu führen. Auch die **zweidimensionalen Führungsstilkonzepte** verfolgten einen normativen Anspruch, indem sie ideale Führungsstile definierten, die weitestgehend situationsunabhängig zu Erfolg führen sollten, so z. B. der 9.9-Führungsstil (Team-Management) im Grid-Modell. Dieser Allgemeingültigkeitsanspruch eines „besten" Führungsstils wurde durch die **mehrdimensionalen Führungsstilkonzeptionen** relativiert. So integrierte Reddin Ende der 1960er-Jahre als dritte Dimension systematisch die Situation in einen Führungsansatz. Die Situation wurde als moderierende Variable erkannt, die über die Effektivität eingesetzter Führungsstile entscheidet. Diese Denkweise wurde in der Führungsforschung in den **situativen Führungsansätzen** systematisch weiter entwickelt. Die Leitfrage lautet nun: „Welche Situation erfordert welches Führungsverhalten?" Eine zentrale Herausforderung dieser Ansätze stellt die **Klassifikation der Führungssituation** dar, die in verschiedenen Theorien sehr unterschiedlich gelöst wird. Werden z. B. im **Kontingenzmodell** nach Fiedler drei Situationsmerkmale betrachtet, reduziert das **Reifegradmodell** nach Hersey/Blanchard die Situation auf die Mitarbeiter. Seit Mitte der 1970er-Jahre ist mit dem Aufkommen der transformationalen **New Leadership-Ansätze** eine neue Sichtweise in der Führungsforschung zu beobachten. Grundsätzlich wird ein stärkeres **emotionales Involvement** der Geführten gefordert, um außerordentliche Leistungen erzielen zu können. Mit den **Neocharisma-Ansätzen** der Führung gewinnt dabei der Eigenschaftsansatz wieder an Bedeutung, da Führungserfolg stark von der Ausstrahlung der Führenden abhängig gemacht wird. Allerdings wird Charisma nun als stärker erlernbar gesehen. Dieser Gedanke führte dann letztlich zur **transformationalen Führung**, welche auch auf dem Austauschgedanken „Geld gegen Leistung" beruht (**transaktionale Führung**), aber durch Charisma, Inspiration, Wertschätzung und intellektuelle Stimulierung ein Mitreißen der Geführten zu höheren Leistungsebenen propagiert **(full range of leadership)**. Mit zunehmender Globalisierung, Dynamisierung und Komplexität der Wirtschaft wurde deutlich, dass Führende als alleinige Entscheidungsinstanz oftmals überfordert sind. Notwendig sind aktiv mitdenkende, sich selbst zweckgerichtet steuernde Mitarbeiter. Dieser Gedanke wird seit Ende der 1980er-Jahre im **Super Leadership-Ansatz** aufgegriffen, der das **Self Leadership** der Mitarbeiter als zentrales Element enthält. Wichtig für transformationalen Führungserfolg ist es zudem, dass Vorgesetzte ein **authentisches Führen** auf der Basis ihrer inneren Wertebasis umsetzen und damit Integrität und Vertrauen vermitteln. Vor dem Hintergrund zunehmender Dynamik im Wirtschaftsgeschehen und verstärkter Demokratisierungsforderungen auf Seiten der Mitarbeiter entwickelt sich der Gedanke der geteilten Führung, der alle Mitarbeiter in einem partnerschaftlichen Verständnis in die Führungsverantwortung einbezieht (**Shared Leadership**). Eine grundsätzliche Abkehr von dem Denken, das Führung durch allwissende Vorgesetzte intentional und steuerbar umgesetzt werden könnte, nimmt der **systemische Führungsansatz** vor. Hier kommt Führenden die Funktion zu, Mitarbeiter als Elemente in dem vernetzten System Unternehmung durch spezifische, wahrnehmungsverändernde Kommunikation zu einem ganzheitlichen, selbstorganisierten und komplexe Wechselbeziehungen berücksichtigenden Lösungshandeln anzuregen.

5.8 Kontrollaufgaben

Aufgabe 5.1 Erläutern Sie, warum der Eigenschaftsansatz im Sinne der „great man theory" an Bedeutung verloren hat?

Aufgabe 5.2 Markieren Sie, ob die folgenden Aussagen richtig oder falsch sind!
Idealtypische Führungsstile sind gedankliche Überzeichnungen, um Führungsverhalten besser unterscheiden zu können.

Richtig ☐ Falsch ☐

Im patriarchalischen Führungsstil erfolgen Entscheidungen durch kooperative Einbindung der Mitarbeiter.

Richtig ☐ Falsch ☐

Das Führungsverhaltensgitter definiert den 5,5-Führungsstil als den anzustrebenden Stil.

Richtig ☐ Falsch ☐

Der Führungsstil-Quadrant im Kontingenzmodell nach Fiedler enthält die Verhaltensdimensionen Mitarbeiter- und Aufgabenorientierung.

Richtig ☐ Falsch ☐

Das Reifegrad-Modell der Führung fordert von den Führenden, dass sie ihre Mitarbeiter in Richtung Reifegrad M4 entwickeln.

Richtig ☐ Falsch ☐

Der Reifegrad der Mitarbeiter ist im Reifegrad-Modell aufgabenübergreifend und somit allgemeingültig zu diagnostizieren.

Richtig ☐ Falsch ☐

Die Weg-Ziel-Theorie der Führung vollzieht einen Perspektivenwechsel und erklärt Führungserfolg aus der Sicht der Mitarbeiter auf der Basis erwartungs-wert-theoretischer Überlegungen.

Richtig ☐ Falsch ☐

Authentic Leadership bedeutet, dass die Führungskräfte durch ein begeisterndes und inspirierendes Auftreten die Mitarbeiter zu höherer Leistung transformieren. Dies bedingt auch die als Grenzregulation bezeichnete exakte Konkretisierung des individuellen Aufgabenfeldes.

Richtig ☐ Falsch ☐

Transformationale Führung bezeichnet die Austauschbeziehung von Leistung gegen Benefits in der Führer-Geführten-Beziehung.

Richtig ☐ Falsch ☐

Aufgabe 5.3 Sie sind Leiter der Finanzbuchhaltung und führen ein Team von sieben Mitarbeitern. Am vergangenen Montag hat eine neue Mitarbeiterin eine Stelle bei Ihnen angetreten. Heute Nachmittag haben Sie einen Gesprächstermin mit ihr vereinbart, um ihr eine umfangreiche Aufgabe, die sie ca. drei Wochen in Anspruch nehmen wird, zu übergeben. Begründen Sie Ihr grundsätzliches Führungsverhalten dieser Mitarbeiterin gegenüber auf der Basis eines passenden situativen Führungsmodells.

Aufgabe: 5.4 Füllen Sie die Lücken im Text mit den entsprechenden Begriffen aus.

Um auf die steigenden Herausforderungen eines globalisierten und dynamischen Wettbewerbs reagieren zu können, werden vermehrt .... oder .... eingerichtet. Aufgabe des Führenden ist es, die Rahmenbedingungen der Gruppenarbeit, d.h. die ...., zu organisieren. Die Rolle des Führenden, die Mitarbeiter zur Selbstregulation zu befähigen, wird als .... bezeichnet. Die angesprochene Fähigkeit bei den Mitarbeitern wird als .... bezeichnet. Will ein Super Leader effektiv agieren, muss er auch durch ein weitgehendes Zurücknehmen seiner Interventionen und dem Schaffen von Handlungs- und Entscheidungsspielräumen mittelfristig eine .... erzeugen.

Aufgabe 5.5 Authentische Führung propagiert eine Überzeugung und Motivation der Mitarbeiter durch ein introspektiv reflektiertes moralisch stimmiges Verhalten des Vorgesetzten. Worin sehen Sie in diesem Ansatz den zentralen Kritikpunkt?

Aufgabe 5.6 Durch welche Grenzregulationen können Führungskräfte den Erfolg des Shared Leadership unterstützen?

Aufgabe 5.7 Worin sehen Sie auf Basis des systemischen Führungsansatzes ein Kernproblem im klassischen Führungsverhalten?

Literatur

Antoni, C. (2014). Gruppenorientierte Interventionstechniken. In H. Schuler (Hrsg.), *Lehrbuch Organisationspsychologie* (5., vollständig überarbeitete Aufl., S. 263–314). Bern.

Avolio, B. J., Gardner, W. L., Walumbwa, F. O., Luthans, F., & May, D. R. (2004). Unlocking the mask: A look at the process by which authentic leaders impact follower attitudes and behaviors. *Leadership Quarterly, 15*(6), 801–823.

Avolio, B. J., Walumbwa, F. O., & Weber, T. J. (2009). Leadership: Current theories, research, and future directions. *Annual Review of Psychology, 60*, 421–449.

Bandura, A. (1979). *Sozial-kognitive Lerntheorie*. Stuttgart.

Bass, B. (1985). *Leadership and performance beyond expectations*. New York.

Bass, B., & Avolio, B. (1990). *Manual for the multifactor leadership questionnaire*. Palo Alto: Consulting Psychologist Press.

Bass, B., & Steidlmeier, P. (1999). Ethics, character and authentic transformational leadership behavior. *The Leadership Quarterly, 10*(2), 181–217.

Beisel, R. (1994). *Synergetik und Organisationsentwicklung*. München.

Berthel, J., & Becker, F. G. (2013). *Personalmanagement. Grundzüge für Konzeptionen betrieblicher Personalarbeit* (10., überarbeitete und aktualisierte Aufl.). Stuttgart.

Biemann, T., & Weckmüller, H. (2015). New Work: Was bringen Demokratisierung, Partizipation und Selbstbestimmung? *Personal Quarterly, 66*(4), 52–55.

Blake, R. R., & McCanse, A. A. (1995). *Das GRID-Führungsmodell* (3. Aufl.). Düsseldorf.

Blake, R. R., & Mouton, J. S. (1964). *The managerial grid*. Houston.

Blake, R. R., & Mouton, J. S. (1978). *The new managerial grid*. Houston.

Blake, R. R., Mouton, J. S., & Lux, E. (1987). Verhaltensgitter der Führung (Managerial Grid). In A. Kieser, G. Reber & R. Wunderer (Hrsg.), *Handwörterbuch der Führung* (Sp. 2015–2028). Stuttgart.

Bleicher, K. (2011). *Das Konzept Integriertes Management. Visionen – Missionen – Programme* (8., aktualisierte und erweiterte Auflage des Standardwerks). Frankfurt am Main/New York.

Blessin, B., & Wick, A. (2014). *Führen und führen lassen* (7., vollständig überarbeitete Aufl.). Konstanz.

Bryman, A. (1992). *Charisma and leadership in organizations*. London.

Burns, J. M. (1978). *Leadership*. New York: Harper & Row.

Carlyle, Th. (1841). *On heroes, hero-worship and the heroic in history*. London.

Conger, J. A., & Kanungo, R. N. (1998). *Charismatic leadership in organizations*. Thousand Oaks.

Creusen, U., & Müller-Seitz, G. (2010). *Das Positive-Leadership-GRID. Eine Analyse aus Sicht des positiven Managements*. Wiesbaden.

Felfe, J. (Hrsg.). (2014). *Trends der psychologischen Führungsforschung. Neue Konzepte, Methoden und Erkenntnisse*. Göttingen.

Fiedler, F. (1967). *A theory of leadership effectiveness*. New York.

Fiedler, F., & Mai-Dalton, R. (1987). Führungstheorien – Kontingenztheorie. In A. Kieser, G. Reber & R. Wunderer, (Hrsg.), *Handwörterbuch der Führung* (Sp. 939–953). Stuttgart.

Fischhuber, S. (2008). Der Weg an die Unternehmensspitze. *Frankfurter Allgemeine Zeitung, 59*(120), 24.

Fleishman, E. A. (1953). The measurement of leadership attitudes in industry. *Journal of Applied Psychology, 37*, 153–158.

Galton, F. (1869). *Hereditary genius*. London.

Gardner, W. L., Avolio, B. J., Luthans, F., May, D. R., & Walumbwa, F. O. (2005). „Can you see the real me?“ A self-based model of authentic leader and follower development. *Leadership Quarterly, 16*(3), 343–372.

Gloger, B., & Margetich, J. (2014). *Das Scrum-Prinzip: Agile Organisationen aufbauen und gestalten*. Stuttgart.

Gloger, B., & Rösner, D. (2014). *Selbstorganisation braucht Führung. Die einfachen Geheimnisse agilen Managements*. München.

Graf, N. & Witte, E. (2012): Synergetische Führung - die Steuerung eines zukunftsfähigen Mikrosystems. In Sven Grote (Hrsg.): *Die Zukunft der Führung*, 513–529. Berlin, Heidelberg.

Gomez, P., & Probst, G. (1987). *Vernetztes Denken im Management*. Bern.

Greenleaf, R. K. (1991). *The servant as leader (Neuauflage)*. Indianapolis: The Robert K. Greenleaf Center (1. Aufl., 1970).

GRID International Deutschland. (2008). http://www.de.grid-eu.com/show. Zugegriffen am 04.07.2008.

Grund, M. (2015). Agile Softwareentwicklung als paradigmatisches Beispiel für eine neue Organisation von technischer Wissensarbeit. In T. Sattelberger, I. Welpe & A. Boes (Hrsg.), *Das demokratische Unternehmen. Neue Arbeits- und Führungskulturen im Zeitalter digitaler Wirtschaft* (S. 159–168). Freiburg.

Halpin, A. W. (1957). *Manual for the Leader behaviour description questionnaire*. Ohio: Fisher College of Business, Ohio State University Columbus.

Halpin, A. W., & Winer, B. J. (1957). A factorial study of the leader behavior descriptions. In R. M. Stogdill & A. E. Coons (Hrsg.), *Leader behavior: Its description and measurement* (S. 120–133). Columbus: Bureau of Business Research, Ohio State University.

Hauser, M. (1999). Theorien charismatischer Führung. Kritischer Literaturüberblick und Forschungsanregungen. *Zeitschrift für Betriebswirtschaft, 69*(9), 1003–1023.

Hentze, J., Graf, A., Kammel, A., & Lindert, K. (2005). *Personalführungslehre. Grundlagen, Funktionen und Modelle der Führung* (4., neu bearbeitete Aufl.). Bern.

Hersey, P., & Blanchard, K. H. (1969). Life cycle theory of leadership. *Training and Development Journal, 23*, 26–35.

Hersey, P., & Blanchard, K. H. (1982). *Management of organizational Behaviour* (4. Aufl.). Englewood Cliffs.

Hersey, P., Blanchard, K. H., & Johnson, D. E. (2011). *Management of organizational behavior: Leading human resources* (8. Aufl.). Upper Saddle River.

Hintz, A. (2011). *Erfolgreiche Mitarbeiterführung durch soziale Kompetenz. Eine praxisbezogene Anleitung*. Wiesbaden.

House, R. J. (1971). A path-goal theory of leadership effectiveness. *Administrative Science Quarterly, 16*(3), 321–338.

House, R. J. (1977). A 1976 theory of charismatic leadership. In J. G. Hunt & L. L. Larson (Hrsg.), *Leadership: The cutting edge* (S. 189–207). Carbondale.

House, R. J. (1996). Path goal theory of leadership effectiveness: Lessons, legacy, and a reformulated theory. *Leadership Quarterly, 7*(3), 323–352.

Hungenberg, H., & Wulf, T. (2011). *Grundlagen der Unternehmensführung* (4., aktualisierte und erweiterte Aufl.). Heidelberg.

Kanning, U. (2004). *Standards der Personaldiagnostik*. Göttingen.

Katz, D., Maccoby, N., & Morse, N. (1950). *Productivity, supervision, and morale in an office situation*. Ann Arbor: Institute for Social Research.

Klein, K., & House, R. J. (1995). On fire: Charismatic leadership and levels of analysis. *Leadership Quarterly, 6*(2), 183–198.

Kontio, C. (2015). Wenn Mitarbeiter den Chef auswählen. In *Handelsblatt vom 19.01.2015*. http://www.handelsblatt.com/unternehmen/beruf-und-buero/zukunft-der-arbeit/demokratie-in-unternehmen-wenn-mitarbeiter-den-chef-auswaehlen/11106968.html. Zugegriffen am 17.02.2016.

Kremer, M. (2008). Führung in der Praxis – bei FedEx. Mitarbeiter stehen an der ersten Stelle. *Personalführung, 41*(4), 42–49.

Lang, R., & Rybnikova, I. (2014a). Aktuelle Führungstheorien und Führungskonzepte: „Alter Wein in neuen Schläuchen?“. In R. Lang & I. Rybnikova (Hrsg.), *Aktuelle Führungstheorien und -konzepte* (S. 15–32). Wiesbaden.

Lang, R., & Rybnikova, I. (2014b). Verteilte und geteilte Führung: Alle machen mit? In R. Lang & I. Rybnikova (Hrsg.), *Aktuelle Führungstheorien und -konzepte* (S. 151–180). Wiesbaden.

Lang, R. (2014). Neocharismatische Führungstheorien. Zurück zu den Wurzeln?. In R. Lang & I. Rybnikova (Hrsg.), *Aktuelle Führungstheorien und -konzepte* (S. 89–120). Wiesbaden.

Lewin, K., Lippitt, R., & White, R. K. (1939). Patterns of aggressive behaviour in experimentally created social climates. *Journal of Social Psychology, 10*, 271–299.

Lieber, B. (2011). *Personalführung…leicht verständlich!* (2. Aufl.). Stuttgart.

Luhmann, N. (1984). *Soziale Systeme. Grundriss einer allgemeinen Theorie*. Frankfurt.

Luthans, F., & Avolio, B. J. (2003). Authentic leadership development. In K. S. Cameron, J. E. Dutton & R. E. Quinn (Hrsg.), *Positive organizational scholarship* (S. 241–258). San Francisco: Berrett-Koehler.

Lutz, C. (1992). Grundzüge des systemisch-evolutionären Weltbildes. In R. Königswieser & C. Lutz (Hrsg.), *Das systemisch-evolutionäre Management: der neue Horizont für Unternehmer* (2., überarbeitete Aufl., S. 310–320). Wien.

Manz, C., & Sims, H. (1991). Super leadership: Beyond the myth of heroic leadership. *Organizational Dynamics, 19*(4), 18–35.

Muck, P. M. (2007). Führung. In H. Schuler & K. Sonntag (Hrsg.), *Handbuch der Arbeits- und Organisationspsychologie* (S. 355–266). Göttingen.

Nicolis, G., & Prigogine, I. (1987). *Die Erforschung des Komplexen*. München.

Pearce, C. L., & Sims, H. P. (2009). Shared leadership: Toward a multi-level theory of leadership. In M. Beyerlein (Hrsg.), *Advances in interdisciplinary studies of work teams* (Bd. 7, S. 115–139). Bingley: Emerald Group Publishing.

Peus, C., Weche, J. S., & Braus, S. (2015). Authentic Leadership. In J. Felfe (Hrsg.), *Trends der psychologischen Führungsforschung. Neue Konzepte, Methoden und Erkenntnisse* (S. 15–26). Göttingen.

Piecha, A., Wegge, J., Werth, L., & Richter, P. G. (2012). Geteilte Führung in Arbeitsgruppen – ein Modell für die Zukunft? In S. Grote (Hrsg.), *Die Zukunft der Führung* (S. 557–572). Heideleberg.

Piecha, A., & Wegge, J. (2015). Shared leadership in teams. In J. Felfe (Hrsg.), *Trends der psychologischen Führungsforschung* (S. 67–78). Göttingen.

Reddin, W. J. (1970). *Managerial effectiveness*. New York.

Reddin, W. J. (1977). *Das 3-D-Programm zur Leistungssteigerung des Managements*. München.

Robbins, S. P. (2001). *Organisation der Unternehmung* (9. Aufl.). München.

Rohrhirsch, F. (2011). *Führen durch Persönlichkeit. Abschied von der Führungstechnik* (2. Aufl.). Wiesbaden.

Rosenstiel, L. v., & Kaschube, J. (2014). Führung. In H. Schuler & U. Kanning (Hrsg.), *Lehrbuch der Personalpsychologie* (3., überarbeitete und erweiterte Aufl., S. 675–724). Göttingen.

Rosenstiel, L. v., & Wegge, J. (2014). Führung. In H. Schuler & K. Moser (Hrsg.), *Lehrbuch Organisationspsychologie* (5., vollständig überarbeitete Aufl., S. 315–368). Bern.

Rowold, J. (2004). *Conger & Kanungo Scales of charismatic leadership Übersetzte und ergänzte Version*. Münster: Muenster University, Institut for Psychology II.

Sattelberger, T., Welpe, I., & Boes, A (2015). *Das demokratsiche Unternehmen. Neue Arbeits- und Führungskulturen im Zeitalter digitaler Wirtschaft*. Freiburg.

Schirmer, U. (1997). *Neue Ansätze zur Optimierung der betrieblichen Ausbildung*. Wiesbaden.

Schirmer, U. (2010). Super Leadership – das Führungsparadigma der Zukunft? In A. F. Schwolgin & E. H. Trump (Hrsg.), *Corporate Social Responsibility in der Logistik. Unternehmensverantwortung – Der Mensch im Mittelpunkt* (S. 123–138). Lörrach.

Scholz, C. (2014). *Personalmanagement* (6., neubearbeitete und erweiterte Aufl.). München.

Shamir, B., House, R. J., & Arthur, M. B. (1993). The motivational effects of charismatic leadership: A self-concept based theory. *Organization Science, 4*(4), 577–594.

Staehle, W. (1999). *Management* (8. Aufl.). München.

Steiger, T. (2013). Das Rollenkonzept der Führung. In T. Steiger & E. Lippmann (Hrsg.), *Handbuch angewandte Psychologie für Führungskräfte. Führungskompetenz und Führungswissen* (4. Aufl., S. 35–64). Heidelberg.

Steinkellner, P. (2006). Systemische Führung. In O. Dengg (Hrsg.), *Coaching – Ein Instrument für Management und Führung* (S. 85–107). Wien.

Steinmann, H., Schreyögg, G., & Koch, J. (2013). *Management. Grundlagen der Unternehmensführung. Konzepte – Funktionen – Fallstudien* (7., vollständig überarbeitete Aufl.). Wiesbaden.

Stock-Homburg, R. (2013). *Personalmanagement. Theorien – Konzepte – Instrumente* (3., überarbeitete und erweiterte Aufl.). Wiesbaden.

Stogdill, R. M. (1948): Personal Factors associated with Leadership: A Survey of the Literature. In *Journal of Psychology*, 25. Jg. (1948), 35–71.

Tannenbaum, R., & Schmidt, W. H. (1958). How to choose a leadership pattern. *Harvard Business Review, 36*, 95–101.

Taylor, F. W. (1917). *Die Grundsätze der wissenschaftlichen Betriebsführung*. Berlin.

Ulich, E. (2011). *Arbeitspsychologie* (7., überarbeitete und erwweiterte Aufl.). Stuttgart.

Ulrich, H., & Probst, G. (1995). *Anleitung zum ganzheitlichen Denken. Ein Brevier für Führungskräfte* (4., unveränderte Aufl.). Bern.

Van Vugt, M. (2012). The nature in leadership: Evolutionary, biological, and social neuroscience perspectives. In D. V. Day & J. Antonakis (Hrsg.), *The nature of leadership* (S. 141–175). London.

Vigenschow, U. (2008). Agile Entwicklungsteams führen – Selbstorganisation in der Praxis. *HMD Praxis der Wirtschaftsinformatik, 45*(2), 86–94.

Vroom, V. H., & Yetton, P. W. (1973). *Leadership and decision-making*. Pittsburgh.

Vroom, V. H., & Jago, A. G. (1991). *Flexible Führungsentscheidungen. Management der Partizipation in Unternehmen*. Stuttgart.

Walter, F., & Bruch, H. (2009). An affective events model of charismatic leadership behavior: A review, theoretical integration, and research agenda. *Journal of Management, 35*(6), 1428–1452.

Weber, M. (1980). *Wirtschaft und Gesellschaft. Grundriß der verstehenden Soziologie* (5. Aufl.). Tübingen (1. Aufl., 1922).

Wegge, J., & Rosenstiel, L. (2014). Führung. In H. Schuler (Hrsg.), *Lehrbuch Organisationspsychologie* (5., vollständig überarbeitete Aufl., S. 315–368). Bern.

Weibler, J. (2012). *Personalführung* (2., komplett überarbeitete und erweiterte Aufl.). München.

Weibler, J. (2016). *Personalführung* (3., komplett überarbeitete und erweiterte Aufl.). München.

Wunderer, R. (2011). *Führung und Zusammenarbeit. Eine unternehmerische Führungslehre* (9., neu bearbeitete Aufl.). Köln.

Yukl, G. (2013). *Leadership in organizations* (8. Aufl.). Boston.

Führungsinstrumente in der Praxis

6

Lernziele

Dieses Kapitel vermittelt

- was man unter „Führungsinstrument" versteht,
- welche wesentlichen Führungsinstrumente es gibt,
- wann und wie man sie in der Praxis erfolgreich einsetzt und
- welche Fehler man vermeiden sollte.

Führungsinstrumente sind die **Mittel oder Methoden**, mit denen eine Führungskraft Mitarbeiterverhalten zielgerichtet beeinflusst (vgl. Weibler 2016, S. 365). Das können Gespräche oder auch z. B. Entgeltsysteme sein. So kann man verbale und nonverbale Instrumente unterscheiden.

Da Führung ein kommunikativer Prozess ist, sind „Gespräche" das wesentliche Führungsinstrument. Mann kann dabei – je nach Zielrichtung der Interaktionen – zwischen Monolog-orientierten, Dialog-orientierten und Prozess-orientierten Instrumenten unterscheiden. Ein Monolog-orientiertes Führungsinstrument ist z. B. die Anweisung, hier übermittelt die Führungskraft ihre Vorstellung zu einem Sachverhalt und der Mitarbeiter hört zu. Das Gespräch könnte umgekehrt nicht genauso laufen. Dient das Gespräch der gemeinsamen Entwicklung von Gedanken, bezeichnen wir das als Dialog-orientiertes Instrument. Zur Gruppe der Prozess-orientierten Instrumente zählen schließlich die Gesprächsformen, die mehrere zeitversetzte Interaktionen umfassen.

Hintergrund

Was ist ein Führungsinstrument und was nicht?

Wie grenzt man Führungsinstrumente von Instrumenten der Motivation, der Personalentwicklung oder der Arbeitsgestaltung eindeutig ab?

U. Schirmer, S. Woydt, *Mitarbeiterführung*, BA KOMPAKT,
DOI 10.1007/978-3-662-47915-5_6

All diese Instrumente werden von der Organisation zur Verfügung gestellt, sei es, dass ein Stelleninhaber mit bestimmten Kompetenzen ausgestattet wird, sei es, dass organisationsweit Instrumente entwickelt werden, die er nutzen kann oder gelegentlich auch nutzen muss.

Führungsinstrumente müssen geeignet sein, auf die Determinanten des Arbeitsverhaltens des Mitarbeiters zielgerichtet einzuwirken, also auf Qualifikation, Motivation und Arbeitssituation des Mitarbeiters. Dabei kann man noch unterscheiden, ob diese Instrumente entweder ausdrücklich zur Verbesserung der Führung geschaffen wurden (z. B. Führungsgrundsätze) oder ob sich die Führungskraft dieser Instrumente aktiv im Rahmen des Führungsprozesses bedient (z. B. Mitarbeitergespräch). Es kommt auf die Blickrichtung an.

Ein Personalentwicklungsinstrument wie der Qualitätszirkel ist solange kein Führungsinstrument, als die Führungskraft diese Zirkel nicht dazu einsetzt, z. B. die mangelhafte Dialogfähigkeit ihrer Mitarbeiter zu verbessern. Ansonsten ist der Qualitätszirkel lediglich ein Instrument zur Verbesserung der Produktion. Anreize sind so lange kein Führungsinstrument, als es der Führungskraft nicht gelingt, sie zielorientiert für ihre Führung einzusetzen. Ansonsten sind sie ein von der Unternehmensleitung zur Verfügung gestelltes, potenzielles Motivationsinstrument.

(Zur Abgrenzung zu „Führungssubstitut" vgl. Abschn. 2.3.3 in diesem Buch.)

Quelle: Weibler (2016, S. 365 ff.)

6.1 Monolog-orientierte Führungsinstrumente

Bei monologischen Instrumenten (Information, Anweisung, Unterweisung, Delegation, Feedback) will die Führungskraft Mitarbeiterverhalten durch Übermittlung ihrer Vorstellungen (Sachinformationen, Erwartungen, Urteile, Kompetenzen) beeinflussen.

6.1.1 Information

Im betrieblichen Alltag gibt es zahlreiche Anlässe, Mitarbeiter zu informieren, z. B. temporärer Ausfall der Telefonanlage, Vorstellen eines neuen Mitarbeiters, Ergebnisse der Tarifgespräche uvm.

Eine Information wurde dann erfolgreich übermittelt, wenn der Empfänger sie verstanden hat und eigene Handlungsentscheidungen daraus ableiten kann, die der **Informationsintention** des Senders entsprechen.

Die Rückfrage „Haben Sie mich verstanden?" reicht nicht aus, um diese Definition zu erfüllen. Besser ist es, eine Kontrollfrage zu stellen (z. B.: „Was müssen Sie tun, wenn die Alarmsirene ertönt?") und anhand der Antwort zu kontrollieren, ob man tatsächlich verstanden wurde.

Wie aufwendig die Verständniskontrolle ausfallen muss, ist von der Bedeutung des Informationsinhalts und der Intention abhängig.

6.1.2 Anweisung

Die **Intention** einer Anweisung ist, **dass der Mitarbeiter etwas tun oder unterlassen** und nicht nur etwas wissen oder verstehen soll. Entsprechend ist die Anweisung eindeutig als höflicher Befehl zu formulieren.

„Wir müssten die Buchungen hier mal kontrollieren", ist keine Anweisung, auch wenn die Führungskraft diese Aussage als Anweisung verstanden wissen will. Wer schwammig formuliert, darf sich nicht wundern, wenn schwammig reagiert wird. Eine gut formulierte Arbeitsanweisung hat die Grundform „Bitte, Herr/Frau X, machen Sie …" und beantwortet die W-Fragen: was – wer – wann – wie – womit – wo – warum.

Mit dem Warum gibt man eine **Begründung** für seinen Befehl und kann so sicherstellen, dass die Anweisung nicht als Schikane verstanden wird bzw. der Mitarbeiter in die Lage versetzt ist, den Sinn zu erfassen und bei unvorhergesehenen Ereignissen im Sinne des Ziels flexibel zu reagieren.

Anweisungen sollten **nicht durch Dritte** übermittelt werden (z. B. „Sagen Sie X, er soll Z erledigen"), weil dann die Rückmeldung ausbleibt, ob die Anweisung „richtig" verstanden wurde.

Häufig fällt es jungen Führungskräften schwer, älteren Kollegen klare Anweisungen zu erteilen. Doch mit unklaren Anweisungen verspielt man sich schnell den Respekt, den man kraft Amtes übertragen bekommen hat. Besonders wichtig ist, in seiner Anweisung darzulegen, bis wann man die Arbeit erledigt haben und ob und wie man über deren Erledigung informiert werden möchte.

6.1.3 Unterweisung

Die **Intention** einer Unterweisung ist, **dass der Mitarbeiter etwas lernt** und in der Lage ist, einen Arbeitsgang „korrekt" und eigenständig durchzuführen.

Die „korrekte" Durchführung bezieht sich zum einen auf Qualität und Wirtschaftlichkeit, zum anderen aber auch auf den Gesundheitserhalt des Mitarbeiters. So darf z. B. eine Maschine nicht unbeaufsichtigt weiterlaufen und Sicherheitsschalter stellen sie automatisch ab, wenn der Bediener sich wegdreht. Die Zeit zum Neuanlauf „kostet" zwar, aber die Sicherheit (Gesundheit) geht vor.

In der betrieblichen Praxis sind die „Sicherheitsunterweisungen" nach den Unfallverhütungsvorschriften (UVV) eine Sonderform der Unterweisung, deren Durchführung Führungskraft und Mitarbeiter durch Unterschrift dokumentieren (vgl. dazu § 4 Vorschrift 1 DGUV 2013).

Eine gute Unterweisung setzt voraus, dass sich die Führungskraft darauf vorbereitet; d. h. sich Lernziele überlegt, den Arbeitsgang in Teilschritte zerlegt, einen Übungsfall entwickelt und Ideen für intelligente Methoden der Verstehenskontrolle sammelt. Erst dann wird die Unterweisung durchgeführt. Sie besteht nach der sog. **Vier-Stufen-Methode** aus folgenden Bestandteilen: Vorbereiten – Vormachen – Nachmachen lassen – Üben lassen.

Hintergrund

Unterweisung in den Unfallverhütungsvorschriften

§ 4 Unterweisung der Versicherten

(1) Der Unternehmer hat die Versicherten über Sicherheit und Gesundheitsschutz bei der Arbeit, insbesondere über die mit ihrer Arbeit verbundenen Gefährdungen und die Maßnahmen zu ihrer Verhütung, entsprechend § 12 Absatz 1 Arbeitsschutzgesetz sowie bei einer Arbeitnehmerüberlassung entsprechend § 12 Absatz 2 Arbeitsschutzgesetz zu unterweisen; die Unterweisung muss erforderlichenfalls wiederholt werden, mindestens aber einmal jährlich erfolgen; sie muss dokumentiert werden.

(2) Der Unternehmer hat den Versicherten die für ihren Arbeitsbereich oder für ihre Tätigkeit relevanten Inhalte der geltenden Unfallverhütungsvorschriften und Regeln der Unfallversicherungsträger sowie des einschlägigen staatlichen Vorschriften- und Regelwerks in verständlicher Weise zu vermitteln. […]

Quelle: § 4 Vorschrift 1 DGUV 2013

6.1.4 Delegation

Delegation ist das Übertragen von Aufgaben inkl. der zur Aufgabenerfüllung notwendigen Entscheidungs- und Gestaltungskompetenzen.

Die **Intention** einer Delegation ist, **dass ein Mitarbeiter eine Aufgabe selbstständig und zuverlässig erledigt**. Die Führungskraft will sich für einen abgegrenzten Bereich überflüssig machen.

So gesehen unterscheidet sich die Delegation von der Arbeitsanweisung („Machen Sie das!") und der Arbeitsunterweisung („Machen Sie es so!").

Die Delegation sagt: „Ich übertrage Ihnen die Zuständigkeit für … Ihre Aufgabe ist es, sicherzustellen, dass … [Ziel]. Wie Sie das tun, bleibt grundsätzlich Ihnen überlassen, allerdings bitte ich Sie, dabei folgende Rahmenvorgaben zu beachten …" (Abb. 6.1).

Checkliste der Besprechungspunkte im Delegationsgespräch
o Welche Aufgabe übertrage ich Ihnen?
o Warum übertrage ich gerade Ihnen diese Aufgabe?
o Was sind die Rahmenbedingungen? (Mitwirkende, Budget)
o Welche Ergebnisse erwarte ich? Bis wann?
o Wie wollen Sie vorgehen? Woran merken Sie selbst, dass alles richtig läuft?
o Welche Handlungsvollmachten übertrage ich Ihnen, wo möchte ich gefragt werden?
o Wer soll Ihre bisherigen Aufgaben übernehmen?
o Wann/ bei welchen Anlässen erwarte ich eine Rückmeldung von Ihnen?
o Wie sieht meine Unterstützung für Sie aus?

Abb. 6.1 Checkliste der Besprechungspunkte im Delegationsgespräch

Bei der Durchführung von Delegationsgesprächen sind folgende Punkte wichtig:

- Zielsetzung (Warum muss die Aufgabe erfüllt werden?)
- Aufgaben- und Kompetenzbeschreibung (Was ist zu tun?)
- Kriterien für die korrekte Kompetenzausübung festlegen (Mindestanforderungen, Qualitätsmerkmale, Rücksprache-Formen).

Die Fähigkeit, Mitarbeiter zutreffend zu beurteilen, ist für die Delegation eine wichtige Voraussetzung, denn der „Reifegrad" eines Mitarbeiters sollte über die „Freiheitsgrade" in einem delegierten Bereich entscheiden. (vgl. Abschn. 6.3)

6.1.5 Feedback

Feedback ist die zeitnahe und konkrete Rückmeldung der Führungskraft zu einem gezeigten Verhalten des Mitarbeiters. Die **Intention** ist, **erwünschtes Verhalten zu verstärken**.

Indem die Führungskraft durch eine anerkennende Bemerkung zeigt, dass sie ein erwünschtes Verhalten gesehen hat, verstärkt sie es. Das kann man als positives Feedback bezeichnen. Negatives Feedback wäre entsprechend die Reaktion auf unerwünschtes Verhalten. Hier zeigt die Führungskraft unmissverständlich, dass ein Verhalten nicht in Ordnung ist und erklärt bzw. demonstriert, welches Verhalten richtig gewesen wäre.

Für manchen Feedback-Geber ist Feedback eine Stresssituation. Zum einen fällt ihm möglicherweise das Loben nicht leicht. Zum anderen mag ihm beim Kritisieren die Formulierung schwerfallen, oder er fürchtet eine negative Reaktion des Kritisierten.

Auch mancher Feedback-Nehmer empfindet Stress. So gibt es Menschen, die Lob abwiegeln, und andere, die sich schämen, bei einem Fehlverhalten ertappt worden zu sein.

Führungskräfte sollten ein regelmäßiges Feedback professionalisieren, z. B. indem sie sich stets für gut ausgeführte Arbeiten bedanken und dabei hervorheben, was ihnen an der Ausführung gefallen hat. Bei unerwünschtem Verhalten sollten sie darauf achten, dass sie das Feedback möglichst unter vier Augen geben und konkret zeigen, wie man es besser hätte machen können (vgl. auch Abschn. 7.2.1).

Hintergrund

Feedback reduziert den „blinden Fleck"

Menschen brauchen Feedback, um ihr Selbstbild durch den Abgleich mit einem im Feedback geäußerten Fremdbild weiter zu entwickeln. Geht man davon aus, dass es in unserer Selbstwahrnehmung Dinge gibt, die uns bewusst und andere, die uns unbewusst sind (vgl. das Eisberg-Modell in Abschn. 5.2.1) und ebenso Dinge, die unserem Gesprächspartner bewusst auffallen bzw. von ihm unbemerkt bleiben, so kann man den sog. „Blinden Fleck" definieren als die Handlungsräume und Verhaltensanteile, die andere an uns wahrnehmen, wir selbst aber nicht (Abb. 6.2).

Die amerikanischen Sozialpsychologen Joseph Luft und Harry Ingham haben 1955 eine veranschaulichende Matrix entwickelt, das sog. Johari-Fenster (vgl. Luft 1961).

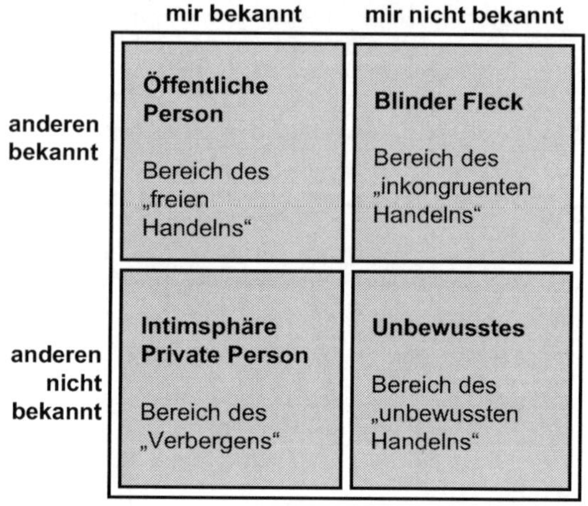

Abb. 6.2 Johari-Fenster. Quelle: nach Joseph Luft und Harry Ingham 1955

Es beinhaltet die Idee, die Mittelsprossen des Fensters durch erfahrenes bzw. eingefordertes Feedback so zu verschieben, dass der „blinde Fleck" immer kleiner wird. Dies entspricht dem Ziel, eine realistische Kenntnis der einen selbst betreffenden Fremdbilder (also dessen, wie uns andere mit Stärken und Schwächen wahrnehmen) zu erlangen.

6.2 Dialog-orientierte Führungsinstrumente

Gespräche als eher dialogische Führungsinstrumente sind im Idealfall dadurch gekennzeichnet, dass die Beteiligten etwa einen gleich großen Redeanteil haben. Sein Gegenüber zum Sprechen zu motivieren, ist für manche Führungskraft und bei manchem Mitarbeiter eine Herausforderung.

Eine angenehme Gesprächsatmosphäre trägt wesentlich zum Erfolg aller nachfolgenden Instrumente bei. Das bedeutet:

- Das Gespräch wird terminiert und findet unter vier Augen statt.
- Der Mitarbeiter weiß im Vorfeld, worum es bei dem Gespräch gehen wird, sodass er sich vorbereiten kann.
- Für die Dauer des Gesprächs werden Störungen von außen unterbunden.
- Die Führungskraft bereitet sich auf das Gespräch vor: Fixieren der Zielsetzung, Notieren der zentralen Besprechungspunkte, Planen der Gesprächsdokumentation.

6.2.1 Kritikgespräch

Ein Kritikgespräch wird geführt, wenn ein Mitarbeiter mehrfach unerwünschtes oder einmalig grobes Fehlverhalten gezeigt hat.

Arbeitsrechtlich kann die Dokumentation eines solchen Gesprächs relevant werden, wenn es später zur Abmahnung bzw. Kündigung eines Mitarbeiters kommt.

Die Intention eines Kritikgesprächs ist das Sicherstellen von Qualität, Sicherheit, Betriebsfrieden o. ä. betrieblichen Werten, wenn diese durch das Fehlverhalten eines Mitarbeiters gefährdet werden, aber auch die Qualifizierung und Persönlichkeitsentwicklung eines Mitarbeiters.

Bei der Einladung zum Kritikgespräch teilt man dem Mitarbeiter mit, dass man mit ihm über jene Situation oder jenes Verhalten in Ruhe und unter vier Augen sprechen möchte. So kann sich der Mitarbeiter darauf einstellen.

Für die eigene Vorbereitung auf das Kritikgespräch ist es wichtig, dass die Führungskraft zwischen dem sichtbar gewordenen Verhalten und den dadurch bei ihr ausgelösten Gedanken (z. B. Empörung, Scham, Ärger) unterscheidet. Beim Gesprächstermin muss sie in der Lage sein, fair und klar das gewünschte Verhalten beschreiben zu können.

Im Kritikgespräch selbst spricht die Führungskraft ohne lange Vorrede den fraglichen Sachverhalt an – ein einleitender Smalltalk über den letzten Urlaub (wie er bei anderen Gesprächssituationen durchaus angebracht ist) wäre hier fehl am Platz.

Die Führungskraft beginnt das Gespräch mit ihrer Sicht der Dinge. Dabei empfiehlt sich die Anwendung der XYZ-Formel (Abb. 6.3).

Anschließend fordert man den Mitarbeiter auf, seine Sicht der Situation zu schildern, mögliche Ursachen seines Verhaltens zu benennen und Ideen zu entwickeln, was er wie künftig besser machen kann.

Im weiteren Gesprächsverlauf ist es wichtig, eindeutig Position zu den Werten zu beziehen, anhand derer „richtiges" oder „falsches" Verhalten im Betrieb beurteilt wird.

Zum Abschluss trifft man konkrete Vereinbarungen, was zur Ursachenbeseitigung und künftigen Fehlervermeidung getan wird und wann man sich erneut zusammenfindet, um die erfolgreiche Umsetzung zu kontrollieren.

Über diese Vereinbarungen fertigt die Führungskraft ein Protokoll. Wenn der Gesprächsanlass ein gravierendes oder wiederholtes Fehlverhalten war und man sich arbeitsrechtliche Schritte vorbehalten möchte, sollte man sich den Empfang des Protokolls vom Mitarbeiter bestätigen lassen und die Personalabteilung informieren.

XYZ-Formel zur Formulierung von Kritik
Ich habe Sie X machen sehen. Das hat mich Y gemacht. Ich wünschte, Sie hätten Z getan.

Abb. 6.3 XYZ-Formel zur Formulierung von Kritik, Quelle: unbekannt

6.2.2 Personalbeurteilungsgespräch

Das Personalbeurteilungsgespräch ist ein „gründliches" Feedback, weil es nicht „en passant" zur kurzfristigen Motivation oder Korrektur gegeben (vgl. 7.1.5), sondern wohl überlegt, aufgrund sorgfältiger Analyse der Fakten und mit klaren Zielvorstellungen geführt wird. Im Vergleich zum Kritikgespräch, das anlassbezogen geführt wird, findet das Personalbeurteilungsgespräch in regelmäßigen Zeitabständen (meist einmal im Jahr) statt.

In vielen Betrieben gibt es ein Beurteilungssystem, das zwischen Personalwesen und Betriebsrat abgestimmte und damit für Führungskräfte verbindliche Beurteilungskriterien, Beurteilungsbögen und Beurteilungszeiträume umfasst.

In vielen tarifgebundenen Unternehmen ist das Beurteilungsgespräch und die damit verbundene „Leistungsbeurteilung" ein Instrument des Entlohnungssystems, d.h. die Beurteilungsergebnisse wirken sich auf die künftige Lohnhöhe aus.

Doch auch in Betrieben ohne systematisiertes Beurteilungswesen und daran gekoppelte Leistungszulagen, sind Beurteilungsgespräche ein wichtiges Führungsinstrument.

Beurteilungsgespräche erfüllen verschiedene Funktionen:

- **Aufklärungsfunktion**: Jeder Mitarbeiter hat ein Recht auf Würdigung seines Beitrags zum Unternehmenserfolg. Er hat nach § 82 Abs. 2 BetrVG ein Recht, einschätzen zu können, inwieweit sein Verhalten vom Vorgesetzten als wertvoller Beitrag zum betrieblichen Erfolg gesehen wird und/oder was er verändern kann, damit seine Arbeitsleistung zu besseren Ergebnissen führt.
- **Kontaktfunktion**: Regelmäßige Gespräche stützen das soziale Klima.
- **Ermittlungsfunktion**: Gute Leistung soll sich in angemessener Bezahlung niederschlagen. Dazu ist eine regelmäßige Beurteilung dessen, was als „gute Leistung" gesehen wird, notwendig.

  Die Beurteilung soll möglichst objektiv, d.h., anhand nachvollziehbarer und relevanter Kriterien, anhand verschiedener Arbeitsbeispiele und anhand vergleichbarer Maßstäbe für vergleichbare Tätigkeiten durchgeführt werden.
- **Diagnostische Funktion**: Der Vorgesetzte hat die menschliche Pflicht, sich über Hintergründe beobachteten Verhaltens zu informieren, bevor er es beurteilt. Lässt jemand z. B. in seiner Leistung nach, könnte ein familiäres oder gesundheitliches Problem die Ursache sein, dessen negative Auswirkungen sich durch Veränderungen in der Arbeitsorganisation möglicherweise einfach vermeiden ließen.
- **Motivationsfunktion**: Durch die Belohnung erfolgsförderlichen Verhaltens (durch positive Hervorhebung und/oder materielle Entlohnung) soll dieses verstärkt und der Mitarbeiter motiviert werden.

Wesentlich für den Erfolg eines Beurteilungsgesprächs ist seine **Vorbereitung**. Die Führungskraft sollte sich zunächst über einen längeren Zeitraum Notizen über besondere Leistungen oder Aufgaben eines Mitarbeiters machen, sich z. B. einmal im Monat je Mitarbeiter notieren, was ihr an positiven oder negativen Verhaltensweisen aufgefallen ist. Hilfreich ist dabei der Einsatz einer Checkliste mit Beurteilungskriterien, wie sie in Abb. 6.4 beispielhaft aufgelistet sind. So vermeidet man einseitige Beurteilungsschwerpunkte.

Zu jedem Bewertungskriterium könnte man einen Punktwert notieren, z. B. durch Anwendung der Beurteilungsstufen aus den tariflichen Verfahren der Leistungsbeurteilung:

Arbeitsleistung und Arbeitsqualität

o arbeitet sorgfältig und fehlerfrei
o erledigt Aufgaben in vorgegebener Zeit
o Arbeitsmenge und Arbeitsqualität stehen in gutem Verhältnis
o kann Arbeit ohne fremde Hilfe erledigen
o greift Aufgaben aus eigener Initiative auf
o findet neue effiziente Möglichkeiten der Aufgabenlösung
o hat aufgabenbezogen ausreichende Fachkenntnisse
o eignet sich eigenständig neues Fach- oder Methodenwissen an
o bringt eigene Kenntnisse und Erfahrungen zielgerichtet in Gespräche ein

Kostenbewusstsein

o geht verantwortungsbewusst mit betrieblichen Ressourcen um
o pflegt die Arbeitsmittel
o macht Vorschläge zur Kostensenkung bzw. deckt Verlustquellen auf
o zeigt sich flexibel, dort einzuspringen und auszuhelfen, wo seine Arbeitskraft im Moment am besten gebraucht wird

Arbeitssicherheit

o hält sich an die Arbeitsschutzvorschriften
o räumt Gefahrenquellen aus dem Weg
o weist auf evtl. Sicherheitsmängel hin und beseitigt sie, wo möglich, selbständig
o beachtet Hygienebestimmungen und führt regelmäßig Reinigungs- und Wartungsarbeiten durch
o achtet beim Lastentragen und bei Bildschirmarbeit auf die eigene Ergonomie

Kooperation und Teamverhalten

o nutzt allgemeine Höflichkeitsregeln und sorgt dadurch für ein gutes Arbeitsklima
o bietet anderen unaufgefordert notwendige Hilfestellung an
o nimmt Unterstützung von anderen an
o kann sich entschuldigen
o pflegt fachbezogenen Informationsaustausch mit anderen
o gewährt Einblicke in eigenen Arbeitsbereich
o zeigt kollegiale Wertschätzung, Achtung und Anerkennung
o nimmt Rücksicht, wenn es geboten ist
o kann eigene Wünsche, Anliegen angemessen vortragen und durchsetzen
o greift im Gespräch Argumente anderer auf und entwickelt sie konstruktiv weiter

Führungsverhalten

o informiert über arbeitsrelevante Sachverhalte rechtzeitig und ausreichend
o gibt Mitarbeitern spontan wertschätzendes Feedback zu deren Arbeitsverhalten
o gibt Mitarbeitern durch Zielvereinbarungen Leitlinien für eigenständiges und verantwortungsbewusstes Handeln vor
o delegiert qualifizierte, herausfordernde Aufgaben, lässt Mitarbeitern eigene Erfolge und mischt sich nicht willkürlich in deren Aufgabenbereich ein
o kontrolliert und anerkennt Zielerreichung
o scheut auch kritische Situationen nicht und geht in Gesprächen sachlich vor
o fördert die berufliche (Weiter-) Qualifikation seiner Mitarbeiter

Abb. 6.4 Beispiel einer Checkliste mit Personalbeurteilungskriterien. Quelle: eigene Erstellung

A.	entspricht dem Ausgangsniveau der Arbeitsaufgabe	0 Punkte
B.	entspricht im Allgemeinen den Erwartungen	1 Punkt
C.	entspricht in vollem Umfang den Erwartungen	2 Punkte
D.	liegt über den Erwartungen	3 Punkte
E.	liegt weit über den Erwartungen	4 Punkte

Mit monatlichen Bewertungen dieser Art hat man nach Ablauf des Beurteilungszeitraums eine objektivierte Datengrundlage, um sich auf ein anstehendes Personalbeurteilungsgespräch vorzubereiten.

Vor dem eigentlichen Beurteilungsgespräch sollte die Führungskraft sich ihre Notizen zur Hand nehmen und überlegen, auf welche Beobachtungen sie im Beurteilungsgespräch (mit welchem Ziel) eingehen möchte. Falls an die Leistungsbeurteilung auch ein Leistungsentgelt gekoppelt ist, sollte sie die entsprechenden Leistungspunkte auf dem Beurteilungsbogen vermerken.

In den meisten Tarifverträgen ist im Sinne der Besitzstandswahrung der Mitarbeiter für den Prozess der Leistungsbeurteilung Folgendes geregelt: Führt die Leistungsbeurteilung zu einer geringeren Leistungszulage als im Vorjahr, können Betroffene eine Überprüfung der Leistungsbeurteilung verlangen. In diesem Fall wäre nach einer Wartezeit von vier Wochen eine erneute Leistungsbeurteilung durchzuführen. Außerdem können tarifliche Mitarbeiter innerhalb einer Woche nach Erhalt des schriftlichen Ergebnisses der Beurteilung Widerspruch gegen die Leistungsbeurteilung einlegen. Ändert der Arbeitgeber nach einem Widerspruch die Leistungsbeurteilung nicht, kann der Beschäftigte die paritätische Kommission anrufen (vgl. IG Metall 2005). Eine solche Widerspruchssituation kann eintreten, muss aber nicht. Die alleinige Möglichkeit sollte die Führungskraft nicht dazu verleiten, zur Vermeidung von Widrigkeiten auf eine korrekte Beurteilung zu verzichten.

Meist steht Führungskräften für Leistungszulagen ein Budget zur Verfügung, das sich im Rahmen der tariflichen Vorgaben von z. B. 10 % der Gesamtlohnsumme des Verantwortungsbereichs bewegt. Zum Beispiel könnte ein Mitarbeiter 0 %, ein anderer 30 % Leistungszulage bekommen. Und zum Beispiel könnte der 30 %-Mitarbeiter in der Folgeperiode wieder auf Normalleistungsniveau abfallen bzw. ein anderer guter Mitarbeiter besser als er sein, dann müsste sich die Führungskraft psychisch und argumentativ auf eine Diskussion vorbereiten, warum die monatliche Leistungszulage nicht mehr z. B. € 500, sondern z. B. nur noch € 150 beträgt (Abb. 6.5).

Bei ihrer Argumentation soll die Führungskraft darauf achten, nur auf den beurteilten Mitarbeiter bezogene Beobachtungen anzuführen. Vergleiche mit anderen sind zum einen datenschutzrechtlich problematisch, zum anderen für einen Beurteilten meist frustrierend. Vergleiche ziehen im Zweifelsfall eine unnötige Diskussion nach sich. Ferner wäre es ein grober Gesprächsfehler, „fremde Zeugen" zu zitieren, um die eigene Beurteilung zu rechtfertigen. Vielmehr sollte die Führungskraft nach der eigenen Beurteilung den Mitarbeiter auffordern, seine eigene Einschätzung und seine eigenen Vergleichsmaßstäbe einzubringen. Je besser man zuvor (in anderen Gesprächen oder zu Beginn des aktuellen Gesprächs)

Schritte im Personalbeurteilungsgespräch	
Gesprächseröffnung	Begrüßung. Frage zum Befinden des Mitarbeiters. Ziel des Gesprächs. Geplanter Gesprächsverlauf.
Themeneinstieg	Skizzieren des Aufgabengebiets d. Mitarbeiters, seines Beitrags zum Betriebserfolg und der Besonderheiten der Beurteilungsperiode aus Sicht der Führungskraft. Überleitende Frage: Wie haben Sie Ihre Arbeit im vergangenen Jahr erlebt?
Emotionaler Rückblick	Gefühle und Erlebnisse des Mitarbeiters. Ggf. Hinweise auf bisher der Führungskraft unbekannte Sachverhalte.
Beurteilung	Besprechung der Leistungskriterien. Leistungsbewertung durch die Führungskraft. Verhaltensbeispiele als illustrierender Beleg. Überleitende Frage: In welchen Punkten können Sie meine Bewertung nachvollziehen?
Selbsteinschätzung	Emotionale Reaktion des Mitarbeiters auf die Beurteilung und seine eigene Einschätzung. Durch Aktives Zuhören erkunden, ihn auffordern, eigene Stärken und Schwächen zu benennen.
ggf. Abweichungs-analyse	Unterschiedliche Auffassungen herausfiltern. Ursachen ergründen. Klare und verbindliche Aussage der Führungskraft,, wo sie ihr Urteil aufgrund der gewonnenen Informationen verändert und wo nicht.
Perspektiven aufzeigen	Überleiten zur allgemeinen Arbeitszufriedenheit und beruflichen Entwicklung. Besprechen notwendiger und möglicher Entwicklungsschritte. Erwartungen für die nächste Beurteilungsperiode.
Gesprächsabschluss	Zusammenfassen der wesentlichen Ergebnisse (evtl. gleich schriftlich als Protokoll). Ausblick auf nächste Schritte (z. B. wann Protokoll oder Rückmeldung zu besprochenen Maßnahmen). Dank für die Zusammenarbeit und Verabschiedung.

Abb. 6.5 Ablauf eines Personalbeurteilungsgesprächs. Quelle: eigene erstellung

die für den Arbeitsbereich gültigen Beurteilungskriterien dargelegt hat, umso leichter und überzeugender lässt sich mit diesen Kriterien argumentieren. Darauf aufbauend kann man eine Perspektive entwickeln, mit welchen Maßnahmen und Verhaltensweisen „in der Zukunft" der Mitarbeiter seine Leistungszulage wieder erhöhen kann.

Die Beurteilung eines Mitarbeiters durch die Führungskraft wird manches Mal nicht mit dessen Selbstwahrnehmung übereinstimmen. Die Führungskraft muss lernen, dass nicht jede Entscheidung oder Beurteilung spontane Zustimmung und Erkenntnis beim Gegenüber auslöst. In jedem Fall muss sie ihr Urteil sachlich begründen und im Gespräch so vorgehen, dass das Gegenüber sein Gesicht wahren kann, ohne sich selbst verleugnen zu müssen.

6.2.3 Personalentwicklungsgespräch

Personalentwicklung ist die Gesamtheit aller Maßnahmen in Organisationen zur **zweckgerichteten Förderung der arbeitsbezogenen Kompetenzen** und Einstellungen der Mitarbeiter, um die Effizienz und Effektivität der Organisationen zu steigern. Insofern kann Personalentwicklung insgesamt als Führungsinstrument bezeichnet werden. Der Prozess und seine Instrumente sind im Bd. „Personalmanagement" ausführlich beschrieben (vgl. Lindner-Lohmann et al. 2016, S. 161 ff.). In diesem Band „Mitarbeiterführung" liegt der Fokus auf der Gesprächsführung.

Grundsätzlich sollte man **einmal im Jahr** mit jedem Mitarbeiter über seine für den Betrieb relevanten Kenntnisse, Fähigkeiten und Einstellungen sprechen, d. h. ihm eine Einschätzung geben, welche seiner Qualifikationen für sein Arbeitsfeld bedeutsam sind und wie er seine Beschäftigungsfähigkeit (Employability, Definition vgl. Abschn. 7.3) ausbauen kann.

Die gängige Literatur beschäftigt sich aktuelle Auflage vor allem mit der Identifikation und Förderung sog. **Potenzialkandidaten** (vgl. z. B. Olfert 2010; Birri 2013). Gute Leute dem Unternehmen zu erhalten, ist eine wichtige Führungsaufgabe. Doch es ist auch wichtig, Mitarbeiter mit gutem Willen zu engagierten und einsatzfähigen Mitarbeitern für das Unternehmen zu entwickeln.

Angesichts der Arbeitsmarktstrukturen, die unter dem Stichwort „Talentmanagement" in der Literatur reflektiert werden (vgl. z. B. Meifert 2010; Busold 2013) und sich auf das rückläufige Angebot qualifizierter Mitarbeiter auf dem Arbeitsmarkt beziehen, müssen Führungskräfte mehr denn je in der Lage sein, die Fähigkeiten vorhandener bzw. für das Unternehmen rekrutierbarer Mitarbeiter zu erkennen und sie zu Personalentwicklungsmaßnahmen zu motivieren, die ihre **Fähigkeiten ausbauen** und ihre weitere Beschäftigung sicherstellen.

In Betrieben mit institutionalisierter Personalarbeit können Führungskräfte auf die Unterstützung durch spezialisierte Personalentwickler zählen. Doch gibt es auch Situationen, in denen die Führungskraft kein Schulungsprogramm aus der Schublade ziehen oder auf hauseigene Online-Lernangebote zurückgreifen kann. Hier muss sie sich eigenständig Entwicklungsziele und -maßnahmen überlegen, um mit gut qualifizierten Mitarbeitern künftige Erfolge zu sichern. Sie muss sich Gedanken über die Entwicklungspotenziale und die Entwicklungsmotivation der Mitarbeiter machen, um realistische Lernziele und Leistungserwartungen zu formulieren und die Mitarbeiter zu Eigeninitiative und Lernbereitschaft anzuregen.

zur Diskussion

Personalentwicklungsfragen in der Praxis

Drei Beispiele aus der Praxis:

- Die Hochschul-Absolventin Tanja Stein wurde zur Direktionsassistentin im Hotel Rose qualifiziert. Die Direktorin möchte mit ihr ein Übernahme- und Entwicklungsgespräch führen. Sie fürchtet, dass Frau Stein aufgrund der schlechten Arbeitszeitbedingungen in der Branche nicht im Unternehmen bleiben will.

- In der Kfz-Werkstatt Baum ist Felix Schneider Azubi im dritten Lehrjahr. Er macht im Betrieb alles, was man ihm aufträgt, aber kein Stück mehr. Seine Schulleistungen sind mittelmäßig. Der Werkstattleiter möchte ihn dazu motivieren, sich mit aller Kraft auf einen guten Abschluss vorzubereiten. Die Firma ist dringend auf einen gut qualifizierten Gesellen angewiesen, doch Herr Schneider müsste mehr Eigeninitiative entwickeln, soll er später eine wirkliche Entlastung für die Meister darstellen.
- Ute Walter arbeitet nach ihrem zweijährigen Erziehungsurlaub als Teilzeitkraft in ihrer „alten" Steuerkanzlei. Diese ist froh, wieder eine erfahrene Buchhaltungskraft zu haben. Allerdings arbeitet Frau Walter sehr umständlich und tut sich schwer, die Neuerungen der Software auszureizen. Ihr Chef will sie zur Teilnahme an Weiterbildungsmaßnahmen in ihrer Freizeit motivieren. Er würde die Kurskosten übernehmen (und evtl. sogar die Arbeitszeit bezahlen), wenn sich dadurch ihre Arbeitseffizienz spürbar steigern würde.

Wie würden Sie sich als die jeweilige Führungskraft auf das Personalentwicklungsgespräch vorbereiten? Was würden Sie als Mitarbeiter denken/erwarten?

Setzen Sie Ihre Überlegungen in einem Rollenspiel um und diskutieren Sie das Ergebnis.

Zu den Vorbereitungsfragen des Personalentwicklungsgesprächs gehören:

- Welche Aufgaben könnte der Mitarbeiter in den nächsten sechs Monaten bis drei Jahren übernehmen?
- Wo besteht betrieblicher Bedarf? Mit welchen Anforderungen?
- Für welche Aufgaben ist der Mitarbeiter geeignet? Gibt es die Stelle?
- Welche Qualifikationen/Erfahrungen fehlen dem Mitarbeiter für künftige Aufgaben? Wie könnte er sie erwerben?
- Welche eigenen Entwicklungspläne hat der Mitarbeiter? Wo sieht er seine Stärken und Neigungen? Wie sieht seine Lebensplanung aus? Was ist seine Hauptmotivation zu arbeiten?

Im Personalentwicklungsgespräch erörtert die Führungskraft diese Fragen gemeinsam mit dem Mitarbeiter. So ergeben sich Perspektiven, die zur Vereinbarung von Maßnahmen und weiteren Schritten führen können. (Zur Systematik der Personalentwicklungsmaßnahmen vgl. Lindner-Lohmann et al. 2016, S. 161ff.)

6.2.4 Zielvereinbarungsgespräch

Das Zielvereinbarungsgespräch ist ein Instrument des MbO (vgl. Abschn. 6.5). Häufig wird es als Jahresgespräch geführt und/oder im Zusammenhang mit einer Delegation (vgl. Abschn. 6.1.4). Außerdem ist es nach manchen Tarifverträgen vorgesehen (vgl. Kasten „Hintergrund" zum Entgelt-Rahmenabkommen ERA, S. 165).

Durch vorausschauende Zielplanung, realistische und auf den einzelnen Mitarbeiter bezogene Teilziele und klare Kommunikation dieser Ziele sichert die Führungskraft den wirtschaftlichen Erfolg des eigenen Verantwortungsbereichs.

Intentionen der Zielvereinbarung sind (vgl. Weibler 2016, S. 410.)

- **Orientierung**: Der Mitarbeiter soll wissen, was er in der nächsten Periode wirtschaftlich und fachlich für das Unternehmen erreichen sollte. Die Führungskraft erfährt, welche persönlichen Ziele der Mitarbeiter, z. B. in Bezug auf Ausbau seiner Fähigkeiten, verfolgen möchte.
- **Leistungssteigerung**: Wenn das Ziel bekannt ist, werden die Anstrengungen darauf ausgerichtet. Wenn mehrere bewusst auf das gleiche Ziel hin arbeiten, wird es mit höherer Wahrscheinlichkeit erreicht.
- **Motivation**: Durch Beteiligung an der Zielfestlegung identifiziert sich der Mitarbeiter mehr mit seiner Aufgabe. Wird die Zielerreichung an monetäre Belohnung gekoppelt, kann dies verstärkend zu höherer Leistung motivieren.

Das Zielvereinbarungsgespräch muss von beiden Beteiligten vorbereitet werden: Die Führungskraft informiert den Mitarbeiter über die Unternehmensziele und andere bekannte organisationale Rahmenbedingungen der nächsten Periode. Vorausgesetzt wird außerdem, dass dem Mitarbeiter seine Stellenziele bekannt sind. Auf dieser Basis formulieren Mitarbeiter und Führungskraft für sich getrennt ihre Zielvorstellungen. Dabei sind fachliche und persönliche Ziele zu unterscheiden. **Fachliche Ziele** beziehen sich auf wirtschaftliche Unternehmens- bzw. Abteilungsziele, **persönliche Ziele** auf Entwicklung neuer Fähigkeiten.

Hintergrund

Zielerreichung und Entlohnung

Bei angestellten Geschäftsführern und AT-Mitarbeitern sind Zielvereinbarungen schon seit vielen Jahren Führungsinstrument und gekoppelt an „Tantiemen" (meist: Gewinnbeteiligung in prozentualer Höhe).

Seit 2003 können auch bei tariflichen Mitarbeitern im Rahmen der tariflichen Entlohnung Zielvereinbarungen an Zielerreichungszulagen gekoppelt werden. Damals wurde mit dem Metall-Tarifvertrag in Baden-Württemberg der erste Tarifvertrag über ein „Entgelt-Rahmenabkommen" (ERA) abgeschlossen. Dabei wurden nicht nur die Unterscheidung zwischen Arbeitern und Angestellten aufgehoben, sondern auch die Entlohnungsmethode „Zielvereinbarung" neu in die Tarifverträge eingeführt.

Grundsätzlich gibt es in den Tarifverträgen zwei Entgeltgrundsätze: „Leistungsentgelt" und „Zeitentgelt", denen verschiedene Entgeltmethoden zugeordnet sind.

Zum Leistungsentgelt gehören die Entgeltmethoden: Akkord- und Prämienentgelt sowie die Leistungsvereinbarung (sog. Zielvereinbarung (ZV I)). ZV I betrifft sachbezogene Bezugsmerkmale, d. h. Ziele, die sich eindeutig über Kennzahlen bestimmen lassen, z. B. Reduzierung der Kosten für Ausschuss und Nacharbeit.

Beim Zeitentgelt gibt es die Methoden „Zeitentgelt mit Leistungszulage" und „Zielvereinbarung mit vereinbarten Beurteilungsmerkmalen für das Leistungsverhalten" (sog. ZV II). ZV II bezieht sich auf Verhaltensmerkmale, die ergänzend zur tariflichen Leistungsbeurteilung (wie z. B. Kenntnisse, Initiative, Zusammenarbeit) aufgabenspezifisch vereinbart werden, z. B. Einhaltung der Kundentermine.

Umsatz und Ertrag oder die eigene Abwesenheit wegen Krankheit dürfen nicht Gegenstand einer Zielvereinbarung mit Mitarbeitern sein. Der Abschluss einer Zielvereinbarung ist für beide Seiten (Mitarbeiter und Arbeitgeber) freiwillig.

Will ein Unternehmen ein Entgeltsystem mit Zielvereinbarungsmethode einführen, muss der Betriebsrat zustimmen (vgl. § 87 Abs. 1 Nr. 10 BetrVG).

Die Entgeltgrundsätze der Zielvereinbarungsmethoden werden in der Betriebsvereinbarung geregelt. Bei ZV I müssen z. B. die Methoden der Ermittlung der Zielerreichung, die Entgeltmodalitäten (Gewichtung der Ziele, Verhältnis zwischen Zielerreichungsgrad und Leistungsentgelt) geklärt werden; bei ZV II die Beurteilungsmerkmale und die ihnen zugeordneten Beurteilungspunkte, die mit einem best. Lohnfaktor multipliziert, den Auszahlungsbetrag ergeben.

Quelle: vgl. Böddecker (2008)

Aus Sicht der Führungskraft besteht die intellektuelle Herausforderung der Zielvereinbarung darin, strategische Organisationsziele zunächst auf den eigenen Verantwortungsbereich und dann auf jeden einzelnen Mitarbeiter bzw. dessen Stelle herunterzubrechen. Dabei sind letztlich die Ziele so zu konkretisieren, dass der Mitarbeiter die für ihn geltenden Ziele eigenständig erreichen kann (vgl. Abschn. 1.3.4).

Zielvereinbarungen und Stellenbeschreibungen umreißen zusammen den **Handlungsspielraum** des Mitarbeiters. Ihre Vorgaben sollen herausfordernde Orientierung und motivierender Leistungsanreiz sein. Keinesfalls sollen zu viele Vorgaben Priorisierungskonflikte auslösen oder ein zu eng gesteckter Rahmen Kreativität und Eigeninitiative verhindern. „5 ± 2" ist daher eine praxisbewährte Formel für die Zahl der zu vereinbarenden Ziele.

Für die **Vorbereitung** eines einzelnen Zielvereinbarungsgesprächs sollte die Führungskraft sich ausreichend Zeit reservieren. Zu den vorbereitenden Überlegungen gehört:

- Rückblick alte Ziele, Erreichung, Rahmenbedingungen
- Eigene Formulierung von 5 ± 2 fachlichen (sowohl quantitativen als auch qualitativen) Zielen für diesen Mitarbeiter
- Bezugsgrößen bzw. Kennzahlen, anhand derer die Zielerreichung festgestellt werden kann (vgl. dazu Abb. 6.6)
- Stärken und Schwächen, die das Erreichen der Ziele fördern/gefährden könnten, um ggf. Entwicklungsziele festzulegen
- Stichpunkte für den geplanten Gesprächsverlauf

	quantitative Ziele	qualitative Ziele
prozess-bezogen	z. B. Stückzeit, Maschinennutzungsgrad, Durchlaufzeit, Auftragsbearbeitungszeiten, Projektlaufzeiten, Menge, Ausbringung	
kunden-bezogen	z. B. Kundenreklamation, Reduzierung Nacharbeit, Kundenkontakte	z. B. Kundenreklamation, Kundenzufriedenheit, Kundenkontakte
produkt-bezogen	z. B. Fertigungsgerechtigkeit	z. B. Problemlösung, Ideenentwicklung, Produktinnovation, Fertigungsgerechtigkeit, Ergonomie
mit-arbeiter-bezogen	z. B. Fluktuationsrate, Beteiligung an Qualifizierungsmaßnahmen	z. B. Zusammenarbeit, Kommunikation, Führungsverhalten, Personalentwicklung, Arbeitsweise, Initiative, Einsatz, Umgang mit Ressourcen, Arbeitssorgfalt, Sauberkeit in der Arbeitsumgebung, Beteiligung an Qualifizierungsmaßnahmen
finanz-bezogen	z. B. Vertriebsspanne, Gemeinkosten, Bestände, Forderungsrückstände, Ressourcenverbrauch	

Abb. 6.6 Beispiele von Bezugsgrößen in Zielvereinbarungen. Quelle: IG Metall 2005, ERA-TV Anlage 3

Zur **Qualitätssicherung** eines Zielvereinbarungsgesprächs ist es wichtig, den Mitarbeiter nach seinen eigenen Fähigkeiten eigene Ziele formulieren zu lassen und diese Formulierungen in der eigentlichen Zielvereinbarung, die schriftlich getroffen wird, aufzugreifen. So kann die Führungskraft kontrollieren, ob der Mitarbeiter die Ziele im Sinne des Unternehmens verstanden hat. Falls nicht, soll man keinesfalls Ziele einfach diktieren oder vorschreiben, will man die Zielvereinbarung nicht zum Beleg für die eigene Planungs- oder Erklärungsschwäche machen. Denn es ist z. B. möglich, dass sich eine Führungskraft in ihren eigenen Ansprüchen verschätzt oder in ihrer eigenen Zielvereinbarung unrealistische Ziele übernommen hat.

Ob eine Zielvereinbarung „gut“ ist, lässt sich anhand der in Abb. 6.7 zusammengestellten Kriterien beurteilen.

Das **Gespräch selbst** beginnt mit einer kurzen Einführung der Führungskraft darüber, was sich die Organisation von Zielvereinbarungsgesprächen verspricht. Dann folgt ein

Merkmale von Zielvereinbarungen
Allgemein:
o Beitrag des Mitarbeiters zum Abteilungs- und Firmenerfolg wird deutlich.
o Ziele sind überschaubar, realistisch und erreichbar.
o Ziele geben einen zu erreichenden Zustand vor. Der Mitarbeiter wählt den Weg dorthin aber selbst.
o Über vereinbarte Ziele wird wieder gesprochen. Erreichen und Nichterreichen hat Folgen.
o Führungskraft hält sich an eigene Verpflichtungen.
Einzelzielbezogen:
o Ziel ist formuliert als „erreichtes Ziel".
o Mitarbeiter kann das Ziel eigenständig erreichen.
o Mitarbeiter kann die Zielerreichung selbst überwachen.

Abb. 6.7 Checkliste mit Beurteilungskriterien für Zielvereinbarungen. Quelle: eigene Darstellung

gemeinsamer Rückblick auf die „alten Ziele" und das vergangene Jahr, indem Erfolge und Misserfolge der Zielerreichung gewürdigt und zu einem beiderseitigen Lern-Fazit zusammengefasst werden.
Schließlich erläutert die Führungskraft, wie sich aus den Firmenzielen die Bereichsziele (für die Führungskraft) und daraus wiederum die Stellenziele (für den betroffenen Mitarbeiter) ableiten, und fragt anschließend den Mitarbeiter nach persönlichen Zielen.

Man bespricht gemeinsam, welche Anforderungen wohl künftig an den Arbeitsplatz gestellt werden und welche Arbeitsweisen, Kenntnisse, Einstellungen und Absprachen für eine erfolgreiche Aufgabenerfüllung notwendig sind. Schließlich fasst man gemeinsam konkrete Ziele, Schwerpunkte und Arbeitsprioritäten zusammen, diskutiert vorhersehbare Probleme bzw. erforderliche Rahmenbedingungen, die ebenfalls im Zielvereinbarungsprotokoll festgehalten werden, wie z. B.: Maßstäbe zur Überprüfung der Zielerreichung (Quantität, Qualität, Kosten etc.), Termine für Zwischenüberprüfungen, Zeitspanne bzw. Endtermin, Ressourcen, Kompetenzen, Schulungsbedarf.

Formal könnte die schriftliche Dokumentation der Zielvereinbarung sich an den tarifvertraglichen Vorgaben, wie sie das Beispiel in Abb. 6.8 wiedergibt, orientieren. Wichtig ist, dass beide Parteien die Zielvereinbarung unterschreiben.

Dem Zielvereinbarungsgespräch muss immer ein **Zielerfüllungsgespräch** folgen. Es ist dem Beurteilungsgespräch ähnlich: Die Führungskraft muss darlegen, wie sie welchen Zeilerreichungsgrad ermittelt hat und nach welchen Grundlagen sich die Höhe der Zielerreichungszulage errechnet.

Das Zielerfüllungsgespräch liefert die Basis für das nächste Zielvereinbarungsgespräch.

Beispiel: Zielvereinbarung

Für den Zeitraum vom *01.01.20JJ* bis *31.12.20JJ*
mit (Name): *Karl Mustermann* Funktion: *Einkäufer*

Quantitative Ziele für diesen Zeitraum sind:

Die Verringerung der Lagerbestände

Die max. Zielerreichungszulage für quantitative Ziele beträgt: 30% des Grundentgelts.

Sie wird erreicht wenn: *Der Lagerbestand von 1,5 Mio.€ auf 1,2 Mio.€ durch die Optimierung der Materialbeschaffung verringert wird.*

Wird das vereinbarte Ziel nur teilweise erreicht, ermittelt sich die Zielerreichungszulage lt. Betriebsvereinbarung vom 31.12.20JJ wie folgt:

Zielerreichung:	60%	70%	80%	90%	100%
Zulage:	10%	15%	20%	25%	30%

Qualitative Ziele für diesen Zeitraum sind:

a) Die Verbesserung der Kontakte zu den Lieferanten

b) Die bessere Abstimmung zwischen Disposition und Einkauf

Die qualitativen Ziele werden wie folgt beurteilt:

Ziel:	Das Ziel wurde nicht erreicht	Das Ziel wurde teilweise erreicht	Das Ziel wurde erreicht	Das Ziel wurde übererfüllt
a)	0 Pkt.	5 Pkt.	10 Pkt.	12 Pkt.
b)	0 Pkt.	5 Pkt.	10 Pkt.	12 Pkt.

Die max. Zielerreichungszulage für qualitative Ziele beträgt: 15% des Grundentgelts.

Sie wird bei einem Punktwert von: 20 Pkt. erreicht.

Der Wert eines Beurteilungspunktes beträgt daher: 0,75 % des Grundentgeltes.

Datum: *31.12.20JJ* Unterschriften: *Anton Vorgesetzt*
Karl Mustermann

Abb. 6.8 Beispiel einer Zielvereinbarung nach ERA. Quelle: IG Metall (11/2005)

6.3 Nicht-verbale Führungsinstrumente

Von den Führungsinstrumenten, die „ohne Worte" das Mitarbeiterverhalten beeinflussen, werden im Folgenden Anreizsysteme, Führungsgrundsätze und motivierende Arbeitsumgebung aufgegriffen, da sie von der Führungskraft selbst dann als Führungsinstrument gestaltet werden können, wenn es keine strukturalen Vorgaben durch Führungssubstitute gibt.

6.3.1 Anreizsysteme

Anreizsysteme versuchen, Ziele des Individuums an Ziele der Organisation zu koppeln und dadurch Einfluss auf das Mitarbeiterverhalten zu nehmen. Sie umfassen die Gesamtheit aller einem Individuum bereitgestellten materiellen und immateriellen Anreize, die es intrinsisch oder extrinsisch motivieren (vgl. Abschn. 2.3.2).

Ziele von Anreizsystemen sind (vgl. u. a. Weibler 2016, S. 419):

- **Informationsfunktion**: Anreize drücken aus, welches Verhalten besonders erwünscht ist.
- **Aktivierungsfunktion**: Mitarbeitermotive sollen aktiviert und für die Organisation nutzbar gemacht werden.
- **Steuerungsfunktion**: Zielbezogene Anreize lenken den Handlungsfokus auf das Ziel hin.
- **Veränderungsfunktion**: Durch Änderung der Bezugswerte im Anreizsystem können Veränderungsprozesse unterstützt werden.

Materielle Anreizsysteme entsprechen dem Entgeltsystem eines Unternehmens aus Gehalt und Zulagen bzw. Erfolgsbeteiligungen. Es wird in Zielvereinbarungs- (vgl. Abschn. 6.2.4) und Personalbeurteilungsgesprächen (vgl. Abschn. 6.2.2) kommuniziert und angewendet.

Immaterielle Anreizsysteme umfassen Planungs-, Kommunikations-, Organisations- und Weiterbildungssysteme und die Organisationskultur (vgl. Weibler 2016, S. 419).

Verhaltenswissenschaftlich basieren Anreizsysteme auf dem **behavioristischen Lernverständnis des operanten Konditionierens**. Danach wird das Verhalten von Menschen durch die als positiv oder negativ erlebten Konsequenzen (positive/negative Verstärkung) geprägt.

Die Verstärkung kann kontinuierlich (bei jedem gezeigten Verhalten) oder intermittierend (nach einer bestimmten Häufigkeit = Quotenverstärkung bzw. nach einem bestimmten Zeitabstand = Intervallverstärkung) erfolgen. Die intermittierenden Verstärkungspläne können fixiert sein (es wird z. B. exakt jede 5. Reaktion verstärkt) oder variabel (dabei wird durchschnittlich jede 5. Reaktion verstärkt, was die Gewöhnung verzögert und deshalb oft bessere Effekte erzielt). Verstärkt man jedes gewünschte Verhalten mit einem „Gutschein", der erst später gegen eine Belohnung getauscht wird, spricht man von Token-Konditionierung. Dieses Prinzip wird bei Meilenprogrammen u. ä. angewendet (Abb. 6.9).

Kritisch wird im Zusammenhang mit Anreizsystemen der sog. Korrumpierungseffekt diskutiert: Das ist die Verdrängung von primärer (intrinsischer) Motivation durch sekundäre (extrinsische) Motivation (vgl. Deci et al. 1999).

1991 hat Sprenger mit seinem Buch „Mythos Motivation" die **Sinnhaftigkeit materieller Anreizsysteme** infrage gestellt. Eingängige Thesen wie „Alles Motivieren ist Demotivieren" oder „Boni sind negative Verdachtsstrafen für Nichterfüllung" provozierten

Verstärker		Beispiele: materiell	Beispiele: immateriell
kontinuierlich	jedes erwünschte Verhalten wird verstärkt	Prämien für jedes fehlerlose Produkt, Rabattmarken nach jedem Kauf	Befugnisse, Kompetenzerweiterung, Sonderaufgaben
intermittierend	fixe Intervalle	monatliche Gehaltszahlung mit Zulage	Erwähnung in Monatsbericht, Mitarbeiterzeitung o.ä., Auszeichnungen
	variable Intervalle	Sonderzahlungen, ggf. Zielerreichungsprämien	Kontrolle der Sicherheitseinrichtungen in zeitlich unregelmäßigen Abständen, Incentives
	fixe Quoten	Bonus für zehn abgeschlossene Versicherungsverträge	Stellenbezeichnung, Titel, Visitenkarten, Statussymbole
	variable Quoten	Bonus für außergewöhnliche Leistungen	Teilnahme an Weiterbildungsmaßnahmen (Trainings, Messebesuche), Events, Dienstreisen

Abb. 6.9 Beispiele für Verstärker. Quelle: in Anlehnung an Weibler (2012, S. 278 f.)

die Entwickler von Motivationsprogrammen. Sprengers Alternativen liegen im immateriellen Motivationsbereich: Mitarbeiter fordern und klare Zielvereinbarungen treffen, Machen lassen und Gestaltungsfreiräume eröffnen, Demotivationsgespräche führen (um als Führungskraft zu erkunden, welche **Demotivationsquellen** man beseitigen kann) (a.a.O.).

Hintergrund

Verhindern negative Sanktionen unerwünschtes Verhalten?

Belohnung und Strafe sind alte Erziehungsprinzipien. Man glaubte lange, unerwünschtes Verhalten ließe sich durch Bestrafen „abschalten". Ein Verdienst behavioristischer Forschung ist, die Grenzen dieser Auffassung empirisch ermittelt zu haben. Für ein vertieftes Verständnis sind folgende Grundbegriffe des Reiz-Reaktions-Lernens wichtig:

Verhaltenskontingenz. Kontingenz bezeichnet eine Beziehung vom Typ „Wenn X, dann Y". Besteht eine gleichbleibende, schlüssige Beziehung zwischen Reaktion und Reizbedingungen, erhöht dies die Wahrscheinlichkeit, dass ein Individuum seine Reaktion künftig auf den Reiz ausrichtet.

Verstärker. Bedeutsame Ereignisse, die in kontingenter Beziehung zu einem Verhalten auftreten, werden Verstärker genannt. Ein positiver Verstärker führt zu einem Anstieg der Auftretenswahrscheinlichkeit einer Reaktion (z. B. Sonderzahlung). Als negativen Verstärker bezeichnet man Umstände, die Reaktionen dann wahrscheinlich machen, wenn sie nicht vorhanden sind (z. B. schrilles Geräusch). Deshalb werden negative Verstärker eingesetzt, wenn man Menschen dazu bringen möchte, ein Verhalten zu unterlassen

(Bsp. Pfeifton bei nicht geschlossenem Sicherheitsgurt), und positive, wenn man Verhaltensweisen stabilisieren möchte (Bsp. Rabatte bei sofortigem Vertragsabschluss).

Löschen. Unterbleibt bei einer Reaktion der Verstärkungsreiz, ist also die Kontingenz nicht mehr wirksam, geht die Wahrscheinlichkeit, dass die Reaktion gezeigt wird, wieder zurück. Die konditionierte Reaktion ist gelöscht.

Bestrafung. Bestrafung ist die Verabreichung eines aversiven Reizes nach einer Reaktion. Damit soll die Auftretenswahrscheinlichkeit dieser Reaktion gesenkt werden. Im Erziehungskontext wird häufig die Intensität der Bestrafung so lange erhöht, bis die Unterdrückung der unerwünschten Reaktion erfolgt.

Bei Bestrafung ist das unerwünschte Verhalten nicht gelöscht, sondern nur unterdrückt. Die Nebenwirkungen von Bestrafung sind u. a.:

- Anstieg des Risikos von Gegenaggressionen gegen die strafende Person oder die Institution
- allgemeiner Anstieg der Gewaltbereitschaft bei der bestraften Person (z. B. gegen eigene Kinder)
- verletztes Selbstbild der bestraften Person bis hin zu so starken Angstreaktionen, dass sie verlernt, unerwünschtes Verhalten eigenständig zu kontrollieren.

Aus diesen empirisch erhobenen Erkenntnissen ergibt sich die Empfehlung, Verhalten, wo immer möglich, durch Verstärkung zu steuern. Unerwünschtes Verhalten sollte man – wenn möglich – ignorieren (weil in manchen Konstellationen auch „Aufmerksamkeit durch Schelte" als positive Verstärkung wirken kann), erwünschtes Verhalten belohnen.

In Gefahrensituationen, bei Gewalt- oder Diskriminierungshandlungen ist Ignorieren nicht möglich, sondern schnelles Handeln und Bestrafen notwendig. Damit die Bestrafung (wie z. B. Brüllen, Standpauke, Ausschluss von Veranstaltungen, Abmahnung) möglichst wenig Schaden anrichtet, sollte man auf Folgendes achten:

- Es wird genau erklärt, was bestraft wird und warum.
- Die Bestrafung erfolgt zeitnah und mit geringstmöglicher Intensität.
- Es gibt eine Verhaltensalternative, die nicht zu Bestrafung führen würde.
- Der Strafende verhält sich eindeutig und sendet keine Doppelbotschaften wie z. B. Sympathiebekundungen während oder kurz nach einer Standpauke.
- Strafe wird auf das Verhalten bezogen und nicht auf allgemeine Eigenschaften ausgedehnt, wie z. B. in der Pauschalkritik „Sie sind unfähig".

Quelle: Zimbardo und Gerrig (2008, S. 266 ff.)

6.3.2 Motivierende Arbeitsgestaltung

Eine erwünschte Leistung wird umso eher und zügiger erbracht, je mehr das Umfeld qualitätshaltiges Arbeiten unterstützt.

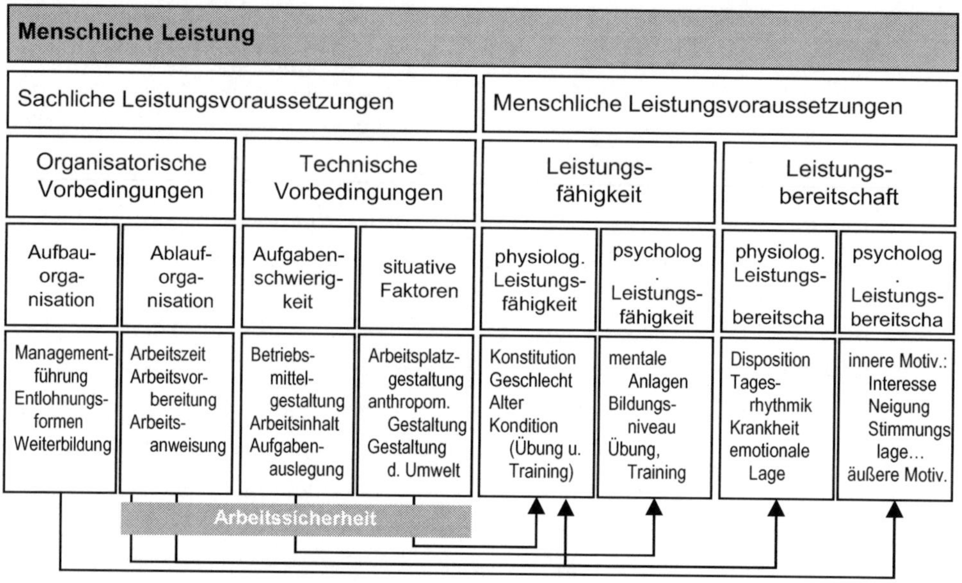

Abb. 6.10 Einflussgrößen menschlicher Arbeitsleistung. Quelle: http://www.lfe.mw.tum.de/lehrstuhl-fachbereich/was-ist-ergonomie/ [2016-04-15]

Die **Ergonomieforschung** untersucht sachliche und menschliche Voraussetzungen guter Arbeitsleistung. Sachliche Voraussetzungen technischer und organisatorischer Art verantwortet der Arbeitgeber (vertreten durch die Führungskraft). Die menschlichen Voraussetzungen bringt der einzelne Arbeitnehmer mit, doch wie die Pfeile in Abb. 6.10 zeigen, ist seine Leistungsfähigkeit und -bereitschaft durch die sachlichen Gegebenheiten beeinflussbar.

Die Stellschrauben motivierender Arbeitsgestaltung liegen also in der Aufbau- und Ablauforganisation, der Aufgabenschwierigkeit und den situativen Faktoren.

Zur Diskussion

Arbeitsgestaltungsoptionen in der Praxis

Beschreiben Sie einen Ihnen bekannten Arbeitsplatz mit Leistungsanforderungen und Leistungsbedingungen. Diskutieren Sie in der Kleingruppe die Möglichkeiten, die die zuständige Führungskraft hätte, durch Gestaltung des Arbeitsumfelds die Leistungsfähigkeit und -bereitschaft des Stelleninhabers zu erhöhen.

Nutzen Sie Abb. 6.10 als Checkliste, ob Sie an alle Möglichkeiten gedacht haben.

6.3.3 Führungsgrundsätze

Führungsgrundsätze sind **selbstverpflichtende Aussagen** zu angestrebtem Führungs- und Kooperationsverhalten. Sie können vom Top-Management systematisch entwickelt und top-down abgestimmt und implementiert sein, aber auch von einer einzelnen Führungskraft für ihren Verantwortungsbereich formuliert werden (Abb. 6.11).

Bosch Siemens Haushaltsgeräte GmbH: Führungsgrundsätze

1. Die BSH bekennt sich zu ihrer gesellschaftlichen Verantwortung und gesetzestreuem Verhalten.

- Machen Sie sich mit den wesentlichen Grundsätzen in der Richtlinie zu Organisations- und Aufsichtspflichten sowie den Business Conduct Guidelines vertraut und sorgen Sie dafür, dass diese in Ihrem Verantwortungsbereich gelebt werden. [...]
- Achten Sie auf die Sicherheit und Gesundheit Ihrer Mitarbeiter am Arbeitsplatz. Ihre Verantwortung in diesem Bereich ist in der Richtlinie zu Arbeits- und Gesundheitsschutz beschrieben.

2. Unsere Führungskräfte vereinbaren mit ihren Mitarbeitern konkrete und herausfordernde Ziele, die aus den Strategien und Zielen des Unternehmens abgeleitet sind.

- Führen Sie mit jedem Ihrer Mitarbeiter jährliche Gespräche nach landesüblichen Standards und vereinbaren Sie individuelle Ziele. Schaffen Sie Rahmenbedingungen, die es Ihren Mitarbeitern ermöglichen, die vereinbarten Ziele zu erreichen.
- Besprechen Sie mit Ihren Mitarbeitern regelmäßig den aktuellen Stand der Zielerreichung.
- Stellen Sie Abweichungen fest, liegt es in Ihrer Verantwortung, gegenzusteuern und entsprechende Maßnahmen zu ergreifen.
- Fördern Sie die Ergebnisorientierung und lassen Sie die Wege offen, wie Ihre Mitarbeiter ihre Ziele erreichen. In der Beurteilung Ihrer Mitarbeiter sollten daher auch die erreichten Ergebnisse im Vordergrund stehen.

3. Alle Führungskräfte stehen in einer besonderen Verantwortung, die am besten geeigneten Mitarbeiter für unser Unternehmen zu gewinnen, sie zu binden und zu fördern.

- Wählen Sie neue Mitarbeiter sorgfältig aus und nutzen Sie dabei die auf Basis des Kompetenzmodells entwickelten Standardinstrumente der Personalauswahl, um die am besten geeigneten Mitarbeiter zu identifizieren.
- Betrauen Sie Ihre Mitarbeiter mit herausfordernden Aufgaben und geben Sie ihnen die Möglichkeit, sich weiterzuentwickeln – auch über den eigenen Bereich hinaus. Die „Spielregeln" hierfür sind in der Stellenbesetzungsrichtlinie der BSH festgehalten. [...]

Identifizieren Sie Mitarbeiter mit weiterführendem Potenzial und fördern Sie sie konsequent in ihrer Entwicklung. Unser weltweites Poolkonzept bietet Ihren Mitarbeitern die Möglichkeit, ihre Stärken noch weiter auszubauen

4. Unsere Führungskräfte leben eine Führungskultur, die von Wertschätzung und Respekt geprägt ist. Sie führen den Dialog mit ihren Mitarbeitern regelmäßig und aktiv und geben notwendige Informationen rechtzeitig weiter.

- Führen Sie regelmäßig Mitarbeitergespräche zur jeweiligen Leistung und Entwicklung. Suchen Sie darüber hinaus den täglichen Dialog mit Ihren Mitarbeitern.
- Nehmen Sie die Mitarbeiterbefragungen ernst. Diskutieren Sie deren Ergebnisse in Ihrem Team und erarbeiten Sie gemeinsam – soweit erforderlich – Verbesserungsmaßnahmen.
- Schaffen Sie in Ihrem Arbeitsumfeld einen positiven Teamgeist und wecken Sie Verständnis für interkulturelle Unterschiede und Vielfältigkeit (Diversity).
- Schaffen Sie eine Führungskultur, in der Ihre Mitarbeiter stärkengerecht eingesetzt und in der Erfüllung ihrer Arbeitsaufgaben unterstützt werden.
- Geben Sie regelmäßig Lob und Anerkennung für gute Leistungen.

5. Nur wer sich selbst führen kann, kann andere glaubwürdig führen.

- Nutzen Sie regelmäßig die Feedbackmöglichkeiten für Führungskräfte und besprechen Sie gemeinsam mit Ihren Mitarbeitern, wie Sie Ihr Führungsverhalten optimieren können. [...]
- Achten Sie – zum langfristigen Erhalt der Arbeitskraft – gleichermaßen auf die Gesundheit Ihrer Mitarbeiter wie auf Ihre eigene.

Abb. 6.11 Ein Beispiel von Führungsgrundsätzen. Quelle: BSH 2010

Führungsgrundsätze beschreiben, wie Führung in einer Organisation gelebt werden soll. Das impliziert in der Regel Annahmen zum Menschenbild (vgl. Abschn. 2.2) sowie zu grundsätzlichen Umgangsformen, z. B. in Fragen der Mitbestimmung oder der Kontrolle und Motivation von Mitarbeitern.

Führungsgrundsätze können sich auf Aussagen zum Führungsverhalten beschränken. In vielen Fällen umfassen sie jedoch das grundsätzliche Miteinander aller Organisationsmitglieder, oft auch hinsichtlich des Verhaltens gegenüber Kunden und Lieferanten.

Organisationsweit gültige Führungsgrundsätze sind meist Teil eines ganzen Führungssystems, das aus Regelsystemen (wie Leitbild, Vision, Führungsgrundsätze), Planungs- und Kontrollsystemen (wie Leistungs- und Zeiterfassung oder Qualifizierungsdatenbanken) und Anreizsystemen (vgl. Abschn. 7.3.1) besteht.

Ziele von Führungsgrundsätzen sind (vgl. Wunderer 2011, S. 391 ff.):

- **Entwicklungsfunktion**: Der Prozess der Formulierung von Führungsgrundsätzen ist eine Entwicklungsmaßnahme für die Führungskräfte einer Organisation: Sie reflektieren dabei Ist und Soll des gewünschten Führungsverhaltens und suchen einen Konsens im gemeinsamen Führungsverständnis.
- **Steuerungsfunktion**: Führungsgrundsätze geben Mitarbeitern und Führungskräften Orientierungslinien für erwünschtes Kooperations- und Leistungsverhalten an die Hand. In dieser Funktion dienen sie der Mitarbeiterführung.
- **Marketingfunktion**: Mit der Veröffentlichung ihrer Führungsgrundsätze stellt sich die Organisation nach außen dar. Damit werden die Führungsgrundsätze ein Instrument des Personalmarketings bzw. der Öffentlichkeitsarbeit.

Die in Abb. 6.12 zusammengestellten Kriterien geben eine Leitlinie für die Entwicklung von Führungsgrundsätzen.

Merkmale von Führungsgrundsätzen
o Werte setzend, prägnant und zukunftsgerichtet
o an das Unternehmensleitbild anknüpfend
o als aktive Ich-, Sie- bzw. Wir-Aussagen formuliert
o glaubwürdig, mit Bezug zur bereits gelebten Realität
o schriftlich fixiert mit Selbstverpflichtungscharakter
o in anderen Instrumenten verankert, z. B. in den Beurteilungskriterien der Auswahl bzw. Leistungsbeurteilung für Führungskräfte

Abb. 6.12 Checkliste mit Beurteilungskriterien für Führungsgrundsätze. Quelle: eigene Erstellung

6.3.4 Performancemanagement und Selbstregulation

In Kap. 5 wurden Führungskonzepte beschrieben, die auf die Selbstorganisation der Mitarbeiter zur Erzielung des Unternehmenserfolgs setzen. Dazu gehören z. B. das Konzept strukturaler Führung mit Führungssubstituten, das Super und Self Leadership, der Ansatz des Shared Leadership oder die systemische Führung. Bei diesen Konzepten stellt sich die Frage, wie ohne spezifische, persönliche Lenkungseingriffe zielgerichtete Arbeitserfolge (**Performance**) erzielt werden.

Um das Verhalten von Mitarbeitern in diesem Sinne zu lenken, bedarf es Rahmenbedingungen, die einseiters Grenzen setzen, andererseits aber ausreichend Raum für selbstorganisiertes Handeln zulassen.

Folgende Führungsinstrumente können zur Realisierung eines solchen regulierenden Rahmengefüges ausgestaltet bzw. genutzt werden:

- **Unternehmenskultur**: Wie in Kap. 3.3 ausgeführt ist die bewusste Kommunikation über Leitbild, Werte und Symbolsystem des Unternehmens wichtige Voraussetzung für ein systemkonformes und nutzbringendes Handeln von Führungskräften und Mitarbeitern. In dem Maße, wie darüber gesprochen wird, verstehen sich Führungskräfte und Mitarbeiter als gleichberechtigte Partner und arbeiten partnerschaftlich zusammen.
- **Anreizsysteme**: Auch die unter 6.3.1 beschriebenen Anreizsysteme steuern in hohem Maß das Verhalten der Mitarbeiter, ohne dieses aber in jeder Detailentscheidung zu determinieren.
- **Demokratische Partizipationsmöglichkeiten**: Institutionell verankerte Mitwirkungsoptionen für die Mitarbeiter bieten diesen Möglichkeiten, sich bei Entscheidungen einzubringen und gemeinsame Lösungskonzepte zu entwickeln. Im Kontext gemeinsamer Werte und motivierender Anreize können dadurch Prozesse der Selbstorganisation positiv genutzt werden. Instrumente institutionalisierter Demokratie in Unternehmen sind z. B. der Betriebsrat, Qualitätszirkel, kontinuierliche Verbesserungsprozesse, partnerschaftlich geführte Teamsitzungen, Scrum-Projektmanagement usw.
- **Organisationsstruktur**: Flache Hierachien gewährleisten flexible und schnelle Informationswege. Entscheidungskompetenzen müssen großzügig verteilt sein, damit Mitarbeiter sich zu den gewünschten kritisch und selbstverantwortlich mitdenkenden Intrapreneuren entwickeln, die in einem dynamischen und komplexen Wettbewerb benötigt werden.
- **Ziele statt Aufgaben**: Ein wichtiges Führungsinstrument für die Übertragung einer Aufgabe ist die Delegation, wie sie in Abschn. 6.1.4 definiert und beschrieben wurde: Die vollständige Übergabe der Verantwortung für die Zielerreichung, der Mitarbeiter kann über den Weg entscheiden und erhält dafür auch die entsprechenden Entscheidungsbefugnisse. Unerlässlich sind auch Zielvereinbarungs- und -erreichungsgespräche sowie Personalentwicklungsgespräche (vgl. Abschn. 6.2.3 und 6.2.4) Das damit verbundende Feedback ist ein wesentliches Regulativ.

- **Team-Diversität und -Homogenität**: Es gibt Hinwiese darauf, dass Arbeitsgruppen, die sich aus Mitgliedern verschiedener Ethnien zusammensetzen, positive Selbststeuerungsprozesse realisieren können. Weiter deutet sich an, dass ein geringer Altersdurchschnitt und ein hoher Frauenanteil ebenfalls positiv auf die Selbststeuerung einwirken (vgl. dazu Abschn. 5.5.5).

6.4 Prozess-orientierte Führungsinstrumente

Zu den Prozess-orientierten Instrumenten, die mehrere zeitversetzte Interaktionen umfassen, zählen Moderation, Coaching und Mediation.

6.4.1 Moderation

Moderation in der Führungspraxis ist nicht zu verwechseln mit Moderation in den Medien. Während ein Moderator im Fernsehprogramm durch die Sendung führt, geht es bei der Moderation als Prozess-orientiertes Führungsinstrument darum, die Kommunikation in Arbeitsgruppen zu steuern (vgl. Mentzel et al. 2014, S. 103 ff.). Durch die Strukturierung des gemeinsamen Vorgehens entlang eines Prozesses sollen Teams oder Arbeitsgruppen besser und schneller zu Ergebnissen kommen, etwa um Ideen zu generieren, Inhalte zu bewerten oder um Entscheidungen zu treffen. Gemäß der ursprünglichen lateinischen Bedeutung des Begriffes Moderation sollen ein **Moderator** bzw. die eingesetzten **Moderationstechniken** dabei mäßigend und ausgleichend wirken. Insbesondere werden dominante und redegewandte Personen etwas gebremst, zurückhaltende Personen hingegen aktiviert, um letztlich ungeachtet der Intro- oder Intra- Extrovertiertheit von Teilnehmern fachlich optimale Lösungen hervorzubringen. Ein Moderator ist somit ein Methodenspezialist, der für die Strukturierung, den Ablauf und die Dokumentation einer Sitzung zuständig ist, während die Inhalte von den Teilnehmern der Moderation eingebracht werden. Eingesetzt werden Moderationstechniken vor allem für Workshops, etwa zur Ideenfindung, Konfliktbeilegung oder Ausgestaltung, Bewertung und Festlegung von Strategien.

Weil ein Moderator in seiner Rolle als Methoden- und nicht als Fachspezialist agiert, eignen sich Führungskräfte nicht in jedem Fall als Moderator. Wenn z. B. eine Führungskraft klare Vorstellungen von einer angestrebten Lösung oder Strategie hat und diese über einen moderierten Workshop legitimieren will, ist die Methode unangebracht. Die im Verlauf einer Moderation entstehende Gruppendynamik führt i. d. R. dazu, dass die Arbeitsgruppe zu anderen Erkenntnissen als die Führungskraft kommt. Wenn die Workshopergebnisse letztlich aber nicht umgesetzt oder gar verworfen werden, sind Frustration und Demotivation der Teilnehmer vorprogrammiert. Insofern ist Moderation nur in den Fällen einzusetzen, bei denen die Lösung bzw. das Ergebnis offen ist und prinzipiell demokratisch erarbeitet werden soll. An die Ergebnisse sollte sich auch eine Führungskraft gebunden fühlen.

Ein weiteres Verständnis von Moderation, das sich vom Einsatz der eben benannten Moderationstechniken abhebt, ist das Begleiten und Unterstützen von Teilnehmern einer Besprechung (vgl. Oppermann-Weber 2004, S. 99). Ein **Besprechungsleiter** als Moderator hat hierbei die Aufgabe, auf die Einhaltung der Tagesordnung, die Zusammenfassung von Zwischenergebnissen und die Dokumentation von Beschlüssen zu achten und ggf. in einem Protokoll festzuhalten.

Praxis

„Machen Sie heute mal die Moderation."

Ahnungslos betritt man als Teilnehmer den Konferenzraum, und dann heißt es plötzlich vom Einladenden: „Gut, dass Sie da sind. Machen Sie heute mal die Moderation."

Wenn man um die Aufgabe und Verantwortung eines Moderators weiß, ist klar, dass es unsinnig ist, jemanden urplötzlich zum Moderator zu ernennen.

Sind Sie selbst der Einladende zu einer Besprechung, fragen Sie sich rechtzeitig, ob Sie moderieren oder jemand anders den geplanten Termin moderieren soll. Soll jemand anderes moderieren, müssen Sie sich mit ihm zu einem Vorbereitungsgespräch treffen und dabei folgende Rollenverteilung klären:

Der Einladende bestimmt:

- die Inhalte der Veranstaltung
- die zu erreichenden Ziele
- die einzuladenden Teilnehmer

Der Moderator bestimmt:

- den Verlauf der Veranstaltung
- die einzusetzenden Techniken und Methoden.

Wenn Sie unvorbereitet unmittelbar vor einer Sitzung um die Moderation gebeten werden, sagen Sie höflich ab: „Danke, dass Sie mir eine Moderation zutrauen. Ich kann das auch und möchte mich deshalb professionell vorbereiten. Gibt es noch die Zeit für eine Vorbesprechung zu Ihren Zielen und Themen unter vier Augen? Und können Sie mir anschließend ein paar Minuten Zeit zum Strukturieren des Vorgehens geben?"

Klären Sie mit Ihrem Auftraggeber Thema, Ziele und Gesamtzusammenhang ab. Zu Letzterem zählt der Zeitrahmen, welche Vorkenntnisse die Teilnehmer haben, wofür die Ergebnisse verwendet werden, welche Einwände möglicherweise zu erwarten sind. Dann können Sie sich methodisch auf die Moderation vorbereiten:

- Wie soll auf das Thema hingeführt werden? (Vortrag, Demo usw.)
- Durch welche Methoden und Techniken (Kartenabfrage, Brainstorming am Flipchart, Gruppenaufgaben usw.) sollen die Ergebnisse erreicht werden?
- Welche Unterlagen und Materialien müssen vorbereitet vorliegen?

- Kennen die Teilnehmer die „Spielregeln" einer Moderation? (Arbeitsweisen und Erwartungen an die Teilnehmer, Rollenverteilung zwischen Einladendem und Moderator, Diskussionsregeln, erwünschtes/unerwünschtes Verhalten)
- Wie werden die Ergebnisse gesichert? (Protokollant, Fotoprotokoll)

Quelle: Kellner (1995, S. 93 ff.)

Auch in diesem Fall wirkt der Moderator mäßigend und ausgleichend auf die Besprechungsteilnehmer ein, wenngleich hierbei keine speziellen Techniken zum Einsatz kommen müssen. Ein Besprechungsleiter, der eine Sitzung moderiert, sollte „ruhigere" Personen gezielt ansprechen, um sie zu aktivieren, und „aktivere" Teilnehmer ab und an implizit oder explizit dazu anhalten, sich etwas zurückzunehmen. Die weiter oben im Zusammenhang mit den Monolog- und Dialog-orientierten Führungsinstrumenten aufgezeigten Aspekte der Gesprächsführung können hier wirkungsvoll Anwendung finden.

6.4.2 Coaching

Coaching ist ein im Führungszusammenhang inzwischen äußerst vielfältig verwendeter Begriff. Im ursprünglichen Wortsinne war „Coach" die Kutsche, bzw. später „der Kutscher" (vgl. Rauen 1999, S. 20 f.). Nachdem es die Aufgabe des Kutschers war, Pferde zu lenken und zu betreuen, wurde „Coaching" als leitende und betreuende Aufgabe auf andere Bereiche übertragen. Ausgehend von der Verwendung des Begriffes im Hochleistungssport, bei dem Sportler nicht nur körperlich, sondern auch durch mentale Vorbereitung zu weiteren Erfolgen geführt werden sollen, etablierte sich Coaching (neben dem Einsatz in anderen Bereichen wie Psychotherapie oder Consulting) als Instrument der Mitarbeiterführung bzw. als Personalentwicklungsmaßnahme.

Die Einsatzgebiete des Coachings im Rahmen der Mitarbeiterführung sind vielfältig, beispielsweise sind zu nennen Selbst-Coaching, Projekt-Coaching, Business-Coaching, Team-Coaching oder Mitarbeitercoaching. Allen Arten gemeinsam ist, dass ein **Coach** (derjenige der coacht) einen **Coachee** (derjenige der gecoacht wird) darin unterstützt, Ziele zu finden und zu erreichen. Ein Coach wird dabei i. d. R. methodische und fachliche Anregungen geben oder auch Ressourcen beschaffen. Für den Erfolg des Coaching-Prozesses ist er allerdings nur bedingt verantwortlich, schließlich ist es Aufgabe des Coachees, den aufgezeigten Weg auch zu beschreiten. Das dem Coachingbegriff zugrunde liegende Bild des Kutschers ist hierbei unmittelbar einsichtig: Während der Kutscher (Coach) die Pferde lenkt und ggf. antreibt (methodisch-fachlicher Input) und für Nahrung und Ruhepausen (Ressourcen) sorgt, muss der Weg zum Ziel (angestrebte Leistung) von den Pferden (Coachees) zurückgelegt werden.

Mit diesem grundlegenden Verständnis ist auch der Führungsstil des Coachings zu betrachten (vgl. hierzu Rauen 2004, S. 140 f.). Ein Vorgesetzter fungiert dabei als Coach seiner

Mitarbeiter, die entwicklungsorientiert geführt werden. Insbesondere in hoch qualifizierten Aufgabengebieten oder bei heterogenen Teams und Abteilungen ist ein Coaching-Stil angemessen. Mitarbeiter werden hierbei ihre Aufgaben selbstständig und eigenverantwortlich übernehmen, bis sie an ihre persönlichen Grenzen stoßen. Die Führungskraft unterstützt Mitarbeiter dann nicht als oberster Problemlöser, sondern als methodisch-fachlicher Förderer und sorgt somit dafür, dass Mitarbeiter selbst besser werden. Die Ergebnisverantwortung liegt damit weiterhin beim Mitarbeiter (als Coachee). Anstatt den Mitarbeitern im (drohenden) Fall des Scheiterns das Problem abzunehmen, werden sie also mit zusätzlichen oder anderen (mentalen) Ressourcen ausgestattet, um ihre Aufgaben weiter bearbeiten zu können. Neben der Entlastung der Hierarchie im Unternehmen wirkt sich dies i. d. R. auch positiv auf die Motivation der Mitarbeiter aus.

6.4.3 Mediation

Mediation an sich ist in das Gebiet des Konfliktmanagements einzuordnen. Die Methode wird zunehmend bei Rechtsstreitigkeiten eingesetzt, da sich das Verfahren in vielen Fällen als schnell und im Erfolgsfall als kostengünstig bewährt hat. Im Rahmen der Wirtschaftsmediation kann die sogenannte innerbetriebliche Mediation auch als Führungsinstrument eingesetzt werden, um Konflikte mit oder zwischen Mitarbeitern zu lösen.

Mediation gehört zu den Konfliktlösungsansätzen, die sich einer neutralen Instanz bedienen. Das Besondere daran ist allerdings, dass die Konfliktparteien dadurch nicht von der Verantwortung für die Lösung entbunden werden. Ausgangspunkt ist das Verhandlungsdilemma (vgl. hierzu Duve et al. 2011, S. 59 ff.). In Analogie zum viel zitierten Gefangenendilemma besteht das Verhandlungsdilemma darin, dass man zwar zu Zugeständnissen oder zumindest zu mehr Offenheit bereit wäre, sobald man dies jedoch tut, besteht die Gefahr, dass der Gegner dies ausnutzt. Das Verhandlungsdilemma bietet demnach die folgenden Szenarien:

- Machen **beide Seiten Zugeständnisse**, bewegen sich alle auf einen Kompromiss oder sogar Konsens hin, verbessert das die Situation für beide.
- Macht nur **eine Seite Zugeständnisse**, so besteht die Gefahr der Ausnutzung durch den Gegner mit dem Ergebnis, dass man selbst zum Wohle des anderen schlechter dasteht.
- Macht **keine Seite Zugeständnisse** stehen beide Parteien (nach wie vor) schlecht da, weil Ziele nicht erreicht werden und die Konfliktsituation zu eskalieren droht.

Die dominante Strategie ist daher für jeden einzelnen, sich aus Angst der einseitigen Verschlechterung nicht zu öffnen und keine Zugeständnisse zu machen, mit dem Effekt, dass die Verhandlung nicht vorankommt und sich der Konflikt verschärft. Wie auch im Gefangenendilemma liegt der Schlüssel zur Lösung des Problems in der Kommunikation zwischen beiden Seiten bzw. in der Information über die jeweils andere Seite.

Mithilfe des Verfahrens der Mediation kann dieser Informations- und Kommunikationsprozess in Gang gesetzt werden.

„Von Mediation im engeren Sinne spricht man, wenn ein neutraler Dritter mit entsprechendem Know-how ohne Entscheidungsabsicht die Konfliktparteien professionell dabei unterstützt, neue Lösungen zu entwickeln." (Hertel 2013, S. 20). Gemäß dieser Definition skizziert das ALPHA-Modell die entsprechenden Mediationsphasen (vgl. a.a.O., S. 42 ff.):

- **A – Auftragsklärung**: Zunächst gilt es zu klären, welcher Konflikt bearbeitet werden soll. Je nach Situation und Größenordnung müssen die Beteiligten kontaktiert und ein Ziel für die Mediation definiert werden.
- **L – Liste der Themen**: Die Liste der Themen bezeichnet die Mediationsphase, in der die Sach- und evtl. auch Rechtslage aufgearbeitet werden muss.
- **P – Positionen und Interessen**: Entsprechend dem Harvard-Konzept (vgl. Abschn. 4.4.4) müssen Positionen und Interessen getrennt voneinander erfasst werden.
- **H – Heureka**: Der (griechische) „Schlachtruf der Erfinder" bedeutet „Ich habe es gefunden". In dieser Mediationsphase sollen damit die Suche und das Finden von Konfliktlösungen bezeichnet werden.
- **A – Abschlussvereinbarung**: Lösungsideen müssen in der letzten Mediationsphase in genaue und verbindliche Regelungen überführt werden, an die sich die (ehemaligen) Konfliktgegner dann auch halten müssen.

Die ALPHA-Struktur kann neben der Bearbeitung von Konflikten auch generell zur Lösung von Problemen oder zur Entscheidungsfindung herangezogen werden. Denkbar wäre dies beispielsweise in einer Besprechung, bei der es neue Ansätze zu entwickeln gilt, oder wenn zwischen zwei sich widersprechenden Strategien zu entscheiden ist (weitere Beispiele für Mediationstechniken vgl. Proksch 2014).

6.5 Zusammenfassung

Führungsinstrumente dienen Führungskräften dazu, das Mitarbeiterverhalten zielgerichtet zu beeinflussen. Monolog-orientierte Führungsinstrumente gehen von der Führungskraft aus und sind dazu geeignet, die Wünsche, Vorstellungen, Aufgaben etc. der Vorgesetzten an Mitarbeiter zu übermitteln. Dialog-orientierte Instrumente dienen dem ziel- und ergebnisorientierten Austausch von Führungskraft und Mitarbeiter. Nicht-verbale Instrumente sind häufig strukturell angelegt und damit gleichzeitig auch Führungssubstitute. Anreizsysteme z. B. sind Führungssubstitute, die instrumentell eingesetzt werden können, um Mitarbeiterverhalten zielgerichtet zu beeinflussen. Prozessuale Instrumente sind methodenorientierte Verfahren, die allerdings nicht strukturell angelegt sind, sondern situativ zum Einsatz kommen.

6.6 Kontrollaufgaben

Aufgabe 6.1 Markieren Sie, ob die folgenden Aussagen richtig oder falsch sind!

Feedback ist ein Dialog-orientiertes Führungsinstrument. Richtig ☐ Falsch ☐

Ein Personalbeurteilungsgespräch ist nur notwendig, wenn bei Mitarbeitern auf Basis von Zielvereinbarungen der Zielerreichungsgrad festgestellt werden muss. Richtig ☐ Falsch ☐

Die in der Prüfungsordnung verankerte Aussicht, dass man bei einem erkannten Täuschungsversuch in einer Klausur durchfällt, ist ein negativer Verstärker des Verhaltens „Schummeln". Richtig ☐ Falsch ☐

Aufgabe 6.2 Erklären Sie, in welchen Fällen Moderation ein geeignetes Führungsinstrument ist, in welchen Fällen nicht.

Aufgabe 6.3 Was ist der Unterschied zwischen Moderation und Mediation?

Literatur

Böddecker, W. (2008). Zielvereinbarungen und Zielentgelt nach ERA. In Eyer, E. (Hrsg.), *ERA erfolgreich einführen*. Düsseldorf. http://www.symposion.de/kapitel04820101_WERK0001790.html@fi4bc1b1f1c7c542b1cab732262840cfb9. Zugegriffen am 15.04.2016

Birri, R. (2013). *Human Capital Management: Ein praxiserprobter Ansatz für ein strategisches Talent Management* (2. Aufl.). Wiesbaden.

Breisig, T. (2014). *Entwicklung von Führungskräften; Betriebs- und Dienstvereinbarungen, Analyse und Handlunsgempfehlungen*. Frankfurt.

Busold, M. (Hrsg.). (2013). *War for Talents: Erfolgsfaktoren im Kampf um die Besten*. Düsseldorf.

BSH Bosch Siemens Hausgeräte GmbH. (2010). Unsere Führungsgrundsätze. http://bsh-group.de/documents/de_7510_hr_fuehrungsgrundsaetze.pdf.

Deci, E. L., Koestner, R., & Ryan, R. M. (1999). A meta-analytic review of experiments examining the effects of extrinsic rewards on intrinsic motivation. *Psychological Bulletin, 125*(6), 627–668.

DGUV (Deutsche Gesetzliche Unfallversicherung, Spitzenverband) DGUV Vorschrift 1. Unfallverhütungsvorschrift. Grundsätze der Prävention. (Muster-UVV) Oktober 2013. http://publikationen.dguv.de/dguv/pdf/10002/1.pdf. Zugegriffen am 15.04.2016.

Duve, C., Eidenmüller, H., & Hacke, A. (2011). *Mediation in der Wirtschaft. Wege zum professionellen Konfliktmanagement* (2. Aufl.). Köln.

Eyer, E., & Haussmann, T. (2014). *Zielvereinbarung und variable Vergütung: Ein praktischer Leitfaden – nicht nur für Führungskräfte* (6. Aufl.). Wiesbaden.

Hertel, A. von. (2013). *Professionelle Konfliktlösung. Führen mit Mediationskompetenz* (3. Aufl.). Frankfurt.

IG Metall. (2005). Bezirksleitung Frankfurt: Das neue Entgelt kommt! Regelungen zum Zeitentgelt. In Gute Arbeit. Neue AERA! Arbeitsblätter zur ERA-Umsetzung in der Metall- und Elektroindustrie 9/2005.

IG Metall. (2006). *Bezirk Niedersachen und Sachsen-Anhalt: ERa-Arbeitshilfe Nr. 3 für Vertrauensleute und Betriebsräte*. Hannover.

Entgeltrahmen-Tarifvertrag (ERA-TV) vom 16. September 2003. www2.igmetall.de/homepages/era-wissen/…/m-tv-era-tv-2003-09-16.pdf. Zugegriffen am 15.04.2016.

Kellner, H. (1995). *Konferenzen, Sitzungen, Workshops effizient gestalten.* München.

Lindner-Lohmann, D., Lohmann, F., & Schirmer, U. (2016). *Personalmanagement* (3. Aufl.). Heidelberg.

Luft, J., & Ingham, H. (1955). The Johari window, a graphic model of interpersonal awareness. Proceedings of the western training laboratory in group development. Los Angeles: University of California, Los Angeles.

Meifert, M. T. (Hrsg.). (2010). *Strategische Personalentwicklung: Ein Programm in acht Etappen* (2. Aufl.). Heidelberg.

Mentzel, W., Grotzfeld, S., & Haub, C. (2014). *Mitarbeitergespräche erfolgreich führen, inkl. Arbeitshilfen online: Einzelgespräche, Meetings, Zielvereinbarungen und Mitarbeiterbeurteilungen* (11. Aufl.). Freiburg.

Olfert, K. (2010). *Personalwirtschaft* (14. Aufl.). Ludwigshafen.

Oppermann-Weber, U. (2004). *Handbuch Führungspraxis. Führung, Führungskräfte, Führungskompetenzen; Organisation der Bereiche der Mitarbeiterführung; Zielvereinbarungen, Motivationen und Delegation.* Berlin.

Proksch, S. (2014). *Konflkiktmanagement im Unternehmen. Mediation und andere Methoden für Konflikt- und Kooperationsmanagement am Arbeitsplatz* (2. Aufl.). Berlin/Heidelberg.

Rauen, C. (2008). *Coaching.* Göttingen.

Rauen, C. (2004). Coaching. In Schreyögg & Werder (Hrsg.), *Handwörterbuch Unternehmensführung und Organisation, Enzyklopädie der Betriebswirtschaftslehre, 2004* (S. 137–152).

Weibler, J. (2012). *Personalführung* (2., komplett überarbeitete und erweiterte Aufl.). München.

Weibler, J. (2016). *Personalführung* (3., komplett überarbeitete und erweiterte Aufl.). München.

Wunderer, R. (2011). *Führung und Zusammenarbeit. Eine unternehmerische Führungslehre* (9., neu bearbeitete Aufl.). Köln.

Zimbardo, Ph. G., & Gerrig, R. J. (2008). *Psychologie* (18. Aufl.). München.

Soziale Verantwortung der Führungskraft 7

Lernziele

Dieses Kapitel vermittelt

- welche rechtlichen Vorschriften in Bezug auf den sozialen Umgang im Betrieb zu beachten sind,
- was unter der Fürsorgepflicht von Führungskräften zu verstehen ist,
- welche Verantwortung sich aus dem Gleichbehandlungsgesetz ergibt,
- wie Führungskräfte für die Beschäftigungsfähigkeit von sich selbst und ihren Mitarbeitern sorgen können,
- welchen Beitrag Führungskräfte zur Gesunderhaltung ihrer Mitarbeiter leisten können und
- wie man an der Work-Life-Balance arbeiten kann.

Führung muss sich im Kontext gesetzlicher, gesellschaftlicher und unternehmerischer Anforderungen legitimieren. Führungskräfte haben nicht nur Weisungsbefugnisse, sondern auch Erfolgsverantwortung gegenüber dem Unternehmen und Fürsorgeverantwortung gegenüber den Beschäftigten. Die **Fürsorgepflicht** umfasst den Erhalt der qualifikatorischen, physischen und psychischen Beschäftigungsfähigkeit, sowohl für sich selbst als auch für ihre Mitarbeiter sowie die Sicherstellung der fairen und wertschätzenden Gleichbehandlung aller Mitarbeiter.

7.1 Sicherheit und Gesundheit

Mitarbeiter erbringen ihre Arbeitsleistung im Zusammenspiel mit anderen Menschen und mit Maschinen. Dies beinhaltet per se die Gefahr von Unfällen und Verletzungen. Aus dem Arbeitsverhältnis ergeben sich für den Arbeitgeber vor diesem Hintergrund weitergehende

U. Schirmer, S. Woydt, *Mitarbeiterführung*, BA KOMPAKT,
DOI 10.1007/978-3-662-47915-5_7

Nebenpflichten, hier die Fürsorgepflicht, die der Gestaltung humaner Arbeitsplätze und damit dem Schutz der Mitarbeiter dient (vgl. im Folgenden Straub 2012, S. 890 ff.).

7.1.1 Fürsorgepflicht

Unterschieden werden kann zwischen der allgemeinen Fürsorgepflicht, die in § 618 Abs. 1 BGB als Generalklausel geregelt ist, und der speziellen Fürsorgepflicht, die in den einschlägigen öffentlich-rechtlichen Arbeitsschutzvorschriften formuliert ist und oftmals bußgeldbewehrt ist.

Die **allgemeine Fürsorgepflicht** verlangt vom Arbeitgeber, dass er Räume, Vorrichtungen, Gerätschaften so einzurichten hat, dass das Leben und die Gesundheit der Arbeitnehmer soweit geschützt sind, wie es nach der Natur der Arbeit möglich ist. Die Fürsorgepflicht kann der Arbeitgeber ebenso wie das Weisungsrecht auf seine Führungskräfte in deren Funktion des Erfüllungsgehilfen delegieren. Zur allgemeinen Fürsorgepflicht gehört auch, dass die Führungskräfte dafür sorgen, dass das Eigentum der Arbeitnehmer, wie z. B. Armbanduhren, Arbeitskleidung usw. unversehrt bleibt (vgl. Kreitner 2012, S. 1311). Darüber hinaus ist die Führungskraft auch dafür verantwortlich, dass Lohnsteuer und Sozialversicherungsbeiträge ordnungsgemäß an die zuständigen Stellen abgeführt werden und dass sie ihre Mitarbeiter ausreichend informiert. So z. B. über betrieblich gewährte Vergünstigungen oder die Voraussetzungen zur Inanspruchnahme von vermögenswirksamen Leistungen.

Im Rahmen der **speziellen Fürsorgepflicht** müssen die Führungskräfte dafür sorgen, dass die Vorgaben der sozialen und technischen Arbeitsschutzvorschriften eingehalten werden.

Die Umsetzung der Fürsorgepflicht können die Führungskräfte durch eine arbeitsschutzbezogene Gestaltung der Arbeitsplätze erreichen (vgl. Berthel und Becker 2013, S. 539 ff.). Dazu gehört neben der Absicherung technischer Anlagen auch die Einhaltung des sozialen Arbeitsschutzes, wie z. B. das Beachten der täglichen Höchstarbeitszeiten oder notwendiger Ruhepausen. Weiterhin tragen eine bewusste ergonomische und physologische Gestaltung der Arbeitsbedingungen sowie eine Reduktion der Belastungen durch Umgebungseinflüsse dazu bei, die Fürsorgepflicht umzusetzen.

7.1.2 Work-Life-Balance

Work-Life-Balance wird oft mit „Vereinbarkeit von Familie und Beruf" übersetzt. In diesem Sinne sind Betriebsprogramme gemeint, die durch Teilzeitmöglichkeiten, flexible Arbeitszeiten oder Arbeitsplätze (z. B. die Möglichkeit, auch zu Hause zu arbeiten), Betreuungsangebote etc. Mitarbeitern das Arbeiten erleichtern wollen. Hauptzielgruppe dieser Programme sind in der Praxis (und deren Vermarktung) in erster Linie Mütter. Doch die Theorie bezieht auch Väter, Kinderlose und Singles in die Programme ein, denn Work-Life-Balance bedeutet: Jedem zu ermöglichen, ein ausgewogenes Leben zwischen Arbeit und Freizeit, sozialem und beruflichem Engagement zu führen.

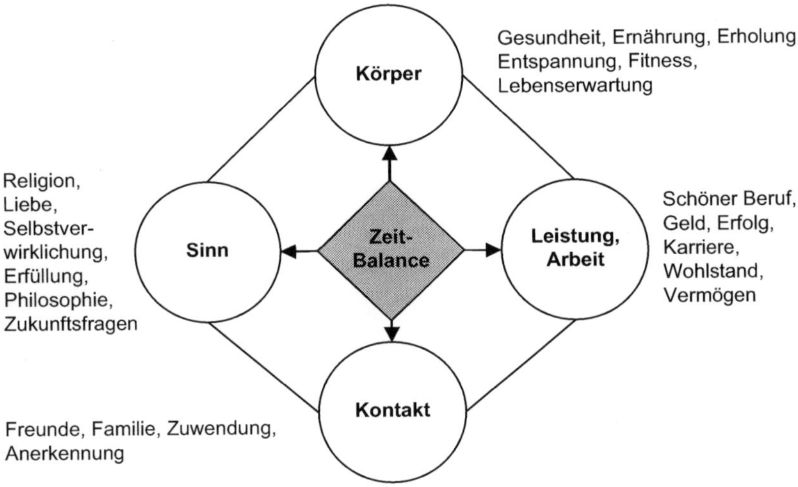

Abb. 7.1 Work-Life-Balance-Modell. Quelle: vgl. Seiwert und Tracy (2001, S. 29)

Zur Gestaltung der eigenen Work-Life-Balance gibt es einige Ratgeber-Literatur, die Anleitung zur persönlichen Lebensplanung geben (z. B. Cassens 2003; Seiwert 2011; Demann 2014; Seeger 2014).

Welche Elemente zur Work-Life-Balance gezählt werden, zeigt beispielhaft Abb. 7.1. Die einzelnen Lebensbereiche sind eng miteinander verknüpft und ihre Priorisierung wandelt sich im Lebensverlauf.

Manche Entscheidungen, die eine Führungskraft im Kontakt mit ihren Mitarbeitern treffen muss, haben mit der Work-Life-Balance zu tun. Sei es beispielsweise, dass Arbeitszeiten mit möglichen Kinderbetreuungszeiten in Einklang gebracht werden müssen, oder dass zu entscheiden ist, ob einem Mitarbeiter ein unbezahlter Urlaub (z. B. für ein „Sabbatical") gewährt werden kann.

Die wirtschaftliche Begründung dafür, dass Firmen auf die Work-Life-Balance ihrer Beschäftigten Rücksicht nehmen sollten, ist: Krankheits- und Demotivationskosten zu senken und ein attraktiver Arbeitgeber für attraktive (weil vielfältig interessierte, qualifizierte und engagierte) Mitarbeiter zu sein.

7.1.3 Burnout-Prävention

1974 beschrieb der Psychoanalytiker Herbert J. Freudenberger im „Journal of Social Issues" anhand von Beobachtungen an sich selbst und anderen, wie aus aufopferungsvollen, pflichtbewussten und engagierten Mitarbeitern in helfenden Berufen (Ärzte, Pflegeberufe, Rettungsdienstpersonal, Lehrer, Sozialarbeiter, Erzieher) leicht reizbare und ihren Klienten gegenüber zynische Mitarbeiter wurden. Er nannte dies „Staff Burnout", das „Ausbrennen von Mitarbeitern". Lange war das Burnout-Syndrom den helfenden

Berufen gewissermaßen vorbehalten, bis prominente Beispiele die Aufmerksamkeit dafür schulten, dass das Syndrom jeden Beruf treffen kann. So beendete der Skispringer Sven Hannawald deswegen 2004 seine Karriere, der Rapper Eminem sagte 2005 aus gleichem Grund eine Tournee ab, Fußballtrainer Ottmar Hitzfeld und die Fernsehköche Tim Mälzer und Johann Lafer begründeten damit jeweils eine Auszeit.

Burnout ist für die Betroffenen mit belastenden, oft rätselhaften Symptomen verbunden: Schlaflosigkeit, körperliche und emotionale Erschöpfung, anhaltende physische und psychische Leistungs- und Antriebsschwäche, sowie der Verlust der Fähigkeit, sich zu erholen (zur näheren Beschreibung von Burnout-Symptomen vgl. z. B. Schaufeli und Enzmann 1998; Burisch 2014).

Burnout entsteht über längere Zeit mit zunehmender Schwere. Burisch (2014), dessen Phasen-Modell in Abb. 7.2 beispielhaft aufgeführt wird, sagt: „Wer ausbrennt, muss wahrscheinlich einmal gebrannt haben." So gelten besonders engagierte Mitarbeiter als besonders anfällig für Burnout.

Etwa neun Millionen Menschen sollen in Deutschland an Burnout-Symptomen leiden, das ist mehr als jeder Zehnte. Die Weltgesundheitsorganisation WHO hat errechnet, dass ein Burnout-Fall im Schnitt 30,4 Krankheitstage pro Jahr mit sich bringt. Eine Studie der Betriebskrankenkassen ermittelte 2009 **Ausfallkosten** von 6,3 Milliarden €/Jahr, die jeweils hälftig für die Behandlung und für den Schaden durch den Produktionsausfall entstehen (vgl. Der Spiegel 24.01.2012).

Für Arbeitgeber ist Burnout in mehrfacher Hinsicht ein Kostenrisiko: Es führt nicht nur zu Krankschreibung, Arbeitsunfähigkeit oder Frühverrentung und belastet dadurch Arbeitsroutinen und Kollegen, sondern kann auch bei Anwesenheit Fehlleistungen oder Fehleinschätzungen bei wichtigen Entscheidungen zur Folge haben. Zudem kann die mit dem Burnout einhergehende zynische, abweisende Grundstimmung gegenüber Kollegen, Klienten und der eigenen Arbeit schädlich für das Betriebsklima sein und nicht nur demotivierend, sondern auch ansteckend sein. Arbeitsbedingungen zu schaffen, die Burnout

1. Begeisterung und Idealismus für die Arbeit verbunden mit Hyperaktivität und dem Gefühl der Unentbehrlichkeit
2. Reduktion des Arbeitsengagements verbunden mit dem Verlust von Kontakten, positiven Gefühlen und Empathie
3. Emotionale Reaktionen verbunden mit der Suche nach dem oder den Schuldigen, Aggression und depressive Gefühle
4. Abbau (Leistungsknick) verbunden mit Antriebsverlust, Motivationsverlust und dem Verlust der Kreativität
5. Verflachung verbunden mit sozialem oder geistigem Rückzug
6. Psychosomatische Beschwerden verbunden mit der Unfähigkeit zu entspannen
7. Krise und Zusammenbruch verbunden mit einem Gefühl der Sinnlosigkeit des Lebens

Abb. 7.2 Phasen einer Burnout-Karriere. Quelle: Burisch (2014, 26 ff.)

vermeiden, und Betroffene zu unterstützen, die an Burnout leiden, ist daher ein ökonomisches Gebot. Und die **Burnout-Prävention** damit eine Aufgabe für Führungskräfte.

Prävention soll Ursachen bekämpfen. Die Burnout-Forschung hat dazu einen Katalog von **Risikofaktoren** hervorgebracht, die der Person bzw. dem Umfeld zugeordnet werden, um Ansatzpunkte für die Prävention aufzuzeigen. (vgl. u. a. Kernen 1999; Burisch 2014, S. 52 ff.).

Zu den **personenbezogenen Dispositionsmerkmalen** zählen:

- hohe Stresssensitivität,
- schwach ausgeprägtes Selbstbewusstsein,
- gering ausgebildetes Problemlösungspotenzial,
- starkes Streben nach Perfektion,
- Negativbewertung des eigenen Tuns,
- Nichterkennen der eigenen Bedürfnisse,
- pessimistische Weltsicht,
- mangelnde Fähigkeit, Wichtiges von Unwichtigem zu trennen.

Faktoren in der Arbeitsumgebung, die Burnout begünstigen, sind:

- Mangel an Feedback,
- schlechte Teamarbeit,
- Druck von Vorgesetzten,
- schlechte Arbeitsorganisation,
- mangelnde Ressourcen (Personal, Finanzmittel),
- problematische institutionelle Vorgaben und Strukturen,
- unzureichende Qualifikation,
- zu lange Arbeitszeiten bei zu geringer Bezahlung,
- bürokratische oder politische Einschränkungen,
- Diskrepanz zwischen der Zielsetzung und dem Erreichten,
- geringer Handlungs- und Entscheidungsspielraum der Person,
- zu viele Aufgaben,
- Fehlen sozialer Unterstützung.

Zusammenfassend kann man sagen, dass es bei der Burnout-Prävention darum geht, von zwei Seiten anzusetzen: Zum einen bei der subjektiv erlebten Arbeitsbelastung (Über- bzw. Unterforderung) und zum anderen an den gegebenen Entscheidungs- und Gestaltungsräumen bei der Arbeit. Wenig zu tun zu haben und nichts daran ändern zu können, macht krank (sog. Boreout), permanent unter Anforderungsdruck zu stehen und ihm nicht ausweichen zu können, auch.

Als Führungskraft sollte man deshalb auf Mitarbeiter mit den genannten Dispositionsmerkmalen besonders achten, ihnen Feedback und Unterstützung bei der Planung von Arbeitspaketen geben und so zu einer realistischen Selbsteinschätzung bzw. Arbeitsplanung beitragen.

Ebenso ist die Führungskraft Schlüsselfaktor bei Präventivmaßnahmen, die an den organisationalen Faktoren ansetzen. Angemessene Delegation, realistische Zielvorgaben, gute Umgangsformen und durchdachte Arbeitsorganisation im eigenen Verantwortungsbereich sind ein wesentlicher Schlüssel.

7.1.4 Verhalten bei vermutetem Alkohol- und Drogenmissbrauch

Auch Alkohol- und Drogenmissbrauch können Folge einer ungünstigen Kombination von personenbezogenen Dispositionsmerkmalen und organisationalen Belastungsfaktoren bei der Arbeit sein. Auf weitere **Suchterkrankungen**, wie Spielsucht, Magersucht o. ä. einzugehen, würde den Rahmen dieses Buches sprengen, für eine Systematik vgl. die Website (www.sucht.de) des Fachverbands Sucht e.V. Dort finden sich für viele Suchtarten sog. „Daten und Fakten"-Blätter zum Download, die regelmäßig aktualisiert werden.

Am Beispiel Alkohol soll auf **wesentliche Verhaltensregeln im betrieblichen Kontext** eingegangen werden (vgl. dazu das folgende Beispiel einer Dienstvereinbarung).

Praxis

Dienstvereinbarung zur betrieblichen Suchtprävention der Ruhr-Universität Bochum

Alkohol verursacht betriebswirtschaftlich relevante Kosten durch:

- schlechte Arbeitsleistung bzw. -qualität
- mit fortschreitendem Krankheitsverlauf sinkt die Arbeitsleistung weiter, Fehlentscheidungen nehmen zu
- Fehlzeiten: Alkoholkranke sind 2,5-mal häufiger krank als andere Beschäftigte, sie bleiben 16-mal häufiger fern als andere Beschäftigte;
- Verschlechterung des Arbeitsklimas

Alkohol ist ein Sicherheitsproblem für alle:

- 15 – 25 % der Arbeitsunfälle geschehen unter Alkoholeinfluss,
- die Betroffenen brauchen die 1,4-fache Zeit, um wieder zu gesunden,
- Alkoholkranke sind 3,5-mal häufiger in Arbeitsunfälle verwickelt
- die Anzahl von alkoholbedingten Verkehrsunfällen steigt

Es gibt kein einheitliches Erscheinungsbild der Alkoholkrankheit.
Wenn aber jemand:

- auffallend trinkfreudig ist
- schnell trinkt
- schon morgens trinkt bzw. in der Mittagspause eher trinkt statt isst,
- vermehrt „Atemreiniger" verwendet,
- regelmäßig bzw. häufig seinen Arbeitsplatz (nicht arbeitsbedingt) verlässt,
- Führungskräften aus dem Weg geht,
- häufig Kurzerkrankungen hat,

- wiederholt ohne Voranmeldung Kurzurlaub nimmt,
- am Wochenanfang häufig fehlt,
- sich über Dritte entschuldigen lässt (Partner/-in),
- in seiner Leistung nachlässt

und in seiner psychischen Befindlichkeit folgende Merkmale aufweist:

- extreme Stimmungsschwankungen bzw. Niedergeschlagenheit
- Selbstüberschätzung
- mangelnde Kritikfähigkeit
- Selbstmitleid
- Desinteresse
- Unzufriedenheit
- Minderwertigkeitsgefühle
- Kontaktarmut
- Willensschwäche
- herabgesetzte Hemmschwelle, z. B. lautes unkontrolliertes Reden, anpöbeln
- verkrampfte Arbeitsweise
- Argwohn

dann besteht ein großer Verdacht auf eine Gefährdung oder Abhängigkeit.

Alkoholkranke brauchen konsequente Führungskräfte.

Bei Auffälligkeiten (s.o.) findet der 5-Stufenplan gemäß Anlage 1 Anwendung. Die dieser Anlage beiliegende Checkliste ist für jeden Einzelfall nachzuweisen und zu der Teilakte der Personalakte zu nehmen.

Quelle: Ruhr Universität Bochum 2001

Der vorstehend erwähnte „5-Stufenplan" sieht folgende Schritte vor:

1. **Stufe**: Vertrauliches Konfrontationsgespräch zwischen Vorgesetztem und Betroffenem. Dabei soll die Führungskraft die Fakten (wann, wo, wie gesehen) klar benennen, ihre Erwartungen bezüglich Arbeits- und Sozialverhalten deutlich darlegen und klare Absprachen treffen, auf Beratungsmöglichkeiten hinweisen und die Konsequenzen aufzeigen. Dem Betroffenen ist unmissverständlich zu sagen, dass sein suchtbedingtes Verhalten zum Verlust des Arbeitsplatzes führen kann und dass er in der nächsten Zeit unter erhöhter Beobachtung steht. Es wird ein dreimonatiger Beobachtungszeitraum vereinbart, in dem alle vier Wochen ein Gespräch geführt wird. Nach weiteren drei Monaten würde dann das Gesprächsprotokoll vernichtet. Im negativen Fall greifen die nachfolgenden Stufen.
2. **Stufe**: Erweitertes Konfrontationsgespräch zwischen Vorgesetztem und Betroffenem unter Beteiligung eines Suchtberaters und ggf. des Betriebsärztlichen Dienstes bzw. der Fachkraft für Arbeitssicherheit. Anschließend sind für drei Monate wöchentliche Gespräche zu führen.
3. **Stufe**: Mündliche Abmahnung unter zusätzlicher Beteiligung der Personalabteilung und des Personal- bzw. Betriebsrats. Das Protokoll muss vom Betroffenen unterzeichnet werden und kommt in die Personalakte.

4. **Stufe**: Tritt nach vier Wochen keine Besserung ein, gibt es ein erneutes Gespräch mit den Beteiligten aus Stufe 3 und Übergabe einer schriftlichen Abmahnung.
5. **Stufe**: Kommt es in den folgenden drei Monaten erneut zu Auffälligkeiten, kann gekündigt werden.

Suchtverhalten ist eine häufige Begleiterscheinung von Stress. Die **Gefährung von Führungskräften** ist dabei ähnlich groß, wie die von Mitarbeitern (vgl. u. a. Stauder 2009). Alkoholmissbrauch ist insbesondere deshalb mit erhöhter Aufmerksamkeit und Konsequenz zu betrachten, weil die verminderte Risikowahrnehmung andere Menschen gefährdet (vgl. u. a. VBG 2014).

7.1.5 Verhalten bei Mobbing

„Der Begriff Mobbing beschreibt negative kommunikative Handlungen, die gegen eine Person gerichtet sind (von einer oder mehreren anderen) und die sehr oft und über einen längeren Zeitraum hinaus vorkommen und damit die Beziehung zwischen Opfer und Täter kennzeichnen." (Leymann 2013, E-Book-Kap. ‚Arten des Angriffs')

Die Behauptung, man würde gemobbt, wird heute vielfach genauso leichtfertig gäußert wie die, dass man an einem Burnout leide. Daher ist es wichtig, die Definitionsmerkmale von Mobbing deutlich herauszuarbeiten.

Unfreundliches Verhalten von Kollegen oder Vorgesetzten kommt vor. Dass man bei Beförderungen übergangen wird, beim Begrüßen übersehen wird, kommt vor. In den meisten Fällen handelt es sich dabei um Singularakte. Ähnlich ist es mit **sexueller Belästigung, Gewalt und Diskriminierung**. Diese sind meist auch Singularakte und damit kein Mobbing; sie sind jedoch aus anderen Gründen (vgl. Abschn. 7.2) konsequent zu unterbinden.

Bei der Frage, was **Mobbing** ist und was nicht, helfen folgende Abgrezungskriterien (vgl. Merk 2014, S. 6):

- Systematik bzw. Zielgerichtetheit der Handlungen
- Zeitdauer der Handlungsfolgen
- regelmäßige Wiederholung der Handlungen
- asymmetrische Rollenverteilung der Beteiligten/Unterlegenheit des Betroffenen

Praxis

Auszug aus der Systematik zur Erfassung möglicher Mobbinghandlungen (nach Zuschlag 1997)

1. **Eingriffe in die Kommunikationsmöglichkeiten am Arbeitsplatz**
   1.1. Eingriffe von Vorgesetzten
      1.1.1. Einschränkung der Möglichkeiten, sich zu äußern

z. B. Beschränkung von Duchwahl-Freiheiten, ständiges Unterbrechen, Anschreien, lautes Schimpfen, Kontaktverweigerung durch abwertende Blicke oder Gesten

1.1.2. Einschränukung der Möglichkeit, kontaktiert zu werden
z. B. Zensur eingehender Post, Isolierung von Kundenkontakten durch Veränderung des Arbeitsgebiets

1.2. Eingriffe durch Kollegen

1.2.1. Aktive Behinderung der Kommunikation
z. B. nicht mehr zu Besprechungen einladen, wie Luft behandeln

1.2.2. Passive Kommunikationsverweigerung
z. B. Anfragen nicht beantworten, vom Informationsfluss abschneiden

1.3. Eingriffe durch Mitarbeiter

1.4. Eingriffe von Externen (wie Geschäftspartnern, Verbänden, Institutionen)

2. **Ständige Kritik**

2.1. Kritik am arbeitsplatzbezogenen Verhalten
z. B. Leistung, Motivation, Verhalten, Karriereaktivitäten, Fehlzeiten

2.2. Kritik an Einstellungen und Interessen
z. B. politische, religiöse Anschauung, Freizeitgestaltung, Hobbies

2.3. Kritik am Erscheinungsbild

2.4. Kritik am Privatleben

2.5. Kritik am Gesundheitsverhalten
z. B. Essgewohnheiten, Trinkverhalten, Körperpflege, Rauchen

2.6. Kritik am Sozialverhalten

3. **Angriffe auf die Gesundheit**

3.1. Gesundheitsschädliche Beschäftigung
z. B. Staubexposition, Überstunden, Schichtdienst

3.2. Diffamierung und Kompromittierung

3.2.1. Hinter dem Rücken des Betroffenen schlecht über ihn sprechen

3.2.2. Böse Gerüchte über jemanden verbreiten
z. B. Diebstahl, Untreue, Homosexualität, Affaire mit dem Vorgesetzten

3.2.3. Jemanden lächerlich machen (z. B. nachäffen)

3.2.4. Jemanden wegen seiner Hautfarbe verunglimpfen

3.2.5. Arbeitseinsatz oder Arbeitsleistung herabsetzen

3.2.6. Entscheidungen des Betroffenen in Frage stellen

3.3. Körperliche Angriffe

3.3.1. Sexuelle Belästigung, z. B. obszöne Witze, sexuelle Angebote

3.3.2. Körperliche Gewalt ausüben, z. B. Ohrfeigen, Wegschubsen

3.4. Psychoterror (schriftlich, mündlich, telefonisch)

4. **Eingriffe am Arbeitsplatz**

4.1. Arbeitsbedingungen verschlechtern
z. B. unerfreuliche oder kränkende Arbeiten, ständig neue Aufgaben

4.2. Arbeitserfolge torpedieren
z. B. Unterlagen/Werkzeuge verstecken, peinliche Vorgänge unterschieben, Ergebnisse verfälschen, Unordnung schaffen, Fehlbestellungen veranlassen
4.3. Versetzung, Pensionierung, Kündigung
z. B. grundlos, vorzeitig, zu verschlechterten Bedingungen

Quelle: Zuschlag, Berndt: Mobbing – Schikane am Arbeitsplatz. 2. Aufl. Göttingen 1997. zirtiert bei Merk 2014, S. 163 ff.

Mobbing ist ein **gruppendynamisches Phänomen**. Dies zeigt auch seine etymologische Wurzel: Das Substantiv „Mob" ist eine Abkürzung des lat. „mobile vulgus", übersetzbar mit „wankelmütige Menschenmenge". „Mob" fasst als abwertendes Bild Zusammenläufe niedrigerer Gesellschaftsschichten, die sich mal vom einen, mal vom anderen mitreißen lassen. Damit ist „Mob" geradezu das Gegenteil von einer aufgabenbezogen organisierten und sich selbst regulierenden Gruppe am Arbeitsplatz (Eisermann und de Constanzo 2012, S. 14). Für Mobbing, das vom Vorgesetzten ausgeht, hat sich in Analogie der Begriff „Bossing" etabliert.

Der deutsche Mobbing-Report von 2002 nennt als **Mobbingfolgen**: Krankheit (43.9 %), freiwilliger Arbeitsplatzwechsel im Betrieb (30.8 %) und die eigene Kündigung (22.5 %) (Meschkutat et al. 2002, S. 81).

Wenn die Gruppe am Arbeitsplatz zum Mob wird, ist die Führungskraft gefordert, einzuschreiten. **Rechtliche Grundlage** hierfür ist die Richtlinie 89/391/EWG des EU-Rats vom 12. Juni 1989, die den Arbeitgeber verpflichtet, dafür zu sorgen, dass die Beschäftigten nicht unter der Arbeit leiden.

Merk (2014, S. 101 ff.) empfiehlt eine Reihe von „**Maßnahmen gegen Mobbing von Seiten des Arbeitgebers**". Einige davon seien hier genannt:

- Informations- und Aufklärungskampagnen
- Schulung der Entscheidungsträger
- Einrichten einer Mobbinganspreschstelle
- Betriebsvereinbarung über Mobbing
- Vorleben und Fördern eines kooperativen Führungsstils
- Schulung der Vorgesetzten in der Wahrnehmung und Diagnose von Konflikten sowie Techniken der Gesprächsführung und Mediation
- gezieltes Angstmanagement (z. B. vor Fehlern, Unfällen, Über- oder Unterforderung, Macht- oder Wertschätzungsverlust)
- Entwickeln einer Leitlinie zu Interventionsmöglichkeiten bei Mobbing

7.2 Gleichbehandlung

Mitarbeiter fair und gleich zu behandeln, ist ein ethisch-moralisches Gebot, dem sich wohl kaum jemand bewusst verschließen wird. Unbewusst jedoch wird die Umsetzung oft von persönlichen Prägungen, situativen Fehldeutungen und kulturellen Erwartungen behindert.

Wie reagiert man spontan, wenn ein geistig behinderter Arbeitnehmer einen umarmen will, eine aufreizend gekleidete Frau sich über sexuelle Belästigung beschwert oder beim gemeinsamen Kantinenessen ein Schwulenwitz den nächsten jagt?

Gleichbehandlung ist mehr als **Gleichberechtigung**. Allen Bürgern gleiche Rechte zuzugestehen, z. B. das Wahlrecht über 18 Jahren, ist etwas anderes als alle Bürger gleich zu behandeln, z. B. alle über 18-Jährigen als eigenverantwortliche Erwachsene anzusprechen.

Der Gegenbegriff zur Gleichbehandlung ist **Diskriminierung**, von lat. discrimen „Trennendes, Unterschied". Der Etymologie-Duden übersetzt „diskriminieren" mit „jemanden von anderen absondern, ihn unterschiedlich behandeln und damit in den Augen anderer herabsetzen".

7.2.1 Geschichte des Gleichbehandlungsrechts

Mit der Einführung des **Allgemeinen Gleichbehandlungsgesetzes (AGG)** 2006 wollte der Gesetzgeber das Bewusstsein für die Diskriminierung von Menschen schärfen und die Situation der Betroffenen stärken.

In § 1 werden als **Diskriminierungsmerkmale** aufgeführt: Rasse, ethnische Herkunft, Geschlecht, Religion, Weltanschauung, Behinderung, Alter, sexuelle Identität. Diese Merkmale können zu **unmittelbarer Benachteiligung** führen, wenn eine Person aufgrund des Merkmals eine Begünstigung nicht erhält, die andere erhalten. Zu **mittelbarer Benachteiligung** führen sie, wenn scheinbar neutrale Kriterien eine Personengruppe benachteiligen, die diese Kriterien üblicherweise gar nicht erfüllt.

Historisches Beispiel für die mittelbare Benachteiligung ist der Fall des Unternehmens Duke Power Co, das nach der Verabschiedung des US-amerikanischen Antidiskriminierungsgesetzes ihre Einstellungspolitik „Whites only" dahin gehend änderte, dass ein High School-Abschluss bzw. das Bestehen eines internen „Ability Tests" Zugangsvoraussetzung zu Arbeitsstellen war. In einem Gerichtsurteil von 1971 wurde festgestellt, dass dieses geforderte Ausbildungsniveau für eine ausgeschriebene Stelle gar nicht notwendig und damit „mittelbar diskriminierend" war, weil es die Mehrheit der schwarzen Bewerber (die damals typischerweise keinen High School-Abschluss erreichten) von vornherein ausschloss (vgl. Schiek 2011, S. 42). Unmittelbare Diskriminierung wäre z. B. die Absage an eine grundsätzlich geeignete Bewerberin unter Hinweis auf ihren möglichen späteren Arbeitsausfall wegen Schwangerschaft.

Das AGG verpflichtet Arbeitgeber zur Schulung ihrer Mitarbeiter in Sachen Gleichbehandlung und erklärt Vereinbarungen für unwirksam, die gegen Diskriminierungsvorschriften verstoßen. Außerdem spricht es Betroffenen einen Schadensersatzanspruch zu und kehrt die Beweislast um, d. h. dass Arbeitgeber im Klagefall nachweisen müssen, nicht diskriminiert zu haben.

Vor allem das letztgenannte Sanktionsrisiko ist die ökonomische Begründung dafür, warum sich jeder Handlungsbevollmächtigte mit dem Thema Gleichbehandlung beschäftigen muss.

Rückblickend betrachtet ist das **Gleichbehandlungsgebot** in Deutschland bereits seit 1949 mit dem Grundgesetz (GG) verankert. Es schützt in Art. 1 die Würde des Menschen, in Art. 2 die freie Entfaltung der Persönlichkeit und bejaht in Art. 3 die grundsätzliche Gleichheit aller Menschen vor dem Gesetz (Gleichberechtigung). 1957 wurde Art. 3 um die explizite Aussage „Männer und Frauen sind gleichberechtigt" ergänzt sowie um das Gebot, dass niemand aufgrund des Geschlechts, der Abstammung, der Rasse, der Sprache, der Heimat und Herkunft, des Glaubens, der religiösen oder politischen Anschauungen benachteiligt oder bevorzugt und niemand wegen einer Behinderung benachteiligt werden darf (Benennung möglicher Diskriminierungsmerkmale). 1994 wurde in Art. 3 GG die Ergänzung aufgenommen: „Der Staat fördert die tatsächliche Durchsetzung der Gleichberechtigung von Frauen und Männern und wirkt auf die Beseitigung bestehender Nachteile hin." Damit wurde das Streben nach Gleichbehandlung erstmals verfassungsmäßig verankert.

1998 wurde das Gleichbehandlungsgebot für Frauen und Männer in § 611a, b BGB aufgenommen. Dieser Paragraf existiert heute nicht mehr, weil das weiter reichende AGG in Kraft getreten ist.

Das AGG ist das Ergebnis der Umsetzung der europäischen Antidiskriminierungsrichtlinien, die seit 2003 verabschiedet wurden (vgl. hierzu Oechsler und Klarmann 2008, S. 24).

Die rechtliche Neuerung von § 611a, b BGB bzw. des AGG war vor allem, dass die nach dem GG schon immer bestehenden **Gleichbehandlungsgebote auch für die Privatwirtschaft verpflichtend** wurden. Als ethisch-kulturelle Neuerung kann man den Umstand bezeichnen, dass das Thema Gleichbehandlung von der „Frauen-Perspektive" erweitert wurde auf vielschichtigere Diskriminierungsmerkmale, von denen auch mehrere auf eine Person zutreffen können. Neu war dabei insbesondere die Aufnahme des Diskriminierungsmerkmals „sexuelle Identität" als schützenswertes Gut, nachdem männliche (sic!) Homosexuelle noch bis 1994 – dem Jahr als § 175 StGB aufgehoben wurde – mit strafrechtlicher Verfolgung rechnen mussten.

Zum 01.01.2016 trat das „Gesetz für die gleichberechtigte Teilhabe von Frauen und Männern an Führungspositionen in der Privatwirtschaft und im öffentlichen Dienst" in Kraft. Diese Umsetzung der sog. **Frauenquote** in den Führungsetagen war in der deutschen Wirtschaft ungefähr so beliebt wie der Mindestlohn (vgl. Hamann 2016). Bei Einführung betrug der Frauenanteil in den Aufsichtsräten der TOP-160 Unternehmen in Deutschland 18,9 %. Aufsichtsratsvorsitzende waren gar nur fünf Frauen aus 160 Aufsichtsräten (ca. 3 %) und von den Vorständen waren 5,8 % weiblich (vgl. BMFSFJ und BMJV 2015, S. 1). Mit dem Gesetz sollte ein Signal gesetzt werden. Einzige Sanktion bei Nichtbeachtung ist, dass Aufsichtsratsplätze unbesetzt bleiben, bis eine geeignete Quotenfrau (bzw. in ferner Zukunft auch ein Quotenmann) gefunden ist.

7.2.2 Auswirkungen des AGG auf das Personalmanagement

§ 11 AGG regelt die Pflichten des Arbeitgebers. Er muss

- Maßnahmen zum Schutz vor Benachteiligung treffen, auch vorbeugende,
- in Schulungen auf die Unzulässigkeit von Benachteiligungen hinweisen,
- darauf hinwirken, dass Benachteiligungen unterbleiben,
- bei Verstößen gegen das Benachteiligungsverbot geeignete Maßnahmen ergreifen, wie Abmahnung, Umsetzung, Versetzung oder Kündigung
- auch bei der Benachteiligung durch Dritte (z. B. Kunden, Kollegen) geeignete Maßnahmen ergreifen,
- über die Regelungen des AGG allgemein informieren, z. B. durch Aushang an geeigneter Stelle.

Zu den Maßnahmen, die ein Arbeitgeber ergreifen kann bzw. muss, gehören entsprechende Führungsgrundsätze, Einrichtung einer Beschwerdestelle, systematische Schulung der Führungskräfte und die diskriminierungsfreie Gestaltung des personalpolitischen Instrumentariums (vgl. Abb. 7.3).

Oechsler und Klarmann (2008) zeigen auf, wie personalpolitische Instrumente gestaltet sein sollten, damit sie wenig anfällig für unmittelbare und/oder mittelbare Diskriminierung sind:

- **Personalbeschaffung und -auswahl**
  - Durchführung einer Arbeitsanalyse zur Ermittlung aufgabenorientierter Merkmale (statt verhaltens- oder eigenschaftsbezogener Merkmale)
  - geschlechtsneutrale Stellenausschreibungen
  - Stellenausschreibungen in Medien, die keine geschlechterspezifische Verzerrung im Leserkreis haben
  - Verzicht auf Auswertung nicht tätigkeitsrelevanter biografischer Daten, Verzicht auf Einholung von Bewerbungsfotos
  - interne und externe Ausschreibung von Stellen (um bestehende Verhältnisse nicht einfach zu reproduzieren)
  - Einsatz möglichst standardisierter Interviews

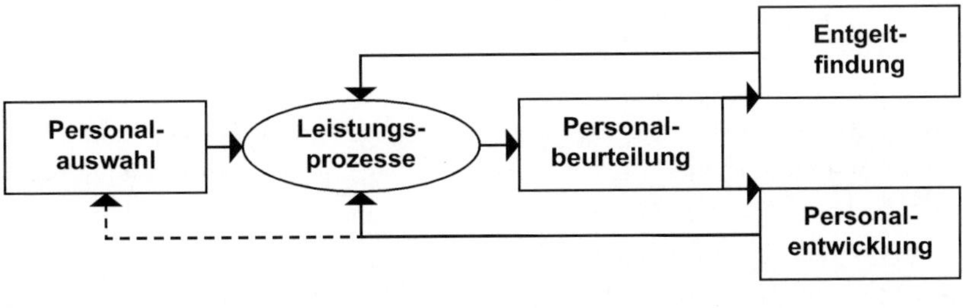

Abb. 7.3 Personalpolitische Instrumente. Quelle: Oechsler und Klarmann (2008, S. 28.)

  - Dokumentation der Auswahlkriterien und Ergebnisse für Zertifizierungen oder evtl. Beweislastfälle
  - neutrale Formulierung von Absagen
- **Personalbeurteilung mithilfe von Verfahren, die**
  - sich auf nachvollziehbare Leistungsprozesse beziehen (statt auf Einstufungen nach Persönlichkeits- oder Verhaltensmerkmalen)
  - erfolgskritische Ziele, Resultate und Tätigkeitsinhalte darstellen,
  - argumentations- und diskussionszugänglich sind.
- **Entgeltfindung**
  - sachliche Differenzierungsgründe für eine unterschiedliche Behandlung in Sachen Entgelt sind: Leistungsanforderung und Leistungserfüllung, Dauer der Betriebszugehörigkeit, Lebensalter, Schwerbehinderteneigenschaft, Familienstand, Umfang der Arbeitszeit, berufliche Qualifikation, Bestand des Arbeitsverhältnisses an einem bestimmten Stichtag, Zugehörigkeit zu einem stillgelegten Betrieb.
  - mittelbare Diskriminierung kann vorliegen, wenn Arbeitsbewertungsverfahren wirtschaftlich nicht zu rechtfertigende Anforderungsmerkmale überbewerten, die vornehmlich von einer Beschäftigtengruppe erbracht werden. Dies kann z. B. angenommen werden, wenn das Merkmal „körperliche Arbeit" höher vergütet wird als die wirtschaftlich ebenso relevante „Präzisionsarbeit", die häufig von Frauen in der Produktion ausgeführt wird. Ein Indiz ist, wenn der Frauen- oder Ausländeranteil in Berufsgruppen mit Niedriglohn ausgesprochen hoch ist.
- **Personalentwicklung**
  - Überprüfung der Instrumente der Potenzialanalyse im Hinblick auf evtl. stereotype Beurteilungskriterien (z. B. Orientierung an männlichen Führungsbildern bei Assessment-Center-Übungen).
  - Dokumentation der Entscheidungsgründe für eine Beförderung bzw. für die Ermöglichung der Teilnahme an einer Weiterbildung.
  - Einrichtung eines systematischen Weiterbildungs- und Beförderungsmanagements (statt Spontan- oder Sympathieentscheidungen).

Diese Instrumente zu entwickeln, zu überprüfen und diskriminierungsfrei zu gestalten, ist vornehmlich Aufgabe der Unternehmensleitung bzw. der Personalabteilung. Sie aber diskriminierungsfrei einzusetzen, ist Aufgabe der Führungskraft.

7.2.3 Gender Mainstreaming

Gender Mainstreaming bedeutet, bei allen gesellschaftlichen Vorhaben die unterschiedlichen Lebenssituationen und Interessen von Frauen und Männern von vornherein und regelmäßig zu berücksichtigen, da es keine geschlechtsneutrale Wirklichkeit gibt (vgl. http://www.bmfsfj.de, Doblhofer und Küng 2008; Klenk 2015).

„Gender" ist das soziale Geschlecht, die erlernte Geschlechterrolle (in Abgrenzung zu engl. **„sex"** als biologisches Geschlecht) und **„Mainstreaming"** bedeutet: zum Hauptstrom machen, ins Bewusstsein bringen.

Hintergrund

Emanzipation und Gleichberechtigung

Ende des 19. Jh. entstand im Gefolge der sozialistischen Bewegung, in den USA auch der Anti-Sklaverei-Bewegung, die sog. **Frauenrechtsbewegung**, deren Bestreben die Gleichberechtigung (Wahlrecht, Recht auf Erwerbsarbeit und Studium) war. Die Erfolge dieser ersten Welle der Frauenbewegung in Deutschland waren 1918 die **Einführung des aktiven und passiven Wahlrechts** für Frauen (in Wyoming 1869, in Saudi-Arabien 2015) sowie die Zulassung zum Studium. Das Herzogtum Baden war 1900 das erste deutsche Land, das **Frauen zum Studium** zuließ, nachdem Frauen zuvor und auch noch längere Zeit in anderen deutschen Ländern, nur als Gasthörerinnen bzw. mit Ausnahmegenehmigungen studieren durften. Bayern erlaubt seit 1903, Württemberg seit 1904, Preußen seit 1908 die Immatrikulation von Frauen. Lag die Frauenquote unter den Studierenden anfänglich bei 3 %, liegt sie heute, 100 Jahre später, bundesweit insgesamt um die 48 %.

Ab den 1960er-Jahren begann die zweite Welle der Frauenbewegung, die als sog. **Emanzipationsbewegung** mit der Studentenbewegung und deren Kampf gegen das bürgerliche Establishment verbunden war. Ihr Anliegen war die Infragestellung der Geschlechterhierarchie sowie die körperliche Selbstbestimmung und Enttabuisierung von Themen wie Sexualität, Missbrauch und Schwangerschaftsabbruch. Erfolge waren Arbeitsschutzgesetze für Schwangere, Abschaffung der Hausfrauen-Ehe als Leitbild, Änderung im Namensrecht bei Eheschließung, Aufhebung der Schuldfrage im Scheidungsfall, Initiativen zur Fristenregelung beim Schwangerschaftsabbruch, Frauenförderungsprogramme in Forschung, Politik und Wirtschaft.

Der Beginn der dritten Welle der Frauenbewegung lässt sich auf die 1990er-Jahre datieren und durch einen Generationswechsel begründen. Anliegen ist, antifeministische Strömungen zu entkräften, das altbacken-kämpferisch anmutende Image der 68er zu überwinden und die Gleichbehandlung von Frauen (und allen Menschen) weiter zu stärken. Letztes ist im Begriff Gender Mainstreaming gefasst.

Quelle: Timeline auf http://womensuffrage.org, s.a. Karl 2009; Karl 2011; Lenz 2009

Gender Mainstreaming ist ein politisches Konzept, das die Benachteiligung von Frauen aufheben will. Die Existenz von Benachteiligung wird daran deutlich, dass Frauen nicht **entsprechend ihrem Bevölkerungsanteil** an Macht und Einkommen beteiligt sind.

▶ Definitionen Gleichheit, Differenz und Dekonstruktion

Das **Konzept der Gleichheit** strebt eine absolute Gleichbehandlung an: Frauen müssen wie Männer behandelt werden (Türken wie Deutsche, Heteros wie Homos). Das bedeutet z. B. egalitäre Verteilung von Familienarbeit, Quotierung von politischen und beruflichen Positionen und konsequente Verfolgung jeder Diskriminierung. Daraus resultiert das sog. Gleichheits-Dilemma: Ungleiches gleich zu behandeln, führt zu Ungleichheit. Zur Illustration diene ein Vergleich mit dem Sport, bei dem Männer und Frauen in einer Disziplin gegeneinander antreten.

Das **Konzept der Differenz** stellt auf die Unterschiede zwischen den Geschlechtern ab: Frauen haben spezifische Merkmale und diese Merkmale müssen z. B. bei der Personalauswahl oder Entgeltfindung als eigenständiges Potenzial gewichtet werden. Kritiker betonen, dass diese „Ikonisierung des Weiblichen" zur Festschreibung von Klischees führt, die schon immer dazu beigetragen haben, Frauen besondere Arbeiten zuzuweisen (Hausarbeit, Sekretariat, Pflege, Konfliktlösung) und sie von gesellschaftlichen Machtpositionen fernzuhalten. Das Differenz-Dilemma besagt: Wenn Entscheidungen ausschließlich durch Unterschiede begründet werden, wird das Stigma der Abweichung dadurch verstärkt.

Das **Konzept der Dekonstruktion** lehnt jede Legitimation durch Gruppeneigenschaften ab und betont die Grundsätzlichkeit von Interessenskonflikten zwischen Individuen. Statt einen „blau-rosa Code der Zweigeschlechtlichkeit" zu konstruieren, stellt es die dekonstruierende Frage „was die Arbeiterin, die lesbische Studentin, die Direktorengattin und ihre türkische Putzfrau eigentlich verbindet" (Knapp 2011, S. 74). Antwort: Nicht viel mehr (oder weniger) als den Bankkaufmann und die Arbeiterin. Das Dekonstruktions-Dilemma: Wenn man Fragestellungen zu sehr individualisiert, gibt es keine verallgemeinernden Aussagen mehr, die politische Veränderungen bewirken können.

Die Dilemmata zeigen, dass mit einem Ansatz allein keine demokratisch tragfähigen Lösungen entwickelt werden können. Man muss akzeptieren, dass man Gleichheit erreicht, indem man Unterschiede erforscht und aufzeigt. Gleichzeitig muss man allerdings darauf achten, die Unterschiede nur als Illustration eines Phänomens, nicht aber als gesetzte Wirklichkeit zu behandeln.

Quelle: Knapp (2011, S. 71 ff.)

Das Bundesamt für Statistik erhebt die Verdienststruktur in Deutschland, das wirtschafts- und sozialwissenschaftliche Institut (WSI) der Hans-Böckler-Stiftung stellt die Daten aufbereitet zusammen (online auf www.wsi.de). Für das Berichtsjahr 2014 finden sich folgende Angaben [Abruf 2016-04-15]:

- 84 % der erwerbstätigen Männer und 47 % der Frauen arbeiten Vollzeit, der jeweilige Rest in Teilzeit, geringfügig oder befristet beschäftigt. Diesen Unterschied bezeichnet man als **„Gender Time Gap"**.
- Der Bruttostundenverdienst der Frauen liegt 21,6 % unter dem der Männer. Diese Quote wird als **„Gender Pay Gap"** bezeichnet.
- 21 % der Frauen mit Hochschulabschluss haben eine Führungsposition, im Vergleich zu einer Quote von 32 % bei männlichen Hochschulabsolventen. Sie erhalten auch bei gleicher Hierarchiestufe ein deutlich geringeres Gehalt: eine weibliche (Haupt-) Abteilungsleiterin erhält im Schnitt € 3.700 Euro monatlich, Männer in derselben Position dagegen € 5.200 (Angaben nicht von Destatis, sondern durch das WSI selbst erhoben über das Projekt „lohnspiegel.de").

Befürworter der Frauenförderung sagen, dass aufgrund der geringen Anzahl von Frauen in höheren politischen und wirtschaftlichen Positionen deren Interessen entsprechend schlechter vertreten werden.

Seit dem 01.01.2016 gilt das Gesetz für die Frauenquote in obersten Leitungsgremien und zwar in Höhe von 30 % für neu zu besetzende Aufsichtsratsposten in etwa 100 großen Unternehmen. Etwa 3500 weitere Unternehmen sind nach dem Gesetz verpflichtet, sich eigene Zielgrößen zur Erhöhung des Frauenanteils in Aufsichtsräten, Vorständen und obersten Management-Ebenen zu setzen. (Angaben vgl. http://www.bmfsfj.de/BMFSFJ/gleichstellung,did=88098.html [2016-04-15]

7.2.4 Genderforschung

Genderforschung kann als Fachdisziplin zur Erforschung von Entstehen, Relevanz, Geschichte und Praxis der Geschlechterdifferenz bezeichnet werden. Dazu zählen Forschungsfragen aus folgenden Bereichen:

- **Doing Gender**: wie Geschlechterdifferenz durch Erziehung, Schule, Gesellschaft etc. erzeugt wird und wie typisch männliche/weibliche Verhaltensnormen entstehen,
- **Soziale Ungleichheit**: wie und wo es im Beruf und in Sozialpolitik usw. zu Benachteiligung wegen des Geschlechts kommt, z. B. welche Rahmenbedingungen weibliche Erwerbstätigkeit fördern oder behindern,
- **Soziale Phänomene**: Patriarchat, Matriarchat, Frauenwahlrecht, aber auch: Verschränkung der Differenzachsen Geschlecht, Klasse/Schicht/Milieu, Ethnizität/Rasse, Sexualität etc.,
- **Geschlechterpädagogik**: z. B. mit welchen Lehrmethoden Mädchen besser Zugang zu naturwissenschaftlichen Fächern finden,
- **Queer-Theorie**: Erforschung der Konstruktion sexueller Identität,
- **Soziomedizin**: welche geschlechtstypischen Unterschiede bei Diagnose, Verlauf und Therapie von Krankheiten zu beachten sind,
- **Kunst**: Wie Geschlecht medial (re-)präsentiert wird z. B. in Film, Literatur, Kunst, Werbung etc.

Genderforschung beschäftigt sich auch mit der Frage, ob es einen typisch **weiblichen Führungsstil** gibt und Frauen evtl. besser führen können als Männer. Literatur zu diesem Aspekt der Personalführung (z. B. Loden 1988; Rosener 1990) stellt auf Unterschiede zwischen Männern und Frauen ab und beruft sich auf Grundlagen aus der Hirnforschung oder aus der Beobachtung typischen Sozialverhaltens. Männer seien linkshirnig und würden aggressiver, ehrgeiziger und rationaler führen, Frauen hingegen seien rechtshirnig und führten empathischer und kooperativer. In empirischen Studien konnten solche

Differenzierungen bisher nicht eindeutig belegt werden. So existieren Studien, die keine Unterschiede im Führungsstil ergaben (vgl. Wunderer 2011, S. 247; Lieber 2007, S. 233 sowie Neuberger 2002, S. 772 f.). Vielmehr zeigte sich, dass Frauen und Männer gleich kooperativ führen. Dagegen belegen andere Untersuchungen den vermuteten „weiblichen Führungsstil" (vgl. Sczesny 2003, S. 134; Weinert 2004, S. 518 und Bischoff, 2005, S. 265).

Beachtenswert ist insbesondere das unterschiedliche Sprachverhalten von Männern und Frauen (vgl. z. B. Tannen 1997). Das Sprachverhalten von Frauen kann als ein Grund dafür angeführt werden, warum Frauen in Machtpositionen unterrepräsentiert sind: Sie haben ein defensiveres Kommunikationsverhalten und neigen dazu, die eigene Position und Kompetenz sprachlich schlechter „zu verkaufen" als Männer (vgl. beispielhaft Abb. 7.4).

Gieselmann und Krell (2008, S. 341) definieren als Lernziel für Führungskräfte: „Wissen über (Geschlechter-)Unterscheidungen zielt auf die Bewusstmachung und Problematisierung von Kategorisierungen, Stereotypisierungen und Vorurteilen sowie deren Auswirkungen auf z. B. die Auswahl oder Beurteilung von MitarbeiterInnen. [… Es geht] nicht darum, die (überwiegend männlichen und weißen) Führungskräfte dafür zu

So reden Frauen oft …	**… vermutlich weil …**	**… mit folgender Wirkung**
Konjunktive in Frageform, wie z. B. „Könnten wir vielleicht mal …?"	sie nicht zu offensiv erscheinen wollen	lassen unklar, ob etwas Frage, Wunsch oder Befehl ist
Verniedlichungen, wie z. B. „das ist ja süß"	sie ihren positiven Bezug zu einer Sache ausdrücken wollen	verharmlosen Sachverhalte
Unschärfemarkierer, wie z. B. „irgendwie", irgendwas", „oder so", „finde ich", „Ich denke, dass …"	sie nicht zu grob/ bestimmend/ dominant wirken wollen	schwächen die eigene Position, machen die Aussage unpräzise, schränken die Gültigkeit ihrer Aussage ein
Zurücknehmer, wie z. B. „Das ist nur so eine Idee von mir" oder „War auch gar nicht teuer/ schwer"	sie nicht aufdringlich erscheinen, keinen Druck ausüben, bescheiden wirken wollen	werten sich selbst ab
Rückversicherungsfragen, wie z. B. „Findest du nicht auch?"	will Bestätigung durch Gesprächspartner, sich vergewissern	offerieren Unsicherheit
Intensivierungsmittel, wie „wirklich", „ehrlich"	Empathie zeigen wollen	wirken unglaubwürdig
Wiederholungen und/ oder Übertreibungen, wie z. B. „im Leben nicht", „gigantisch"	sich die Aufmerksamkeit des Gesprächspartners sichern wollen	wirken unglaubwürdig

Abb. 7.4 Frauensprache. Quelle: eigene Erstellung

sensibilisieren, wie „anders“ Frauen (oder Schwarze) *sind*, sprechen, fühlen, handeln, sondern darum, sie dafür zu sensibilisieren, wie anders Frauen (oder Schwarze) betrachtet und *behandelt werden*, und zwar oft unbewusst, und welche Effekte dies hat.“

Hintergrund

Die Opt-out-Revolution

Am 26.10.2003 erschien in der New York Times ein Artikel von Lisa Belkin mit dem Titel „The Opt-out-Revolution“. Darin ging sie der Frage nach: „Why don't women run the world?“, denn nach Jahren der Bemühung um Gleichberechtigung war eine Frauenquote von 50 % bei den Absolventinnen der Elite-Universitäten erreicht worden. Mit zahlreichen Interviews spürte sie das Phänomen des „Opting Out“, des „Nicht mehr Mitmachens“ auf. Viele weiße Karrierefrauen stiegen irgendwann aus dem Berufsleben aus, meistens weil sich die gewünschte Work-Life-Balance nicht realisieren ließ und der Familie die erste Priorität gegeben wurde. Wertvolles Ausbildungskapital lag so brach. Belkin endet mit der Ermutigung, dass Firmen Arbeitszeitmodelle für Frauen entwickeln müssten.

Am 05.05.2012 griff Inge Kloepfer diesen Artikel auf und schrieb in der F.A.Z. „Was Powerfrauen wirklich wollen“. Kloepfer schreibt, dass die Opt-out-Entscheidung von Frauen nicht nur durch den Kinderwunsch motiviert sei, sondern – wie aktuelle Studien (z. B. von Christiane Funken) zeigten – auch Mitte 40, Anfang 50 erfolgen könne. Zu den Gründen, warum viele Frauen auf dem Höhepunkt ihrer Karriere aussteigen: Frauen seien mehr durch Freude und Sinn motiviert als durch Geld und Status. Nach Jahren des Aufstiegskampfes, der sie in eine einsame Position (allein unter Männern) gebracht habe, seien sie müde, sich in einer nach männlichen Regeln funktionierenden Arbeitswelt täglich neu beweisen zu müssen. Und sie erachteten innere Unabhängigkeit und Selbstbestimmung als so bedeutsame Werte, dass sie ihre Karriere bereitwillig dafür aufgäben. Noch, so Kloepfer, würden nur wenige Unternehmen sich diesem Problem stellen. Als Ausnahme zitiert sie das Diversity Management der Telekom, das der Frage nachginge, wie Frauen im Unternehmen gehalten werden können. Nicht nur, um den sog. „Brain Drain“ zu verhindern, sondern vor allem weil die entscheidungsfreien Frauen für den notwendigen Kulturwandel unentbehrlich seien.

Quelle: Belkin (2003); Kloepfer (2012)

7.2.5 Diversity Management

Während Gender Mainstreaming eher als Anliegen der Politik und Leitkonzept im öffentlichen Dienst bezeichnet werden kann, hat sich in der Privatwirtschaft der Begriff des „Diversity Managements“ als Konzept der Förderung von Gleichbehandlung in Unternehmen durchgesetzt.

„**Diversity**“ bedeutet Vielfalt und „**Management**“ den wirtschaftlich erfolgreichen Umgang damit.

Der Diversity-Ansatz stammt aus den USA, wo die Bevölkerung multikultureller, der Umgang mit „vielfältigen" Arbeitnehmern eine alltägliche Herausforderung war und ist. Er deckt sich aber auch trefflich mit dem „Vielfalts-Ansatz" des AGG, das die einseitige Gerichtetheit auf Frauenbelange überwunden und den Blick auf Belange anderer Gruppen ausgeweitet hat. Abgesehen von der rechtlichen Verpflichtung, sich mit Diversity zu befassen, kommen auch ökonomische Gründe zum Tragen.

Krell (2011, S. 155 ff.) nennt folgende **ökonomische Argumente** für die Einführung eines Diversity Managements in Unternehmen:

- **Beschäftigtenstruktur**: Bedingt durch den demografischen Wandel steigt der Anteil der Frauen, Älteren und Menschen mit Migrationshintergrund an der Erwerbsbevölkerung. Es gibt Engpässe bei der „Rekrutierung geeigneter Mitarbeiter", erkannte beispielsweise die Lufthansa und nennt als einen Grund für die Umsetzung ihres Diversity-Programms: Der „Bedarf kann nicht allein durch Männer aus dem Inland gedeckt werden." (Rühl 2011, S. 190).
- **Kostenrisiko**: Wenn Frauen und andere Angehörige dominierter Gruppen nicht oder nicht richtig integriert werden, verursacht das Kosten. Das sind zum einen Schadensersatzleistungen nach erfolgreichen Klagen von Diskriminierten, zum anderen aber auch die Folgekosten durch von Diskriminierung bewirkter Demotivation bzw. dem durch Anpassungszwänge verursachten Leistungsabfall.
- **Kreativität und Problemlösungskompetenz**: Gemischt zusammengesetzte Gruppen sind kreativer und kommen zu tragfähigeren Problemlösungen.
- **Vorteile beim Personalmarketing**: Unternehmen, die umfassende Diversity-Programme oder auch Teilprogramme zur Chancengleichheit der Geschlechter und zur Vereinbarkeit von Beruf und Familie bzw. Privatleben haben – und dies auch kommunizieren – haben bessere Chancen, attraktiver Arbeitgeber für qualifizierte Arbeitnehmer/inn/en zu werden.
- **Kundenansprache im Marketing**: Eine vielfältig zusammengesetzte und entsprechend trainierte Belegschaft kann sich auf die Bedürfnisse und Wünsche der ebenfalls vielfältigen Kundschaft besser einstellen. Auch bei der Vergabe öffentlicher Aufträge kann die Einhaltung gesetzlicher Diskriminierungsverbote eine Rolle spielen. Außerdem können im Rahmen der Öffentlichkeitsarbeit kommunizierte Erfolge in Sachen Diversity jene Kund/inn/en ansprechen, deren Kaufverhalten auch an solchen Aspekten orientiert ist.
- **Finanzierung**: Manche Investorengruppen achten inzwischen auf (ökologische und) soziale Aspekte. So wird das Vorhandensein von Diversity Management z. B. von Analysten zunehmend bei deren Bewertungen berücksichtigt.
- **Flexibilität bei Veränderungen**: Multikulturelle Organisationen können eher bereit und fähig sein, sich an veränderte Bedingungen anzupassen, weil der Konformitätsdruck in Entscheidungsgremien geringer und der Umgang mit Unsicherheiten gewohnter ist.
- **Internationalisierung**: Eine multikulturelle Organisation, deren Mitglieder offen gegenüber Menschen sind, die „irgendwie anders" sind als sie selbst und für die die konstruktive Zusammenarbeit mit diesen eine Selbstverständlichkeit ist, hat es leichter, in anderen Ländern und Kulturen zu agieren.

Zur **Umsetzung von Diversity Management** werden folgende Substitute und Instrumente gestaltet: Ermittlung und Überprüfung des Bedarfs, strukturelle Institutionalisierung (Schaffung einer Stelle oder Abteilung), Evaluation der Maßnahmen, Beratungsangebote für „Minderheiten"-Gruppen, Mentoringprogramme, Diversity-Trainings, diversity-orientierte Betriebsvereinbarungen, diversity-orientierte Gestaltung personalwirtschaftlicher Aufgabenfelder, diversity-orientierte Einrichtungen (z.B. Kindergärten, Gebetsräume), Verankerung von Diversity in der Unternehmenskultur, Kommunikation der Diversity-Aktivitäten, flexible Arbeitszeiten, gemischte Teams (vgl. Krell 2008, S. 74).

7.2.6 Praktische Implikationen für Führungskräfte

Das AGG bejaht die Weiterentwicklung einer toleranten und multikulturellen Gesellschaft. Insofern sind Führungskräfte verpflichtet, eigene Meinungen, die diesem Ideal widersprechen, auf private Kontexte zu beschränken.

Bewerber dürfen nicht wegen Alter, Herkunft, Religion etc. oder evtl. Empfindlichkeiten von Kunden abgelehnt werden. Ausschließlich sachliche Gründe, wie fehlende Qualifikationen, gezeigte Arbeitsleistung etc., sind zulässig.

Führungskräfte müssen einschreiten, wenn Mitarbeiter von anderen belästigt oder diskriminiert werden.

Wünschenswert ist, dass Führungskräfte sich mit den Werten und Zielen der Gleichbehandlung so beschäftigen, dass diese Teil ihres Wertekanons werden. Dazu gehört die eigene Sensibilisierung für Vorurteile und Unsicherheit im Umgang mit Fremdartigem. Vorurteile und Unsicherheit sind in der Alltagsbewältigung von Menschen „normal", dessen muss man sich bewusst sein. Und man braucht die Fähigkeit, bei Verunsicherung oder Verstörung über das Fremdartige interessiert und diplomatisch nachzufragen und sich im Zweifelsfall entschuldigen zu können. Sofern man sich selbst diskriminiert fühlt, ist die Kompetenz zu entwickeln, Grenzüberschreitungen zu erkennen, eigene Bedürfnisse und Interessen angemessen zu artikulieren, Unterstützer zu finden und konstruktive Lösungen herbeizuführen.

Hintergrund

Politically correct. Politisch korrekt?!

Mit dem **Bemühen um nicht-diskriminierendes Verhalten** ist das Bewusstsein über die Bedeutung von Sprache verbunden. Seit den 1990er-Jahren ist die Suche nach „politisch korrekten" Bezeichnungen für ein Individuum von den USA nach Europa gekommen. Im Ursprung ging es darum, das verächtlich gebrauchte Wort „Nigger" und auch „Negro", das ein Lehnwort aus dem Spanischen ist durch ein neutrales Wort, nämlich „black" (in Unterscheidung zu „white") zu ersetzen. Mittlerweile gilt die geografische Herkunftsbezeichnung als besser, man wollte z.B. den German-American gleichwertig nebem dem African American sehen. Da kann die Frage aufkommen über wie viele Generationen man seine Herkunft in der Bezeichnung nachweisen soll bzw. wie diese bei geografischen Mischlingen weiterzuführen wäre.

In Deutschland hat das Bemühen um politische Korrektheit eine Wurzel in der Eigenheit der deutschen Sprache, nämlich des **generischen Maskulinums** (Verwendung der männlichen Form, wenn Personen beiderlei Geschlechts gemeint sind). Als Varianten haben sich etabliert: a) Fußnoten, die besagen, dass das generische Maskulinum ausdrücklich auch weibliche Personen einschließt, b) die Nennung der weiblichen und männlichen Form (z.B. Kolleginnen und Kollegen), c) die Binnen-I-Schreibung (ProfessorInnen) oder d) neutrale Formulierungen (Studierende).

Manchmal wird die politische Korrektheit zu einer Waffe der Bildungsdiskriminierung und führt sich damit selbst ad absurdum: Nur bestimmte Bildungsschichten wissen, dass man statt „Eskimo" „Inuit" sagen soll. Und nur die besonders gebildeten Schichten wiederum wissen, dass „Eskimo" eine Sammelbezeichnung für alle Bewohner des nördlichen Polarkreises ist, von denen nur ein Stamm (beachtlicher Größe) „Inuit" heißt.

Interessant ist, dass sich **zunächst die Bedeutungen und dann die Bezeichnungen** im Laufe der Zeit wandeln. Ursprünglich neutral gemeinte Bezeichnungen, wie z. B. Mohammedaner (als Anhänger der Lehre Mohammeds in Analogie zu Christen), entwickeln eine negative Konnotation und werden durch alternative Bezeichnungen ersetzt, wie z. B. Moslem, später Muslim/Muslima (lautsprachliche Wiedergabe der arab. Konsonantensprach-Bezeichnung MSLM, für den „der sich Gott hingibt").

Sich selbst seiner Sprache bewusst zu sein und nach Formulierungen zu suchen, die keinen kränken oder ausschließen, ist erstrebenswert. Betroffene zu fragen, wie sie genannt werden möchten, ist – angesichts von weltweitem Handel, Flüchtlingsströmen und Migrationen – diplomatisch klug.

7.3 Beschäftigungsfähigkeit (Employability)

Beschäftigungsfähigkeit („Employability") ist die Fähigkeit, fachliche, soziale und methodische Kompetenzen unter sich wandelnden Rahmenbedingungen zielgerichtet und eigenverantwortlich anzupassen und einzusetzen, um eine Beschäftigung zu erlangen oder zu erhalten (vgl. Rump und Eilers 2006, S. 47).

Abb. 7.5 listet beispielhaft einige Kriterien auf, die als employability-relevant eingeschätzt werden. Dabei werden die Aussagen eines männlichen und eines weiblichen Autorenteams gegenübergestellt.

7.3.1 Hintergrund der Employability-Diskussion

Die Zeiten, wo es Normalität war, einen einmal erlernten Beruf ein Leben lang im gleichen Betrieb auszuüben, sind vorbei. So wird Employability angesichts der Veränderungsdynamik in allen Lebenskontexten und der schrumpfenden Halbwertzeit des Wissens zu einer Schlüsselqualifikation, auch – und aufgrund ihrer **Vorbildfunktion** insbesondere – für Führungskräfte.

Mit der weiter zunehmenden Dequalifizierung von Arbeitsplätzen sind Führungskräfte jedoch zunehmend auch für die Employability ihrer Mitarbeiter verantwortlich. **Dequalifizierung** bedeutet: Je mehr Arbeitsprozesse auf extern kontrollierte Arbeitssteuerung und Fehlervermeidung abstellen, umso weniger Herausforderungen bietet Arbeit für den Ausübenden. Er verlernt Eigenverantwortung, dequalifiziert sich. Dies führt zu einer Erweiterung der Fürsorgepflicht des Arbeitgebers, vertreten durch die Führungskraft: Es wäre unverantwortlich, Mitarbeiter lediglich einseitig für einen engen Arbeitsausschnitt im eigenen Betrieb zu qualifizieren, wenn die Perspektive auf Beschäftigungsalternativen erhalten bleiben soll (z.B. bei Wegfall des Arbeitsplatzes durch Betriebsstättenverlegung). Die Beschäftigungsfähigkeit zu erhalten, ist wirtschaftlich wichtig: Zum einen wandeln sich Arbeitsplätze und Arbeitsplatzanforderungen und die Beschäftigten müssen für solch einen Wandel „fit" gehalten werden. Zum anderen sind für neu entstehende Arbeitsanforderungen Kräfte nicht beliebig „von außen" und mit „fertiger Qualifikation" beschaffbar, sodass der interne Arbeitsmarkt zunehmend bedeutsam ist (Abb. 7.6).

Das, was landläufig als „demografischer Wandel" bezeichnet wird, meint die Überalterung unserer Gesellschaft. Ein für die Menschheit neues Phänomen unserer Zeit. Die Deutschen sind heute mit durchschnittlich 40 Lebensjahren schon die ältesten Europäer (destatis 2005). 2050 werden wir durchschnittlich 50 Jahre alt sein (ebd.).

Das bedeutet für die Arbeitswelt, dass die natürlichen Lernimpulse, die auf Organisationen durch frisch ausgebildeten Nachwuchs, durch dessen Idealismus und neue Ideen zukommen, zurückgehen. Führungskräfte müssen deshalb die „Jungen" früh befähigen, ihre Ideen einzubringen und die „Alten" früh ermutigen, experimentierfreudig und kreativ zu bleiben. Mitarbeiterpotenziale altersspezifisch verschieden zu fördern und zu fordern, ist eine bislang in den Unternehmen noch nicht ausreichend geübte Praxis (vgl. grundsätzlich Schirmer 2016).

7.3.2 Lebenslanges Lernen

In den 1990er-Jahren hat sich in der deutschen Bildungs- und Arbeitsmarktpolitik ein sprachlicher und moralischer Wandel vollzogen: weg von der Versorgungsgesellschaft hin zur Eigenverantwortung.

So setzt die Bundesagentur für Arbeit nicht mehr, wie früher, auf „Arbeitsbeschaffungsmaßnahmen", welche dem Staat die Aufgabe zuwiesen, den Bürgerinnen und Bürgern Arbeitsplätze zu organisieren, sondern auf Maßnahmen zur Steigerung der Beschäftigungsfähigkeit.

Die Kultusministerkonferenz verwendet in ihren Empfehlungen zur beruflichen Weiterbildung den Begriff des „Lebenslangen Lernens": „In den 70er - und 80er-Jahren waren die Teilnehmerzahlen und die Aufwendungen für Weiterbildung erheblich gestiegen: Lebenslanges Lernen wurde unerlässlich, um die gesellschaftlichen und wirtschaftlichen Veränderungen bewältigen und diese mitgestalten zu können." (KMK 2001, S. 3). „Im Kontext des lebenslangen Lernens bestimmt sich die Eigenverantwortung der Lernenden neu. (…)Verantwortung für die Weiterbildung und deren Finanzierung tragen

Fachkompetenz: ist fachlich kompetent **Initiative**: ist aktiv, ergreift Initiative, erkennt und nutzt Chancen **Eigenverantwortung**: übernimmt Verantwortung für sich selbst, die eigene Entwicklung und setzt sich Ziele **Unternehmerisches Denken und Handeln**: erkennt die Konsequenzen eigenen Handelns **Engagement**: ist fleißig und engagiert sich **Lernbereitschaft**: lernt kontinuierlich dazu und bleibt am Ball **Teamfähigkeit**: ist fähig und bereit zur Zusammenarbeit **Kommunikationsfähigkeit**: ist in der Lage, das, was sie meint und will, auszudrücken und zur Geltung zu bringen **Empathie, Einfühlungsvermögen**: versetzt sich in andere hinein und hört zu, **Belastbarkeit**: behält in ungewohnten bzw. belastenden Situationen einen klaren Kopf **Konfliktfähigkeit, Frustrationstoleranz:** geht konstruktiv mit schwierigen Situationen und Misserfolgen **Offenheit, Veränderungsbereitschaft**: ist offen für Neues, neugierig **Reflexionsfähigkeit**: weiß, was sie kann und denkt regelmäßig über sich und ihre Beschäftigungsfähigkeit nach.	**Innovationsfähigkeit**: stellt Vorgaben, Prozesse und Systeme immer wieder kreativ und konstruktiv infrage und setzt daraus abgeleitete Neuentwicklungen und Veränderungen konsequent um. **Managementfähigkeit**: durchschaut komplexe ökonomische Zusammenhänge, macht sich aktiv Gedanken über die Verbesserung der Position des eigenen Unternehmens, trifft Entscheidungen konsequent und auf konkrete Handlungsmöglichkeiten ausgerichtet. **Durchsetzungsfähigkeit**: kann den eignen Standpunkt überzeugend vermitteln und zielgerichtet vertreten und ist bei Widerständen konfliktfähig und belastbar. **Netzwerkfähigkeit**: entwickelt und pflegt persönliche Kontakte durch Einfühlungs-, Kommunikations- und Kooperationsvermögen. **Servicefähigkeit**: zeigt in Innen- und Außenbeziehungen die nötige Bedarfs- und Dienstleistungsorientierung, ist qualitätsorientiert. **Balancefähigkeit**: kann beruflichen Aufgaben und Verpflichtungen mit den anderen Dingen des Lebens (z. B. Familie, Hobbies) synchronisieren. **Wirkungsfähigkeit**: zeigt sich in Harmonie, Qualität, Schlüssigkeit und Wiedererkennungswert des eigenen Auftretens, des Arbeits- und Präsentations-Stils. **Planungsfähigkeit**: richtet den eigenen beruflichen Entwicklungsprozess konsequent auf das persönliche Lebensziel aus und gestaltet ihn flexibel. **Lernfähigkeit**: hinterfragt die Kenntnisse, die zur Lösung beruflicher Problemstellungen zur Verfügung stehen, immer wieder hinsichtlich ihrer Aktualität, ist bereit, die derzeitige Basis permanent zu ergänzen, weiter zu entwickeln oder aber auch zu verlassen.

Abb. 7.5 Kriterien der Employability (Beispiele). Quelle: Rump und Eilers (2006, S. 47 f.) und Lombriser/ Uepping (2001, S. 219 f.)

die einzelnen Bürgerinnen und Bürger, aber auch die Öffentliche Hand (Kommunen, Länder, Bund, Europäische Union), die Wirtschaft, die gesellschaftlichen Gruppen, die Weiterbildungseinrichtungen und die öffentlich-rechtlichen Rundfunkanstalten. Sie

Für das Unternehmen	Für den Einzelnen
schnelle Reaktionsgeschwindigkeit höhere Anpassungsfähigkeit Steigerung der Innovationsfähigkeit Verbesserung der betrieblichen Wandlungs- und Veränderungsfähigkeit zunehmende Flexibilität beim Personaleinsatz Steigerung der Attraktivität als Arbeitgeber Entschärfung von Konflikten bei Personalanpassungs-Prozessen	Steigerung der Karrierechancen im Unternehmen Steigerung der Karrierechancen auf dem externen Arbeitsmarkt Aktualität des eigenen Qualifikationsstandes verbesserte Einschätzungsfähigkeit bezüglich nachgefragter Kompetenzen und Fähigkeiten Aufdecken bislang nicht genutzter Talente Erhöhung von Selbstbewusstsein und Eigenverantwortung Wissen um die eigenen Stärken und Schwächen Mitgestaltungsmöglichkeiten der eigenen beruflichen Zukunft gleichberechtigte Partnerschaftsbeziehung zum Arbeitgeber

Abb. 7.6 Nutzen von Employability. Quelle: Rump und Eilers (2006, S. 9 ff.)

fördern durch ihr Verhalten die Weiterbildungsbereitschaft und schaffen die Voraussetzungen für ein aufgeschlossenes Weiterbildungsklima." (KMK 2001, S. 6)

Von Gewerkschaften und Sozialwissenschaftlern wurde die Tatsache, dass damit die Beschäftigungsverantwortung vom Staat auf den einzelnen übertragen wird, kritisch begleitet. Sie stellen infrage, dass jeder Mensch in der Lage sein kann, sich selbst um seine Beschäftigungsfähigkeit zu kümmern und weisen den Firmen und Bildungseinrichtungen zu Recht eine hohe Übergangsverantwortung zu.

7.3.3 Employability der Mitarbeiter

Employability-Programme in Unternehmen führen zu einer Umdefinition des psychologischen Arbeitsvertrags: Der alte psychologische Arbeitsvertrag „Arbeitsplatzsicherheit gegen Loyalität" wird abgelöst durch einen Vertrag mit dem Tauschobjekt „Anpassungsbereitschaft gegen Qualifizierung" (vgl. Lombriser und Uepping 2001).

Für die Führungskraft geht es nicht mehr nur darum, den Mitarbeitern Aufgaben zuzuweisen, sie anzulernen und zu überwachen, sondern sie muss sie auch coachen und weiterentwickeln. Und sie muss mit der Erkenntnis leben lernen, dass die besten ihrer Mitarbeiter sie als erste verlassen werden.

Führungskräfte müssen sich im Rahmen ihrer Fürsorgepflicht also nicht nur um Sicherheit, Gesundheit und Altersvorsorge ihrer Mitarbeiter kümmern, sondern die elterliche Bereitschaft haben, sie gut zu qualifizieren und ziehen zu lassen.

7.3.4 Die eigene Employability

Zur Sicherung der eigenen Beschäftigungsfähigkeit gehören die Beobachtung der eigenen Berufsbiografie und der Entwicklungen im eigenen Berufsfeld, um den eigenen Qualifizierungsbedarf steuern zu können. Aber auch Lebensplanungsfragen, wie die, was das eigene (Berufs-)Leben lebenswert macht, gehören dazu. Hierunter sind auch Fragen der Work-Life-Balance zu fassen.

Wer sich auf diese Aufgabe vorbereiten und dabei gleichzeitig noch Englisch üben möchte, dem sei Cottrell 2015 zur weiteren Lektüre empfohlen. Es ist ein Arbeitsbuch zur Karriereplanung für Studierende.

7.4 Zusammenfassung

Die soziale Verantwortung eines Unternehmers ist in den Arbeitsschutzgesetzen und im Gleichbehandlungsgesetz beschrieben. Mit der Übertragung einer Führungsaufgabe überträgt der Unternehmer auch diese Verantwortung an die Führungskraft: Sie ist für Sicherheit, Gesunderhalt und Gleichbehandlung der Mitarbeiter zuständig.

Darüber hinaus besteht eine Verantwortung für den qualifikatorischen Erhalt der Beschäftigungsfähigkeit und die Organisation eines motivations- und leistungsfördernden Umfelds.

7.5 Kontrollaufgaben

Aufgabe 7.1 Erläutern Sie, warum es sinnvoll ist, die Generalklausel der allgemeinen Fürsorgepflicht durch weiterführende öffentlich-rechtliche Schutzvorschriften zu ergänzen.

Aufgabe 7.2 Warum darf eine Führungskraft den Verdacht auf Alkoholmissbrauch am Arbeitsplatz nicht bagatellisieren?

Aufgabe 7.3 Welche Rückschlüsse lassen sich aus nachstehender Abb. 7.7 über den Stand der Gleichbehandlung am deutschen Arbeitsmarkt im Jahr 2001 ziehen?

Aufgabe 7.4 Was ist – bezogen auf das Führungsverhalten – der Unterschied zwischen Gender- und Diversity-Ansatz?

Aufgabe 7.5 Beim Einsatz welcher Führungsinstrumente sollten Führungskräfte den Aspekt der Beschäftigungsfähigkeit berücksichtigen?

Berufsgruppe	Verdienste Männer 2001		Verdienste Frauen 2001		Frauenanteil 1997
	in Euro	Rangplatz	in Euro	Rangplatz	in%
GeschäftsführerInnen, FilialleiterInnen	5.765	1	3.939	3	20
ChemikerInnen, Chemie-IngenieurInnen	5.079	2	3.849	-	19
Leitende Verwaltungsfachleute	5.027	3	3.616	-	40
Unternehmensberater, OrganisatorInnen	4.931	-	4.050	1	25
ElektroingenieurInnen	4.672	-	4.005	2	4
SekretärInnen	3.517	-	2.916	-	97
KassiererInnen	2.604	drittletzter	1.956	vorletzter	91
VerkäuferInnen	2.602	vorletzter	1.764	letzter	79
TelefonistInnen	1.972	letzter	2.134	drittletzter	84

Abb. 7.7 Berufliche Segregation und Entgeltdifferenzen. Quelle: Jochmann-Döll (2005), zit. nach Oechsler und Klarmann (2008, S. 34)

Literatur

Belkin, L. (2003). The opt-out-revolution. *The New York Times* vom 26.10.2003. http://www.nytimes.com/2003/10/26/magazine/26WOMEN.html?pagewanted=all. Zugegriffen am 15.04.2016.

Berthel, J., & Becker, F. G. (2013). *Personalmanagement. Grundzüge für Konzeptionen betrieblicher Personalarbeit* (10. Aufl.). Stuttgart.

Bischoff, S. (2005). *Wer führt in (die) Zukunft? Männer und Frauen in Führungspositionen der Wirtschaft in Deutschland – die 4. Studie*. Bielefeld.

BMFSFJ & BMJV. (2015) Fragen und Antworten zu dem Gesetz für die gleichberechtigte Teilhabe von Frauen und Männern an Führungspositionen in der Privatwirtschaft und im öffentlichen Dienst. Stand 13.05.2015. http://www.bmjv.de/SharedDocs/Downloads/DE/PDF/FAQ_Frauenquote.pdf;jsessionid=7002A50E07D6940A4CA6638F758B6283.1_cid324?__blob=publicationFile&v=3. Zugegriffen am 15.04.2016.

Burisch, M. (2014). *Das Burnout-Syndrom: Theorie der inneren Erschöpfung. Zahlreiche Fallbeispiele. Hilfen zur Selbsthilfe* (5. Aufl.). Berlin.

Cassens, M. (2003). *Work-Life-Balance: Wie Sie Berufs- und Privatleben in Einklang bringen*. München.

Collatz, A., & Gudat, K. (2011). *Work-life-balance*. Göttingen.

Cottrell, S. (2015). *Skills for success: Personal development and employability* (Palgrave study skills). (3. Aufl.). London.

Demann, S. (2014). *Selbstcoaching für Führungskräfte: Standard oder Spitze? Selbstcoaching macht den Unterschied*. Offenbach.

Doblhofer, D., & Küng, Z. (2008). *Gender Mainstreaming. Gleichstellungsmanagement als Erfolgsfaktor – das Praxisbuch*. Heidelberg.

Eisermann, J., & Costanzo, E. de (2012). *Die Erfassung von Mobbing – Eine Konstruktvalidierung aktueller Datenerhebungsverfahren*. Forschung, Projekt F 2128. PDF, Dortmund. http://www.

baua.de/de/Publikationen/Fachbeitraege/F2128.pdf?__blob=publicationFile&v=2. Zugegriffen am 15.04.2016.

Freie Universität Berlin. (2008). Leitfaden für Führungskräfte zum Umgang mit Suchtkrankheiten. Personalblatt Nummer 05/2008 vom 9. Dezember 2008. www.fu-berlin.de/service/zuvdocs/personal/2008/pb_052008.pdf. Zugegriffen am 15.04.2016.

Gieselmann, A., & Krell, G. (2008). Diversity-Trainings: Verbesserung der Zusammenarbeit und Führung einer vielfältigen Belegschaft. In G. Krell (Hrsg.), *Chancengleichheit durch Personalpolitik: Gleichstellung von Frauen und Männern in Unternehmen und Verwaltungen* (S. 331–350). Wiesbaden.

Hamann, G. (2016). Warum schwer, wenn's leichter geht? Viele deutsche Firmen lassen die Frauen immer noch nicht nach ganz oben – wie dumm! In *DIE ZEIT* Nr. 2/2016. http://www.zeit.de/2016/02/frauenquote-fuehrungskraft-unternehmen. Zugegriffen am 15.04.2016.

Jochmann-Döll, A. (2005): Gleiches Entgelt für gleichwertige Arbeit. (K)ein Thema für die Betriebswirtschaftslehre, in: Krell, G. (Hrsg.): Betriebswirtschaftslehre und Gender Studies: Analysen aus Organisation, Personal, Marketing und Controlling, Wiesbaden, S. 185-204.

Karl, M. (2009). *„Wir fordern die Hälfte der Welt!": Der Kampf der Suffragetten um das Frauenstimmrecht*. Frankfurt.

Karl, M. (2011). *Die Geschichte der Frauenbewegung*. Stuttgart.

Kernen, H. (1999). *Burnoutprophylaxe im Management*. Bern.

Klenk, D. (Hrsg.). (2015). *Gender Mainstreaming: Das Ende von Mann und Frau?* (2. Aufl.). Gießen.

Kloepfer, I. (2012). Was Powerfrauen wirklich wollen. In Frankfurter Allgemeine Zeitung vom 05.05.2012. http://www.faz.net/aktuell/wirtschaft/karrieren-was-powerfrauen-wirklich-wollen-11741194.html., Zugegriffen am 15.04.2016.

KMK (Kultusministerkonferenz der Länder). (2001). Vierte Empfehlung der Kultus-ministerkonferenz zur Weiterbildung. Beschluss der Kultusministerkonferenz vom 01.02.2001. http://www.kmk.org/fileadmin/veroeffentlichungen_beschluesse/2001/2001_02_01-4-Empfehlung-Weiterbildung.pdf., Zugegriffen am 15.04.2016.

Knapp, G.-A. (2011). Gleichheit, Differenz, Dekonstruktion: Vom Nutzen theoretischer Ansätze der Frauen- und Geschlechterforschung für die Praxis. In G. Krell, R. Ortlieb & B. Sieben (Hrsg.), *Chancengleichheit durch Personalpolitik: Gleichstellung von Frauen und Männern in Unternehmen und Verwaltungen* (6. Aufl., S. 71–86). Wiesbaden.

Kreitner, J. (2012). Fürsorgepflicht. In W. Küttner (Hrsg.), *Personalbuch 2012. Arbeitsrecht, Lohnsteuerrecht, Sozialversicherungsrecht* (19., vollst. neubearb. Aufl., S. 1309–1316). München.

Krell, G. (2008): Chancengleichgleich und Personalpolitik. – Gleichstellung von Frauen und Männern in Unternehmen und Verwaltungen. Rechtliche Regelungen, Problemanalysen, Lösungen. 5. vollst. überarb. und erw. Aufl., Wiesbaden 2008.

Krell, G., & Sieben, B. (2011). Diversity Management: Chancengleichheit für alle und auch als Wettberwerbsvorteil. In G. Krell, R. Ortlieb, & B. Sieben (Hrsg.), *Chancengleichheit durch Personalpolitik: Gleichstellung von Frauen und Männern in Unternehmen und Verwaltungen* (6. Aufl., S. 155–174). Wiesbaden.

Lenz, I. (Hrsg.). (2009). *Die Neue Frauenbewegung in Deutschland: Abschied vom kleinen Unterschied. Ausgewählte Quellen*. Wiesbaden.

Leymann, H. (2002). *Mobbing. Psychoterror am Arbeitsplatz und wie man sich dagegen wehren kann*. Hamburg/Reinbeck.

Leymann, H. (2013). *Mobbing. Psychoterror am Arbeitsplatz und wie man sich dagegen wehren kann* [E-Book]. Hamburg/Reinbeck.

Lieber, B. (2007). *Personalführung…leicht verständlich!* (2. Aufl.). Stuttgart.

Litzcke, S., Schuh, H., Pletke, M. (2013). *Stress, Mobbing und Burn-out am Arbeitsplatz : Umgang mit Leistungsdruck – Belastungen im Beruf meistern* (6. Aufl.). Berlin.

Loden, M. (1988). *Als Frau im Unternehmen führen – Feminine Leadership*. Freiburg.

Lombriser, R., & Uepping, H. (Hrsg.). (2001). *Employability statt Jobsicherheit – Personalmangement für eine neue Partnerschaft zwischen Unternehmen und Mitarbeitern*. Neuwied.

Merk, K. (2014). *Mobbing. Praxisleitfaden für Betriebe und Organisationen. Nachdruck 2014*. Wiesbaden.

Meschkutat, B., Stackelbeck, M., & Langenhoff, G. (2002). *Der Mobbing-Report. Eine Repräsentativstudie für die Bundesrepublik Deutschland*. Dortmund.

Nerdinger, F. W., & Müller, C. (2015). *Personalarbeit im demografischen Wandel: Ergebnisse aus dem Verbundprojekt PerDemo*. Stuttgart.

Neuberger, O. (2002). *Führen und führen lassen* (6. Aufl.). Stuttgart.

Oechsler, W. A., & Klarmann, P. (2008). Implikationen des Allgemeinen Gleichbehandlungsgesetzes (AGG) für das Personalmanagement: Wie diskriminierungsfrei sind die personalpolitischen Instrumente? In G. Krell (Hrsg.), *Chancengleichheit durch Personalpolitik: Gleichstellung von Frauen und Männern in Unternehmen und Verwaltungen* (5. Aufl., S. 23–38). Wiesbaden.

Richter, G., & Niehaus, M. (Hrsg.). (2015). *Personalarbeit im demografischen Wandel: Beratungsinstrumente zur Verbesserung der Arbeitsqualität. Bundesanstalt für Arbeitsschutz und Arbeitsmedizin*. Bielefeld.

Rosener, J. B. (1990). Ways women lead. *Harvard Business Review, 68*(11/12), 119–125.

Rühl, M. (2011). Praxisbeispiel Lufthansa: Diversity – Argumente, Strategien, Maßnahmen. In G. Krell, R. Ortlieb & B. Sieben (Hrsg.), *Chancengleichheit durch Personalpolitik: Gleichstellung von Frauen und Männern in Unternehmen und Verwaltungen* (6. Aufl., S. 189–192). Wiesbaden.

Ruhr-Universität Bochum. (2001). Dienstvereinbarung zur betrieblichen Suchtprävention an der Ruhr-Universität Bochum vom 28. September 2001 mit Hintergrundinformationen und Anlagen. (Abgerufen am 12.11.2008, bei Neuauflage dieses Buches nicht mehr abrufbar. Ähnliche Quelle: Freie Universität Berlin 2008).

Rump, J., & Eilers, S. (2006). Grundlagen. In J. Rump, T. Sattelberger & Fischer (Hrsg.), *Employability Management – Grundlagen, Konzepte, Perspektiven* (S. 13–76). Wiesbaden.

Schiek, D. (2011): Was Personalverantwortliche über das Verbot der mittelbaren Geschlechterorientierung wissen sollten. In: Krell, G.; Ortlieb, R.; Sieben, B.: Chancengleichgleich und Personalpolitik. – Gleichstellung von Frauen und Männern in Unternehmen und Verwaltungen. Rechtliche Regelungen, Problemanalysen, Lösungen. 6. Aufl., Wiesbaden 2011.

Schaufeli, W., & Enzmann, D. (1998). *The burnout companion to study and practice; a critical analysis* (Issues in occupational health). London.

Schirmer, U. (Hrsg.). (2016). *Demografie Exzellenz. Handlungsmaßnahmen und Best Practices zumdemografieorientierten Personalmanagement.* Wiesbaden

Sczesny, S. (2003). Führungskompetenz: Selbst- und Fremdwahrnehmung weiblicher und männlicher Führungskräfte. *Zeitschrift für Sozialpsychologie, 34*(3), 133–145.

Seeger, C. (2014). Mythos work-life-balance. Harvard Business Manager 4/2014.

Seiwert, L. J. (2011). *30 Minuten Work-Life-Balance* (15. Aufl.). Offenbach.

Seiwert, L. J., & Tracy, B. (2007). *Life-Leadership* (2. Aufl.). Offenbach.

Singer, M. V., Batra, A., & Mann, K. (Hrsg.), *Alkohol und Tabak. Grundlagen und Folgeerkrankungen* (S. 57–61). Stuttgart: Thieme.

Spreck, P. (Hrsg.). (2009). *Employability – Herausforderungen für die strategische Personalentwicklung: Konzepte für eine flexible, innovationsorientierte Arbeitswelt von morgen* (4. Aufl.). Wiesbaden.

Stauder, C. (2009). *Stress am Arbeitsplatz als Ursache für psychische Störungen und Suchterkrankungen*. Hamburg.

Straub, D. (2012). Folgen von Pflichtverletzungen durch Arbeitnehmer oder Arbeitgeber (Leistungsstörungen). In D. Straub (Hrsg.), *Arbeits-Handbuch Personal. Recht und Praxis für das Personalmanagement* (8. Aufl., S. 872–896). Berlin.

Tannen, D. (1997). *Job-Talk. Wie Frauen und Männer am Arbeits-platz miteinander reden*. München.
VBG. (2014). Sucht: Erkennen – Handeln – Helfen. Prävention und Intervention bei Suchterkrankungen im Betrieb Begleitheft zum Lernprogramm. Version 1.0/2014-06. http://www.vbg.de/SharedDocs/Medien-Center/DE/Broschuere/Branchen/OePNV_und_Bahnen/Sucht_Erkennen_Handeln_Helfen_Medienpaket_mit_Begleitheft.pdf?__blob=publicationFile&v=3. Zugegriffen am 15.04.2016.
Vorsitzenden, und dem Personalrat der Medizinischen Einrichtungen der Ruhr-Universität Bochum, vertreten durch den Vorsitzenden, andererseits.
Weinert, A. B. (2004). *Organisations- und Personalpsychologie* (5. Aufl.). Weinheim.
Wunderer, R. (2011). *Führung und Zusammenarbeit. Eine unternehmerische Führungslehre* (9. neu bearbeitete Aufl.). Köln.

Lösungen zu den Kontrollfragen

Lösungshinweise zu den Aufgaben aus Kapitel 1

Aufgabe 1.1 Personalführung umschreibt den dynamischen, wechselseitigen und ethisch legitimierten Prozess der zielgerichteten Verhaltensbeeinflussung von Mitarbeitern in einer interaktionalen Beziehung auf die Einhaltung bzw. Erreichung bestimmter Werte und Ziele des Unternehmens hin. Die direkte Führung (personale Führung) kann dabei durch bestimmte Rahmenbedingungen im Unternehmen unterstützt (strukturale Führung) werden, muss sich andererseits aber auch an diesen Gegebenheiten ausrichten. Eine Führung gegen die strukturalen Gegebenheiten hat wenig Aussicht auf Erfolg. Ebenso können aber falsch gesetzte Rahmenbedingungen, wie z. B. fehlsteuernde Anreizsysteme, gute Führungsarbeit konterkarieren.

Aufgabe 1.2 Funktionaler, strukturalen, Vorstellungs- und Interpretationsmuster, prägnant, verbreitet, verankert.

Aufgabe 1.3 Mit Lokomotionsfunktion wird die Kernfunktion bezeichnet, die Leistung und Fähigkeiten der Mitarbeiter auf die angestrebten Sachziele hin auszurichten. Kohäsionsfunktion umschreibt die Aufgabe der Vorgesetzten, das „Wirgefühl“ unter ihren Mitarbeitern zu stärken, d. h. das Zusammengehörigkeitsgefühl. Letzteres steht in einer plausiblen Mittel-Zweck-Beziehung zur Lokomotionsfunktion: zufriedene Mitarbeiter sind leistungsbereiter.

Aufgabe 1.4 Im funktionalistischen Rollenkonzept erfolgt eine Perspektivenänderung dahingehend, dass Rolle definiert wird, als das Set an zu erbringenden, bestandssichernden Funktionen für die Organisation. Die Bedeutung der Position ergibt sich somit aus dem Beitrag zum Erhalt des Unternehmens und wird durch die Systemerfordernisse definiert.

U. Schirmer, S. Woydt, *Mitarbeiterführung*, BA KOMPAKT,
DOI 10.1007/978-3-662-47915-5

Aufgabe 1.5 Die hoch belastbaren Führungsbeziehungen zwischen Vorgesetzten und „In-Group-Mitarbeitern" sind dadurch gekennzeichnet, dass sich Führungskraft und Mitarbeiter engagiert einbringen und gemeinsam Beiträge leisten, um die Ziele zu erreichen, sich loyal zueinander verhalten und sich unterstützen sowie sich fachlich als auch emotional schätzen.

Aufgabe 1.6 Gesellschaftlicher Kontext (Wertewandel), Globalisierung und diversifizierte Belegschaften, Digitalisierung.

Aufgabe 1.7 Fühlen sich Mitarbeiter infolge eines fairen, wertschätzenden aber auch fordernden Umgangs durch ihre Vorgesetzten wohl im Unternehmen, entstehen Zufriedenheit und Commitment dem Unternehmen gegenüber. Dies stellt die Basis dafür dar, dass sich Mitarbeiter über die von ihnen im Rahmen von Arbeitsverträgen und Stellenbeschreibungen hinaus geforderten Pflichtbeiträge für das Unternehmen engagieren. Dadurch kann die Organisation insgesamt eine höhere Leistungsstufe im Sinne einer Hochleistungsorganisation (Performance Management) realisieren. Dies stellt einen klaren Wettbewerbsvorteil gegenüber anderen Unternehmen dar.

Aufgabe 1.8 Zielkaskadierung umschreibt das systematisch abgeleitete Konkretisieren von Zielen, beginnend von der Unternehmensführungsebene bis zu den operativ tätigen Mitarbeitern. Im Sinne eines Wasserfalls (Kaskade) „ergießen" sich die Ziele über die verschiedenen Hierarchieebenen eines Unternehmens. Dabei beziehen sich die Zielformulierungen einer Hierarchieebene immer auf die Ziele der übergeordneten Führungsebene. Die Zielkaskadierung ist ein tragendes Element im Management by objectives, d. h. im Führen durch Zielvereinbarungen.

Aufgabe 1.9 R, F, R, F, F.

Aufgabe 1.10 Legitimation – Belohnung, Zwang, Persönlichkeitswirkung, Wissen und Fähigkeiten, Information, Überzeugung, Charisma, Gestaltungsmacht

Aufgabe 1.11 Mit „light side of leadership" wird der unterstellte Führungs-Harmonismus bezeichnet. Dieser drückt aus, dass es keine Konflikte zwischen Führungsethik und Führungserfolg gibt, da eine hohe Sachzielerreichung nur mit zufriedenen Mitarbeitern erfolgen kann. Erfolgreiche Führung muss somit ethisch sein.

Aufgabe 1.12

a) Unvoreingenommenheit: alle wollen die kooperative Wahrheitssuche.
b) Jeder Teilnehmer ist bereit, eine Festlegung auf alle anderen gleichartigen Fälle anzuwenden.
c) Machtfreie Diskussion: Jeder darf seine Überzeugungen äußern.
d) Bereitschaft, eigene Standpunkte zu hinterfragen und zu verändern.
e) Jedes Thema darf eingebracht und angesprochen werden.

Aufgabe 1.13 Die Umsetzung kann z. B. durch

- das Setzen von Grundwerten (z. B. „Code of Conduct" oder „Ethikleitfaden") unter Mitwirkung der Mitarbeiter,
- das strikte Einhalten und Durchsetzen des „Code of Conduct" sowie gesetzlicher Vorgaben,
- die Aufnahme der „ethischen"-Dimension in Kompetenzmodelle, die Aufnahme der Führungsethik als Kriterium bei der Mitarbeiterbeurteilung und Entlohnung,
- einen ethischen Situationsbezug bei Trainingsmaßnahmen,
- das Einsetzen einer innerbetrieblichen „Ethik"-Kommission und eines Ethikbeauftragten,
- verantwortliches Verhalten der Geschäftsführung („ethische Vorbilder") oder
- die Entwicklung einer „Geführten-Ethik" („whistle-blowing") usw. unterstützt werden.

Aufgabe 1.14 Führungskompetenz ist die Fähigkeit eines Menschen, auf der Grundlage subjektiv bewerteter Situationsanforderungen, eigener Fähigkeiten und Kenntnisse sowie der vorherrschenden Unternehmenskultur, allein oder im Zusammenwirken mit anderen, ein zweckmäßiges Handlungsmuster zum Erreichen von Führungszielen zu entwerfen, umzusetzen und zu kontrollieren. Führungskompetenz beinhaltet Selbstorganisationsfähigkeit.

Lösungshinweise zu den Aufgaben aus Kapitel 2

Aufgabe 2.1 Neurotizismus, Extraversion, Offenheit für Erfahrungen, Verträglichkeit und Gewissenhaftigkeit

Aufgabe 2.2 Vergesellschaftung beschreibt die Vermittlung der zur Teilnahme am sozialen Leben notwendigen Werte und Normen an ein Individuum. Erst dadurch wird der Mensch „gesellschaftsfähig". Die Herausforderung im Rahmen der Vergesellschaftung des Einzelnen liegt in der Individuation, d. h. darin, den Einzelnen zu einem sozialen, aber auch eigenständigen Individuum zu entwickeln, das auf der Basis einer kritischen Auseinandersetzung mit den sozialen Normen sein eigenes Persönlichkeitsprofil entwickelt.

Aufgabe 2.3 Dadurch, dass der Prozess der Umweltwahrnehmung selektiv ist, u. a. von der Kontexteinbettung der Reize sowie der Reizeindeutigkeit abhängt, entsteht im Kopf des Menschen kein objektives Abbild der Umwelt, sondern eine auf Basis erlernter Heuristiken subjektiv konstruierte Realität.

Aufgabe 2.4 Bei der Begründung von Verhalten kommt es sehr häufig zu einem fundamentalen Attributionsfehler derart, dass der Einfluss von Situationsfaktoren auf das Verhalten unterschätzt, dagegen der Einfluss von Personenfaktoren überschätzt wird. Kommt zum Beispiel ein Mitarbeiter zu spät zu einem Besprechungstermin, wird ihm oftmals spontan unterstellt, dass er einfach nicht in der Lage sei, pünktlich zu erscheinen. Dass der Mitarbeiter aber eventuell durch den nächst höheren Vorgesetzten aufgehalten wurde und sein spätes Erscheinen nicht selbst zu verantworten hat, wird nicht gesehen.

Aufgabe 2.5 F, F, F.

Aufgabe 2.6 Im Homöostase-Prinzip bedürfnistheoretischer Motivation besteht das Ziel innerlich motivierten, d. h. bedürfnisgestützten Handelns darin, erneut ein organismisches Gleichgewicht herzustellen. Beispiele für solche Beweggründe menschlichen Verhaltens sind z. B. Durst, Hunger, persönliche Interessen, Verlangen nach Zugehörigkeit usw.

Aufgabe 2.7 Maslow definierte ganze Bedürfnisgruppen, die eben nicht gleichberechtigt nebeneinander stehen, sondern in einer hierarchischen Abfolge im Prozess der Persönlichkeitsentwicklung angeordnet sind. Die Bedürfniskategorien sind dabei physiologische Grundbedürfnisse, Sicherheitsbedürfnis, soziale Bedürfnisse, Wertschätzungsbedürfnisse und das Bedürfnis nach Selbstverwirklichung.

Aufgabe 2.8 Im VIE-Modell wählt der Mensch diejenige Handlungsalternative, bei der das Produkt aus Nutzen und Erfolgszuversicht, die notwendige Handlung ausführen zu können, am größten ist. Zwar hat eine Taube einen hohen Nutzwert (Valenz), zumindest für den Vogelliebhaber, aber die Chance diese auf dem Dach zu ergreifen, tendiert gegen Null (Erfolgszuversicht). Dagegen ist die Möglichkeit (Erfolgszuversicht), einen vielleicht nicht so hübschen Spatz (Valenz) zu ergreifen deutlich höher. Im Ergebnis wird versucht, den Spatz zu ergreifen.

Aufgabe 2.9 Mit dem Setzen eines verbindlichen Zieles, das der Mensch erreichen will, wird die Schwelle, der „Rubikon", vom Wunsch zum Ziel überschritten. Es entsteht im Sinne einer inneren Selbstverpflichtung ein starkes Commitment, dieses Ziel tatsächlich zu realisieren.

Lösungshinweise zu den Aufgaben aus Kapitel 3

Aufgabe 3.1 Der Begriff Gruppendynamik geht auf Kurt Lewin zurück, der 1944 das Research Center for Group Dynamics in den USA gründete. Gruppendynamik meint, dass Gruppen ein Eigenleben unabhängig von ihren konkreten Mitgliedern haben. Bestimmte Verhaltensweisen von Gruppen sind bei unterschiedlicher Besetzung wiederholbar festzustellen.

Aufgabe 3.2 Laterale (seitliche) Führung ist Führung von Personen, obwohl man diesen gegenüber disziplinarisch kein Weisungsrecht besitzt. Es gilt beispielsweise, Mitarbeiter aus anderen Abteilungen zu führen. Laterale Führung kann z. B. über rationale Argumentation, ein Vorteilsversprechen oder Drohung erfolgen.

Aufgabe 3.3 Z. B. räumliche Nähe, regelmäßige Kontakte, direkte Kommunikationsmöglichkeiten, aufeinander aufbauende Arbeitsinhalte.

Aufgabe 3.4 Falsch, Konflikte könnten immer noch entstehen, wenn die Kommunikationsregeln nicht akzeptiert werden. Viele „Spielregeln" sind zudem unbewusst.

Aufgabe 3.5 Unterschiedliche Wertvorstellungen von Mitarbeitern können zu Konflikten führen; ein gesellschaftlicher Wertewandel muss berücksichtigt werden; es kann „Dienst nach Vorschrift" oder Demotivation drohen, wenn sich die Unternehmensführung nicht an gemeinsamen Werten orientiert.

Aufgabe 3.6 F, F, R.

Aufgabe 3.7 Auf der Ebene der **Basisannahmen** existieren grundlegende Orientierungs- und Vorstellungsmuster, die Wahrnehmung und Handeln von Menschen leiten. Dazu gehören insbesondere Annahmen darüber, welchen Wert z. B. Zeit hat oder was in einer Organisation als wahr angesehen wird. Auf der Ebene der **Werte, Regeln und Standards** befinden sich u. a. Normen und Richtlinien, die implizit oder explizit formuliert sind und ganz konkret das Verhalten der Mitarbeiter beeinflussen: „Bei uns beginnen Besprechungen immer pünktlich!" Die tatsächlich gelebten Verhaltenskonsequenzen sind auf der **Symbolebene** der Kultur beobachtbar, z. B. am Auftreten der Mitarbeiter, an deren Umgang miteinander sowie an umgesetzten Bürokonzepten (Großraum- vs. Einzelbüro) usw.

Lösungshinweise zu den Aufgaben aus Kapitel 4

Aufgabe 4.1 Kommunikationsbedürfnisse von Menschen sind z. B. Self Disclosure oder Impression Management. Menschen sind soziale Wesen und setzen sich daher auch mit anderen Menschen auseinander, dies geschieht über Kommunikation. Diese grundlegenden Bedürfnisse gelten auch in beruflichen Situationen und sind bei der Mitarbeiterführung als bei sozialen Interaktionsprozessen zu berücksichtigen.

Aufgabe 4.2 Richtig.

Falsch, es kommt darauf an, was mit der Aussage bezweckt werden soll. Beim Small-Talk beispielsweise ist es vor allem wichtig, eine gute Beziehung aufzubauen oder diese zu festigen.

Falsch, wiederum kommt es darauf an, wie der Gesprächspartner angesprochen werden will und ob man gewillt ist, auf dieser Ebene zu kommunizieren.

Falsch, es kommt nicht darauf an, den 12 %-Anteil zu verringern, sondern Konflikte konstruktiv zu lösen, um dadurch Produktivität, Zufriedenheit und Lösungsqualitäten weiter zu erhöhen.

Falsch. Ein Konsens ergibt zwar die höchste Zufriedenheit bei allen Konfliktparteien, der Aufwand zur Erreichung eines Konsenses ist aber nicht immer gerechtfertigt.

Lösungshinweise zu den Aufgaben aus Kapitel 5

Aufgabe 5.1 Es konnte abschließend kein konsistenter Zusammenhang zwischen einzelnen Persönlichkeitsmerkmalen und Führungserfolg gefunden werden. Vor dem Hintergrund der Erkenntnisse aus den situativen Ansätzen ist dies gut nachvollziehbar. Zudem führten zunehmende Bildung und Demokratisierung in Deutschland dazu, dass dem elitären Gedanken, Führungseigenschaften würden sich nur in höheren Gesellschaftsschichten intergenerativ vererben, eine Absage erteilt wurde.

Aufgabe 5.2 R, F, F, F, R, F, R, F, F.

Aufgabe 5.3 Da als einziges Situationsmerkmal die Mitarbeiterin beschrieben wird, ist die passende Führungstheorie das Reifegradmodell der Führung. Da es sich weiter um eine neu in das Unternehmen eintretende Mitarbeiter-in handelt, kann sie zwar über formales Wissen und Erfahrung, aber noch nicht über organisationale Fähigkeiten verfügen (geringer umsetzbarer Fähigkeitsstand). Zu ihrer psychologischen Reife wird keine Aussage getroffen, sodass diese sowohl niedrig als auch stark ausgeprägt sein kann. Es handelt sich somit um eine Mitarbeiterin auf Reifegradstufe M1 oder M2. Der entsprechende Führungsstil ist durch stark dircktives Verhalten und mehr (S2) oder weniger (S1) stark personenbezogenes, unterstützendes Verhalten geprägt.

Aufgabe 5.4 teilautonome Arbeitsgruppen, Projektgruppen, Grenzregulation, Super Leader, Self Leadership, Kultur der Selbststeuerung.

Aufgabe 5.5 Authentische Führung fordert zwar ein intraindividuell konsistentes, auf ethischen Werten und daraus abgeleiteten Moralen basierendes Führungsverhalten. Allerdings werden keine Aussagen zur inhaltlichen Gerichtetheit getroffen. Damit bleibt die Frage nach dem „ethisch und infolge dazu moralisch richtigen" Führungsverhalten wieder offen. Die subjektive Gewissensethik ist nur bedingt geeignet zur Definition ethischer Grundpositionen.

Aufgabe 5.6 Das Entstehen und die Wirkung von Shared Leadership kann durch geeignete Rahmenbedingungen unterstützt werden. Dazu zählen z. B. ungestörtes Arbeiten ohne großen Arbeitsdruck, offene Aufgabenstellungen, Aufgaben mit automatischer Erfolgs- bzw. Misserfolgsrückmeldung, umfassende Partizipation der Mitarbeiter auf allen Unternehmensebenen, Abschaffung hierarchischer Strukturen und Berichtswege, Definition klarer Spielregeln der kollaborativen Entscheidungsfindung usw.

Aufgabe 5.7 Nach dem systemischen Führungsansatz ist ein wesentlicher Fehler im Führungsverhalten, dass Aufgaben, Probleme und Herausforderungen, die zu bearbeiten sind, nur ausschnitthaft betrachtet werden, aber nicht in der Komplexität ihrer gesamthaften, systemischen Einbettung und Wirkbezüge reflektiert werden. Dadurch sind Führungsinterventionen der Problemkomplexität meist nicht angemessen und führen öfter zum Scheitern als zum Gelingen.

Lösungshinweise zu den Aufgaben aus Kapitel 6

Aufgabe 6.1 Falsch, das Feedback geht nur in eine Richtung.

Falsch, Mitarbeiter sollten immer wissen bzw. regelmäßig erfahren, wie ihre Leistung beurteilt wird. Dies ermöglicht einen Abgleich zwischen Selbst- und Fremdbild und dient somit der Motivation.

Richtig. Man vermeidet die negative Sanktion „Durchfallen", wenn man nicht schummelt. Aber: Das alleinige Risiko reicht manchmal nicht aus, das Verhalten zu unterbinden, z. B. wenn andere negative Folgen subjektiv als wahrscheinlicher eingeschätzt werden.

Aufgabe 6.2 Moderation ist geeignet, um in Arbeitsgruppen quasi demokratisch zu guten Lösungen zu kommen. Moderation ist nicht geeignet, um bereits beschlossene Lösungen von Teams „absegnen" zu lassen.

Aufgabe 6.3 Moderation ist die Anwendung von Techniken oder ein Verhalten zur Mäßigung und zum Ausgleich von unterschiedlichen Ansichten. Dabei kommt Moderation vor allem bei Gruppen mit mehreren Beteiligten bis hin zur Großgruppenmoderation zum Einsatz. Mediation hingegen ist ein Verfahren zum Konfliktmanagement, bei dem die Konfliktparteien die Verantwortung dafür übernehmen, dass eine Lösung erzielt wird. Ein Mediator unterstützt die i. d. R. wenigen Beteiligten darin, weiter an der Lösung des Problems zu arbeiten.

Lösungshinweise zu den Aufgaben aus Kapitel 7

Aufgabe 7.1 Die allgemeine Fürsorgepflicht ist zu wenig konkretisiert, als dass dadurch ein umfassender Schutz des Lebens und der Gesundheit sowie des Eigentums der Mitarbeiter garantiert werden könnte. Die Generalklausel beinhaltet zu viel Interpretationsspielraum, der von verschiedenen Arbeitgebern sehr unterschiedlich ausgelegt werden könnte. Aus diesem Grund ist eine verbindliche Konkretisierung in den speziellen Arbeitsschutzgesetzen (spezielle Fürsorgepflicht) unumgänglich.

Aufgabe 7.2 Alkohol setzt die Urteils- und Reaktionsfähigkeit herab. Aus Gründen der wirtschaftlichen und sozialen Sicherheit von Unternehmen und Belegschaft darf Alkoholmissbrauch am Arbeitsplatz deshalb nicht vernachlässigt werden.

Aufgabe 7.3 Anhand der Daten aus dieser Tabelle (Abb. 7.7) lassen sich folgende Beobachtungen machen.

- Die Berufe mit den geringsten Einkommen sind sowohl für Frauen als auch für Männer die Berufe des Kassierers/der Kassiererin, des Verkäufers/der Verkäuferin und des Telefonisten/der Telefonistin. Der Frauenanteil dieser Berufe liegt zwischen 79 % und 91 %.
- Die Berufe mit den höchsten Einkommen unterscheiden sich für Männer und Frauen, nur der Beruf des Geschäftsführers/der Geschäftsführerin oder des Filialleiters/der Filialleiterin gehört für Männer wie für Frauen zur Spitzengruppe. Der Frauenanteil der bei Männern am besten bezahlten Berufe liegt zwischen 19 % und 40 %. Der Frauenanteil der bei Frauen am besten bezahlten Berufe liegt zwischen 4 % und 40 %
- Die höchsten Einkommen erzielen Frauen als Unternehmensberaterinnen oder Organisatorinnen. Ihr Einkommen liegt hier jedoch immer noch knapp 900 € unter dem von männlichen Unternehmensberatern oder Organisatoren. Im Vergleich zum bestbezahlten Beruf von Männern verdienen Frauen in ihrem „Top-Beruf" mehr als 1.700 € weniger.
- Mit Ausnahme der Telefonistinnen verdienen Frauen in allen Berufen weniger als ihre männlichen Berufskollegen.

Diese Befunde belegen, dass Frauen in Sektoren und Berufen arbeiten, die gering vergütet werden (vgl. Oechsler und Klarmann 2008, S. 34).

Aufgabe 7.4 Der Gender-Ansatz untersucht das Führungsverhalten von Vorgesetzten auf der Basis des dichotomisch ausgeprägten Merkmals Geschlechterrolle. Im Vordergrund steht die Frage, nach dem typisch weiblichen Führungsstil und dessen eventueller Vorteilhaftigkeit gegenüber dem männlichen Führungsstil. Der Diversity-Ansatz integriert diesen Gedanken, erweitert die Perspektive aber auf alle die Individualität konstituierenden Merkmale des Vorgesetzten, wie z. B. Alter, Bildung, ethnische Herkunft, Religionszugehörigkeit usw.

Aufgabe 7.5 Die Beschäftigungsfähigkeit ist ein Gesprächsaspekt bei Zielvereinbarungen, Delegation und Entwicklungsgesprächen.

Stichwortverzeichnis

U. Schirmer, S. Woydt, *Mitarbeiterführung*, BA KOMPAKT,
DOI 10.1007/978-3-662-47915-5

Printed in Germany
by Amazon Distribution
GmbH, Leipzig

28633660R00172